U0392353

国学经典文库

图文珍藏版

一部贯通历史长河的通书 百姓居家常备的实用宝典

中华历书大全

刘宇庚·主编

第三册

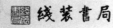
线装书局

北 山

王安石

北山输绿涨横陂,直堑回塘滟滟时。
细数落花因坐久,缓寻芳草得归迟。

湖 上

徐元杰

花开红树乱莺啼,草长平湖白鹭飞。
风日晴和人意好,夕阳箫鼓几船归。

漫兴·其二

杜甫

糁径杨花铺白毡,点溪荷叶叠青钱。
笋根稚子无人见,沙上凫雏傍母眠。

春 晴

王驾

雨前初见花间蕊,雨后全无叶底花。
蜂蝶纷纷过墙去,却疑春色在邻家。

春 暮

曹豳

门外无人问落花,绿阴冉冉遍天涯。
林莺啼到无声处,青草池塘独听蛙。

落 花

朱淑真

连理枝头花正开,妒花风雨便相催。
愿教青帝常为主,莫遣纷纷点翠苔。

春暮游小园

王淇

一从梅粉褪残妆,涂抹新红上海棠。

开到荼蘼花事了，丝丝天棘出莓墙。

莺梭

刘克庄

掷柳迁乔太有情，交交时作弄机声。
洛阳三月花如锦，多少工夫织得成？

暮春即事

叶采

双双瓦雀行书案，点点杨花入砚池。
闲坐小窗读周易，不知春去几多时。

登山

李涉

终日昏昏醉梦间，忽闻春尽强登山。
因过竹院逢僧话，又得浮生半日闲。

蚕妇吟

谢枋得

子规啼彻四更时，起视蚕稠怕叶稀。
不信楼头杨柳月，玉人歌舞未曾归。

晚春

韩愈

草木知春不久归，百般红紫斗芳菲。
杨花榆荚无才思，惟解漫天作雪飞。

伤春

杨万里

准拟今春乐事浓，依然枉却一东风。
年年不带看花眼，不是愁中即病中。

国学经典文库

中华历书大全

·古今贤文·

图文珍藏版

送　春

王逢原

三月残花落更开，小檐日日燕飞来。
子规夜半犹啼血，不信东风唤不回。

三月晦日送春

贾岛

三月正当三十日，风光别我苦吟身。
共君今夜不须睡，未到晓钟犹是春。

客中初夏

司马光

四月清和雨乍晴，南山当户转分明。
更无柳絮因风起，惟有葵花向日倾。

约　客

赵师秀

黄梅时节家家雨，青草池塘处处蛙。
有约不来过夜半，闲敲棋子落灯花。

初夏睡起

杨万里

梅子流酸溅齿牙，芭蕉分绿上窗纱。
日长睡起无情思，闲看儿童捉柳花。

三衢道中

曾几

梅子黄时日日晴，小溪泛尽却山行。
绿阴不减来时路，添得黄鹂四五声。

即　景

朱淑真

竹摇清影罩幽窗，两两时禽噪夕阳。

谢却海棠飞尽絮，困人天气日初长。

初夏游张园

戴复古

乳鸭池塘水浅深，熟梅天气半晴阴。
东园载酒西园醉，摘尽枇杷一树金。

鄂州南楼书事

黄庭坚

四顾山光接水光，凭栏十里芰荷香。
清风明月无人管，并作南来一味凉。

山亭夏日

高骈

绿树阴浓夏日长，楼台倒影入池塘。
水晶帘动微风起，满架蔷薇一院香。

田　家

范成大

昼出耘田夜绩麻，村庄儿女各当家。
童孙未解供耕织，也傍桑阴学种瓜。

村庄即事

范成大

绿遍山原白满川，子规声里雨如烟。
乡村四月闲人少，才了蚕桑又插田。

题榴花

朱熹

五月榴花照眼明，枝间时见子初成。
可怜此地无车马，颠倒苍苔落绛英。

村　晚

雷震

草满池塘水满陂，山衔落日浸寒漪。
牧童归去横牛背，短笛无腔信口吹。

书湖阴先生壁

王安石

茅檐常扫净无苔，花木成畦手自栽。
一水护田将绿绕，两山排闼送青来。

乌衣巷

刘禹锡

朱雀桥边野草花，乌衣巷口夕阳斜。
旧时王谢堂前燕，飞入寻常百姓家。

送元二使安西

王维

渭城朝雨浥轻尘，客舍青青柳色新。
劝君更尽一杯酒，西出阳关无故人。

题北榭碑

李白

一为迁客去长沙，西望长安不见家。
黄鹤楼中吹玉笛，江城五月落梅花。

题淮南寺

程颢

南去北来休便休，白苹吹尽楚江秋。
道人不是悲秋客，一任晚山相对愁。

秋　月

程颢

清溪流过碧山头，空水澄鲜一色秋。

隔断红尘三十里,白云红叶两悠悠。

七 夕

杨朴

未会牵牛意若何,须邀织女弄金梭。
年年乞与人间巧,不道人间巧已多。

立 秋

刘翰

乳鸦啼散玉屏空,一枕新凉一扇风。
睡起秋声无觅处,满阶梧叶月明中。

秋 夕

杜牧

银烛秋光冷画屏,轻罗小扇扑流萤。
天街夜色凉如水,卧看牵牛织女星。

中秋月

苏轼

暮云收尽溢清寒,银汉无声转玉盘。
此生此夜不长好,明月明年何处看。

江楼有感

赵嘏

独上江楼思悄然,月光如水水如天。
同来玩月人何在,风景依稀似去年。

题临安邸

林升

山外青山楼外楼,西湖歌舞几时休?
暖风薰得游人醉,直把杭州作汴州。

晓出净慈寺送林子方

杨万里

毕竟西湖六月中,风光不与四时同。
接天莲叶无穷碧,映日荷花别样红。

饮湖上初晴后雨

苏轼

水光潋滟晴方好,山色空濛雨亦奇。
欲把西湖比西子,淡妆浓抹总相宜。

入 直

周必大

绿槐夹道集昏鸦,敕使传宣坐赐茶。
归到玉堂清不寐,月钩初上紫薇花。

水 亭

蔡确

纸屏石枕竹方床,手倦抛书午梦长。
睡起莞然成独笑,数声渔笛在沧浪。

禁 锁

洪咨夔

禁门深锁寂无哗,浓墨淋漓两相麻。
唱彻五更天未晓,一墀月浸紫薇花。

竹 楼

李嘉佑

傲吏身闲笑五侯,西江取竹起高楼。
南风不用蒲葵扇,纱帽闲眠对水鸥。

直中书省

白居易

丝纶阁下文章静,钟鼓楼中刻漏长。
独坐黄昏谁是伴? 紫薇花对紫薇郎。

观书有感

朱熹

半亩方塘一鉴开,天光云影共徘徊。
问渠那得清如许? 为有源头活水来。

泛　舟

朱熹

昨夜江边春水生,艨艟巨舰一毛轻。
向来枉费推移力,此日中流自在行。

冷泉亭

林稹

一泓清可沁诗脾,冷暖年来只自知。
流出西湖载歌舞,回头不似在山时。

赠刘景文

苏轼

荷尽已无擎雨盖,菊残犹有傲霜枝。
一年好景君须记,最是橙黄橘绿时。

枫桥夜泊

张继

月落乌啼霜满天,江枫渔火对愁眠。
姑苏城外寒山寺,夜半钟声到客船。

寒　夜

杜耒

寒夜客来茶当酒,竹炉汤沸火初红。

寻常一样窗前月，才有梅花便不同。

霜　月

李商隐

初闻征雁已无蝉，百尺楼高水接天。
青女素娥俱耐冷，月中霜里斗婵娟。

梅

王淇

不受尘埃半点侵，竹篱茅舍自甘心。
只因误识林和靖，惹得诗人说到今。

早　春

白玉蟾

南枝才放两三花，雪里吟香弄粉些。
淡淡著烟浓著月，深深笼水浅笼沙。

雪梅·其一

卢梅坡

梅雪争春未肯降，骚人阁笔费评章。
梅须逊雪三分白，雪却输梅一段香。

雪梅·其二

卢梅坡

有梅无雪不精神，有雪无诗俗了人。
日暮诗成天又雪，与梅并作十分春。

答钟弱翁

牧童

草铺横野六七里，笛弄晚风三四声。
归来饱饭黄昏后，不脱蓑衣卧月明。

国学经典文库

中华历书大全

·古今贤文·

图文珍藏版

泊秦淮

杜牧

烟笼寒水月笼沙，夜泊秦淮近酒家。
商女不知亡国恨，隔江犹唱后庭花。

归　雁

钱起

潇湘何事等闲回，水碧沙明两岸苔。
二十五弦弹夜月，不胜清怨却飞来。

题　壁

无名氏

一团茅草乱蓬蓬，蓦地烧天蓦地空。
争似满炉煨榾柮，漫腾腾地暖烘烘。

七律

早朝大明宫

贾至

银烛朝天紫陌长，禁城春色晓苍苍。
千条弱柳垂青琐，百啭流莺绕建章。
剑佩声随玉墀步，衣冠身惹御炉香。
共沐恩波凤池上，朝朝染翰侍君王。

和贾舍人早朝

杜甫

五夜漏声催晓箭，九重春色醉仙桃。
旌旗日暖龙蛇动，宫殿风微燕雀高。
朝罢香烟携满袖，诗成珠玉在挥毫。
欲知世掌丝纶美，池上于今有凤毛。

和贾舍人早朝

王维

绛帻鸡人报晓筹，尚衣方进翠云裘。

九天阊阖开宫殿，万国衣冠拜冕旒。
日色才临仙掌动，香烟欲傍衮龙浮。
朝罢须裁五色诏，佩声归到凤池头。

和贾舍人早朝

岑参

鸡鸣紫陌曙光寒，莺啭皇州春色阑。
金阙晓钟开万户，玉阶仙仗拥千官。
花迎剑佩星初落，柳拂旌旗露未干。
独有凤凰池上客，阳春一曲和皆难。

上元应制

蔡襄

高列千峰宝炬森，端门方喜翠华临。
宸游不为三元夜，乐事还同万众心。
天上清光留此夕，人间和气阁春阴。
要知尽庆华封祝，四十余年惠爱深。

上元应制

王珪

雪消华月满仙台，万烛当楼宝扇开。
双凤云中扶辇下，六鳌海上驾山来。
镐京春酒沾周宴，汾水秋风陋汉才。
一曲升平人尽乐，君王又进紫霞杯。

侍宴

沈佺期

皇家贵主好神仙，别业初开云汉边。
山出尽如鸣凤岭，池成不让饮龙川。
妆楼翠幌教春住，舞阁金铺借日悬。
侍从乘舆来此地，称觞献寿乐钧天。

答丁元珍

欧阳修

春风疑不到天涯，二月山城未见花。
残雪压枝犹有橘，冻雷惊笋欲抽芽。
夜闻啼雁生乡思，病入新年感物华。
曾是洛阳花下客，野芳虽晚不须嗟。

插花吟

邵雍

头上花枝照酒卮，酒卮中有好花枝。
身经两世太平日，眼见四朝全盛时。
况复筋骸粗康健，那堪时节正芳菲。
酒涵花影红光溜，争忍花前不醉归？

寓 意

晏殊

油壁香车不再逢，峡云无迹任西东。
梨花院落溶溶月，柳絮池塘淡淡风。
几日寂寥伤酒后，一番萧瑟禁烟中。
鱼书欲寄何由达？水远山长处处同。

寒 食

赵鼎

寂寞柴门村落里，也教插柳纪年华。
禁烟不到粤人国，上冢亦携庞老家。
汉寝唐陵无麦饭，山溪野径有梨花。
一樽竟藉青苔卧，莫管城头奏暮笳。

清 明

黄庭坚

佳节清明桃李笑，野田荒冢只生愁。
雷惊天地龙蛇蛰，雨足郊原草木柔。
人乞祭余骄妾妇，士甘焚死不公侯。

贤愚千载知谁是，满眼蓬蒿共一丘。

清　明

高翥

南北山头多墓田，清明祭扫各纷然。

纸灰飞作白蝴蝶，泪血染成红杜鹃。

日落狐狸眠冢上，夜归儿女笑灯前。

人生有酒须当醉，一滴何曾到九泉。

郊行即事

程颢

芳原绿野恣行时，春入遥山碧四围。

兴逐乱红穿柳巷，困临流水坐苔矶。

莫辞盏酒十分劝，只恐风花一片飞。

况是清明好天气，不妨游衍莫忘归。

秋　千

僧惠洪

画架双裁翠络偏，佳人春戏小楼前。

飘扬血色裙拖地，断送玉容人上天。

花皮润沾红杏雨，彩绳斜挂绿杨烟。

下来闲处从容立，疑是蟾宫谪神仙。

曲江对酒·其一

杜甫

一片花飞减却春，风飘万点正愁人。

且看欲尽花经眼，莫厌伤多酒入唇。

江上小堂巢翡翠，苑边高冢卧麒麟。

细推物理须行乐，何用浮名绊此身。

曲江对酒·其二

杜甫

朝回日日典春衣，每日江头尽醉归。

酒债寻常行处有，人生七十古来稀。

穿花蛱蝶深深见,点水蜻蜓款款飞。
传语风光共流转,暂时相赏莫相违。

黄鹤楼

崔颢

昔人已乘黄鹤去,此地空余黄鹤楼。
黄鹤一去不复返,白云千载空悠悠。
晴川历历汉阳树,芳草萋萋鹦鹉洲。
日暮乡关何处是?烟波江上使人愁!

旅　怀

崔涂

水流花谢两无情,送尽东风过楚城。
蝴蝶梦中家万里,杜鹃枝上月三更。
故园书动经年绝,华发春催两鬓生。
自是不归归便得,五湖烟景有谁争?

寄李儋元锡

韦应物

去年花里逢君别,今日花开又一年。
世事茫茫难自料,春愁黯黯独成眠。
身多疾病思田里,邑有流亡愧俸钱。
闻道欲来相问讯,西楼望月几回圆。

江　村

杜甫

清江一曲抱村流,长夏江村事事幽。
自去自来梁上燕,相亲相近水中鸥。
老妻画纸为棋局,稚子敲针作钓钩。
多病所须惟药物,微躯此外更何求?

夏　日

张耒

长夏江村风日清,檐牙燕雀已生成。

蝶衣晒粉花枝舞,蛛网添丝屋角晴。
落落疏帘邀月影,嘈嘈虚枕纳溪声。
久斑两鬓如霜雪,直欲樵渔过此生。

辋川夜雨

王维

积雨空林烟火迟,蒸藜炊黍饷东菑。
漠漠水田飞白鹭,阴阴夏木啭黄鹂。
山中习静合朝槿,松下清斋折露葵。
野老与人争席罢,海鸥何事更相疑。

新 竹

陆游

插棘编篱谨护持,养成寒碧映涟漪。
清风掠地秋先到,赤日行天午不知。
解箨时闻声簌簌,放梢初见影离离。
归闲我欲频来此,枕簟仍教到处随。

偶 成

程颢

闲来无事不从容,睡觉东窗日已红。
万物静观皆自得,四时佳兴与人同。
道通天地有形外,思入风云变态中。
富贵不淫贫贱乐,男儿到此是豪雄。

夏夜宿表兄话旧

窦叔向

夜合花开香满庭,夜深微雨醉初醒。
远书珍重何曾达,旧事凄凉不可听。
去日儿童皆长大,昔年亲友半凋零。
明朝又是孤舟别,愁见河桥酒幔青。

游月陂

程颢

月陂堤上四徘徊，北有中天百尺台。
万物已随秋气改，一樽聊为晚凉开。
水心云影闲相照，林下泉声静自来。
世事无端何足计，但逢佳节约重陪。

秋兴·其一

杜甫

千家山郭静朝晖，日日江楼坐翠微。
信宿渔人还泛泛，清秋燕子故飞飞。
匡衡抗疏功名薄，刘向传经心事违。
同学少年多不贱，五陵裘马自轻肥。

秋兴·其二

杜甫

蓬莱宫阙对南山，承露金茎霄汉间。
西望瑶池降王母，东来紫气满函关。
云移雉尾开宫扇，日绕龙鳞识圣颜。
一卧沧江惊岁晚，几回青琐点朝班。

秋兴·其三

杜甫

玉露凋伤枫树林，巫山巫峡气萧森。
江间波浪兼天涌，塞上风云接地阴。
丛菊两开他日泪，孤舟一系故园心。
寒衣处处催刀尺，白帝城高急暮砧。

秋兴·其四

杜甫

昆明池水汉时功，武帝旌旗在眼中。
织女机丝虚夜月，石鲸鳞甲动秋风。
波漂菰米沉云黑，露冷莲房坠粉红。

关塞极天惟鸟道,江湖满地一渔翁。

月夜舟中

戴复古

满船明月浸虚空,绿水无痕夜气冲。
诗思浮沉樯影里,梦魂摇曳橹声中。
星辰冷落碧潭水,鸿雁悲鸣红蓼风。
数点渔灯依古岸,断桥垂露滴梧桐。

长安秋望

赵嘏

云物凄凉拂曙流,汉家宫阙动高秋。
残星几点雁横塞,长笛一声人倚楼。
紫艳半开篱菊静,红衣落尽渚莲愁。
鲈鱼正美不归去,空戴南冠学楚囚。

新 秋

杜甫

火云犹未敛奇峰,欹枕初惊一叶风。
几处园林萧瑟里,谁家砧杵寂寥中。
蝉声断续悲残月,萤焰高低照暮空。
赋就金门期再献,夜深搔首叹飞蓬。

中 秋

李朴

皓魄当空宝镜升,云间仙籁寂无声。
平分秋色一轮满,长伴云衢千里明。
狡兔空从弦外落,妖蟆休向眼前生。
灵槎拟约同携手,更待银河彻底清。

九日蓝田会饮

杜甫

老去悲秋强自宽,兴来今日尽君欢。
羞将短发还吹帽,笑倩旁人为正冠。

国学经典文库

中华历书大全

·古今贤文·

图文珍藏版

蓝水远从千涧落,玉山高并两峰寒。
明年此会知谁健?醉把茱萸仔细看。

秋　思

陆游

利欲驱人万火牛,江湖浪迹一沙鸥。
日长似岁闲方觉,事大如天醉亦休。
砧杵敲残深巷月,梧桐摇落故园秋。
欲舒老眼无高处,安得元龙百尺楼?

与朱山人

杜甫

锦里先生乌角巾,园收芋栗未全贫。
惯看宾客儿童喜,得食阶除鸟雀驯。
秋水才深四五尺,野航恰受两三人。
白沙翠竹江村暮,相送柴门月色新。

闻　笛

赵嘏

谁家吹笛画楼中,断续声随断续风。
响遏行云横碧落,清和冷月到帘栊。
兴来三弄有桓子,赋就一篇怀马融。
曲罢不知人在否,余音嘹亮尚飘空。

冬　景

刘克庄

晴窗早觉爱朝曦,竹外秋声渐作威。
命仆安排新暖阁,呼童熨贴旧寒衣。
叶浮嫩绿酒初熟,橙切香黄蟹正肥。
蓉菊满园皆可羡,赏心从此莫相违。

冬　景

杜甫

天时人事日相催,冬至阳生春又来。

刺绣五纹添弱线，吹葭六琯动飞灰。
岸容待腊将舒柳，山意冲寒欲放梅。
云物不殊乡国异，教儿且覆掌中杯。

梅 花

林逋

众芳摇落独暄妍，占尽风情向小园。
疏影横斜水清浅，暗香浮动月黄昏。
霜禽欲下先偷眼，粉蝶如知合断魂。
幸有微吟可相狎，不须檀板共金樽。

左迁至蓝关示侄孙湘

韩愈

一封朝奏九重天，夕贬潮阳路八千。
本为圣朝除弊政，敢将衰朽惜残年。
云横秦岭家何在？雪拥蓝关马不前。
知汝远来应有意，好收吾骨瘴江边。

干 戈

王中

干戈未定欲何之，一事无成两鬓丝。
踪迹大纲王粲传，情怀小样杜陵诗。
鹧鸪音断人千里，乌鹊巢寒月一枝。
安得中山千日酒，酩然直到太平时。

归 隐

陈抟

十年踪迹走红尘，回首青山入梦频。
紫绶纵荣争及睡，朱门虽富不如贫。
愁闻剑戟扶危主，闷听笙歌聒醉人。
携取旧书归旧隐，野花啼鸟一般春。

时世行

杜荀鹤

夫因兵死守蓬茅，麻苎裙衫鬓发焦。
桑柘废来犹纳税，田园荒尽尚征苗。
时挑野菜和根煮，旋斫生柴带叶烧。
任是深山更深处，也应无计避征徭。

送天师

宁献王

霜落芝城柳影疏，殷勤送客出鄱湖。
黄金甲锁雷霆印，红锦韬缠日月符。
天上晓行骑只鹤，人间夜宿解双凫。
匆匆归到神仙府，为问蟠桃熟也无？

送毛伯温

明世宗

大将南征胆气豪，腰横秋水雁翎刀。
风吹鼍鼓山河动，电闪旌旗日月高。
天上麒麟原有种，穴中蝼蚁岂能逃。
太平待诏归来日，朕与先生解战袍。

八、小儿语

　　《小儿语》，明代吕得胜著。吕得胜很关注儿童启蒙教育，为了加强对儿童品德修养的正确引导，他重新编写了儿歌，用浅显易懂的语言，传达了一些做人的道理，受到世人的广泛欢迎，在民间影响很大，流传至今。

　　一切言动，都要安详。十差九错，只为慌张。沉静立身，从容说话。不要轻薄，惹人笑骂。先学耐烦，快休使气。性躁心粗，一生不济。能有几句，见人胡讲。洪钟无声，满瓶不响。自家过失，不消遮掩。遮掩不得，又添一过。无心之失，说开罢手。一差半错，哪个没有？宁好认错，休要说慌。教人识破，不当人养。要成好人，须寻好友。引醯若酸，那得甜酒。与人讲话，看人面色。意不相投，不须强说。当面证人，惹祸最大。是与不是，尽他说罢。造言起事，谁不怕你。也要提防，王法天理。我打人还，自打几下。我骂人还，换口自骂。既做生人，便有生理。个个安闲，谁养活你？世间生艺，要有一件。有时贫穷，救你患难。饱食足衣，乱说闲耍。终日昏昏，不如牛马。担头车尾，穷汉营生。日求升合，休与相争。兄弟分家，含糊相让。子孙争家，厮打告状。强取巧图，只嫌不够。横来之物，要你承受。心要慈悲，事要方便。残忍刻薄，惹人恨怨。手下无能，从容调理。他若有才，不服事你。遇事逢人，豁绰舒展。要看男儿，须先看胆。休将实用，费在无功。蝙蝠翅儿，一般有风。一不积财，二不结怨。睡也安然，走也方便。要知亲恩，看你儿郎。要求子顺，先孝爷娘。别人性情，与我一般。时时体悉，件件从宽。都见面前，谁知脑后。笑着不觉，说着不受。人夸偏喜，人劝偏恼。你短你长，你心自晓。卑幼不才，瞒避尊长。外人笑骂，父母夸奖。从小为人，休坏一点。覆水难收，悔恨已晚。贪财之人，至死不止。不义得来，付与败子。都要便宜，我得人不？亏人是祸，亏己是福。正人君子，邪人不喜。你又恶他，他肯饶你？今日用度，前日积下，今日用尽，来日乞化。无可奈何，须得安命。怨叹躁急，又增一病。自家有过，人说要听。当局者迷，旁观者醒。白日所为，夜来省己。是恶当惊，是善当喜。怒多横语，喜多狂言。一时褊急，过后羞惭。人生在世，守身实难。一味小心，方得百年。读圣贤书，字字体验。口耳之学，梦中吃饭。

九、小学诗

《小学诗》，清代谢泰阶著。谢泰阶认为朱熹的《小学》"语沁人心"，于是依着《小学》的篇卷次第，著成此文，依次分为立教、明伦和敬身。全篇每五字一句，每四句一段，整齐押韵，便于诵读传播。谢泰阶曾以它为教材招徒授课，以启发助学性灵。当时有人称扬它"语语刻挚，有功于世道人心。"此文的传播，对于朱熹《小学》的传播和普及，也起到了很大的作用。

立教第一

自古重贤豪，诗书教尔曹，

人生皆有事，修己最为高。

弟子从师者，先须守学规，

置身规矩里，百事可修为。

一切要安详，居游有定方，

形容须静正，举动莫轻狂。

洒扫宜清洁，整齐处处同，

读书舒以确，作字敬而工。

念念能收敛，灵明日以开，

诵吟都省力，讲习出真才。
试看轻狂子，聪明反目诬，
一生如醉梦，诸好尽模糊。
两路分头处，全看立志时，
正邪由一念，毕世定根基。
敏鲁何相远，专心自有成，
古今英杰士，只是功夫精。
向尔严绳日，知行并进时，
宽和虽觉好，怠惰即因之。
只此研经候，倏然几度秋，
光阴轻掷弃，岁月不吾留。
肯用功夫者，真知为己身，
品行从此好，识见自超伦。
倘若膺家务，工夫总莫抛。
事几能练达，从此出英豪。
若得书中味，谁能不读书？
试为深咀嚼，自问果何如？
愿作农商者，须将《小学》通，
处家心不困，办事道无穷。
独立趋庭日，断机迁舍时，
高贤由教诲，岂尽是生知？
有子教须谨，教成乃是儿，
上承宗祖业，下立后人基。
男须勤课诲，女使知箴铭，
堂前皆守礼，从此振家声。
教子殷如吕，训徒严似焦，
凭将愚鲁质，也可步云霄。
师席授生徒，身心不可诬，
教成德性固，便可为真儒。
浩气勃然生，翻教制艺精，
千秋文笔士，孰与孟韩衡？

明论第二

第一当知孝，原为百善先，

谁人无父母，各自想当年。
十月怀胎苦，三年乳哺勤，
待儿身长大，费尽万般心。
想到亲恩大，终身报不完，
欲知生我德，试把养儿看。
精血为儿尽，亲年不再还，
满头飘白发，红日已西山。
乌有反哺义，羊伸跪乳情，
人如忘父母，不胜一畜生。
奉养无多日，钱财毋较量，
果能亲意慰，不愧作儿郎。
侍奉高堂亲，时时结念真，
寝膳须着意，温清要留神。
亲色平心察，亲言仔细听，
须知亲意向，当顺在无形。
挞骂低头顺，糟糠背自吞，
但求亲适意，吃苦也甘心。
若说万千差，爷娘总不差，
你心曾尽否，能遽悦亲么？
父母同天地，良心各自明，
倘将亲忤逆，头上听雷声。
兄弟休推托，专心服事勤，
譬如单养我，推托又何人？
随父皆为母，何分后与亲？
皇天终有眼，不负孝心人。
孝子人人敬，天心最喜欢，
一生灾晦免，到处得平安。
亲疾谨汤药，亲终古礼循，
求安须入土，坟墓早留心。
火化烧棺事，旁人心也寒，
骨焦烈焰里，何若穴中安？
宗祖虽然远，逢时祭必诚，
墓门勤拜扫，好展后人情。
人子原当孝，还须新妇同，

一门都孝顺，家道自兴隆。
媳妇孝公婆，神明保护多，
丈夫宜教训，最好一家和。
若到举儿时，须知所以慈，
疾由伤饱暖，任意便成痴。
溺女最堪伤，心肠似虎狼，
结冤终有恨，灾难一身当。
一样皆人命，何分女与男？
母妻原是女，理可细心参。
若有后妻时，莫将前子疑，
于无亲母在，仍是己之儿。
后母更须慈，前儿即己儿，
己儿倘失母，他日亦如斯。

右父子之亲

若到为官日，须知报国恩，
倘令贪与酷，枉读圣贤文。
吾族起何年，常耕圣世田，
况今加以职，裕后更光前。
国事如家书，荣身须致身，
作忠才尽孝，勉力学纯臣。
莫易穷居志，须知达道时，
朝廷崇爵位，才德要相宜。
徒食天家禄，忝居政事堂，
从来如此辈，几个久荣昌？
一入公门里，当权正好修，
好开方便路，阴德子孙留。
若说草莽臣，教条要奉遵，
八八胥守分，便是照平春。
并把皇恩报，银漕须早完，
倘然久拖欠，四季不平安。
同享承平福，人须学善良，
倘为邪教误，何以报君王？

右君臣之义

夫妇期偕老，平居贵在和，

一家相忍耐，得福自然多。
家有贤妻子，夫男少祸殃，
三从兼四德，自有好名扬。
娶妇休论色，也休论嫁妆，
惟须贤惠女，好与过时光。
择婿只宜贤，切休索聘钱，
女儿身所靠，一误到何年？
婚嫁宜从俭，愚人外面装，
惹将明者笑，何算是排场？
男女阴阳判，宜求廉耻全，
男须名教重，女以节操先。
内外事相分，起居各有群，
从来兴业者，闺范至今闻。
器物休相假，语言限以阀，
夫妻犹贵敬，别类况非伦。
戒尔休贪色，贪来性命伤，
骨髓倘已枯，药物总难尝。
况彼偷香者，心中未暗商。
自家有妻女，谁愿臭名扬。
见色休生心，天公本祸淫。
一时误失守，报处总莫禁。

右男女之别

兄弟最相亲，原来一本生，
兄应爱其弟，弟必敬其兄。
骨肉见天真，钱财勿计论，
语言休急切，颜色要欣欣。
长幼皆阿嗣，亲心总挂萦，
同胞看亲面，切戒勿伤情。
忒好亲兄弟，休将两耳偏，
至亲能有几？少听枕边言。
入耳多闲话，遂将兄弟疏，
因疏成水火，试想提携初。
同气连枝重，休将姊妹轻，

倘命恩惠薄，父母暗伤情。
伯叔须尊敬，同堂谊最亲，
居家推长上，相待贵殷勤。
兄子如吾子，弟儿即己儿，
何须分别看，一室两生疑。
宗族宜和睦，乡邻要让推，
丝毫存刻薄，怨气招之来。
饮食行眠坐，都宜长者先。
此中天显在，依样继前贤。
负戴耕耘汲，须知幼者宜，
方刚年富日，斑自力衰时。

右长幼之序

友道宜相敬，端人耐久交，
知心千古事，怀诈岂英豪？
劝善兼规过，良朋所以在，
倘然相戏骂，谁复劝规来？
酒肉非朋友，须防人下流，
时亲方正士，雅范自家求。
交友尽贤良，芝兰室内藏，
满身皆馥郁，不异芝兰香。
好与不贤游，鲍鱼肆里投，
满身腥臭气，尽是鲍鱼留。
直友言无讳，休云不愿听，
听言过自少，义理炳如星。
倘喜人誉我，誉言日益多，
誉多因自是，义理渐消磨。
谅者以心交，相投等漆胶，
纵然当患难，托庇似同胞。
世有面交者，嘴甜苦在心，
溺无相救意，下石坠愈深。
劝尔甫青年，相交择必先，
其中关系大，毕世判愚贤。
待我有深衷，勿竭人之忠，

竭忠嫌隙出，交友岂能终？
与我臭如兰，勿尽人之欢，
尽欢流意露，自顾反难安。
我若待朋友，时时要尽情，
纵云人间隔，久也自分明。

右朋友之信敬身第三

庄敬时时强，肆安日日偷，
小人君子路，从此判千秋。
君子总虚心，骄矜是小人，
回头不认错，贻误到终身。
言语须和气，衣冠贵肃齐，
好将人品立，方可步云梯。
谎话说连篇，难瞒头上天，
倘令人看破，不值半文钱。
莫说他人短，人人爱己名，
枉将阴骘损，况有是非生。
搬是搬非者，冤家结最深，
终须把恶报，拔去舌头根。
俭朴最为良，奢华不久长，
粗衣与淡饭，也好过时光。
廉费真无益，空云体面装，
省来行善事，积尔子孙昌。
酒醉最伤人，糊涂误性真，
况多成痼疾，贻患到双亲。
积德终昌盛，欺心越困穷，
远金兼却色，第一大阴功。
淫乱奸邪事，原非人所为，
守身如白玉，一点勿轻亏。
年少书生辈，淫书不可看，
暗中多斫丧，白璧恐难完。
花鼓滩簧戏，人生切莫看，
忘廉并伤耻，受害万千般。
淫戏休宜点，何人不动情？

国学经典文库

中华历书大全

·古今贤文·

图文珍藏版

害人还自害,妻女败名声。
戒尔勿贪财,贪财便有灾,
此中原有数,何必苦求来。
财物眼前花,来时且漫夸,
细将天理想,勿使念头差。
莫取人财物,良心竟弗论,
银钱虽到手,面目不留存。
世有黑心人,谋财挑祸根,
青天来霹雳,财去命难存。
穷汉小生意,全家仰力勤,
得钱能有几,莫与争毫分。
田产休争夺,空将情义伤,
区区身外物,谁保百年长?
财势难长靠,欺人勿太狂,
请看为恶者,哪个好收场?
闲气莫相争,徒然害自身,
善人天保佑,何必闹纷纷?
斗气真愚拙,甘将性命轻,
忘身忘父母,不孝罪分明。
口角细微事,何妨让几分。
从来大灾难,多为小争纷。
官法苦难熬,相争手无交,
倘然伤性命,谁肯代监牢?
小怨狂争斗,旁人切勿帮,
须知人命重,惹出大灾殃。
争讼宜和息,官事切勿成,
有钱行好事,乐得享安平。
结讼最为愚,家财荡尽无,
可怜忙碌碌,赢得也全输。
唆讼心肠坏,明明不是人,
暗中虽取利,祸患贻儿孙。
一字千金值,存心莫放刁,
有才须善用,勿使笔如刀。
天道最公平,便宜勿占人,

天宽并地阔，何弗让三分？
度量须宽大，将心好比心，
量宽终有福，何苦学凶人？
作恶横行辈，便宜只占先，
一朝灾难到，大错悔从前。
竟不畏王法，好刁与逞凶。
欺人心地坏，头上有天公。
负义忘恩者，原来不是人，
试从清夜里，仔细省其身。
凡事随天断，何须太认真，
不妨安吾分，做个吃亏人。
谁保常无事，平居毋笑人，
自家还照顾，看尔后来身。
欲望后人贤，无如积善先。
临终空手去，难带一文钱。
生意经营客，钱财总在天，
留心能积德，明去暗中添。
善事诸般好，无如救命先，
保婴能积会，功德大无边。
急难人人有，伤心可奈何，
此时为解救，阴德积多多。
更劝上头人，休将婢仆轻，
一般皮与肉，也是父娘生。
万物总贪生，须存恻隐心，
放生堪积德，禄寿好培根。
禽鸟莫轻伤，轻伤痛断肠，
杀生多损寿，利害细思量。
滋味勿多食，生灵害百般，
乍过三寸舌，谁更辨咸酸？
牛犬与田蛙，功劳百倍加，
一门能戒食。瘟疫免全家。
惜字一千个，应增寿一年，
功名终有分，更得子孙贤。
字纸弃灰堆，天殃即刻来，

好将勤拾取，免难更消灾。
五谷休抛弃，须知活命根，
时时能借谷，便是福之门。
莫入赌钱场，如投陷马坑，
终身从此误，家业必消倾。
第一伤人物，无如鸦片烟，
此中关劫数，明者避为先。
过失须当改，人生几十秋，
时来原不再，急速早回头。
天地须知敬，清晨一柱香.
亏心多少事，每日细思量。
暗地勿亏心，须防鉴察神，
念头方动处，天界已知闻。
正事须常干，休寻逸乐方，
试看勤力者，家自有余粮。
技艺随人学，营生到处寻，
一生勤与俭，免得去求人。
极盛败之基，极衰兴有时，
循环关气数，立命在人为。
中国名教地，天生为丈夫，
智愚贤不肖，只是念头殊。
诗句明明示，良言值万金，
善人终就好，天道不亏人。

十、女儿经

《女儿经》大约成书于明朝，作者不详，是中国古代对女子进行思想道德的教材，它提倡敬老爱幼、勤俭节约、珍惜粮食、讲究卫生、严于律己、宽以待人、举止得体、注意礼貌，等等，这些内容直到今天都是值得学习和提倡的。

女儿经，仔细听。早早起，出闺门。
烧茶汤，敬双亲。勤梳洗，爱干净。
学针线，莫懒身。父母骂，莫作声。
哥嫂前，请教训。火烛事，要小心。
穿衣裳，旧如新。做茶饭，要洁净。

国学经典文库

中华历书大全

·古今贤文·

图文珍藏版

凡笑语，莫高声。人传话，不要听。
出嫁后，公姑敬。丈夫穷，莫生瞋。
夫子贵，莫骄矜。出仕日，劝清政。
抚百姓，劝宽仁。我家富，莫欺贫。
借物件，就奉承。应他急，感我情。
积阴德，贻子孙。夫妇和，家道成。
妯娌们，要孝顺。邻舍人，不可轻。
亲戚来，把茶烹。尊长至，要亲敬。
粗细茶，要鲜明。公婆言，莫记恨。
丈夫说，莫使性。整肴馔，求丰盛。
著酱醋，要调匀。用器物，洗洁净。
都说好，贤惠人。夫君话，就顺应。
不是处，也要禁。事公姑，如捧盈。
修己身，如履冰。些小事，莫出门。
坐起时，要端正。举趾时，切莫轻。
冲撞我，只在心。分尊我，固当敬。
分卑我，也莫陵。守淡薄，安本分。
他家富，莫眼热。行嫉妒，损了心。
勤治家，过光阴。不伶俐，被人论。
若行路，姊在前，妹在后。若饮酒，
姆居左，妯居右。公婆在，侧边从。
慢开口，勿胡言。齐捧杯，勿先尝。
即能饮，莫尽量。沉醉后，恐颠狂。
一失礼，便被谈。肴面物，先奉上。
骨投地，礼所严。动匙箸，忌声响。
出席时，随尊长。客进门，缓缓行。
急趋走，恐跌倾。遇生人，就转身。
洗钟盏，轻轻顿。坛和罐，紧紧封。
公姑病，当殷勤。丈夫病，要温存。
爷娘病，时时问。姑儿小，莫见尽。
叔儿幼，莫理论。里有言，莫外说。
外有言，莫内传。勤纺织，缝衣裳。
烹五味，勿先尝。造酒浆，我当然。
无是非，是贤良。姆婶事，决莫言。

若闻知，两参商。　伯叔话，休要管。
勿唧唧，道短长。　孩童闹，规己子。
是与非，甚勿理。　略不逊，讼自起。
公差到，悔则迟。　里长到，不可嗔。
留饮酒，是人情。　早完粮，得安宁。
些小利，莫见尽。　论彼此，俗了人。
学大方，人自称。　晒东西，也莫轻。
秽污衣，寻避静。　恐人见，起非论。
他骂我，我不听。　不回言，人自评。
升斗上，要公平。　买物件，莫亏人。
夫君怒，说比论。　好言劝，解愁闷。
夫骂人，莫齐逞。　或不是，赔小心。
纵怀憾，看你情。　祸自消，福自生。
有儿女，不可轻。　抚育大，继宗承。
或耕耘，教勤谨。　或读书，莫鄙吝。
倘是女，严闺门。　训礼义，教孝经。
能针黹，方成人。　衣服破，缝几针。
鞋袜破，被人论。　是不是，自己寻。
为人母，所当慎。　奴婢们，也是人。
饮食类，一般平。　不是处，且宽忍。
十分刻，异心生。　若太宽，便不逊。
最难养，是小人。　再叮咛，更警心。
妯娌多，都一心。　本等话，莫生嗔。
同茶饭，莫吵分。　一闹嚷，四邻听。
任会说，非为能。　吵家的，个个论。
公姑闹，不安宁。　各自居，也要命。
命不遇，只是贫。　那时节，才耻论。
这等事，当自忖。　管家娘，更须听。
赶捉牲，莫纷纷。　动宰割，忌刀声。
亲锅厨，休铮铮。　最不孝，斩先脉。
夫无嗣，劝娶妾。　继宗祀，最为切。
遵三从，行四德。　习礼义，难尽说。
看古人，多贤德。　宜以之，为法则。

十一、声律启蒙

诗词和对联是中国传统文学的重要形式,其行文对声调、音律、格律等都有严格的要求。因此,声律教学,就是历代私塾中幼童文学修养训练的重要组成部分。康熙年间车万育所作《声律启蒙》则是声律训练代表作之一。

上卷

（一）东

云对雨,雪对风。晚照对晴空。来鸿对去燕,宿鸟对鸣虫。三尺剑,六钧弓。岭北对江东。人间清暑殿,天上广寒宫。两岸晓烟杨柳绿,一园春雨杏花红。两鬓风霜,途次早行之客;一蓑烟雨,溪边晚钓之翁。

沿对革,异对同。白叟对黄童。江风对海雾,牧子对渔翁。颜巷陋,阮途穷。冀北对辽东。池中濯足水,门外打头风。梁帝讲经同泰寺,汉皇置酒未央宫。尘虑萦心,懒抚七弦绿绮;霜华满鬓,羞看百炼青铜。

贫对富,塞对通。野叟对溪童。鬓皤对眉绿,齿皓对唇红。天浩浩,日融融。佩剑对弯弓。半溪流水绿,千树落花红。野渡燕穿杨柳雨,芳池鱼戏芰荷风。女子眉纤,额下现一弯新月;男儿气壮,胸中吐万丈长虹。

（二）冬

春对夏,秋对冬。暮鼓对晨钟。观山对玩水,绿竹对苍松。冯妇虎,叶公龙。舞蝶对鸣蛩。衔泥双紫燕,课蜜几黄蜂。春日园中莺恰恰,秋天塞外雁雍雍。秦岭云横,迢递八千远路;巫山雨洗,嵯峨十二危峰。

明对暗,淡对浓。上智对中庸。镜奁对衣笥,野杵对村舂。花灼烁,草蒙茸。九夏对三冬。台高名戏马,斋小号蟠龙。手擘蟹螯从毕卓,身披鹤氅自王恭。五老峰高,秀插云霄如玉笔;三姑石大,响传风雨若金镛。

仁对义,让对恭。禹舜对羲农。雪花对云叶,芍药对芙蓉。陈后主,汉中宗。绣虎对雕龙。柳塘风淡淡,花圃月浓浓。春日正宜朝看蝶,秋风那更夜闻蛩。战士邀功,必借干戈成勇武;逸民适志,须凭诗酒养疏慵。

（三）江

楼对阁,户对窗。巨海对长江。蓉裳对蕙帐。玉笋对银釭。青布幔,碧油幢。宝剑对金釭。忠心安社稷,利口覆家邦。世祖中兴延马武,桀王失道杀龙逢。秋雨潇潇,漫烂黄花都满径;春风袅袅,扶疏绿竹正盈窗。

旌对旆,盖对幢。故国对他邦。千山对万水,九泽对三江。山岌岌,水淙淙。

鼓振对钟撞。清风生酒舍,白月照书窗。阵上倒戈辛纣战,道旁系剑子婴降。夏日池塘,出没浴波鸥对对;春风帘幕,往来营垒燕双双。

铢对两,只对双。华岳对湘江。朝车对禁鼓,宿火对塞缸。青琐闼,碧纱窗。汉社对周邦。笙箫鸣细细,钟鼓响拟拟。主簿栖鸾名有览,治中展骥姓惟庞。苏武牧羊,雪屡餐于北海;庄周活鲋,水必决于西江。

(四)支

茶对酒,赋对诗。燕子对莺儿。栽花对种竹,落絮对游丝。四目颉,一足夔。鸲鹆对鹭鸶。半池红菡萏,一架白荼蘼。几阵秋风能应候,一犁春雨甚知时。智伯恩深,国士吞变形之炭;羊公德大,邑人竖堕泪之碑。

行对止,速对迟。舞剑对围棋。花笺对草字,竹简对毛锥。汾水鼎,岘山碑。虎豹对熊罴。花开红锦绣,水漾碧琉璃。去妇因探邻舍枣,出妻为种后园葵。笛韵和谐,仙管恰从云里降;橹声咿轧,渔舟正向雪中移。

戈对甲,鼓对旗。紫燕对黄鹂。梅酸对李苦,青眼对白眉。三弄笛,一围棋。雨打对风吹。海棠春睡早,杨柳昼眠迟。张骏曾为槐树赋,杜陵不作海棠诗。晋士特奇,可比一斑之豹;唐儒博识,堪为五总之龟。

(五)微

来对往,密对稀。燕舞对莺飞。风清对月朗,露重对烟微。霜菊瘦,雨梅肥。客路对渔矶。晚霞舒锦绣,朝露缀珠玑。夏暑客思欹石枕,秋寒妇念寄边衣。春水才深,青草岸边渔父去;夕阳半落,绿莎原上牧童归。

宽对猛,是对非。服美对乘肥。珊瑚对玳瑁,锦绣对珠玑。桃灼灼,柳依依。绿暗对红稀。窗前莺并语,帘外燕双飞。汉致太平三尺剑,周臻大定一戎衣。吟成赏月之诗,只愁月堕;斟满送春之酒,惟憾春归。

声对色,饱对饥。虎节对龙旗。杨花对桂叶,白简对朱衣。尨也吠,燕于飞。荡荡对巍巍。春暄资日气,秋冷借霜威。出使振威冯奉世,治民异等尹翁归。燕我弟兄,载咏棣棠韡韡;命伊将帅,为歌杨柳依依。

(六)鱼

无对有,实对虚。作赋对观书。绿窗对朱户,宝马对香车。伯乐马,浩然驴。弋雁对求鱼。分金齐鲍叔,奉璧蔺相如。掷地金声孙绰赋,回文锦字窦滔书。未遇殷宗,胥靡困傅岩之筑;既逢周后,太公舍渭水之渔。

终对始,疾对徐。短褐对华裾。六朝对三国,天禄对石渠。千字策,八行书。有若对相如。花残无戏蝶,藻密有潜鱼。落叶舞风高复下,小荷浮水卷还舒。爱见人长,共服宣尼休假盖;恐彰己吝,谁知阮裕竟焚车。

麟对凤,鳖对鱼。内史对中书。犁锄对耒耜,畎浍对郊墟。犀角带,象牙梳。

驷马对安车。青衣能报赦,黄耳解传书。庭畔有人持短剑,门前无客曳长裾。波浪拍船,骇舟人之水宿;峰峦绕舍,乐隐者之山居。

(七)虞

金对玉,宝对珠。玉兔对金乌。孤舟对短棹,一雁对双凫。横醉眼,捻吟须。李白对杨朱。秋霜多过雁,夜月有啼乌。日暖园林花易赏,雪寒村舍酒难沽。人处岭南,善探巨象口中齿;客居江右,偶夺骊龙颔下珠。

贤对圣,智对愚。傅粉对施朱。名缰对利锁,挈榼对提壶。鸠哺子,燕调雏。石帐对郇厨。烟轻笼岸柳,风急撼庭梧。鸜眼一方端石砚,龙涎三炷博山炉。曲沼鱼多,可使渔人结网;平田兔少,漫劳耕者守株。

秦对赵,越对吴。钓客对耕夫。箕裘对杖履,杞梓对桑榆。天欲晓,日将晡。狡兔对妖狐。读书甘刺股,煮粥惜焚须。韩信武能平四海,左思文足赋三都。嘉遁幽人,适志竹篱茅舍;胜游公子,玩情柳陌花衢。

(八)齐

岩对岫,涧对溪。远岸对危堤。鹤长对凫短,水雁对山鸡。星拱北,月流西。汉露对汤霓。桃林牛已放,虞坂马长嘶。叔侄去官闻广受,弟兄让国有夷齐。三月春浓,芍药丛中蝴蝶舞;五更天晓,海棠枝上子规啼。

云对雨,水对泥。白璧对玄圭。献瓜对投李,禁鼓对征鼙。徐稚榻,鲁班梯。凤翥对鸾栖。有官清似水,无客醉如泥。截发惟闻陶侃母,断机只有乐羊妻。秋望佳人,目送楼头千里雁;早行远客,梦惊枕上五更鸡。

熊对虎,象对犀。霹雳对虹霓。杜鹃对孔雀,桂岭对梅溪。萧史凤,宋宗鸡。远近对高低。水寒鱼不跃,林茂鸟频栖。杨柳和烟彭泽县,桃花流水武陵溪。公子追欢,闲骑玉骢游绮陌;佳人倦绣,闷欹珊枕掩香闺。

(九)佳

河对海,汉对淮。赤岸对朱崖。鹭飞对鱼跃,宝钿对金钗。鱼圉圉,鸟喈喈。草履对芒鞋。古贤尝笃厚,时辈喜诙谐。孟训文公谈性善,颜师孔子问心斋。缓抚琴弦,像流莺而并语;斜排筝柱,类过雁之相挨。

丰对俭,等对差。布袄对荆钗。雁行对鱼阵,榆塞对兰崖。挑荠女,采莲娃。菊径对苔阶。诗成对六义备,乐奏八音谐。造律吏哀秦法酷,知音人说郑声哇。天欲飞霜,塞上有鸿行已过;云将作雨,庭前多蚁阵先排。

城对市,巷对街。破屋对空阶。桃枝对桂叶,砌蚓对墙蜗。梅可望,橘堪怀。季路对高柴。花藏沽酒市,竹映读书斋。马首不容孤竹扣,车轮终就洛阳埋。朝宰锦衣,贵束乌犀之带;宫人宝髻,宜簪白燕之钗。

（十）灰

增对损，闭对开。碧草对苍苔。书签对笔架，两曜对三台。周召虎，宋桓魋。阆苑对蓬莱。薰风生殿阁，皓月照楼台。却马汉文思罢献，吞蝗唐太冀移灾。照耀八荒，赫赫丽天秋日；震惊百里，轰轰出地春雷。

沙对水，火对灰。雨雪对风雷。书淫对传癖，水浒对岩隈。歌旧曲，酿新醅。舞馆对歌台。春棠经雨放，秋菊傲霜开。作酒固难忘曲蘗，调羹必要用盐梅。月满庾楼，据胡床而可玩；花开唐苑，轰羯鼓以奚催。

休对咎，福对灾。象箸对犀杯。宫花对御柳，峻阁对高台。花蓓蕾，草根荄。剔藓对剜苔。雨前庭蚁闹，霜后阵鸿哀。元亮南窗今日傲，孙弘东阁几时开。平展青茵，野外茸茸软草；高张翠幄，庭前郁郁凉槐。

（十一）真

邪对正，假对真。獬豸对麒麟。韩卢对苏雁，陆橘对庄椿。韩五鬼，李三人。北魏对西秦。蝉鸣哀暮夏，莺啭怨残春。野烧焰腾红烁烁，溪流波皱碧粼粼。行无踪，居无庐，颂成酒德；动有时，藏有节，论著钱神。

哀对乐，富对贫。好友对嘉宾。弹琴对结绶，白日对青春。金翡翠，玉麒麟。虎爪对龙麟。柳塘生细浪，花径起香尘。闲爱登山穿谢屐，醉思漉酒脱陶巾。雪冷霜严，倚槛松筠同傲岁；日迟风暖，满园花柳各争春。

香对火，炭对薪。日观对天津。禅心对道眼，野妇对宫嫔。仁无敌，德有邻。万石对千钧。滔滔三峡水，冉冉一溪冰。充国功名当画阁，子张言行贵书绅。笃志诗书，思入圣贤绝域；忘情官爵，羞沾名利纤尘。

（十二）文

家对国，武对文。四辅对三军。九经对三史，菊馥对兰芬。歌北鄙，咏南薰。迩听对遥闻。召公周太保，李广汉将军。闻化蜀民皆草偃，争权晋土已三分。巫峡夜深，猿啸苦哀巴地月；衡峰秋早，雁飞高贴楚天云。

敧对正，见对闻。偃武对修文。羊车对鹤驾，朝旭对晚曛。花有艳，竹成文。马燧对羊欣。山中梁宰相，树下汉将军。施帐解围嘉道韫，当垆沽酒叹文君。好景有期，北岭几枝梅似雪；丰年先兆，西郊千顷稼如云。

尧对舜，夏对殷。蔡惠对刘贲。山明对水秀，五典对三坟。唐李杜，晋机云。事父对忠君。雨晴鸠唤妇，霜冷雁呼群。酒量洪深周仆射，诗才俊逸鲍参军。鸟翼长随，风夸洵众离长；狐威不假，虎也真百兽尊。

（十三）元

幽对显，寂对喧。柳岸对桃源。莺朋对燕友，早暮对寒暄。鱼跃沼，鹤乘轩。

醉胆对吟魂。轻尘生范甑，积雪拥袁门。缕缕轻烟芳草渡，丝丝微雨杏花村。诣阙王通，献太平十二策；出关老子，著道德五千言。

儿对女，子对孙。药圃对花村。高楼对邃阁，赤豹对玄猿。妃子骑，夫人轩。旷野对平原。匏巴能鼓瑟，伯氏善吹埙。馥馥早梅思驿使，萋萋芳草怨王孙。秋夕月明，苏子黄岗游绝壁；春朝花发，石家金谷启芳园。

歌对舞，德对恩。犬马对鸡豚。龙池对凤沼，雨骤对云屯。刘向阁，李膺门。唳鹤对啼猿。柳摇春白昼，梅弄月黄昏，岁冷松筠皆有节，春喧桃李本无言。噪晚齐蝉，岁岁秋来泣恨；啼宵蜀鸟，年年春去伤魂。

(十四) 寒

多对少，易对难。虎踞对龙蟠。龙舟对凤辇，白鹤对青鸾。风淅淅，露汋汋，绣毂对雕鞍。鱼游荷叶沼，鹭立蓼花滩。有酒阮貂奚用解，无鱼冯铗必须弹。丁固梦松，柯叶忽然生腹上；文郎画竹，枝梢倏尔长毫端。

寒对暑，湿对干。鲁隐对齐桓。寒毡对暖席，夜饮对晨餐。叔子带，仲由冠。郏鄏对邯郸。嘉禾忧夏旱，衰柳耐秋寒。杨柳绿遮元亮宅，杏花红映仲尼坛。江水流长，环绕似青罗带；海蟾轮满，澄明如白玉盘。

横对竖，窄对宽。黑志对弹丸。朱帘对画栋，彩槛对雕栏。春既老，夜将阑。百辟对千官。怀仁称足足，抱义美般般。好马君王曾市骨，食猪处士仅思肝。世仰双仙，元礼舟中携郭泰，人称连璧，夏侯车上并潘安。

(十五) 删

兴对废，附对攀。露草对霜菅。歌廉对借寇，习孔对希颜。山垒垒，水潺潺。奉璧对探镮。礼由公旦作，诗本仲尼删。驴困客方经灞水，鸡鸣人已出函关。几夜霜飞，已有苍鸿辞北塞；数朝雾暗，岂无玄豹隐南山。

犹对尚，侈对悭。雾鬓对烟鬟。莺啼对鹊噪，独鹤对双鹇。黄牛峡，金马山。结草对衔环。昆山惟玉集，合浦有珠还。阮籍旧能为眼白，老莱新爱着衣斑。栖迟避世人，草衣木食；窈窕倾城女，云鬓花颜。

姚对宋，柳对颜。赏善对惩奸。愁中对梦里，巧慧对痴顽。孔北海，谢东山。使越对征蛮。淫声闻濮上，离曲听阳关。骁将袍披仁贵白，小儿衣着老莱斑。茅舍无人，难却尘埃生榻上；竹亭有客，尚留风月在窗间。

下卷

(一) 先

晴对雨，地对天。天地对山川。山川对草木，赤壁对青田。郏鄏鼎，武城弦。木笔对苔钱。金城三月柳，玉井九秋莲。何处春朝风景好，谁家秋夜月华圆。珠缀花梢,千点蔷薇香露;练横树杪,几丝杨柳残烟。

前对后,后对先。众丑对孤妍。莺簧对蝶板,虎穴对龙渊。击石磬,观韦编。鼠目对鸢肩。春园花柳地,秋沼芰荷天。白羽频挥闲客坐,乌纱半坠醉翁眠。野店几家,羊角风摇沽酒旆;长川一带,鸭头波泛卖鱼船。

离对坎,震对乾。一日对千年。尧天对舜日,蜀水对秦川。苏武节,郑虔毡。涧壑对林泉。挥戈能退日,持管莫窥天。寒食芳辰花烂漫,中秋佳节月婵娟。梦里荣华,飘忽枕中之客;壶中日月,安闲市上之仙。

(二)萧

恭对慢,吝对骄。水远对山遥。松轩对竹槛,雪赋对风谣。乘五马,贯双雕。烛灭对香消。明蟾常彻夜,骤雨不终朝。楼阁天凉风飒飒,关河地隔雨潇潇。几点鹭鸶,日暮常飞红蓼岸;一双鸂鶒,春朝频泛绿杨桥。

开对落,暗对昭。赵瑟对虞韶。轺车对驿骑,锦绣对琼瑶。羞攘臂,懒折腰。范甑对颜瓢。寒天鸳帐酒,夜月凤台箫。舞女腰肢杨柳软,佳人颜貌海棠娇。豪客寻春,南陌草青香阵阵;闲人避暑,东堂蕉绿影摇摇。

班对马,董对晁。夏昼对春宵。雷声对电影,麦穗对禾苗。八千路,廿四桥。总角对垂髫。露桃匀嫩脸,风柳舞纤腰。贾谊赋成伤鹏鸟,周公诗就托鸱鸮。幽寺寻僧,逸兴岂知俄尔尽;长亭送客,离魂不觉黯然消。

(三)肴

风对雅,象对爻。巨蟒对长蛟。天文对地理,蟋蟀对螵蛸。龙夭矫,虎咆哮。北学对东胶。筑台须垒土,成屋必诛茅。潘岳不忘秋兴赋,边韶常被昼眠嘲。抚养群黎,已见国家隆治;滋生万物,方知天地泰交。

蛇对虺,螷对蛟。麟薮对鹊巢。风声对月色,麦穗对桑苞。何妥难,子云嘲。楚甸对商郊。五音惟耳听,万虑在心包。葛被汤征因仇饷,楚遭齐伐责包茅。高矣若天,洵是圣人大道;淡而如水,实为君子神交。

牛对马,犬对猫。旨酒对嘉肴。桃红对柳绿,竹叶对松梢。藜杖叟,布衣樵。北野对东郊。白驹形皎皎,黄鸟语交交。花圃春残无客到,柴门夜永有僧敲。墙畔佳人,飘扬竞把秋千舞;楼前公子,笑语争将蹴踘抛。

(四)豪

琴对瑟,剑对刀。地迥对天高。峨冠对博带,紫绶对绯袍。煎异茗,酌香醪。虎兕对猿猱。武夫攻骑射,野妇务蚕缲。秋雨一川淇澳竹,春风两岸武陵桃。螺髻青浓,楼外晚山千仞;鸭头绿腻,溪中春水半篙。

刑对赏,贬对褒。破斧对征袍。梧桐对橘柚,枳棘对蓬蒿。雷焕剑,吕虔刀。橄榄对葡萄。一椽书舍小,百尺酒楼高。李白能诗时秉笔,刘伶爱酒每衔糟。礼别尊卑，拱北众星常灿灿；势分高下，朝东万水自滔滔。

瓜对果，李对桃。犬子对羊羔。春分对夏至，谷水对山涛。双凤翼，九牛毛。主逸对臣劳。水流无限阔，山耸有余高。雨打村童新牧笠，尘生边将旧征袍。俊士居官，荣引鹓鸿之序；忠臣报国，誓殚犬马之劳。

（五）歌

山对水，海对河。雪竹对烟萝。新欢对旧恨，痛饮对高歌。琴再抚，剑重磨。媚柳对枯荷。荷盘从雨洗，柳线任风搓。饮酒岂知歆醉帽，观棋不觉烂樵柯。山寺清幽，直踞千寻云岭；江楼宏敞，遥临万顷烟波。

繁对简，少对多。里咏对途歌。宦情对旅况，银鹿对铜驼。刺史鸭，将军鹅。玉律对金科。古堤垂弹柳，曲沼长新荷。命驾吕因思叔夜，引车蔺为避廉颇。千尺水帘，今古无人能手卷；一轮月镜，乾坤何匠用功磨。

霜对露，浪对波。径菊对池荷。酒阑对歌罢，日暖对风和。梁父咏，楚狂歌。放鹤对观鹅。史才推永叔，刀笔仰萧何。种橘犹嫌千树少，寄梅谁信一枝多。林下风生，黄发村童推牧笠；江头日出，皓眉溪叟晒渔蓑。

（六）麻

松对柏，缕对麻。蚁阵对蜂衙。赪鳞对白鹭，冻雀对昏鸦，白堕酒，碧沉茶。品笛对吹笳。秋凉梧堕叶，春暖杏开花。雨长苔痕侵壁砌，月移梅影上窗纱。飒飒秋风，度城头之筚篥；迟迟晚照，动江上之琵琶。

优对劣，凸对凹。翠竹对黄花。松杉对杞梓，菽麦对桑麻。山不断，水无涯。煮酒对烹茶。鱼游池面水，鹭立岸头沙。百亩风翻陶令秫，一畦雨熟邵平瓜。闲捧竹根，饮李白一壶之酒；偶擎桐叶，啜卢仝七碗之茶。

吴对楚，蜀对巴。落日对流霞。酒钱对诗债，柏叶对松花。驰驿骑，泛仙槎。碧玉对丹砂。设桥偏送笋，开道竟还瓜。楚国大夫沉汨水，洛阳才子谪长沙。书簏琴囊，乃士流活计；药炉茶鼎，实闲客生涯。

（七）阳

高对下，短对长。柳影对花香。词人对赋客，五帝对三王。深院落，小池塘。晚眺对晨妆。绛霄唐帝殿，绿野晋公堂。寒集谢庄衣上雪，秋添潘岳鬓边霜。人浴兰汤，事不忘于端午；客斟菊酒，兴常记于重阳。

尧对舜，禹对汤。晋宋对隋唐。奇花对异卉，夏日对秋霜。八叉手，九回肠。地久对天长。一堤杨柳绿，三径菊花黄。闻鼓塞兵方战斗，听钟宫女正梳妆。春饮方归，纱帽半淹邻舍酒；早朝初退，衮衣微惹御炉香。

荀对孟，老对庄。弹柳对垂杨。仙宫对梵宇，小阁对长廊。风月窟，水云乡。蟋蟀对螳螂。暖烟香霭霭，寒烛影煌煌。伍子欲酬渔父剑，韩生尝窃贾公香。三月韶光,常忆花明柳媚;一年好景,难忘橘绿橙黄。

(八)庚

深对浅,重对轻。有影对无声。蜂腰对蝶翅,宿醉对馀醒。天北缺,日东生。独卧对同行。寒冰三尺厚,秋月十分明。万卷书容闲客览,一樽酒待故人倾。心侈唐玄,厌看霓裳之曲;意骄陈主,饱闻玉树之赓。

虚对实,送对迎。后甲对先庚。鼓琴对舍瑟,搏虎对骑鲸。金匼匝,玉玎玲。玉宇对金茎。花间双粉蝶,柳内几黄莺。贫里每甘藜藿味,醉中厌听管弦声。肠断秋闺,凉吹已侵重被冷;梦惊晓枕,残蟾犹照半窗明。

渔对猎,钓对耕。玉振对金声。雉城对雁塞,柳枲对葵倾。吹玉笛,弄银笙。阮杖对桓筝。墨呼松处士,纸号楮先生。露浥好花潘岳县,风搓细柳亚夫营,抚动琴弦,遽觉座中风雨至;哦成诗句,应知窗外鬼神惊。

(九)青

红对紫,白对青。渔火对禅灯。唐诗对汉史,释典对仙经。龟曳尾,鹤梳翎。月榭对风亭。一轮秋夜月,几点晓天星。晋士只知山简醉,楚人谁识屈原醒。绣倦佳人,慵把鸳鸯文作枕;吮毫画者,思将孔雀写为屏。

行对坐,醉对醒。佩紫对纤青。棋枰对笔架,雨雪对雷霆。狂蛱蝶,小蜻蜓。水岸对沙汀。天台孙绰赋,剑阁孟阳铭。传信子卿千里雁,照书车胤一囊萤。冉冉白云,夜半高遮千里月;澄澄碧水,宵中寒映一天星。

书对史,传对经。鹦鹉对鹡鸰。黄茅对白荻,绿草对青萍。风绕铎,雨淋铃。水阁对山亭。渚莲千朵白,岸柳两行青。汉代宫中生秀柞,尧时阶畔长祥蓂。一枰决胜,棋子分黑白;半幅通灵,画色间丹青。

(十)蒸

新对旧,降对升。白犬对苍鹰。葛巾对藜杖。涧水对池冰。张兔网,挂鱼罾。燕雀对鹏鹍。炉中煎药火,窗下读书灯。织锦逐梭成舞凤,画屏误笔作飞蝇。宴客刘公,座上满斟三雅爵;迎仙汉帝,宫中高插九光灯。

儒对士,佛对僧。面友对心朋。春残对夏老,夜寝对晨兴。千里马,九霄鹏。霞蔚对云蒸。寒堆阴岭雪,春泮水池冰。亚父愤生撞玉斗,周公誓死作金縢。将军元晖,莫怪人讥为饿虎;侍中卢昶,难逃世号作饥鹰。

规对矩,墨对绳。独步对同登。吟哦对讽咏,访友对寻僧。风绕屋,水襄陵。紫鹄对苍鹰。鸟寒惊夜月,鱼暖上春冰。扬子口中飞白凤,何郎鼻上集青蝇。巨鲤跃池,翻几重之密藻;颠猿饮涧,挂百尺之垂藤。

(十一)尤

荣对辱,喜对忧。夜宴对春游。燕关对楚水,蜀犬对吴牛。茶敌睡,酒消愁。

青眼对白头。马迁修史记,孔子作春秋。适兴子猷常泛棹,思归王粲强登楼。窗下佳人,妆罢重将金插鬓;筵前舞妓,曲终还要锦缠头。

唇对齿,角对头。策马对骑牛。毫尖对笔底,绮阁对雕楼。杨柳岸,荻芦洲。语燕对啼鸠。客乘金络马,人泛木兰舟。绿野耕夫春举耜,碧池渔父晚垂钩。波浪千层,喜见蛟龙得水;云霄万里,惊看雕鹗横秋。

庵对寺,殿对楼。酒艇对渔舟。金龙对彩凤,獭豕对童牛。王郎帽,苏子裘。四季对三秋。峰峦扶地秀,江汉接天流。一湾绿水渔村小,万里青山佛寺幽。龙马呈河,羲皇阐微而画卦;神龟出洛,禹王取法以陈畴。

(十二)侵

眉对目,口对心。锦瑟对瑶琴。晓耕对寒钓,晚笛对秋砧。松郁郁,竹森森。闵损对曾参。秦王亲击缶,虞帝自挥琴。三献卞和尝泣玉,四知杨震固辞金。寂寂秋朝,庭叶因霜摧嫩色;沉沉春夜,砌花随月转清阴。

前对后,古对今。野兽对山禽。犍牛对牝马,水浅对山深。曾点瑟,戴逵琴。璞玉对浑金。艳红花弄色,浓绿柳敷阴。不雨汤王方剪爪,有风楚子正披襟。书生惜壮岁韶华,寸阴尺璧;游子爱良宵光景,一刻千金。

丝对竹,剑对琴。素志对丹心。千愁对一醉,虎啸对龙吟。子罕玉,不疑金。往古对来今。天寒邹吹律,岁旱傅为霖。渠说子规为帝魄,侬知孔雀是家禽。屈子沉江,处处舟中争系粽;牛郎渡渚,家家台上竞穿针。

(十三)覃

千对百,两对三。地北对天南。佛堂对仙洞,道院对禅庵。山泼黛,水浮蓝。雪岭对云潭。凤飞方翙翙,虎视已眈眈。窗下书生时讽咏,筵前酒客日耽酣。白草满郊,秋日牧征人之马;绿桑盈亩,春时供农妇之蚕。

将对欲,可对堪。德被对恩覃。权衡对尺度,雪寺对云庵。安邑枣,洞庭柑。不愧对无惭。魏征能直谏,王衍善清谈。紫梨摘去从山北,丹荔传来自海南。攘鸡非君子所为,但当月一;养狙是山公之智,止用朝三。

中对外,北对南。贝母对宜男。移山对浚井,谏苦对言甘。千取百,二为三。魏尚对周堪。海门翻夕浪,山市拥晴岚。新缔直投公子纻,旧交犹脱馆人骖。文在淹通,已叹冰兮寒过水;永和博雅,可知青者胜于蓝。

(十四)盐

悲对乐,爱对嫌。玉兔对银蟾。醉侯对诗史,眼底对眉尖。风习习,雨绵绵。李苦对瓜甜。画堂施锦帐,酒市舞青帘。横槊赋诗传孟德,引壶酌酒尚陶潜。两曜迭明,日东生而月西出;五行式序,水下润而火上炎。

如对似,减对添。绣幕对朱帘。探珠对献玉,鹭立对鱼潜。玉屑饭,水晶盐。

手剑对腰镰。燕巢依邃阁,蛛网挂虚檐。夺槊至三唐敬德,弈棋第一晋王恬。南浦客归,湛湛春波千顷净;西楼人悄,弯弯夜月一钩纤。

逢对遇,仰对瞻。市井对闾阎。投簪对结绶,握发对掀髯。张绣幕,卷珠帘。石碏对江淹。宵征方肃肃,夜饮已厌厌。心褊小人长戚戚,礼多君子屡谦谦。美刺殊文,备三百五篇诗咏;吉凶异画,变六十四卦爻占。

(十五)咸

清对浊,苦对咸。一启对三缄。烟蓑对雨笠,月榜对风帆。莺睍睆,燕呢喃。柳杞对松杉。情深悲素扇,泪痛湿青衫。汉室既能分四姓,周朝何用叛三监。破的而探牛心,豪矜王济;竖竿以挂犊鼻,贫笑阮咸。

能对否,圣对贤。卫瓘对浑瑊。雀罗对鱼网,翠巘对苍崖。红罗帐,白布衫。笔格对书函。蕊香蜂竞采,泥软燕争衔。凶孽誓清闻祖逖,王家能义有巫咸。溪叟新居,渔舍清幽临水岸;山僧久隐,梵宫寂寞倚云岩。

冠对带,帽对衫。议鲠对言谗。行舟对御马,俗弊对民岩。鼠且硕,兔多毚。史册对书缄。塞城闻奏角,江浦认归帆。河水一源形弥弥,泰山万仞势岩岩。郑为武公,赋缁衣而美德;周因巷伯,歌贝锦以伤谗。

十二、四言集

但行好事,莫问前程。与人方便,自己方便。善与人交,久而敬之。
人贫志短,马瘦毛长。人心似铁,官法如炉。谏之双美,毁之两伤。
积善之家,必有余庆,积恶之家,必有余殃。休争闲气,日有平西。
来之不善,去之易矣。人贫不语,水平不流。得荣思辱,处安思危。
羊羔虽美,众口难调。事要三思,免劳后悔。太子入学,庶民同例。
官至一品,万法依条。凡事从实,积福自厚。无功受禄,寝食不安。
才高语壮,力大欺人。言多语失,食多伤心。酒要少吃,事要多知。
相争告人,万种无益。礼下与人,必有所求。敏而好学,不耻下问。
居必择邻,交必良友。顺天者存,逆天者亡。人为财死,鸟为食亡。
得人一牛,还人一马。老实常在,虚空常败。三人同行,必有我师。
人无远虑,必有近忧。寸心不昧,万法皆明。明中施舍,暗里填还。
人间私语,天闻若雷。暗室亏心,神目如电。肚里跷歧,神道先知。
人离乡贱,物离乡贵。杀人可恕,情理难容。人欲可断,天理可循。
心要忠恕,意要诚实。狎昵恶少,久必受累。屈志老成,急可相依。
施惠无念,受恩莫忘。勿营华屋,勿谋良田。宗祖虽远,祭祀宜诚。

子孙虽愚，诗书宜读。刻薄成家，理无久享。

十三、五言集

黄金浮世在，白发故人稀。多金非为贵，安乐值钱多。休争三寸气，
白了少年头。百年随时过，万事转头空。耕牛无宿草，仓鼠有余粮。
万事分已定，浮生空白忙。结有德之朋，绝无义之友。常怀克己心，
法度要谨守。君子坦荡荡，小人常戚戚。见事知长短，人面识高低。
心高遮世事，地高逐水流。水深流去慢，贵人语话迟。道高龙虎伏，
德重鬼神钦。人高谈今古，物高价出头。休依时来势，提防时去时。
藤罗绕树生，树倒藤罗死。官满如花谢，势败奴欺主。命强人欺鬼，
运衰鬼欺人。但得一步地，何须不为人。人无千日好，花无百日红。
人有十年壮，鬼神不敢傍。厨中有剩饭，路上有饥人。饶人不足痴，
过后得便宜。量小非君子，品高是丈夫。路遥知马力，日久见人心。
长存君子道，须有称心时。雁飞不到处，人被名利牵。有钱便使用，
死后一场空。为仁不富矣，为富不仁矣。君子喻于义，小人喻于利。
贫而无怨难，富而无骄易。万般全在命，半点不由人。在家敬父母，
何须远烧香。家和贫也好，不义富如何。晴天开水道，预防暴雨时。
寒门生贵子，白屋出公卿。将相本无种，男儿当自强。成人不自在，
自在不成人。国正天心顺，官清民自安。妻贤夫祸少，子孝父心宽。
自家无运至，却怨世界难。有钱能解语，无钱语不明。人生不满百，
常怀千岁忧。来说是非者，便是是非人。积善有善报，积恶有恶报。
报应有早晚，祸福自不错。花有重开日，人无长少年。人无害虎心，
虎有伤人意。上山擒虎易，开口告人难。忠臣不怕死，怕死不忠臣。
从前多少事，过去一场空。既在矮檐下，怎敢不低头。家贫知孝子，
国乱显忠臣。命贫君子拙，时来小人强。命好心也好，富贵直到老。
命好心不好，中途夭折了。心命都不好，穷苦直到老。年老心未老，
人穷志不穷。自古皆有死，民无信不立。善若施于人，祸不侵于己。

十四、六言集

既读孔孟之书，必达周公之礼。君子敬而无失，与人恭而有礼。
事君数斯辱矣，朋友数斯疏矣。人无酬天之力，天有养人之心。
一马不鞴双鞍，忠臣不事二主。长想有力之奴，不念无为之子。

人有旦夕祸福,天有昼夜阴阳。君子当权积福,小人仗势欺人。
人将礼乐为先,树将枝叶为圆。马有垂缰之义,狗有湿草之恩。
运去黄金失色,时来铁也争光。怕人知道休做,要人敬重勤学。
泰山不却微尘,积小垒成高大。人道谁无烦恼,风来浪也白头。

十五、七言集

贫居闹市无人问,富在深山有远亲。交情当慎初相见,到老终无怨恨心。
常将有日思无日,莫到无时思有时。善恶到头终有报,只争来早与来迟。
蒿蓬隐着灵芝草,淤泥陷着紫金盆。劝君莫作亏心事,古往今来放过谁。
山寺日高僧未起,算来名利不如闲。欺心莫赌洪誓愿,人与世情朝朝随。
人生稀有七十余,多少风光不同居。长江一去无回浪,人老何曾再少年。
大道劝人三件事,戒酒除花莫赌钱。言多语失皆因酒,义断亲疏只为钱。
有事但近君子说,是非休听小人言。妻贤何愁家不富,子孝何须父向前。
心好家门生贵子,命好何须靠祖田。侵人田土骗人钱,荣华富贵不多年。
莫道眼前无可报,分明折在子孙边。酒逢知己千杯少,话不投机半句多。
衣服破时宾客少,识人多处是非多。白马红缨彩色新,不是亲家强来亲。
一朝马死黄金尽,亲者如同陌路人。青草发时便盖地,运通何须觅故人。
但能依理求生计,何必欺心作恶人。才为人交辨人心,高山流水向古今。
莫做亏心侥幸事,自然灾患不来侵。人着人死天不肯,天着人死有何难。
我见几家贫了富,几家富了又还贫。三寸气在千般用,一旦无常万事休。
人见利而不见害,鱼见食而不见钩。是非只为多开口,烦恼皆因强出头。
平生正直无私曲,问甚天公饶不饶。猛虎不在当道卧,困龙也有上天时。
临岸勒马收缰晚,船到江心补漏迟。家业有时为来往,还钱长记借钱时。
金风未动蝉先觉,暗算无常死不知。青山只会明今古,绿水何曾洗是非。
草怕严霜霜怕日,恶人自有恶人磨。月过十五光明少,人到中年万事和。
良言一句三冬暖,恶语伤人六月寒。雨里深山雪里烟,看事容易做事难。
无名草木年年发,不信男儿一世穷。若不与人行方便,念尽弥陀总是空。
少年休笑白头翁,花开能有几时红。越奸越狡越贫穷,奸狡原来天不容。
富贵若从奸狡得,世间呆汉吸西风。忠臣不事二君王,烈女不嫁二夫郎。
小人狡猾心肠歹,君子公平托上苍。一字千金价不多,会文会算有谁过。
小身会文国家用,大汉空长作什么。

第十一章　诸子百家

　　诸子百家是对春秋战国时期各种学术派别的总称,诸子百家中流传最为广泛的是儒家、道家、阴阳家、法家、名家、墨家、杂家、农家、小说家、纵横家。

　　"诸子",是指这一时期思想领域内反映各阶级、阶层利益的思想家及著作,也是先秦至汉各种政治学派的总称,属春秋后才产生的私学。

　　"百家"表明当时思想家较多,但也是一种夸张的说法。主要人物有孔子、孟子、墨子、荀子、老子、庄子、列子、韩非子、商鞅、申不害、许行、告子、杨子、公孙龙子、惠子、孙武、孙膑、张仪、苏秦、田骈、慎子、尹文、邹衍、晏子、吕不韦、管子、鬼谷子等。

一、儒家

　　儒家是战国时期重要的学派之一,它以春秋时孔子为师,以六艺为法,崇尚"礼乐"和"仁义",提倡"忠恕"和不偏不倚的"中庸"之道,主张"德治"和"仁政",重视道德伦理教育和人的自身修养的一个学术派别。

　　儒家强调教育的功能,认为重教化、轻刑罚是国家安定、人民富裕幸福的必由之路。主张"有教无类",对统治者和被统治者都应该进行教育,使全国上下都成为道德高尚的人。

　　在政治上,还主张以礼治国,以德服人,呼吁恢复"周礼",并认为"周礼"是实现理想政治的理想大道。至战国时,儒家分有八派,重要的有孟子和荀子两派。

　　孟子的思想主要是"民贵君轻",提倡统治者实行"仁政",在对人性的论述上,他认为人性本善,提出"性善论",与荀子的"性恶论"截然不同,荀子之所以提出人性本恶,也是战国时期社会矛盾更加尖锐的表现。

　　儒家学派代表人物为:孔子、孟子、荀子。作品有:《论语》《孟子》《荀子》等。

二、道家

　　道家是战国时期重要学派之一,又称"道德家"。这一学派以春秋末年老子关于"道"的学说作为理论基础,以"道"说明宇宙万物的本质、本源、构成和变化。认为"天道无为,万物自然化生,否认天帝鬼神主宰一切",主张"道法自然,顺其自然",提倡"清静无为,以柔克刚"。政治理想是"小国寡民"、"无为而治"。老子以后,道家内部分化为不同派别,著名的有四大派:庄子学派、杨朱学派、宋尹学派和黄老学派。

道家代表人物为:老子、庄子、列子。代表作品有:《道德经》《庄子》《列子》等。

三、墨家

墨家是战国时期重要学派之一,创始人为墨翟。

这一学派以"兼相爱,交相利"作为学说的基础:兼,视人如己;兼爱,即爱人如己。"天下兼相爱",就可达到"交相利"的目的。政治上主张尚贤、尚同和非攻;经济上主张强本节用;思想上提出"尊天事鬼"。同时,又提出"非命"的主张,强调靠自身的强力从事。

墨家有严密的组织,成员多来自社会下层,相传皆能赴火蹈刀,以自苦励志。其徒属从事谈辩者,称"墨辩";从事武侠者,称"墨侠";领袖称"巨(钜)子"。其纪律严明,相传"墨者之法,杀人者死,伤人者刑"。

墨翟死后,分裂为三派。至战国后期,汇合成二支:一支注重认识论、逻辑学、数学、光学、力学等学科的研究,是谓"墨家后学"(亦称"后期墨家");另一支则转化为秦汉社会的游侠。

四、法家

法家是战国时期的重要学派之一,因主张以法治国,"不别亲疏,不殊贵贱,一断于法",故称之为法家。春秋时期,管仲、子产即是法家的先驱。战国初期,李悝、商鞅、申不害、慎到等开创了法家学派。至战国末期,韩非综合商鞅的"法"、慎到的"势"和申不害的"术",以集法家思想学说之大成。

这一学派,经济上主张废井田,重农抑商、奖励耕战;政治上主张废分封,设郡县,君主专制,仗势用术,以严刑峻法进行统治;思想和教育方面,则主张禁断诸子百家学说,以法为教,以吏为师。其学说为君主专制的大一统王朝的建立,提供了理论根据和行动方略。

《汉书·艺文志》著录法家著作有二百十七篇,今存近半,其中最重要的是《商君书》和《韩非子》。

法家代表人物:商鞅、韩非、李斯。作品:《韩非子》。

五、名家

　　名家是战国时期的重要学派之一,因从事论辩名(名称、概念)实(事实、实在)为主要学术活动而被后人称为名家。当时人则称为"辩者"、"察士"或"刑(形)名家"。

　　名家代表人物:邓析、惠施、公孙龙和桓团。作品:《公孙龙子》。

六、阴阳家

　　阴阳家是战国时期重要学派之一,因提倡阴阳五行学说,并用它解释社会人事而得名。这一学派,当源于上古执掌天文历数的统治阶层,代表人物为战国时齐人邹衍。

　　阴阳学说认为阴阳是事物本身具有的正反两种对立和转化的力量,可用以说明事物发展变化的规律。五行学说认为万物皆由木、火、土、金、水五种元素组成,其间有相生和相胜两大定律,可用以说明宇宙万物的起源和变化。邹衍综合二者,根据五行相生相胜说,把五行的属性释为"五德",创"五德终始说",并以之作为历代王朝兴废的规律,为新兴的大一统王朝的建立提供理论根据。

　　《汉书·艺文志》著录此派著作二十一种,已全部散逸。成于战国后期的《礼记·月令》,有人说是阴阳家的作品。《管子》中有些篇亦属阴阳家之作,《吕氏春秋·应同》《淮南子·齐俗训》《史记·秦始皇本纪》中保留一些阴阳家的材料。

七、纵横家

　　纵横家是中国战国时以纵横捭阖之策游说诸侯,从事政治、外交活动的谋士。列为诸子百家之一。主要代表人物是苏秦、张仪等。

　　战国时南与北合为纵,西与东连为横,苏秦力主燕、赵、韩、魏、齐、楚合纵以拒秦,张仪则力破合纵,连横六国分别事秦,纵横家由此得名。他们的活动对于战国时政治、军事格局的变化有重要的影响。

　　《战国策》对其活动有大量记载。据《汉书·艺文志》记载,纵横家曾有著作"十六家百七篇"。

八、杂家

　　杂家是战国末期的综合学派。因"兼儒墨、合名法","于百家之道无不贯综"

(《汉书·艺文志》及颜师古注)而得名。秦相吕不韦聚集门客编著的《吕氏春秋》，是一部典型的杂家著作集。

九、农家

农家是战国时期重要学派之一。因注重农业生产而得名。此派出自上古管理农业生产的官吏。他们认为农业是衣食之本，应放在一切工作的首位。《孟子·滕文公上》记有许行其人，"为神农之言"，提出贤者应"与民并耕而食，饔飧而治"，表现了农家的社会政治理想。此派对农业生产技术和经验也注意记录和总结。《吕氏春秋》中的《上农》《任地》《辩土》《审时》等篇，被认为是研究先秦农家的重要资料。

十、小说家

小说家，先秦九流十家之一，乃采集民间传说议论，借以考察民情风俗。《汉书·艺文志》云："小说家者流，盖出于稗官。街谈巷语，道听途说者之所造也。"

十一、兵家

兵家重点在于指导战争，在不得不运用武力达到目的时，怎么样去使用武力。创始人是孙武，兵家又分为兵权谋家、兵形势家、兵阴阳家和兵技巧家四类。

兵家主要代表人物，春秋末有孙武、司马穰苴；战国有孙膑、吴起、尉缭、魏无忌、白起等。今存兵家著作有《黄帝阴符经》《六韬》《三略》《孙子兵法》《司马法》《孙膑兵法》《吴子》《尉缭子》等。各家学说虽有异同，但其中包含丰富的朴素唯物论与辩证法思想。

十二、医家

中国医学理论的形成，是在公元前五世纪下半叶到公元三世纪中叶，共经历了七百多年。公元前五世纪下半叶，中国开始进入封建社会。从奴隶社会向封建社会过渡，到封建制度确立，在中国历史上是一个大动荡的时期。社会制度的变革，促进了经济的发展，意识形态、科学文化领域出现了新的形势，其中包括医学的发展。医家泛指所有从医的人。

第十二章 中国古代四大艺术

一、琴

琴，又称"瑶琴"、"玉琴"，俗称"古琴"，一种古老的拨弦乐器。琴，作为一种特殊的文化，概括与代表着古老神秘的东方思想。琴，还有"绿绮"、"丝桐"等别称。

虽说"伏羲制琴"、"神农制琴"、"舜作五弦琴"的传说不可信，但它的历史确实是相当悠久了。琴最早见之于典籍的是我国第一部诗歌总集——《诗经》。《诗经·周南·关雎》中的"窈窕淑女，琴瑟友之"，《诗经·小雅·鹿鸣》中的"我有嘉宾，鼓瑟吹笙"，都映了琴和人民生活的密切联系。可见，三千多年前，琴已经流行。后来，由于孔子的提倡，文人中弹琴的风气很盛，并逐渐形成古代文人必备"琴、棋、书、画"修养的传统。

孔子在提倡琴乐之初就教导说"君子乐不去身，君子和琴比德，唯君子能乐"。操琴通乐是君子修养的最高层次，人与乐合一共同显现出一种平和敦厚的风范。在孔子的时代，琴乐还不仅仅是后世的君子个人的修身之乐，更是容纳天地教化百姓的圣乐。于琴乐之中，孔子听到了文王圣德之声，师旷听出了商纣亡国之音。古人相信天地的气象就蕴涵其中，人们膜拜它，赋予它关于道德的信仰。作为"正音"，琴乐寄寓了中国千年的正统思想和文化。

古琴伴随着人民生活，为我们留下了许多动人的故事：伯牙弹琴遇知音；司马相如与卓文君借助琴来表达爱慕之心；嵇康面临死亡，还操琴奏一曲《广陵散》；诸葛亮巧设空城计，沉着、悠闲的琴音，智退司马懿雄兵十万；以及陶渊明弹无弦琴的故事等，都为千古传颂。"高山流水"、"焚琴煮鹤"、"对牛弹琴"等妇孺皆知的成语都出自和琴有关的典故。

古琴，目睹了中华民族的兴衰，反映了华夏传人的安详寂静、洒脱自在的思想内涵。在古琴曲中，有一首叫《华胥引》的名曲，记载着这样一个故事：传说黄帝夜得佳梦，梦中来到一个叫华胥国的地方。其地"国无师长"，"民无嗜欲"，其国民"美恶不萌于心，山谷不踬其步，熙乐以生"。黄帝见其国之状况，羡慕不已。华胥国的国民所过的安详自在的生活，正是黄帝心中的理想生活。也可以说，黄帝的华胥之梦，正是他治国的理想境界。古德先贤的理想，往往通过琴来表达。伏羲、神农、黄帝、虞舜等造琴的传说,在琴界流传很广,而孔子、庄子等大家也都是琴学大家。他们心目中的理想境界,都在古琴文化中表现得淋漓尽致。

春秋战国时期,活动在思想舞台上主要有道家、儒家、墨家、法家、名家、纵横家、阴阳家、杂家、农家九大家。各家学说各有差异,但这九大家的思想,一直共存于中国人的头脑中,成为中国文化的一大特点,是因为中国人深知各种思想的共通之处:自心洒脱,世道安详。此内心之声的表达,正是琴的长处。虽诸家思想各不相同,但都同样对琴有着特殊的好感。琴融汇百家神髓,尽展人心深处的恬静安详潇洒自在之声。所以,人们才说,琴是中国文化的卓越代表。

儒释道三教文化,是中国传统文化的主体。琴文化是三教皆崇的文化。乐是儒学必修的重要内容,而琴更是儒者的最爱,而道者更是喜爱琴那清静洒脱的韵味。就连佛教僧人,也同样喜欢自琴中领悟空灵大智。自古以来,中国的文人往往皆尊三教,对琴的喜爱当然不在话下。他们往往借琴以完美自我的人格,修养身心,体悟大道。琴与剑,成为了文人的不可缺少的基本配备。琴棋书画,则是才子佳人们才能的标志。琴文化与中国文人、中国思想文化之间联系十分紧密。

在琴厚重的人文积淀之外,琴的审美在世界音乐中独树一帜。琴没有肆意的宣泄,只在含蓄中流露出平和超脱的气度。琴与诗歌密不可分;讲求韵味,虚实相生,讲求弦外之音,从中创造出一种空灵的意境,和国画的审美追求是统一的。难怪世界为之惊叹。"月色满轩白,琴声亦夜阑;泠泠七弦上,静听松风寒。古调随自爱,今人多不弹;为君投此曲,所贵知音难。"这是唐代诗人刘长卿发出的感喟。

(一)中国古代名琴

1. 周——号钟

"号钟"是周代的名琴。此琴音之洪亮,犹如钟声激荡,号角长鸣,令人震耳欲聋。传说古代杰出的琴家伯牙曾弹奏过"号钟"琴。后来"号钟"传到齐桓公的手中。齐桓公是齐国的贤明君主,通晓音律。当时,他收藏了许多名琴,但尤其珍爱这个"号钟"琴。他曾令部下敲起牛角,唱歌助乐,自己则奏"号钟"与之呼应。牛角声声,歌声凄切,"号钟"则奏出悲凉的旋律,使两旁的侍者个个感动得泪流满面。

2. 春秋——绕梁

今人有"余音绕梁,三日不绝"之语。其语源于《列子》中的一个故事:周朝时,韩国著名歌伎韩娥去齐国,路过雍门时断了钱粮,无奈只得卖唱求食。她那凄婉的歌声在空中回旋,如孤雁长鸣。韩娥离去三天后,其歌声仍缠绕回荡在屋梁之间,令人难以忘怀。

琴以"绕梁"命名,足见此琴音色之特点,必然是余音不断。据说"绕梁"是一位叫华元的人献给楚庄王的礼物,其制作年代不详。楚庄王自从得到"绕梁"以后,整天弹琴作乐,陶醉在琴乐之中。

有一次,楚庄王竟然连续七天不上朝,把国家大事都抛在脑后。王妃樊姬异常焦虑,规劝楚庄王说:"君王,您过于沉沦在音乐中了!过去,夏桀酷爱妹喜之瑟,而招致了杀身之祸;纣王误听靡靡之音,而失去了江山社稷。现在,君王如此喜爱'绕梁'之琴,七日不临朝,难道也愿意丧失国家和性命吗?"楚庄王闻言陷入了沉思。他无法抗拒"绕梁"的诱惑,只得忍痛割爱,命人用铁如意去捶琴,琴身碎为数段。从此,万人羡慕的名琴"绕梁"绝响了。

3. 汉——绿绮

"绿绮"是汉代著名文人司马相如弹奏的一把琴。司马相如原本家境贫寒,徒有四壁,但他的诗赋极有名气。梁王慕名请他作赋,相如写了一篇《如玉赋》相赠。此赋辞藻瑰丽,气韵非凡。梁王极为高兴,就以自己收藏的"绿绮"琴回赠。"绿绮"是一张传世名琴,琴内有铭文曰"桐梓合精",即桐木、梓木结合的精华。相如得"绿绮",如获珍宝。他精湛的琴艺配上"绿绮"绝妙的音色,使"绿绮"琴名噪一时。后来,"绿绮"就成了古琴的别称。

一次,司马相如访友,豪富卓王孙慕名设宴款待。酒兴正浓时,众人说:"听说您'绿绮'弹得极好,请操一曲,让我辈一饱耳福。"相如早就听说卓王孙的女儿文君,才华出众,精通琴艺,而且对他极为仰慕。司马相如就弹起琴歌《凤求凰》向她求爱。文君听琴后,理解了琴曲的含意,不由脸红耳热,心驰神往。她倾心相如的文才,为酬"知音之遇",便夜奔相如住所,缔结良缘。从此,司马相如以琴追求文君,被传为千古佳话。

4. 东汉——焦尾

"焦尾"是东汉著名文学家、音乐家蔡邕亲手制作的一张琴。蔡邕在"亡命江海、远迹吴会"时,曾于烈火中抢救出一段尚未烧完、声音异常的梧桐木。他依据木头的长短、形状,制成一张七弦琴,果然声音不凡。因琴尾尚留有焦痕,就取名为"焦尾"。"焦尾"以它悦耳的音色和特有的制法闻名四海。

汉末,蔡邕惨遭杀害后,"焦尾"琴仍完好地保存在皇家内库之中。三百多年后,齐明帝在位时,为了欣赏古琴高手王仲雄的超人琴艺,特命人取出存放多年的"焦尾"琴,给王仲雄演奏。王仲雄连续弹奏了五日,并即兴创作了《懊恼曲》献给明帝。到了明朝,昆山人王逢年还收藏着蔡邕制造的"焦尾"琴。

5. 唐——春雷

春雷长 126cm、高 10.8cm、肩宽 22.1cm、尾宽 17.2cm,连珠式琴,形饱满,黑漆面,具细密流水断纹。玉徽、玉轸、玉足、龙池圆形、凤沼长方形。琴底颈部刻"春雷"二字行草书填绿。龙池左右分刻隶书铭:"其声沈以雄,其韵和以冲"、"谁其识之出爨中",钤印一,印文剥蚀。龙池下似曾存一大方印,但经漆补,隐晦不清。

"春雷"为唐代名琴的名称,制琴世家雷威所做。明代(清秘藏)记之曰:"春雷,宋时藏宣和殿百琴堂,称为第一。后归金章宗,为明昌御府第一。章宗殁,挟之以殉。凡十八年,复出人间,略无毫发动,复为诸琴之冠。天地间尤物也!"传世唐琴极珍罕,此琴虽然纳音、双足、岳山、琴尾等处曾经后人修补,但琴身造形饱满,有唐琴之"圆";当代琴家试弹,称此琴音韵沉厚清越,兼得唐琴"松"、"透"之美。

6. 唐——九霄环佩

琴为伏羲式,杉木斩成,木质松黄。配以蚌徽。白玉制琴轸、雁足,刻工精美。岳山焦尾等均为紫檀制,工艺规整。琴身髹朱红色漆,鹿角灰胎,间以历代修补之墨黑、朱漆等。琴身通体以小蛇腹断纹为主,偶间小牛毛断纹。琴底之断纹隐起如虬,均起剑锋,突显此琴面浑古。究其原因,系此琴面仍可供按弹抚弄,若断纹起剑锋反碍事及易出杂音,故琴家每三数年便一小修,旨在磨挫其断纹之剑锋的缘故。琴身颈腰之面底等均作唐琴独有之圆楞减薄处理。龙池为圆形,凤沼作细长之椭圆形,以漆作赔格。琴面以微隆起之势成纳音。龙池内有唐宫琴格式之寸许大字"至德丙申"隶书腹款。至德丙申为唐肃宗元年(公元756年),为中唐之始。琴背池上阴刻篆书"九霄环佩",是为琴名;龙池下刻"清和"篆印,二印均为唐代原刻,尚有原填金漆痕迹。

比照海内外公私藏家的唐琴,北京故宫博物院旧藏"大圣遗音"和北京琴家锡宝臣旧藏之"大圣遗音",均有"至德丙申"款;辽宁省博物馆藏之"九霄环佩"、中央音乐学院藏之"太古遗音"、美国弗利尔美术馆藏之"枯木龙吟"亦均有"清和"篆文方印。另有"汾阳后裔郭京家藏"和"东坡苏轼珍赏"篆文印二方,篆刻时间略晚于唐代。

此琴弦长112.5厘米,音质苍古,为唐琴中佼佼者。此琴原为上海文史馆馆员沈迈士先生旧藏,后转让吴金祥先生处藏,早年流失海外。

7. 唐——大圣遗音

这架唐代大圣遗音琴为神农式,桐木斫,髹栗壳色漆罩以黑漆,朱漆修补,纯鹿角灰胎,发蛇腹间牛毛断纹。通长120厘米、肩宽20.5厘米、尾宽13.4厘米、厚5厘米、底厚1厘米。琴背作圆形龙池,径7.6厘米,扁圆凤沼为12厘米长,1.2米宽,龙池上刻寸许行草"大圣遗音"四字,池下方刻二寸许大方印一篆"包含"二字,池之两旁刻隶书铭文四句"巨壑迎秋,寒江印月。万籁悠悠,孤桐飒裂"十六字,俱系旧刻填以金漆。腹内纳音微隆起,其两侧有朱漆隶书款"至德丙申"四字。琴音响亮松透饶有古韵,造型浑厚优美,漆色璀璨古穆,断纹隐起如虬,铭刻精整生动,金徽玉轸、富丽堂皇,非凡琴所能企及。

8. 唐——独幽

独幽琴,晚唐时期的作品。长120.5cm,肩宽20cm,尾宽14cm,凤嗉式。琴面黑红相间漆,梅花断纹与蛇腹断纹交织,背面牛毛断纹。龙池上方刻"独幽",池内有"太和丁未"四字(唐文宗元年,公元827年)。琴尾有李静题款。此琴于明末清初为王船山所用,民国时由已故湖南琴家李静珍藏。

9.唐——太古遗音

太古遗音琴,长122cm、额宽22cm、尾宽14cm,师旷式。原黑漆,大流水断纹。背面龙池上方刻行书"太古遗音",池下刻篆书"清和"印,左侧刻"吴景略重修甲子中秋"。古琴音乐主要受儒家中正和平、温柔敦厚、"德音之谓乐"和道家顺应自然、大音希声、清微淡远等思想的影响。曾由已故山东琴家詹澄秋珍藏。

10.明——奔雷

奔雷琴,明代。长127.6cm、肩宽19cm、尾宽15.6cm,故宫博物院藏,仲尼式。黑漆,小蛇腹断纹。背面龙池上方刻篆书"奔雷",两侧刻有藏者题款:"南北东西几度游,名琴能遇不能求。奔雷无意欣相遇,宿愿多年始得酬";"久经风鹤不堪嗟,一抚奔雷兴倍赊。三十年来成伴侣,怡情养性不离它"。曾由天津琴家宋兆芙珍藏。现收藏于故宫博物院。

11.其他

A.蛇腹

古代名琴,它的断纹很像蛇腹下的花纹。宋·何远《春渚纪闻·古声遗制》:"近世百器唯新,唯琴器略无华饰,以最古蛇腹文为奇。"

B.断纹

古代名琴。琴以古旧为佳,琴身崩裂成纹则证明年代久远,故名断纹。宋·赵希鹄《洞天清录集·古琴辨》:"古琴以断纹为证,盖琴不历五百岁不断,愈久则断愈多……凡漆器无断纹,而琴独有者,盖他器用布漆,琴则不用;他器安闲,而琴日夜为弦所激。"

C.峄阳

古代名琴,以峄山(在今山东邹城东南)南坡(山之南面为阳)所产桐木制成,故名。《格古要论》:"古琴有阴阳材。盖桐木面日者为阳,背日者为阴……阳材琴旦浊而暮清,晴浊而雨清;阴材琴旦清而暮浊,晴清而雨浊,此可验也。"《尚书·禹贡》:"峄山孤桐。"孔安国传:"孤,特也。峄山之阳,特生孤桐,中琴瑟。"后以"峄阳"为琴之别称。

D.冰弦

古代名琴,以冰蚕丝为琴弦。王嘉《拾遗记》卷十"员峤山"云:"员峤山,一名环邱山……有木,名猗桑,煎椹以为蜜。有冰蚕,长七寸,黑色,有角有鳞,以霜雪覆之,然后作茧,长一尺,其色五彩,织为文锦,入水不濡,以之投火,经宿不燎。"宋·乐史《杨太真外传》卷上载,寺人白季贞使蜀还,献给杨妃琵琶,"弦乃末诃弥罗国永泰元年所贡者,渌冰蚕丝也,光莹如贯珠瑟瑟。"一说冰弦为一种素质丝弦,明·项元汴《蕉窗九录·琴弦》:"今只用白色柘丝为上,秋蚕次之。弦取冰者,以素质有天然之妙,若朱弦则微色新滞稍浊,而失其本真也。"

(二)中国古琴名曲

现存较为大众熟悉的有:《幽兰》《流水》《潇湘水云》《神人畅》《阳关三叠》《梅花三弄》《广陵散》《平沙落雁》《渔樵问答》《春晓吟》《酒狂》《凤求凰》《欸乃》《关山月》《碧涧流泉》《倩女幽魂》《十面埋伏》等。

(三)著名琴师

中国历史上著名的琴家有:孔子、春秋后期晋国著名宫廷乐师师旷、先秦琴师伯牙、战国琴师雍门周、东汉琴家桓谭、汉末琴家蔡邕、汉末女琴家蔡琰、魏晋琴家竹林七贤之一嵇康、魏晋琴家竹林七贤之一阮咸、晋代琴家刘琨、隋代琴师贺若弼、唐代琴家薛易简、北宋琴家(僧人)义海、南宋琴师徐天民、明末琴家严徵、明末琴家徐上瀛、清代琴家庄臻凤、清初琴师徐常遇、清代琴师徐祺、清代琴师吴虹、清代琴家祝凤喈、清代琴师张孔山、清末青城山中皇观道士琴学大家张合修、清末民初著名琴家彭庆涛、清末民初著名琴家王宾鲁、近代琴家杨宗稷等。

二、棋

俗语说:棋局小世界,世界大棋局。在中国的棋林之中,影响最为深远者当属围棋和中国象棋。

棋之于中国人已远不止一种益智游戏,而是志存高远的思想、永无止境的艺术。中国人将围棋和中国象棋与音乐、书法、绘画并举,琴、棋、书、画作为中华民族四大传统艺术,从不同的角度反映着中国人的审美认识和艺术的追求。

(一)围棋

1.围棋的来历

围棋起源于中国古代,是一种策略性二人棋类游戏,使用格状棋盘及黑白二色棋子进行对弈。目前围棋流行于亚太,覆盖世界范围,是一种非常流行的棋类游戏。

相传,上古时期尧都平阳,平息协和各部落方国以后,农耕生产和人民生活呈现出一派繁荣兴旺的景象。但有一件事情却让尧帝很忧虑,散宜氏所生子丹朱虽长大成人,十几岁了却不务正业,游手好闲,聚朋嚣讼斗狠,经常招惹祸端。大禹治平洪水不久,丹朱坐上木船让人推着在汾河西岸的湖泊里荡来荡去,高兴得连饭也顾不上吃了,家也不回了,母亲的话也不听了。散宜氏对帝尧说:"尧啊,你只顾忙于处理百姓大事,儿子丹朱越来越不像话了,你也不管管,以后怎么能替你干大事呀!"尧帝沉默良久,心想:要使丹朱归善,必先稳其性,娱其心,教他学会几样本领才行。便对散宜氏说:"你让人把丹朱找回来,再让他带上弓箭到平山顶上去等我。"

这时丹朱正在汾河滩和一群人戏水,忽见父亲的几个卫士,不容分说,强拉扯着他上了平山,把弓箭塞到他手里,对他说:"你父帝和母亲叫你来山上打猎,你可得给父母装人啊。"丹朱心想:射箭的本领我又没学会,咋打猎呢? 丹朱看山上荆棘满坡,望天空白云朵朵,哪有什么兔子、飞鸟呢? 这明明是父亲母亲难为自己!"哼,打猎我就是不学,看父母能把我怎么样!"卫士们好说歹劝,丹朱就是坐着动也不动。一伙人正吵嚷着,尧帝从山下被侍从搀扶着上来了,衣服也被刮破了。看到父帝气喘吁吁的样子,丹朱心里不免有些心软,只好向父帝作揖拜跪,唱个喏:"父帝这把年纪要爬这么高的山,让儿上山打猎,不知从何说起?"尧帝擦了把汗,坐到一块石上,问:"不孝子啊,你也不小了,十七八岁了,还不走正道,猎也不会打,等着将来饿死吗? 你看山下这么广阔的土地,这么好的山河,你就不替父帝操一点心,把土地、山河、百姓治理好吗?"丹朱眨了眨眼睛,说:"兔子跑得快,鸟儿飞得高,这山上无兔子,天上无飞鸟,叫我打啥哩。天下百姓都听你的话,土地山河也治理好了,哪用儿子再替父帝操心呀。"尧帝一听丹朱说出如此不思上进、无心治业的话,叹了一口气说:"你不愿学打猎,就学行兵征战的石子棋吧,石子棋学会了,用处也大着哩。"丹朱听父帝不叫他打猎,改学下石子棋,心里稍有转意:"下石子棋还不容易吗? 坐下一会儿就学会了。"丹朱扔掉了箭,要父亲立即教他。尧帝说:"哪有一朝一夕就能学会的东西,你只要肯学就行。"说着拾起箭来,蹲下身,用箭头在一块平坡山石上用力刻画了纵横十几道方格子,让卫士们捡来一大堆山石子,又分给丹朱一半,手把着手地将自己在率领部落征战过程中如何利用石子表示前进后退的作战谋略传授、讲解给丹朱。丹朱此时倒也听得进去,显得有了耐心。直至太阳要落山的时候,帝尧教子下棋还是那样的尽心尽力。在卫士们的催促下,父子们才下了平山,在平水泉里洗了把脸,回到平阳都城。

此后一段时日,丹朱学棋很专心,也不到外边游逛,散宜氏心里也踏实些了。尧帝对散宜氏说:"石子棋包含着很深的治理百姓、军队、山河的道理,丹朱如果真的回心转意,明白了这些道理,接替我的帝位,是自然的事情啊。"谁料,丹朱棋还没学深学透,却听信先前那帮人的坏话,觉得下棋太束缚人,一点自由也没有,还得费脑子,犯以前的老毛病,终日朋淫生非,甚至想用诡计夺取父帝的位置,散宜氏痛心不已,大病一场,快快而终。帝尧也十分伤心,把丹朱迁送到南方,再也不想看到丹朱,还把帝位禅让给经过他三年严格考察认为不但有德且有智有才的虞舜。虞舜也学尧帝的样子,用石子棋教子商均。以后的陶器上便产生围棋方格的图形,史书便有"尧造围棋,以教丹朱"的记载。今龙祠乡晋掌村西山便有棋盘岭围棋石刻图形遗迹。

2. 围棋的发展历史

围棋,在我国古代称为弈,在整个古代棋类中可以说是棋之鼻祖,相传已有4000多年的历史。据《世本》所言,围棋为尧所造。晋张华在《博物志》中亦说:"舜以子商均愚,故作围棋以教之。"舜是传说人物,造围棋之说不可信,但它反映了围棋起源之早。

春秋、战国时期围棋已在社会上广泛流传了。《左传·襄公二十五年》曾记载了这样一件事,公元前559年,卫国的国君献公被卫国大夫宁殖等人驱逐出国。后来,宁殖的儿子又答应把卫献公迎回来。文子批评道:"宁氏要有灾祸了,弈者举棋不定,不胜其耦,而况置君而弗定乎?"用"举棋不定"这类围棋中的术语来比喻政治上的优柔寡断,说明围棋活动在当时社会上已经成为人们习见的事物。

秦灭六国一统天下,有关围棋的活动鲜有记载。《西京杂记》卷三曾有西汉初年"杜陵杜夫子善弈棋,为天下第一人"。关于围棋的诗的记述,但这类记载亦是寥如星辰,表明当时围棋的发展仍比较缓慢。到东汉初年,社会上还是"博行于世而弈独绝"的状况。直至东汉中晚期,围棋活动才又渐盛行。1952年,考古工作者于河北望都一号东汉墓中发现了一件石质围棋盘,此棋局呈正方形,盘下有四足,局面纵横各17道,为汉魏时期围棋盘的形制提供了形象的实物资料。与汉魏间几百年频繁的战争相联系,围棋之战也成为培养军人才能的重要工具。东汉的马融在《围棋赋》中就将围棋视为小战场,把下围棋当做用兵作战,"三尺之局兮,为战斗场;陈聚士卒兮,两敌相当"。当时许多著名军事家,像三国时的曹操、孙策、陆逊等都是疆场和棋枰这样大小两个战场上的佼佼者。著名的"建安七子"之一——王粲,除了以诗赋名著于世外,同时又是一个围棋专家。据说他有着惊人的记忆力,对围棋之盘式、着法等了然于胸,能将观过的"局坏"之棋,重新摆出而不错一子。

我国围棋之制在历史上曾发生过两次重要变化,主要是在于局道的增多。魏晋前后,是第一次发生重要变化的时期。魏邯郸淳的《艺经》上说,魏晋及其以前的"棋局纵横十七道,合二百八十九道,白、黑棋子各一百五十枚"。这与前面所介绍的河北望都发现的东汉围棋局的局制完全相同。但是,在甘肃敦煌莫高窟石室发现的南北朝时期的《棋经》却载明当时的围棋棋局是"三百六十一道,仿周天之度数"。表明这时已流行19道的围棋了。这与现在的棋局形制完全相同,反映出当时的围棋已初步具备现行围棋定制。

由于南北朝时期玄学的兴起,导致文人学士以尚清谈为荣,因而弈风更盛,下围棋被称为"手谈"。上层统治者也无不雅好弈棋,他们以棋设官,建立"棋品"制度,对有一定水平的"棋士",授予与棋艺相当的"品格"(等级)。当时的棋艺分为九品,《南史·柳恽传》载"梁武帝好弈,使恽品定棋谱,登格者二百七十八人",可见棋类活动之普遍。现在日本围棋分为"九段"即源于此。上述这些变化,极大地促进了围棋游艺技术的提高,为后来围棋游艺在中国的进一步发展和向国外的传播奠定了基础。

至隋时,由19道棋盘代替了过去的17道棋盘,从此19道棋盘成为主流。而随着隋帝国对外的政策,高句丽、新罗、百济把围棋带到了朝鲜半岛,遣隋使把围棋带到了日本国。

唐宋时期,可以视为围棋游艺在历史上发生的第二次重大变化时期。由于帝王们的喜爱以及其他种种原因,围棋得到长足的发展,对弈之风遍及全国。这时的围棋,已不仅在于它的军事价值,而主要在于陶冶情操、愉悦身心、增长智慧。弈棋与弹琴、写诗、绘画被人们引为风雅之事,成为男女老少皆宜的游艺娱乐项目。在新疆吐鲁番阿斯塔那第187号唐墓中出土的《仕女弈棋图》绢画,就是当时贵族妇女对弈围棋情形的形象描绘。当时的棋局已以19道作为主要形制,围棋子已由过去的方形改为圆形。1959年河南安阳隋代张盛墓出土的瓷质围棋盘,唐代赠送日本孝武天皇、现藏日本正仓院的象牙镶钳木质围棋盘,皆为纵横各19道。中国体育博物馆藏唐代黑白圆形围棋子,淮安宋代杨公佐墓出土的50枚黑白圆形棋子等,都反映了这一时期围棋的变化和发展。

唐代"棋待诏"制度的实行,是中国围棋发展史上的一个新标志。所谓棋待诏,就是唐翰林院中专门陪同皇帝下棋的专业棋手。当时,供奉内廷的棋待诏,都是从众多的棋手中经严格考核后入选的。他们都具有第一流的棋艺,故有"国手"之称。唐代著名的棋待诏,有唐玄宗时的王积薪、唐德宗时的王叔文、唐宣宗时的顾师言及唐信宗时的滑能等。由于棋待诏制度的实行,扩大了围棋的影响,也提高了棋手的社会地位。这种制度从唐初至南宋延续了500余年,对中国围棋的发展起了很大的推动作用。从唐代始,昌盛的围棋随着中外文化的交流,逐渐越出国门。首先是日本,遣唐使团将围棋带回,围棋很快在日本流传。不但涌现了许多围棋名手,而且对棋子、棋局的制作也非常考究。如唐宣宗大中二年(848年)来唐入贡的日本国王子所带的棋局就是用"揪玉"琢之而成的,而棋子则是用集真岛上手谈池中的"玉子"做成的。除了日本,朝鲜半岛上的百济、高丽、新罗也同中国有来往,特别是新罗多次向唐派遣使者,而围棋的交流更是常见之事。《新唐书·东夷传》中就记述了唐代围棋高手杨季鹰与新罗的棋手对弈的情形,说明当时新罗的围棋也已具有一定的水平。

明清两代,棋艺水平得到了迅速的提高。其表现之一,就是流派纷起。明代正德、嘉靖年间,形成了三个著名的围棋流派:一是以鲍一中(永嘉人)为冠,李冲、周源、徐希圣附之的永嘉派；一是以程汝亮（新安人）为冠，汪曙、方子谦附之的新安派；一是以颜伦、李釜（北京人）为冠的京师派。这三派风格各异，布局攻守侧重不同，但皆为当时名手。在他们的带动下，长期为士大夫垄断的围棋，开始在市民阶层中发展起来，并涌现出了一批"里巷小人"的棋手。他们通过频繁的民间比赛活动，使得围棋游艺更进一步得到了普及。

随着围棋游艺活动的兴盛，一些民间棋艺家编撰的围棋谱也大量涌现，如《适情录》、《石室仙机》、《三才图会棋谱》、《仙机武库》及《弈史》、《弈问》等20余种明版本围棋谱，都是现存的颇有价值的著述，从中可以窥见当时围棋技艺及理论高度发展的情况。

满族统治者对汉族文化的吸收与提倡，也使围棋游艺活动在清代得到了高度发展，名手辈出，棋苑空前繁盛。清初，已有一批名手，以过柏龄、盛大有、吴瑞澄诸为最。尤其是过柏龄所著《四子谱》二卷，变化明代旧谱之着法，详加推阐以尽其意，成为杰作。

清康熙末到嘉庆初，弈学更盛，棋坛涌现出了一大批名家。其中梁魏今、程兰如、范西屏、施襄夏四人被称为"四大家"。四人中，梁魏今之棋风奇巧多变，使其后的施襄夏和范西屏受益良多。施、范二人皆浙江海宁人，并同于少年成名，人称"海昌二妙"。据说在施襄夏30岁、范西屏31岁时，二人对弈于当湖，经过10局交战，胜负相当。"当湖十局"下得惊心动魄，成为流传至今的精妙之作。

到了近代，围棋在日本蓬勃发展，中国的围棋逐渐被日本赶超，清朝后期，中国棋手和日本棋手之间已经有一定的差距。新中国成立后，因陈毅元帅也是一个围棋爱好者，故大力发展中国的围棋事业，新一代的围棋国手在新中国成长起来。代表人物有陈祖德、聂卫平、马晓春、常昊等。二十世纪八十年代中后期，聂卫平在中日擂台赛中创造了八场不败的纪录，取得了前三届中日擂台赛的胜利，也在神州大地掀起了新的围棋学习的热潮。

现在，围棋主要呈现中、韩、日三国鼎力的局面。日本由于故步自封，在世界大赛中战绩不佳，因此现在多呈现中、韩对抗的局面。

3. 围棋的棋具

（1）棋盘

盘面有纵横各十九条等距离、垂直交叉的平行线，共构成 $19 \times 19 = 361$ 个交叉点（以下简称为"点"）。在盘面上标有几个小圆点。称为星位，中央的星位又称"天元"。

（2）棋子

棋子分黑白两色。均为扁圆形。棋子的数量以黑子181、白子180个为宜。

4. 围棋的下法

（1）对局双方各执一色棋子,黑先白后,交替下子,每次只能下一子。

（2）棋子下在棋盘的点上。

（3）棋子下定后,不得向其他点移动。

（4）轮流下子是双方的权利,但允许任何一方放弃下子权。

5. 棋子的气

一个棋子在棋盘上,与它直线紧邻的空点是这个棋子的"气"。棋子直线紧邻的点上,如果有同色棋子存在,则它们便相互连接成一个不可分割的整体。它们的气也应一并计算。棋子直线紧邻的点上,如果有异色棋子存在,这口气就不复存在。如所有的气均为对方所占据,便呈无气状态。无气状态的棋子不能在棋盘上存在,也就是第四条——提子。

6. 提子

把无气之子提出盘外的手段叫"提子"。

提子有二种:

一是下子后,对方棋子无气,应立即提取。

二是下子后,双方棋子都呈无气状态,应立即提取对方无气之子。

拔掉对手一颗棋子之后,就是禁着点（也作禁入点）。

7. 禁着点

棋盘上的任何一子,如某方下子后,该子立即呈无气状态,同时又不能提取对方的棋子,这个点,叫做"禁着点",禁止被提方下子。

8. 终局

（1）无单官或其他官子时,为终局。

（2）对局中,有一方中途认输,为终局。另一方中盘胜。认输就是将两个自己的棋子放在右下角即可。

9. 活棋和死棋

终局时,经双方确认,没有两只真眼的棋都是死棋,应被提取。终局时,经双方确认,有两只真眼或两只真眼以上都是活棋,不能提取。所谓的真眼就是都有线连着,且对方下子不能威胁自己。

10. 中国围棋的规则

（1）贴 3 又 3/4 子的规则

第一步,把死子捡掉。第二步,只数一方围得点（叫做目）并记录下来（一般围得点以整十目为单位）,再数刚才那一方的子数并记录下来,再把目数和子数加起来。第三步,如果数的是黑棋,再减去 3 又 3/4 子,如果数的是白棋,再加上 3 又 3/4 子。第四步,结果和 180 又 1/2（棋盘 361 个点的一半）比较,超过就算胜,否则判负。

（2）让先与让子

让先不贴目，让子要贴还让子数的一半（就当被让方是预先收了单官）。

在2008世界智力运动会上，使用的是《2008世界智力运动会围棋规则》，简称为"智运围棋规则"。

11. 日本规则和韩国规则

日本和韩国规则是一样的，采用数目法，黑棋终局要贴6目半。先数一方的目数并记录下来，再数另一方的目数并记录下来，然后黑棋减去6目半，最后和白棋比较，多者为胜。

12. 竞赛规定

（1）先后手的确定

对局的先后手，由大会抽签编排或对局前猜先决定。

（2）贴子

为了抵消黑方先手的效率，现行全国性正式比赛在终局计算胜负时，黑方需贴出三又四分之三子。

（3）计时

计时是保证比赛顺利进行的重要手段之一。一切有条件的比赛应采用计时制度。

①时限

根据比赛性质的不同，应事先规定一局棋的每方可用时限。棋手用时不得超过规定时限。规定一局棋的时限可长可短，基层比赛可规定为1~2小时，全国比赛要求在一天之内结束。

②读秒

在采用读秒的比赛中，应事先规定在时限内保留几分钟开始读秒。全国比赛保留五分钟读秒，基层比赛亦可保留一分钟开始读秒。读秒时，凡一步棋用时不足一分钟的不计时间。每满一分钟则在保留时间内扣除一分钟，但不得用完规定时间。读秒工作由裁判员执行，在30秒、40秒、50秒、55秒、58秒、一分钟时各报秒一次。

每扣除保留的一分钟，裁判员应及时通知棋手"还剩×分钟"。最后一分钟读秒的方式是30秒、40秒、50秒，然后1、2、3、4、5、6、7、8、9……以准确的语声逐秒报出。最后的报法是"10，超时判负"。快棋比赛的读秒办法，可根据具体情况由竞赛大会另作规定。

（4）终局

①凡比赛一方弃权或因各种原因被裁判员判负、判和的对局，也作终局处理。

②双方确认的终局，确认的次序应是，先由轮走方，后是对方以异色棋子一枚

放于己棋盘右下角的线外。

（5）对局的暂停和封棋

规定有暂停的比赛对局中（如一日制比赛，中午须暂停等）暂停时间不计入对局时限。重大的比赛，可采用封棋制度，当比赛到规定的封棋时间，而对局尚未结束。已下过子的一方应立即退场，轮下子的一方思考后，把准备下的点写在记录纸上，然后密封交裁判员。续赛时，裁判员当场启封，按所标记的位置下子，比赛继续进行。

（6）赛场纪律

①对局者不得无故弃权和中途退出比赛。

②比赛时，对局者不得有任何妨碍对方思考的行为。

③比赛中，对局者不得和其他人议论对局的棋势，或查阅有关资料。

④比赛中，对局者不得随意在赛场来回走动，观看他人的棋局。

⑤对局者应注意言行文明，保持衣着整洁。

（7）对局者的权利和义务

①读秒时，有询问己方剩几分钟的权利。

②如出现足以妨碍自己正常比赛的现象或发现问题，有向裁判员提出意见的权利。但除较紧迫的事件外，对局者应在自己走棋的时间内提出。

③终局计算胜负时，对局者有要求纠正数子和计算胜负失误的权利。

④裁判员作出判决，对局者必须服从，如有疑义应通过组织程序立即向大会提出申诉。

⑤对局者有遵守赛场纪律的义务。

⑥在对手离席时下的子，有告诉对方棋子下在哪里的义务。

⑦比赛终局后，对局者有整理好棋具和立即退场的义务。

（8）行棋

①一方并未表示弃权，另一方连走二步，判连走二步者为负。

②棋子下完后，又从棋盘上拿起下在别处。判棋子放回原处，警告一次。如棋子确实是掉落的原因，允许其捡起后任选着点。

③对局中途发现前面下的棋子已有移动，在征得对局者一致意见后，可判移动之子挪回原处，或者判移子有效。在对局者意见不一致时，应立即报请裁判长处理。裁判长可根据移动之子对棋局进程的影响程度，判：移动之子挪回原处；移动之子有效；和棋；重下；如属故意移子，应判移子者为负。

④对局中，因外界不可抗拒的原因导致棋局散乱，应经双方复盘确认后，继续比赛。如双方没有能力复盘，则判和或重下。如对局者确属无意散乱了棋局，可复盘续赛。不能复盘的，则判散乱棋局一方为负。如对局一方故意散乱棋局，判负。

（9）提子

下子后，误将对方有气之子提取，判误提者警告一次，把有气之子放回原处。

（10）着点

棋子下子在禁着点上，判着手无效，弃权一次。

（11）全局同形再现

①劫争马上回提，判回提者着手无效，弃权一次。

②终局时，按照禁止全局同形再现的原则，不允许以"假生"作为活棋。

③对双方互不相让的三劫、四劫循环、长生、双提二子等罕见特例，可判和棋或者重下。

④根据禁止全局同形再现的原则，对局者不得将其作为不能终局的理由。

（12）其他

①凡裁判法所未包括的犯规现象，裁判员根据总则或竞赛规程的精神，作合理的判决，对不能确认的判例，应及时申报裁判长处理。

②对局者被判的警告，应记录在案，在一局棋里满二次者，判该局为负。

（二）象棋

象棋，在中国有着悠久的历史，属于二人对抗性游戏的一种，由于用具简单，趣味性强，成为流行极为广泛的棋艺活动。中国象棋是我国正式开展的 78 个体育运动项目之一，为促进该项目在世界范围内的普及和推广，现将"中国象棋"项目名称更改为"象棋"。此外，高材质的象棋也具有收藏价值，如：高档木材、玉石等为材料的象棋。更有文人墨客为象棋谱写了诗篇，使象棋更具有一种文化色彩。

1. 象棋的历史

中国象棋具有悠久的历史。战国时期，已经有了关于象棋的正式记载，如：《楚辞·招魂》中有"蓖蔽象棋，有六簿些；分曹并进，遒相迫些；成枭而牟，呼五白些"。《说苑》载：雍门子周以琴见孟尝君，说："足下千乘之君也……燕则斗象棋而舞郑女。"由此可见，远在战国时代，象棋已在贵族阶层中流行开来了。据上述情况及象棋的形制推断，象棋当在周代建朝（公元前 11 世纪）前后产生于中国南部的氏族地区。早期的象棋，棋制由棋、箸、局等三种器具组成。两方行棋，每方六子，分别为：枭、卢、雉、犊、塞（二枚）。棋子用象牙雕刻而成。箸，相当于骰子，在棋之前先要投箸。局，是一种方形的棋盘。比赛时"投六箸行六棋"，斗巧斗智，相互进攻逼迫，而置对方于死地。春秋战国时的兵制，以五人为伍，设伍长一人，共六人，当时作为军事训练的游戏，也是每方六人。由此可见，早期的象棋，是象征当时战斗的一种游戏。在这种棋制的基础上，后来又出现一种叫"塞"的棋戏，只行棋不投箸，摆脱了早期象棋中侥幸取胜的成分。

秦汉时期，塞戏颇为盛行，当时又称塞戏为"格五"。从湖北云梦西汉墓出土的塞戏棋盘和甘肃武威磨嘴子汉墓出土的彩绘木俑塞戏，可以映证汉代边韶《塞赋》中对塞戏形制的描写。三国时期，象棋的形制不断地变化，并已和印度有了传播关系。至南北朝时期的北周朝代，武帝（公元561—578年在位）制《象经》，王褒写《象戏·序》，庾信写《象戏经赋》，标志着象棋形制第二次大改革的完成。

隋唐时期，象棋活动稳步开展，史籍上屡见记载，其中最重要的是《士礼居丛书》载《梁公九谏》中对武则天梦中下象棋频国天女的记叙和牛僧孺《玄怪录》中关于宝应元年（公元762年）岑顺梦见象棋的一段故事。结合现在能见到的北宋初期饰有"琴棋书画"四样图案，而以八格乘八格的明暗相间的棋盘来表示棋的苏州织锦，和河南开封出土的背面绘有图形的铜质棋子，可以得到这样的结论：唐代的象棋形制，和早期的国际象棋颇多相似之处。当时象棋的流行情况，从诗文传奇中诸多记载中，都可略见一斑。而象棋谱《樗蒲象戏格》三卷则可能是唐代的著作。宋代是象棋广泛流行，形制大变革的时代。北宋时期，先后有司马光的《七国象戏》，尹洙的《象戏格》、《棋势》，晁补之的《广象戏图》等著述问世，民间还流行"大象戏"。

经过近百年的实践，象棋于北宋末定型成近代模式：32枚棋子，黑、红棋各有将（帅）1个，车、马、炮、象（相）、士（仕）各2个，卒（兵）5个。南宋时期，象棋"家喻户晓"，成为流行极为广泛的棋艺活动。李清照、刘克庄等文学家，洪遵、文天祥等政治家，都嗜好下象棋。宫廷设的"棋待诏"中，象棋手占一半以上。民间有称为"棋师"的专业者和专制象棋子和象棋盘的手工业者。南宋还出现了洪迈的《棋经论》、叶茂卿的《象棋神机集》、陈元靓的《事林广记》等多种象棋著述。

元明清时期，象棋继续在民间流行，技术水平不断得以提高，出现了多部总结性的理论专著，其中最为重要的有《梦入神机》《金鹏十八变》《桔中秘》《适情雅趣》《梅花谱》《竹香斋象棋谱》等。杨慎、唐寅、郎英、罗颀、袁枚等文人学者都爱好下棋，大批著名棋手的涌现，显示了象棋受到社会各阶层民众喜爱的状况。

新中国建立之后，象棋进入了一个崭新的发展阶段。1956年，象棋成为国家体育项目。以后，几乎每年都举行全国性的比赛。1962年成立了中华全国体育总会的下属组织——中国象棋协会，各地相应建立了下属协会机构。40多年来，由于群众性棋类活动和比赛的推动，象棋棋艺水平提高得很快，优秀棋手不断涌现，其中以杨官璘、胡荣华、柳大华、赵国荣、李来群、吕钦、许银川等最为著名。

2.象棋棋盘

棋子活动的场所，叫做"棋盘"。在长方形的平面上，绘有九条平行的竖线和十条平行的横线相交组成，共有九十个交叉点。

棋子就摆在交叉点上。中间部分，也就是棋盘的第五、第六两横线之间未画竖线的空白地带称为"河界"。在中国象棋的棋盘中间,常有一区空隙,上写有"楚河"、"汉界"字样,这是以下棋比况历史上的"楚汉战争"。据史料记载,"楚河汉界"在古代的荥阳(属郑州)成皋一带,该地北临黄河,西依邙山,东连平原,南接嵩山,是历代兵家兵戎相见的战场。公元前203年,刘邦出兵攻打楚国,项羽粮缺兵乏,被迫提出了"中分天下,割鸿沟以西为汉,以东为楚"的要求,从此就有了楚河汉界的说法。至今,在荥阳广武山上还保留有两座遥遥相对的古城遗址,西边那座叫汉王城,东边的叫霸王城,传说就是当年由刘邦、项羽所筑。两城中间,有一条宽约300米的大沟,这就是人们平常所说的鸿沟,也是象棋盘上所标界河的依据。

两端的中间,也就是两端第四条到第六条竖线之间的正方形部位,以斜交叉线构成"米"字方格的地方,叫做"九宫"(它恰好有九个交叉点),象征着中军帐。

整个棋盘以"河界"分为相等的两部分。为了比赛记录和学习棋谱方便起见,现行规则规定:按九条竖线从右至左用中文数字一至九来表示红方的每条竖线,用阿拉伯数字1至9来表示黑方的每条竖线。己方的棋子始终使用己方的线路编号,无论棋子是否"过河"。对弈开始之前,红黑双方应该把棋子摆放在规定的位置。任何棋子每走一步,进就写"进",退就写"退",如果像车一样横着走,就写"平"。

象棋是一种双方对阵的竞技项目。棋子共有三十二个,分为红黑两组,各有十六个,由对弈的双方各执一组。

帅与将;仕与士;相与象;兵与卒的作用完全相同,仅仅是为了区别红棋和黑棋而已。

3. 棋子的走法

帅(将)

帅(将)是棋中的首脑,是双方竭力争夺的目标。它只能在九宫之内活动,可上可下,可左可右,每次走动只能按竖线或横线走动一格。帅与将不能在同一直线上直接对面,否则走方判负。

仕(士)

仕(士)是将(帅)的贴身保镖,它也只能在九宫内走动。它的行棋路径只能是九宫内的斜线。

相(象)

相(象)的主要作用是防守,保护自己的帅(将)。它的走法是每次循对角线走两格,俗称"象飞田"。相(象)的活动范围限于河界以内的本方阵地,不能过河,且如果它走的田字中央有一个棋子,就不能走,俗称"塞象眼"。

车

车在象棋中威力最大,无论横线、竖线均可行走,只要无子阻拦,步数不受限制。因此,一车可以控制十七个点,故有"一车十子寒"之称。

炮

炮在不吃子的时候,走动与车完全相同。当吃子时,己方和对方的棋子中间必须间隔1个棋子(无论对方或己方棋子),炮是象棋中唯一可以越子的棋种。

马

马走动的方法是一直一斜,即先横着或直着走一格,然后再斜着走一个对角线,俗称"马走日"。马一次可走的选择点可以达到四周的八个点,故有八面威风之说。如果在要去的方向有别的棋子挡住,马就无法走过去,俗称'蹩马腿"。

兵(卒)

兵(卒)在未过河前,只能向前一步步走,过河以后,除不能后退外,允许左右移动,但也只能一次一步,即使这样,兵(卒)的威力也大大增强,故有"过河的卒子顶半个车"之说。

4. 棋谱的记录方法

现行的记谱法一般使用四个字来记录棋子的移动。

第一个字表示需要移动的棋子。

第二个字表示移动的棋子所在的直线编码,红方用汉字,黑方用阿拉伯数字。当同一直线上有两个相同的棋子,则采用前、后来区别。如"后车平四","前马进7"。

第三个字表示棋子移动的方向,横走用"平",向对方底线前进用"进",向己方底线后退用"退"。

第四个字分为两类:棋子在直线上进退时,表示棋子进退的步数;当棋子平走或斜走的时候,表示所到达直线的编号。

5. 象棋术语

开局:是指双方按各自的战略思想把棋子布成一定阵势的阶段,通常在10回合之内,但当前棋手们对开局的研究越来越深入,某些明属于开局的变化已达到前15回合,开局后期和中局前期交织。

中局:是阵势布列后双方棋子接触,进行厮杀的阶段,介于开局与残局之间。

残局:是尾声阶段,主要特点是兵力大量消耗,盘上特点从中局大量子力的厮杀转变为少量子力间互动,残局阶段直接性的战斗接触减少,子力的调运最为关键。

先手:开局时红先,对局中的主动者。

后手:开局时黑后,对局中的被动者。

起着:开局第一着。

妙着:对局中,一方走出出人意料的棋,从而取得战术上的成功,或棋局的主动权。

正着：当时棋局下必须走的一着或数着，也指正确着法或官着。

劣着：一方弈出着法无全局观念，或进攻不当，防守不力，往往导致局势不利或失败。

均势：双方局势均衡、兵力相等。

入局：在双方纠缠阶段，一方组织子力对另一方产生一个战术打击并且此打击直接获胜的过程，入局可能是连杀，也可能只是小兵开始渡河，但必须是能产生胜利的过程。

优势：一方兵力多于另一方，或掌握了棋局的主动，明显好走。

胜势：一方多子占优，局势大局已定，胜利在望的一方称胜势。

九宫：将帅活动区域棋盘的"米字格"，当对方棋子逼近时，通常要转为防守。

中线：棋盘中第五条直线，五（5）代表中路；

肋道：中线左右的四、六（4、6）路，属于攻防要道；

边线：棋盘的一、九（1、9）路纵线。

河界线：双方从下向上数第五条横线。

兵行线（卒林线）：双方从下向上数第四条横线，兵（卒）的初始位置所在横线。

宫顶线：双方从下向上数第三条横线，九宫的最高位置。

底二路：双方从下向上数第二条横线。

底线：双方最低的一条横线。

巡河：一方的棋子（一般指车、炮）在己方河界上。

骑河：一方的棋子在对方河界上称骑河。

将：称将军、照将等，攻击敌方帅（将）。

双将：亦称双照将，一方走动棋子后由两个字力同时攻击对方帅（将）。三照将同理。

应将（解将）：对于将军采取反击、躲避、防卫的办法。

将死：照将无法应将称将死。

困毙：走棋一方无棋可走，称困毙。

杀：走子企图下一步将军，将死对方者，称杀着，简称"杀"。

捉：走子后造成下一着吃掉对方某个无根子。

打：将、杀、捉等攻击手段统称打。

兑：走子与同等子互换吃者，称"兑"。

闲：不属于打的棋，统称闲。

献：凡走子送吃者，谓之"献"。

拦：凡走子拦阻对方子力之左右进退移动者，谓之"拦"。

解杀：凡走子直接化解对方之杀着者，谓之"解杀"，若"解杀"同时给予对方"杀"，则称"解杀还杀"（"解将还将"同理）。

有根：凡被捉子如有另子保护，可以反吃者，谓之"有根"，否则谓之"无根"。

6. 象棋收藏

收藏者在购买古董象棋时要注意仔细查看。

同样是木质象棋，以木质细密的绿檀木、金丝楠木象棋最为贵重，其市场价格多8万元以上，紫檀木象棋次之。而其他木质的象棋，如红檀木、红木等，市场价格多在5000元到6万元之间。另外，缺棋子的非成套象棋价格会大幅度"缩水"，有的"缩水"可能会多达五成以上。如今，由于珠宝价格大幅度攀升，很多人会想当然地认为用珠宝玉石制作的象棋也一定会价格飞升，但从市场交易情况来看其实不然。古色古香的木质象棋所蕴涵的民族文化更浓厚，往往比珠光宝气的更有收藏价值。玉石类象棋只有用上等墨玉与岫玉制作的值得长期收藏，白玉象棋固然珍贵，但目前市场存量极少，价格一直居高不下，一般收藏爱好者难以承受。

从目前的象棋收藏市场来看，明清时期的象棋是藏家最为关注的品种。工艺是否精湛也是衡量象棋价值的标准之一。值得注意的是，高档的象棋一般都做工精致、表面光滑匀称，不会有过多的雕刻，但如果遇到有雕花的珍品象棋，藏家定会争相购买。在北京举行的一场拍卖会上，一副象牙茜色填金浅刻福寿纹象棋，估价20万至30万元。此副象棋材质厚实，包浆温润，正面刻填红黑二色楷书，字体端正，笔力雄健，侧面填金浅刻缠枝莲纹装饰，线条流畅，棋背刻双蝠拱团寿纹，寓意福寿双至。象棋通体纹饰繁复，图案具有吉祥意义，为典型乾隆朝工艺风格，极为珍贵。最终，这副象棋以高达77万元的价格成交。

三、书

书即书法，中国书法是一门古老的汉字的书写艺术，从甲骨文、石鼓文、金文（钟鼎文）演变而为大篆、小篆、隶书，至定形于东汉、魏、晋的草书、楷书、行书等，书法一直散发着艺术的魅力。中国书法是一种很独特的视觉艺术，汉字是中国书法中的重要因素，因为中国书法是在中国文化里产生、发展起来的，而汉字是中国文化的基本要素之一。以汉字为依托，是中国书法区别于其他种类书法的主要标志。

（一）汉字书写的方法

1. 描摹

是用薄纸（绢）蒙在原作上面依照原来的样子去写或去画。描红即是其中的一种方法。

首先用拇指与中指紧夹住,手掌中的空闲位置要有像 4 厘米左右的正方体的位置,然后用无名指和小指自然的放在毛笔后面。手臂要离桌子一段距离。

2. 临写

对照着原作,在另外一张纸上尽可能和原作模样一模一样地书写出来。

3. 背临

多次临写之后,根据头脑记忆中留下的原作形象,再次书写出来。

4. 创作

依据不断修正的背临书写习惯和书写风格,重新选择书写内容,书写出来的新作品。

(二) 中国书法的演变

殷商甲骨文《祭祀狩猎涂朱牛骨刻辞》

甲骨文发现于 1899 年(清光绪二十五年)。是殷商时期刻写在龟骨、兽骨、人骨上记载占卜、祭祀等活动的文字,是经过巫史加工过的古汉字。严格地讲,只有到了甲骨文,才称得上是书法。因为甲骨文已具备了中国书法的三个基本要素:用笔,结字,章法。而此前的图画符号并不全有这三种要素。《祭祀狩猎涂朱牛骨刻辞》,为商代武丁时期的作品,风格豪放,字形大小错落,生动有致,各尽其态,富有变化而又自然潇洒。为甲骨文书法中的杰作。

1. 西周大盂鼎铭文

大盂鼎是西周康王时期的著名青铜器,内壁有铭文,长达 291 字,为西周青铜器中所少有。其内容为:周王告诫盂(人名),殷代以酗酒而亡,周代则忌酒而兴,命盂一定要尽力地辅佐他,敬承文王、武王的德政。其书法体势严谨,字形,布局都十分质朴平实,用笔方圆兼备,具有端严凝重的艺术效果,是西周早期金文书法的代表作。

2. 西周毛公鼎铭文

是西周青铜器中赫赫有名的重器之一,作于西周晚期的宣王时期。内壁铸有多达 498 字的长篇铭文。其内容是周王为中兴周室,革除积弊,策命重臣毛公,要他忠心辅佐周王,以免遭丧国之祸,并赐给他大量物品,毛公为感谢周王,特铸鼎记其事。其书法是成熟的西周金文风格,结构匀称准确,线条遒劲稳健,布局妥贴,充满了理性色彩,显示出金文已发展到极其成熟的境地。

3. 西周散氏盘

为西周后期厉王时代的青铜器,其铭文结构奇古,线条圆润而凝练,因取横势而重心偏低,故愈显朴厚。其"浇铸"感很强烈,表现了浓重的"金味",因此在碑学体系中,占有重要的位置。现代著名书法家胡小石评说:"篆体至周而大备,其大器若《盂鼎》,《毛公鼎》……结字并取纵势,其尚横者唯《散氏盘》而已。

4. 东周石鼓文

为战国时代秦国刻石,唐代发现于陕西凤翔。石鼓共有十枚,形似鼓状,每件石鼓上以籀文刻四言诗一首,共十首,其内容为记述秦王游猎之事,故石鼓又称为猎碣。字迹磨损很多,今藏在北京故宫博物馆。《石鼓文》在书法史上有承前启后的重要地位。它的字体是典型的秦国书风,并对后来秦朝小篆的出现产生了很大影响。同时其本身的艺术成就也很高,它的结体方正匀整,舒展大方,线条饱满圆润,笔意浓厚,在《石鼓文》字里行间已经找不出象形图画的痕迹,完全是由线条组成的符号结构。

5. 开创先河的秦代书法

春秋战国时期,各国文字差异很大,是发展经济文化的一大障碍。秦始皇兼并天下,臣相李斯主持统一全国文字,使之整齐化一,这在中国文化史上是一伟大功绩。

秦统一后的文字称为"秦篆",又叫"小篆",是在金文和石鼓文的基础上删繁就简而来。著名书法家李斯的代表作为秦泰山刻石,历代都有极高的评价。秦代是继承与创新的变革时期。《说文解字序》说:"秦书有八体,一曰大篆,二曰小篆,三曰刻符,四曰虫书,五曰摹印,六曰署书,七曰殳书,八曰隶书。"基本概括了此时字体的面貌。

隶书的出现是汉字书写的一大进步,是书法史上的一次革命,不但使汉字趋于方正楷模,而且在笔法上也突破了单一的中锋运笔,为以后各种书体流派奠定了基础。秦代除以上书法杰作外,尚有诏版、权量、瓦当、货币等文字,风格各异。秦代书法,在我国书法史上留下了辉煌灿烂的一页,与雄伟的万里长城和壮观的兵马俑一样,气魄宏大,堪称开创先河,是中华民族无穷智慧的结晶。

这一时期的主要作品有:泰山刻石,云梦睡虎秦简。

6. 隶书大盛的汉代书法

汉代从公元前202年到公元220年,有426年历史,是汉字书法发展史上关键性的一代。汉代分为西汉和东汉,两汉三百余年间,书法由籀篆变隶分,由隶分变为章草、真书、行书,至汉末,我国汉字书体已基本齐备。因此,两汉是书法史上继往开来,由不断变革而趋于定型的关键时期。隶书是汉代普遍使用的书体。汉代隶书又称分书或八分,笔法不但日臻纯熟,而且书体风格多样。刘勰《文心雕龙·碑》说:"自后汉以来,碑碣云起。"因此,东汉隶书进入了型体娴熟,流派纷呈的阶段,目前所留下的百余种汉碑中,表现出琳琅满目,辉煌竞秀的风貌。在隶书成熟的同时,又出现了破体的隶变,发展而成为章草,行书,真书也已萌芽。书法艺术的不断变化发展,为以后晋代流畅的行草及笔势飞动的狂草开辟了道路。另外,金文、小篆因为实用面越来越小而渐趋衰微，但在两汉玺印、瓦当和嘉量上还使用，并使篆书别开生面。康有为曾说："秦汉瓦当文，皆廉劲方折，体亦稍扁，学者得其笔意，亦足成家。"

这一时期的主要作品有：《马王堆帛书》《西狭颂》《埔阁颂》《汉故谷城长荡阴令张君表颂》《汉故雁门太守鲜于君碑》《鲁相韩敕造孔庙礼器碑》又名《韩敕碑》《汉合阳令曹全碑》《西岳华山庙碑》《史晨前后碑》《汉鲁相乙瑛请置孔庙百石卒吏碑》《故司隶校尉犍为杨君颂》和《汉故卫尉卿衡府君之碑》等。

7. 完成书体演变的魏晋书法

从汉字书法的发展上看，魏晋是完成书体演变的承上启下的重要历史阶段。是篆隶真行草诸体咸备俱臻完善的一代。汉隶定型化了迄今为止的方块汉字的基本形态。隶书产生、发展、成熟的过程就孕育着真书（楷书），而行草书几乎是在隶书产生的同时就已经萌芽了。真书、行书、草书的定型是在魏晋二百年间。它们的定型、美化，无疑是汉字书法史上的又一巨大变革。

这一书法史上了不起的时代，造就了两个承前启后，巍然卓立的大书法革新家——钟繇、王羲之。他们揭开了中国书法发展史的新的一页。树立了真书、行书、草书美的典范，此后历朝历代，乃至东邻日本，学书者莫不宗法"钟王"。盛称"二王"（王羲之及其子王献之），甚至尊王羲之为"书圣"。又有王洵（羲之侄）善行书，有《伯远帖》传世。

这一时期的著名代表书法家及作品介绍：

1. 钟繇（151—230）

其主要作品有：《宣示表》《荐季直表》。

2. 王羲之（303—361）

其主要作品有：《兰亭序》《乐毅论》《黄庭经》《快雪时晴帖》《孔侍中帖》《丧乱帖》《十七帖》。

3. 王献之（344—386）

其主要作品有：《洛神赋十三行》《鸭头丸帖》《中秋帖》。

4. 王洵（350—401）

其主要作品有：《伯远帖》。

8. 民间书家纵横的南北朝书法

晋至八王之乱，王室内讧以后，势力逐渐衰微。在北方，随着西晋的灭亡。形成了"五胡十六国"的混乱时期。后拓跋氏结束十六国，建立北魏，促成了149年的相对统一。这是北朝。晋室东迁至灭亡，从公元317年至公元420年，是南朝。

此时书法，也继承东晋的风气，上至帝王，下至士庶都非常喜好。南北朝书法家灿若群星，无名书家为其主流。他们继承了前代书法的优良传统，创造了无愧于前人的优秀作品,也为形成唐代书法百花竞妍群星争辉的鼎盛局面创造了必要的条件。

南北朝书法以魏碑最胜。魏碑,是北魏以及与北魏书风相近的南北朝碑志石刻书法的泛称,是汉代隶书向唐代楷书发展的过渡时期书法。康有为说:"凡魏碑,随取一家,皆足成体。尽合诸家,则为具美"。唐初几位楷书大家如虞世南,欧阳询,褚遂良等,都是直接继承智永笔法取法六朝的。

主要书法家及作品:

1. 智永(南朝—隋唐)

是王羲之的七代孙子,王羲之第五子王徽之的后代。他是严守家法的大书法家。他习字很刻苦。冯武《书法正传》说他住在吴兴永欣寺,几十年不下楼,临了八百多本《千字文》,给江东诸寺,各送一本。他用废的笔,埋起来像冢一样。后人讲"退笔成冢"的典故就是从这儿来的。明董其昌《画禅室随笔》说他学钟繇《宣示表》,"每用笔必曲折其笔,宛转回向,沉着收束,所谓当其下笔欲透纸背者"。清何绍基说他所写的《千字文》:"笔笔从空中来,从空中住,虽屋漏痕,犹不足以喻之。"我们细读他的墨迹《千字文》,看得出他用笔上藏头护尾,一波三折,含蓄而有韵律的意趣。董、何之说可谓精确、具体、恰当。其主要作品有:《千字文》。

这一时期魏碑的代表作有:《爨宝子碑》《爨龙颜碑》《郑文公碑》《始平公造像记》《张猛龙碑》《石门铭》《瘗鹤铭》《张玄墓志》《经石峪》等。

9. 书学鼎盛的唐代书法

唐代文化博大精深、辉煌灿烂,达到了中国封建文化的最高峰,可谓"书至初唐而极盛。"唐代墨迹流传至今者也比前代为多,大量碑版留下了宝贵的书法作品。整个唐代书法,对前代既有继承又有革新。初唐书家有虞世南、欧阳询、褚遂良、薛稷、陆柬之等,此后有创造性的还有李邕、张旭、颜真卿、柳公权、释怀素、钟绍京、孙过庭。唐太宗李世民和诗人李白也是值得一提的大书法家。楷书、行书、草书发展到唐代都跨入了一个新的境地,时代特点十分突出,对后代的影响远远超过了以前任何一个时代。

唐代的著名书法家及其作品:

1. 欧阳询(557—641),其主要作品有:《化度寺碑》《九成宫醴泉铭》《虞恭公碑》《张翰思鲈帖》《皇甫诞碑》《梦奠帖》等。

2. 虞世南(558—638),虞世南传世的书迹有:《孔子庙堂碑》《汝南公主墓志》等。

3. 褚遂良(596—658或659),其主要代表有:《倪宽赞》《雁塔圣教序》《阴符经》等。

4. 薛稷(649—713),其主要作品:《信行禅师碑》等。

5. 陆柬之（1045—1105），其主要作品有：《文赋帖》等。

6. 李邕（678—747），其主要作品：《岳麓寺碑》《唐故云麾将军右武卫大将军赠秦州都督彭国公谥曰昭公李府君神道碑并序》，亦称《云麾将军碑》等。

7. 张旭，其主要作品有：《肚痛帖》《郎官石拄记》亦称《郎官厅壁记》《古诗四贴》《终年帖》《十五日帖》等。

8. 颜真卿（709—785），其主要作品有：《东方朔画像赞》《多宝塔感应碑》《颜勤礼碑》《祭侄文稿》《大唐中兴颂》《麻姑仙坛记》《颜家庙碑》《争座位稿》《与郭仆射书》等。

9. 柳公权（778—865），其主要作品有：《金刚经》《神策军碑》《秘塔碑》等。

10. 释怀素（725—785），其主要作品有：《论书帖》《小草千字文》《圣母帖》《自叙帖》等。

11. 钟绍京，其主要作品有：《转轮王经》《灵飞经》等。

12. 孙过庭（648—703），其代表作有：《书谱》，这是孙过庭撰文并书写的一篇书法理论文章，也是历代传颂的书法名作精品，它是中国书学史上一篇划时代的书法论著。《书谱》在书法艺术上的成就也相当高，孙过庭的书法上追"二王"旁采意草融二者为一体并出之己意，笔笔规范，极具法度，有魏晋遗风。《书谱》墨迹为一卷，历代均有摹刻本，真迹现在台湾。

13. 李世民（599—649），我国书法史上，以行书刻碑的首创人物是唐太宗李世民。《温泉铭》便是行书入碑的代表作。

14. 李白（701—762），作为唐代最杰出的浪漫主义诗人，在他的书法作品中也充满着浪漫主义的写意情调。其主要书法作品有：《上阳台帖》等。

存唐遗风的五代书法

五代时期书法艺术虽承唐末之余续，但因兵火战乱的影响，形成了凋落衰败的总趋向。苏轼评及五代书法时曾说："自颜柳氏没，笔法衰绝，加以唐末丧乱，人物凋落，文采风流，扫地尽矣。独杨公凝式，笔迹雄杰，有'二王'、颜、柳之余，此真可谓书之豪杰，不为时世所汩没者。"

五代时期的代表书法家及其作品介绍：

1. 杨凝式（873—954），其主要作品有：《韭花帖》、《神仙起居法帖》等。

2. 彦修，梁乾化时人。他的草书写得很有特色。

10. 帖学大行的宋代书法

北周衰微之际，宋太祖赵匡胤发动陈桥兵变，自立为帝，建立赵宋王朝。半个世纪的五代十国分裂混乱局面至此结束，国家复归统一。从公元960年至1279年，三百多年间，书法发展比较缓慢。宋太宗赵光义留意翰墨，购募古先帝王名臣墨迹，命侍书王著摹刻禁中，理为十卷，这就是《淳化阁帖》。"凡大臣登二府，皆以赐焉。"帖中有一半是"二王"的作品。所以宋初的书法,是宗"二王"的。此后《绛帖》、《潭帖》等,多从《淳化阁帖》翻刻。这种辗转传刻的帖,与原迹差别就会越后越大。所以同是宗王从帖,宋人远逊唐人。所以一些评家以为帖学大行,书道就衰微了。这是宋代书法不景气的原因之一。其次如米芾《书史》所指出的"趋时贵书"也造成了宋代书法每况愈下。米芾分析说:"李宗锷主文既久,士子皆学其书。肥扁朴拙。以投其好,用取科第,自此唯趋时贵书矣。"宋室南渡之后,如《书林藻鉴》讲:"高宗初学黄字,天下翕然学黄字;后作米字,天下翕然学米字;……盖一艺之微,苟倡之自上,其风靡有如此者。"在这种风气笼罩之下,书法家能够按自己对书法艺术的理解去继承,革新的就不太多了。此宋代书法不十分景气的原因之二。

这一时期的著名代表书法家及其代表作品有:

1. 蔡襄(1012—1067),其主要作品:《蔡襄尺牍》《郊燔帖》《蒙惠帖》《陶生帖》等。

2. 苏轼(1037—1101),其主要作品:《黄州寒食诗帖》《罗池庙碑》《赤壁赋》《丰乐亭记碑》等。

3. 黄庭坚(1045—1105),其主要作品:《花气熏人帖》《黄州寒食诗卷跋》《李白忆旧游诗卷》等。

4. 米芾(1051—1107),其主要作品有:《蜀素帖》《紫金砚帖》《论书帖》《多景楼诗册》《珊瑚帖》《研山铭帖》《向太后挽词》《寒光帖》《三帖卷》等。

5. 宋徽宗赵佶(1082—1135),徽宗书法,早年学薛稷,黄庭坚,参以褚遂良诸家,出以挺瘦秀润,融会贯通,变化二薛(薛稷、薛曜),形成自己的风格,号"瘦金体"。其特点是瘦直挺拔,横画收笔带钩,竖划收笔带点,撇如匕首,捺如切刀,竖钩细长;有些联笔字像游丝行空,已近行书。其用笔源于褚、薛,写得更瘦劲;结体笔势取黄庭坚大字楷书,舒展劲挺。代表作品有:《草书团扇》《牡丹诗册》等。

11. 宗唐宗晋的元代书法

元初经济文化发展不大,书法总的情况是崇尚复古,宗法晋、唐而少创新。文宗天历初建奎章阁,专掌秘玩古物。元文宗常幸奎章阁欣赏书法名画,书法一度出现兴盛局面。纵观元代书法,其成就大者还在真行草书方面。至于篆隶,虽有几位名家,但并不怎么出色。这种以真、行、草书为主流的书法,发展到了清代才得到改变。有元一代书风,仍沿习盛于帖学,宗唐宗晋,虽各有其妙,亦不能以一家之法立于书坛,较之文学,绘画等艺术门类,尚显冷落无成得多。

这一时期的主要书法家及其代表作品有:

1. 赵孟頫(1254—1322),其代表作品有:《仇锷墓碑铭》、《汲黯传》、《福神观记》、《胆巴碑》、《兰亭帖十三跋》、《雪晴云散帖》、《洛神赋》、《妙严寺记》、《吴兴赋》等。

2. 康里巙巙(1295—1345),蒙古族人。他的正书师法虞世南,行草书由怀素上追钟繇、王羲之,并吸取了米芾的奔放,在当时趋赵孟頫妩媚书风的情况下,能创自己的艺术道路。康里巙巙作为一个少数民族的杰出书法家特立于书坛,留下的墨迹不多,其代表作品是:《草书尺牍》等。

3. 鲜于枢(1254—1322),与赵孟頫并称"二妙"。其代表作品有:《唐诗草书卷》、《临神仙起居帖》等。

4. 耶律楚材(1190—1244),他的书法继承了唐宋颜真卿、黄庭坚书风,以端严刚劲著称。其代表作品是:《自书诗翰》等。

5. 危素(1303—1372),其代表作是:《跋陆柬之书文赋》、《义门王氏先茔碑》、《蒲城王氏祠堂碑铭》、《陈氏方寸楼记楷书卷》等。

12. 由宋元上追晋唐的明代书法

由于士大夫清玩风气和帖学的盛行,影响书法创作,所以,整个明代书体以行楷居多,未能上溯秦汉北朝,篆、隶、八分及魏体作品几乎绝迹,而楷书皆以纤巧秀丽为美。至永乐、正统年间,杨士奇、杨荣和杨溥先后入直翰林院和文渊阁,写了大量的制诰碑版,以姿媚匀整为工,号称"博大昌明之体",即"台阁体"。士子为求干禄也竞相摹习,横平竖直十分拘谨,缺乏生气,使书法失去了艺术情趣和个人风格。

明代近三百年间,虽然也出现了一些有造诣的大家,但纵观整朝没有重大的突破和创新。所以,近代丁文隽在《书法精论》中总结说:"有明一代,操觚谈艺者,率皆剽窃摹拟,无何创制。"

这一时期的主要书法家及其代表作品有:

1. 董其昌(1555—1636),其代表作品有:《白居易琵琶行》《草书宋词卷》《烟江叠嶂图跋》《临怀素自叙帖》《草书诗册》等。

2. 文征明(1470—1559),其代表作品有:《草书七绝》《奉天殿早朝诗》《大行书七绝诗轴》《行草七言诗轴》等。

3. 祝允明(1460—1526),其代表作品有:《唐寅落花诗和前》《后赤壁赋》等。

4. 唐寅(1470—1523),其代表作品是:《行书七律诗轴》等。

5. 王宠(1494—1533),其代表作品有:《滕王阁序》《送友生游茅山诗》。

6. 张瑞图(?—1644),其代表作品是:《后赤壁赋》等。

7. 宋克(1327—1387),其主要作品有:《唐宋诗稿》《急就章》。

13. 书道中兴的清代书法

清代历260余载,在中国书法史上是书道中兴的一代。清代初年,统治阶级采取了一系列稳定政,张船山书法治,发展经济文化的措施,故书法得以弘扬。明末遗民有些出仕从清,有些遁迹山林创造出各有特色的书法作品。顺治喜临黄庭,遗教二经;康熙推崇董其昌书,书风一时尽崇董书,这一时期,唯傅山和王铎能独标风格,另辟蹊径;乾隆时,尤重赵孟頫行楷书,空前宏伟的集帖《三希堂法帖》刻成,内府收藏的大量书迹珍品著录于《石渠宝笈》中,帖学至乾隆时期达到极盛,出现一批取法帖学的大家。

至清中期,古代的吉书、贞石、碑版大量出土,兴起了金石学。嘉庆、道光时期,帖学已入穷途,当时的集大成者有刘墉,邓石如开创了碑学之宗,阮元和包世臣总结了书坛创作的经验。咸丰后至清末,碑学尤为昌盛。前后有康有为、伊秉绶、吴熙载、何绍基、杨沂孙、张裕钊、赵之谦、吴昌硕等大师成功地完成了变革创新,至此碑学书派迅速发展,影响所及直至当代。

这一时期的著名书法家及其代表作品有:

1. 傅山(1607—1684),他是明清之际著名的思想家,医学家,兼工书画篆刻。其主要作品有:《草书诗轴》和《草书七绝诗轴》等。

2. 石涛(1641—1718),石涛以"搜尽奇峰打草稿"的精神,在山水画创新上成就很大。著《石涛画语录》。他的书法,在行楷中参以隶法,有六朝造像记的笔意。隶书也写得"散朴有致,不检绳墨"。其主要作品是:《石涛题画》等。

3. 朱耷(1622—1705),清代著名的书画家。他的简笔写意花鸟画,以独特的面貌,开一代新风。他的书法亦与他的绘画风格相似,极为简练,到晚年喜用秃笔,一变锐利的笔势而变成浑圆朴茂的风格。其主要作品是:《行书临河序册》等。

4. 郑板桥(1693—1765),他的书法早年师法苏东坡、黄庭坚,非常别致,能熔正、草、隶、篆于一炉,可以说是我国书法史上的一怪。其代表作品有:《行书扇面》和《行书论书轴》等。

5. 金农(1687—1764),今天我们看到的金农书法,大体有三种风范。其一是隶书字多圆滑古朴,其间仿佛可见其"小变汉法"之求索轨迹;其二是漆书,横粗竖细,方整浓黑,世称"冬心体",他的漆书是其自辟蹊径的标志;三是以碑法与自家的漆书法写成的行草书。其尺牍,提画多用此体。其主要作品有:《金农尺牍》和《金农漆书》。

6. 邓石如(1743—805),在清代中叶书法史、篆刻史上都占有十分显赫的地位。他是书法史上一个具有划时代意义的人物。邓石如各体均善,尤其得力于篆书,隶书。人称其"隶从篆入,篆从隶出"。其主要作品是:《四体帖(一)》和《四体帖(二)》等。

7. 伊秉绶(1754—1815),其主要作品有:《隶书横披》和《隶书联》等。

8. 陈鸿寿(1768—1822),其主要作品是:《隶书联》。

9. 何绍基(1799—1873),其主要作品有:《行书中堂》和《行楷八言联》。

10. 吴熙载(1799—1870),其主要作品有:《篆书联》和《篆书圣教序四屏条》等。

11. 赵之谦(1829—1844),他是清代杰出的书画篆刻家。他的篆刻取法秦汉金石文字,取精用宏,形成自己的风格,人称"赵派"。其主要作品有:《篆书扇面》《行书条屏》《临封龙山碑》等。

12. 吴昌硕(1844—1927),其主要作品:《石鼓文四屏条》、《行书诗笺》、《篆书联》等。

13. 李瑞清(1867—1920),善书法,是近代著名画家张大千的老师。他擅长以写篆书的笔法写北碑,并以此为自己的书法面目。其主要作品:《楷书诗卷》、《临毛公鼎碑》、《书跋》等。

14. 康有为(1858—1927),他所著的《广艺舟双楫》是中国书学史上继包世臣后力倡碑学,并能从理论上全面地、系统地总结碑学的一部著作。其主要作品有:五言联、行书七绝诗轴、书联。

15. 刘墉(1719—1804),其主要作品有:《行书中堂》等。

16. 王文治(1730—1802),他的书法,秀润淡雅,法度严谨,给人以清新明快的感觉。其主要作品是:行书对联。

17. 王铎(1592—1652),其代表作品有:草书诗轴、行草轴、《洛州香山作行草诗轴》、自书诗翰等。

18. 包世臣(1775—1855),其主要作品有:《小草诗册》等。

四、画

汉族传统绘画形式是用毛笔蘸水、墨、彩作画于绢或纸上,此画种被称为"中国画",简称"国画"。我国传统绘画(区别于"西洋画"),工具和材料有毛笔、墨、国画颜料、宣纸、绢等,题材可分人物、山水、花鸟等,技法可分工笔和写意,它的精神内核是"笔墨"。

(一)国画分类依据

中国画的"画分三科",人物、花鸟、山水,表面上是以题材分类,其实是用艺术表现一种观念和思想。所谓"画分三科",即概括了宇宙和人生的三个方面:人物画所表现的是人类社会,人与人的关系;山水画所表现的是人与自然的关系,将人与自然融为一体;花鸟画则是表现大自然的各种生命,与人和谐相处。三者之合构成了宇宙的整体,相得益彰。这是由艺术升华的哲学思考,是艺术之为艺术的真谛所在。

(二)国画分类概况

1. 古代国画分科之说法

画分十门。中国画的分科,唐代张彦远《历代名画记》分六门,即人物、屋宇、山水、鞍马、鬼神、花鸟等。北宋《宣和画谱》分十门,即道释、人物、宫室、番族、龙鱼、山水、鸟兽、花木、墨竹、果蔬等。南宋邓椿《画继》分八类(门),即仙佛鬼神、人物传写、山水林石、花竹翎毛、畜兽虫鱼、屋木舟车、蔬果药草、小景杂画等。元代有"画家十三科",但内容相当庞杂,作为分类标准不适宜。

2. 当代国画分类之说法

当代国画在世界美术领域中自成体系。按其题材和表现对象大致可分为人物画、山水画、花鸟画、界画、花卉、瓜果、翎毛、走兽、虫鱼等画科;按表现方法有工笔、写意、勾勒、设色、水墨等技法形式,设色又可分为金碧、大小青绿,没骨、泼彩、淡彩、浅绛等几种。主要运用线条和墨色的变化,以勾、皴、点、染、浓、淡、干、湿、阴、阳、向、背、虚、实、疏、密和留白等表现手法,来描绘物象与经营位置;取景布局,视野宽广,不拘泥于焦点透视;按表现形式有壁画、屏幛、卷轴、册页、扇面等画幅形式,辅以传统的装裱工艺装潢之。按其使用材料和表现方法,又可细分为水墨画、重彩、浅绛、工笔、写意、白描等;中国画的画幅形式较为多样,横向展开的有长卷(又称手卷)、横披,纵向展开的有条幅、中堂,盈尺大小的有册页、斗方,画在扇面上面的有折扇、团扇等。

(三)国画代表种类

1. 人物画

(1)人物画的历史进程

以人物形象为主体的绘画之通称。我国的人物画,历史悠久。据记载,商、周时期,已经有壁画。东晋时的顾恺之专尚画人物画,在我国绘画是上第一个明确提出"以形写神"之主张。唐代闫立本也擅长人物画,还有吴道子、韩翰等,都为人物画作出了卓越的贡献。唐以后画人物画的画家就更多了,历代都有。

中国的人物画,是中国画中的一大画科,出现较山水画、花鸟画等为早;大体分为道释画、仕女画、肖像画、风俗画、历史故事画等。人物画力求人物个性刻画得逼真传神,气韵生动,形神兼备。其传神之法,常把对人物性格的表现,寓于环境、气氛、身段和动态的渲染之中,故中国画论上又称人物画为"传神"。

历代著名人物画有东晋顾恺之的《洛神赋图》卷,唐代韩混的《文苑图》,五代南唐顾闳中的《韩熙载夜宴图》,北宋李公麟的《维摩诘像》,南宋李唐的《采薇图》、梁楷的《李白行吟图》,元代王绎的《杨竹西小像》,明代仇英的《列女图》卷、曾鲸的《侯峒嶒像》,清代任伯年的《高邕之像》,以及现代徐悲鸿的《泰戈尔像》等。在现代,更强调"师法化",还吸取了西洋技法,在造型和布色上有所发展。

(2)人物画的画法和表现方法

要画好人物画,除了继承传统外,还必须了解和研究人体的基本形体、比例、解剖结构,以及人体运动的变化规律,方能准确地塑造和表现人物的形和神。画人物有几种表现方法,各有所长,如白描法、勾填法、泼墨法、勾染法。

2、山水画

(1)山水画的历史进程

描写山川自然景色为主体的绘画。山水画(俗称风景画、风光画或彩墨画),是专门的艺术学科,历史悠久。山水画在魏晋、南北朝已逐渐发展,但仍附属于人物画,作为背景的居多;隋唐始独立,如展子虔的设色山水、李思训的金碧山水、王维的水墨山水、王洽的泼墨山水等;五代、北宋山水画大兴,作者纷起,如荆浩、关仝、李成、董源、巨然、范宽、许道宁、燕文贵、宋迪、王诜、米芾、米友仁的水墨山水、王希孟、赵伯驹、赵伯骕的青绿山水,南北竞辉,形成南北宗两大派系,达到高峰。自唐代以来,每一时期,都有著名画家,专尚从事山水画的创作。尽管他们的身世、素养、学派、方法等不同,但是都能够用笔墨、色彩、技巧等,灵活经营,认真描绘,使自然风光之美,欣然跃于纸上,其脉相同,雄伟壮观,气韵清逸。元代山水画趋向写意,以虚带实,侧重笔墨神韵,开创新风;明清及近代,续有发展,亦出新貌,表现上讲究经营位置和表达意境。传统分法有水墨、青绿、金碧、没骨、浅绛、淡彩等形式。主要代表画家有:明代的董其昌,清代石涛,近代黄宾虹和傅抱石、李可染,当代贾又福、范扬、方骏、袁振西、张凡等。

(2)山水画的组成

山水画的组成包括:山、水、石、树、房、屋、楼台、舟车、桥梁、风、雨、阴、晴、雪、日、云、雾及春、夏、秋、冬气候特征等。

山水画主要代表:

①青绿山水

水画的一种。用矿物质石青、石绿作为主色的山水画。有大青绿、小青绿之分。前者多勾廓,少皴笔,着色浓重,装饰性强;后者是在水墨淡彩的基础上薄罩青绿。清代张庚说:"画,绘事也,古来无不设色,且多青绿。"元代汤垕说:"李思训著色山水,用金碧辉映,自为一家法。"南宋有二赵(伯驹、伯骕),以擅作青绿山水著称。中国的山水画,先有设色,后有水墨。设色画中先有重色,后来才有淡彩。

②浅绛山水

山水画的一种。在水墨勾勒、皴染的基础上,敷设以赭石为主色的淡彩山水画。《芥子园画传》说:"黄公望皴,仿虞山石面,色善用赭石,浅浅施之,有时再以赭笔勾出大概。王蒙复以赭石和藤黄着山水,其山头喜蓬蓬松松画草,再以赭色钩出,时而竟不着色,只以赭石着山水中人面及松皮而已。"这种设色特点,始于五代董源,盛于元代黄公望,亦称"吴装"山水。

③金碧山水

中国画颜料中的泥金、石青和石绿，凡用这三种颜料作为主色的山水画，称"金碧山水"，比"青绿山水"多泥金一色。泥金一般用于勾染山廓、石纹、坡脚、沙嘴、彩霞，以及宫室、楼阁等建筑物。但明代唐志契《绘事微言》中另持一说："盖金碧者：石青石绿也，即青绿山水之谓也。后人不察，加以泥金谓之金笔山水，夫以金碧之名而易以金笔之名可笑也！"

3、水墨画

中国画的一种。指纯用水墨所作之画。基本要素有三：单纯性、象征性、自然性。相传始于唐代，成于五代，盛于宋元，明清及近代以来续有发展。以笔法为主导，充分发挥墨法的功能。"墨即是色"，指墨的浓淡变化就是色的层次变化，"墨分五彩"，指色彩缤纷可以用多层次的水墨色度代替之。北宋沈括《图画歌》云："江南董源传巨然，淡墨轻岚为一体。"就是说的水墨画。唐宋人画山水多湿笔，出现"水晕墨章"之效。元人始用干笔，墨色更多变化，有"如兼五彩"的艺术效果。唐代王维对画体提出"水墨为上"，后人宗之。长期以来，水墨画在中国绘画史上占有重要地位。

4、院体画

简称"院体"、"院画"，中国画的一种。一般指宋代翰林图画院及其后宫廷画家比较工致一路的绘画。亦有专指南宋画院作品，或泛指非宫廷画家而效法南宋画院风格之作。这类作品为迎合帝王宫廷需要，多以花鸟、山水、宫廷生活及宗教内容为题材，作画讲究法度，重视形神兼备，风格华丽细腻。因时代好尚和画家擅长有异，故画风不尽相同而各具特点。鲁迅说："宋的院画，萎靡柔媚之处当舍，周密不苟之处是可取的。"（《且介亭杂文·论"旧形式的采用"》）以张铨、江宏伟、贾广键、赵蓓欣、喻慧等为代表的现代中青年画家为现代院体画的发展作出了一定的贡献。

5. 工笔画

唐代已盛行起来。之所以能取得卓越的艺术成就的原因，一方面绘画技法日臻成熟，另一方面也取决于绘画的材料改进。工笔画须画在经过胶矾加工过的绢或宣纸上。初唐时期因绢料的改善而对工笔画的发展起到了一定的推动作用，据米芾《画史》所载："古画至唐初皆生绢，至吴生、周昉、韩幹，后来皆以热汤半熟，入粉捶如银板，故作人物，精彩入笔。"

工笔画一般先要画好稿本，一幅完整的稿本需要反复修改才能定稿，然后复上有胶矾的宣纸或绢，先用狼毫小笔勾勒，然后随类敷色，层层渲染，从而取得形神兼备的艺术效果。如陈之佛所作《秋艳图》。当代具有影响力的工笔名家有刘大为、刘紫岗、林凡、何家英、冯大中、王泰戈、苏若闲等。

6.文人画

亦称"士夫画",中国画的一种。泛指中国封建社会中文人、士大夫所作之画,以别于民间画工和宫廷画院职业画家的绘画。北宋苏轼提出"士夫画",明代董其昌称道"文人之画",以唐代王维为其创始者,并目为南宗之祖(参见"南北宗")。但旧时也往往借以抬高士大夫阶层的绘画艺术,鄙视民间画工及院体画家。唐代张彦远在《历代名画记》曾说:"自古善画者,莫非衣冠贵胄,逸士高人,非闾阎之所能为也。"此说影响甚久。近代陈衡恪则认为"文人画有四个要素:人品、学问、才情和思想,具此四者,乃能完善"。通常"文人画"多取材于山水、花鸟、梅兰竹菊和木石等,借以发抒"性灵"或个人抱负,间亦寓有对民族压迫或对腐朽政治的愤懑之情。他们标举"士气"、"逸品",崇尚品藻,讲求笔墨情趣,脱略形似,强调神韵,很重视文学、书法修养和画中意境的缔造。姚茫父的《中国文人画之研究·序》曾有很高的品评:"唐王右丞(维)援诗入画,然后趣由笔生,法随意转,言不必宫商而邱山皆韵,义不必比兴而草木成吟。"

7、漫画

水墨漫画,即构思上具有漫画的特点,题材广泛,或讽刺或赞美,但表现手法上运用中国传统水墨画技巧,兼具其雅致。较之一般的漫画,水墨漫画更具有观赏价值。它的出现扩展了漫画的表现、观赏领域与品种。中国的水墨漫画也涌现了很多优秀作者,如丰子恺、华君武、黄永玉、韩羽、方成、王成喜、梅湘涵、毕克官、徐鹏飞、蒋文兵、何韦、常铁钧、徐进、白善诚等人,同时也涌现了许多优秀作品。

8.花鸟画

(1)花鸟画的历史进程

在魏晋南北朝之前,花鸟作为中国艺术的表现对象,一直是以图案纹饰的方式出现在陶器、铜器之上。那时候的花草、禽鸟和一些动物具有神秘的意义,有着复杂的社会意蕴。人们图绘它并不是在艺术范围内的表现,而是通过它们传达社会的信仰和君主的意志,艺术的形式只是服从于内容的需要。

人类早期对花鸟的关注,是孕育花鸟画的温床。史书记载,魏晋南北朝时期已有不少独立的花鸟画作品,其中有顾恺之的《凫雁水鸟图》、史道硕的《鹅图》、陆探微的《半鹅图》、顾景秀的《蝉雀图》、袁倩的《苍梧图》、丁光的《蝉雀图》和萧绎的《鹿图》,如此等等可以说明这一时期的花鸟画已经有了一定的规模。虽然现在看不到这些原作,但是通过其他人物画的背景可以了解到当时的花鸟画已具有相当高的水平,如顾恺之《洛神赋图》中的飞鸟等。

这一时期的花鸟画较多的是画一些禽鸟和动物,因为它们往往和神话有一定的联系,有的甚至是神话中的主角。如为王母捣药的玉兔,太阳中的金乌,月宫中的蟾蜍,以及代表四个方位的青龙、白虎、朱雀、玄武等。一般说花鸟画在唐代独立成科,属于花鸟范畴的鞍马在这一时期已经有了较高的艺术成就,现在所能见到的韩干的《照夜白》、韩滉的《五牛图》以及传为戴嵩的《半牛图》等,都表明了这一题材所具有的较高的艺术水准。

而记载中曹霸、陈闳的鞍马,冯绍正的画鹰,薛稷的画鹤,韦偃的画龙,边鸾、滕昌佑、刁光胤的花鸟,孙位的画松竹,不仅表现了强大的阵容,而且各自都有杰作。如薛稷画鹤,杜甫有诗赞曰:"薛公十一鹤,皆写青田真。画色久欲尽,苍然犹出尘。低昂各有意,磊落似长人。"

（2）花鸟画的画法

花鸟画的画法大致可分为两类:工笔花鸟与写意花鸟。昆虫亦有工、写之分。表现的方法有:白描(又称双勾)、勾勒、勾填、没骨、泼墨等。它和山水一样,有悠久的历史。花鸟画的学习步骤不外乎临摹、写生、创作。表现的主题有:竹、兰、梅、菊、牡丹、荷花等;禽鸟有:鸡、鹅、鸭、仙鹤、杜鹃、翠鸟、喜鹊、鹰等;昆虫有:蝴蝶、蜻蜓、蝉等;杂虫有:蝈蝈、蟋蟀、蚂蚁、蜗牛、蜘蛛等。

9. 新文人画

新文人画,即"中国新文人画",指20世纪80年代末90年代初中国艺术界出现的一种文化现象。

1996年北京画家边平山经常同福州画家王和平、河北画家北鱼在边平山先生的"平山书屋"聚晤聊天,由于在艺术见解和追求上有许多共同之处,故萌发了发起中国画联展的想法。后又与南京画家王孟奇、方骏等商定,由天津画家霍春阳在天津美院展览馆操办此次展览,这便是"新文人画"的开端。

后来全国各地的画家,如刘紫岗、朱新建、刘二刚、王镛、徐乐乐、朱道平、陈沫吾、陈平、田黎明、江宏伟、梅湘涵等响应并加入进来,成为一种在全国很有影响的文化现象。

(四)国画的特点

中国画在观察认识、形象塑造和表现手法上,体现了中华民族传统的哲学观念和审美观,在对客观事物的观察认识中,采取以大观小、小中见大的方法,并在活动中去观察和认识客观事物,甚至可以直接参与事物中去,而不是做局外观,或局限在某个固定点上。它渗透着人们的社会意识,从而使绘画具有"千载寂寥,披图可鉴"的认识作用,又起到"恶以诫世,善以示后"的教育作用。即使山水、花鸟等纯自然的客观物象,在观察、认识和表现中,也自觉地与人的社会意识和审美情趣相联系,借景抒情,托物言志,体现了中国人"天人合一"的观念。

中国画在创作上重视构思,讲求意在笔先和形象思维,注重艺术形象的主客观统一。造型上不拘于表面的肖似,而讲求"妙在似与不似之间"和"不似之似"。其形象的塑造以能传达出物象的神态情韵和画家的主观情感为要旨,因而可以舍弃非本质的或与物象特征关联不大的部分,而对那些能体现出神情特征的部分,则可以采取夸张甚至变形的手法加以刻画。

在构图上,中国画讲求经营,它不是立足于某个固定的空间或时间,而是以灵活的方式,打破时空的限制,把处于不同时空中的物象,依照画家的主观感受和艺术创作的法则,重新布置,构造出一种画家心目中的时空境界。于是,风晴雨雪、四时朝暮、古今人物可以出现在同一幅画中。因此,在透视上它也不拘于焦点透视,而是采用多点或散点透视法,以上下或左右、前后移动的方式,观物取景,经营构图,具有极大的自由度和灵活性。同时在一幅画的构图中注重虚实对比,讲求“疏可走马”、“密不透风”,要虚中有实,实中有虚。中国画以其特有的笔墨技巧作为状物及传情达意的表现手段,以点、线、面的形式描绘对象的形貌、骨法、质地、光暗及情态神韵。这里的笔墨既是状物、传情的技巧,又是对象的载体,同时本身又是有意味的形式,其痕迹体现了中国书法的意趣,具有独立的审美价值。由于并不十分追求物象表面的肖似,因此中国画既可用全黑的水墨,也可用色彩或墨色结合来描绘对象,而越到后来,水墨所占比重越大,现在有人甚至称中国画为水墨画。其所用墨讲求墨分五色,以调入水分的多寡和运笔急缓及笔触长短大小的不同,造成了笔墨技巧的千变万化和明暗调子的丰富多变。同时墨还可以与色相互结合,而又墨不碍色,色不碍墨,形成墨色互补的多样性。而在以色彩为主的中国画中,讲求“随类赋彩”,注重的是对象的固有色,光源和环境色并不重要,一般不予考虑。但为了某种特殊需要,有时可大胆采用某种夸张或假定的色彩。中国画,特别是其中的文人画,在创作中强调书画同源,注重画家本人的人品及素养。在具体作品中讲求诗、书、画、印的有机结合,并且通过在画面上题写诗文跋语,表达画家对社会、人生及艺术的认识,既起到了深化主题的作用,又是画面的有机组成部分。

(五)国画的流派

1. 黄派

又称“黄筌画派”、“黄家富贵”。在中国花鸟画史上占有重要地位。它是五代花鸟画两大流派之一,成熟于五代西蜀的黄筌,光大于宋初的黄居寀。黄筌才高技巧,善于取融前人轻勾浓色的技法,独标高格,是深得统治阶层喜爱的御用画家。其子居寀、居宝承其家风,成为两宋时占统治地位的花鸟派别。黄派代表了晚唐、五代、宋初时西蜀和中原的画风,成为院体花鸟画的典型风格。

2. 徐派

又称“徐家野逸”,简称“徐派”。中国著名的画派之一,也是五代花鸟画两大流派之一。代表画家为南唐的徐熙。他的作品注重没骨勾勒,淡施色彩,流露潇洒的风格,故后人以徐熙野逸称之。徐氏的笔墨技巧,对于后世影响很大,至徐熙之孙徐崇嗣出,徐熙画派名声渐振。后经张仲、王若水,到明代沈周、陈道复、文征明、徐渭等人加以发展,成定型的水墨写意花鸟画,从而与黄筌的花鸟画派,两者互相竞争,影响了宋、元、明、清千余年的花鸟画坛。

3. 北方山水画派

亦称"北宗山水画派",中国画流派之一。中国山水画至北宋初,始分北方派系和江南派系。郭若虚《图画见闻志》说:"唯营丘李成,长安关仝、华原范宽,智妙入神,才高出类,三家鼎峙,百代标程。"又说"夫气象萧疏,烟林清旷,毫锋颖脱,墨法精微者,营丘之制也;石体坚凝,杂木丰茂,台阁古雅,人物幽闲者,关氏之风也",李、关、范的画风,风靡齐、鲁,影响关、陕,实为北方山水画派之宗师。

4. 南方山水画派

南方山水画派亦称"江南山水画派"或"南宗山水画派"。中国画流派之一。北宋沈括的《梦溪笔谈》说:"董源工秋岚远景,多写江南真山,不为奇峭之气;建业僧巨然祖述董法,皆臻妙理。"米芾《画史》也说:"董源平淡天真多,唐无此品。"此派以董源和巨然为一代宗师,世称"董巨"。惠崇和赵令穰的小景,为此派支流。米芾父子的"米派云山",画京口一带景色,显出此派新貌。南宋末法常(牧溪)和若芬(玉涧)等,属南画体系,至元代而大盛。

5. 湖州竹派

中国画流派之一。此派以竹为表现对象,以宋文同、苏轼为代表,尤以文同画竹最著称。明莲儒曾作《湖州竹派》,述自北宋至明代画家共有25人之多。因文同曾于湖州(今浙江吴兴)任太守,故称。元代张退之认为墨竹始于唐玄宗李隆基,吴道子、王维、李昂、萧悦等也善画竹。白居易曾作《画竹歌》赞萧。而至文同竹艺大进,文氏毕生画竹。

6. 常州画派

亦称"毗陵画派"、"武进画派",中国画流派之一。常州(今属江苏)古名毗陵、武进,故又称"毗陵画派"、"武进画派"。此派以花卉、草虫写生为胜。所绘花卉,不用墨线勾勒,直接用彩色描绘。祖述于北宋初年徐崇嗣、赵昌的没骨法。常州画派自宋以来画家云集。始于北宋毗陵僧人居宁,居宁草虫似属禅林墨戏一路。南宋元初于青言、于务道祖孙以画荷著称。明代孙龙擅画泼彩写意花鸟。清代唐于光以"唐荷花"和恽寿平的"恽牡丹"为著名。到了清初常州花卉已达高峰。

7. 米派

中国画流派之一。指宋代米芾、米友仁父子所绘之画,画史上称"大米、小米",或名"二米"。米芾画山水从董源变来,突破勾廓加皴的传统技法,多用水墨点染,不求工细,自谓"信笔作之,多以烟云掩映树石,意似便已"。其子米友仁

·中国古代四大艺术·

图文珍藏版

（1074—1153），字元晖，晚年号懒拙老人，画院学士，山水画发展了米芾技法用水墨横点写烟峦云树，崇尚平淡天真，运笔潦草，自称"墨戏"。"二米"均居襄阳和镇江，对萧、湘二水及金、焦二山自然景色特别陶醉。故"二米"山水画多以云山、雨霁、烟雾为题材，纯以水墨烘托，用卧笔横点成块面的"落茄法"表现烟雨云雾、迷茫奇幻的妙趣，世称"米点山水"、"米氏云山"，属水墨大写意。南宋牧溪、元代高克恭、方从义等皆师之，对后世影响甚大。又说为此派米芾所创，由他的儿子米友仁继承发展。

8. 松江派

亦称"松江画派"，中国画流派之一。晚明松江府治（今属上海市）下三个山水画派的总称。一是以赵左为首的，称"苏松画派"；二是以沈士充为首的，称"云间画派"；三是顾正谊及其子侄辈代表，称"华亭画派"。其中"苏松派"和"云间派"都导源于宋旭，赵左和宋懋晋同师宋旭，沈士充师宋懋晋，兼师赵左。这些画家除宋旭外，都是松江府人。风格互相影响，故称"松江派"。此派虽活动地区都在松江，但实际上是吴派的延续，将文人画的创作推向高峰。其实际首领为董其昌。由于受到山水画分宗说的影响，此派极为突现其南宋风貌，以温润、娴雅、含蓄、重视笔墨情趣享誉画坛。明唐志契云："苏州画论理、松江画论笔。"（《绘事微言》）松江派发展高峰之际取代了吴门派，在明末清初的画坛被视为正宗。

9、浙派

亦称"浙江画派"，中国画流派之一。明代前期主要画家戴进开创。戴进（1388—1462），字文进，号静庵，又号"玉泉山人"。钱塘（今浙江杭州）人。作画受李唐、马远影响很大，取法南宋画院体格。擅山水、人物、花果、翎毛，画艺很高，风行一时，从学者甚多，逐渐形成"浙派"。后江夏（今湖北武昌）人吴伟（1459—1508），学戴进而更为豪放，也有不少人追踪他的画风，又形成浙江派的支流——"江夏派"。浙派、江夏派的著名画家有张路、蒋三松、谢树臣、蓝瑛等。明代中叶后，吴派兴起，主宰画坛。至明末"浙派"不再出现于画坛。

10. 黄山派

亦称"黄山画派"，中国画流派之一。以清初宣城（今属安徽）梅氏一家为嫡系。他们是梅清、梅羽中、梅庚、梅府等，以及流寓宣城的石涛。石涛法名原济，早年喜山水，屡登庐山、黄山诸名胜，在宣城十载，与梅氏、戴本孝等交往。这些既师造化又师古人的画家，相互影响，以画黄山而著名，故称做"黄山派"。新安画派主要亦师黄山，故有人主张归入黄山画派，但风格与"黄山派"不同，正如浙江与程邃各有特色，故有人将其归入"黄山画派"，实误。

11. 虞山派

亦称"虞山画派"，中国画流派之一。清代山水画家王翚，先后师王鉴、王时敏，悉心临摹历代名作，并取法宋元诸名家，平素与知友恽寿平切磋画艺。圣祖玄烨（康熙皇帝）曾命他主持绘制《南巡图》巨构，并赐书"山水清晖"四字，声誉益著，故画名盛于康熙间。他的主要学生有杨晋、顾昉、金学坚等。王翚为江苏常熟人，常熟有虞山，因有"虞山画派"之称。其崇古风尚，对清代山水画影响颇大。

12. 岭南派

亦称"岭南画派"，中国画流派之一。

13. 江西派

亦称江西画派，中国画流派之一。以清初画家罗牧为代表的画派。罗牧江西宁都人，寄居江西南昌。善画山水，笔意空灵，在黄公望、董其昌之间，得魏石床传授，林壑森秀，墨气凉然，颇具韵味，时称妙品。江淮间人师之者众，为江西派创始人。秦祖永评其画云："稳当有余而灵秀不足。"作品有《墨笔山水图》、《林壑萧疏图》轴等。

14. 大风堂画派

指由张善子、张大千的入室弟子及其传承人共同构筑，并以大风堂画斋命名的绘画群体。

15. 海上画派

简称"海派"，中国传统画流派之一。形成于近代，即清末上海辟为商埠以后，一些文人墨客从各地流寓于上海，以卖画为生，日久，遂成绘画活动中心。人数达百余人，主要以赵之谦、任颐、虚谷、吴昌硕、黄宾虹等为代表，有"海派"之称。这一画派的特点十分明显，即在继承传统绘画技法与风格的基础上，破格创新，既融合民族艺术之精华，又善于借鉴吸收外来的艺术，尽可能达到雅俗共赏。既重品学修养，又讲个性鲜明，形成不拘一格的新型画风，时人称之"海上画派"。

16. 相对画派

1986年创立，创始人薛宣林。相对画派（如真似幻）：具象与抽象并合，不和谐中求和谐。

（六）国画的形式

中国字画的形式多姿多彩，有横、直、方、圆和扁形，也有大小长短等分别，除壁画，以下是常见的几种：

中堂，中国旧式房屋，天花板高大，所以客厅中间墙壁适宜挂上一幅巨大字画，称为"中堂"。

条幅，呈一长条形的字画称为条幅，对联亦由两张条幅配成。条幅可横可直，横者与匾额相类。无论书法或国画，可以设计为一个条幅或四个甚至多个条幅。常见的有春夏秋冬条幅。各绘四季花鸟或山水，四幅为一组。至于较长诗文，如不用中堂写成,亦可分裱为条幅,颇为美观。

横批,也称横幅,长条形,横着作画装裱而成,可独立悬挂房间。

小品,就是指体积较细的字画。可横可直,装裱之后,适宜悬挂较细墙壁或房间,十分精致。

镜框,将字画用木框或金属装框,上压玻璃或胶片,就成为压镜。现代胶片有不反光及体轻的优点。至于不反光的玻璃,不会影响人对画面的欣赏,所以很受欢迎。

卷轴,卷轴是中国画的特色,将字画装裱成条幅,下加圆木作轴,把字画卷在轴外,以便收藏。

扇面,折扇或圆扇的扇面上题字写画取来装裱,可成压镜。由于圆形或扇形的形式美丽,所以有人将画面剪成扇形才作画,然后装裱,别具风格。

册页,将字画装订成册称为册页。近代有文具店特别将装裱册页成本,以供人即席挥毫。

长卷,将画裱成长轴一卷称为长卷,多是横看。而画面连续不断,较册页逐张出现不同。

斗方,将小品装裱成一方尺左右的字画称为斗方。可压镜,可平裱。

屏风,单一幅可摆与桌上者为镜屏,用框镶座,立于八仙桌上,是传统装饰之一。至于屏风,有单幅或折幅,可配字画,做立地屏风之用。

(七)国画的装裱

国画装裱是一项重要的工作,对国画创作者以及国画收藏者来说都是要了解以及清楚的地方,装裱的成功与否直接与其保存的时间与方式有很重要的联系,并且装裱的样式形成一种对艺术品极好的烘托作用。

一幅完整的国画,需要使其更为美观,以及便于保存、流传和收藏,是离不开装裱的。因为中国画大多画在易破碎的宣纸上或绢类物品上的。装裱也叫"装潢、"装池"、"裱背",是我国特有的一种保护和美化书画以及碑帖的技术,就像西方的油画,完成之后也要装进精美的画框,使其能够达到更高的艺术美感。

(八)国画的载体

中国字画可写在纸、绢、帛、扇、陶瓷、碗碟、镜屏等物之上,常见的有下列几种,壁画不入其列。

1.绢本

将字画绘制在绢、绫或者丝织物上,称为绢本。古画卷本虽多,但易被虫蛀,亦被折损,反而纸本更易保存。绢本看起来较名贵,但底色不及纸本洁白。由于绢本绘画前准备工夫较多,故不及纸通行。

2. 纸本

中国字画用纸大致可以分为两种：容易受水的是生宣；生宣加了矾水就不易受水，是熟宣。

3. 壁画

古人在墓穴、洞穴、寺壁、宫廷等绘制大幅壁画，不少壁画遗留至今，成为国宝。

4. 折扇

古人扇画多较细小，以便携带。但现代人多用巨型扇画做室内装饰物，所以较古人更为实用。

5. 圆扇

圆扇多呈圆形或椭圆形，面积不大。但也有绢本、纸本之分。古代宫廷用的大扇或者掌扇，大至高与人齐，现在很少见。

6. 陶瓷

花瓶、杯、碟、镜屏等器皿，亦有字画制作，所用颜料及制法不同，但字画原理及欣赏不变。

7. 器皿

除瓷器外，如日历、灯罩、鼻烟壶，甚至现代领带及衣物等，亦有以字画作装饰，而且十分流行，别具一格。西方盛行的圣诞卡等，用中国字画作图案者甚为普遍。

（九）国画的工具

1. 笔

毛笔以其笔锋的长短可分为长锋、中锋和短锋笔，性能各异。长锋容易画出婀娜多姿的线条，短锋落纸易于凝重厚实，中锋、短锋则兼而有之，画山水以用中锋为宜。又根据笔锋的大小不同，毛笔又分为小、中、大等型号。画山水各种型号都要准备一点，一般"小山水"小狼毫、"大山水"大狼毫各备一支，羊毫笔"小白云"、"大白云"各备一支，再有一支更大的羊毫"斗笔"就可以了。新笔笔锋多尖锐，只适于画细线，皴、擦，点擢用旧笔效果更好。有的画家喜欢用秃笔作画，所画的点、线别有苍劲朴拙之美。

2. 墨

常用制墨原料有油烟、松烟两种，制成的墨称油烟墨和松烟墨。油烟墨为桐油烟制成，墨色黑而有光泽，能显出墨色浓淡的细致变化，宜画山水画；松烟墨黑而无光，多用于翎毛及人物的毛发，山水画不宜用。挑选墨首先看其色，墨色发紫光的最好，黑色次之，青色又次之，呈灰色的劣墨不能用；然后听其音，好墨扣击时其声音清响，研磨时声音细腻，劣质的墨声音重滞，研磨时有粗糙响声。磨墨要用清水，用力均匀，按顺时针方向转慢磨，直到墨汁稠浓为止。作画用墨要新鲜现磨，存放过久的墨称为宿墨,宿墨中有浓缩后的渣滓,用不好有脏黯之嫌。现在北京、天津等地生产的书画墨汁(如一得阁),使用方便,已为许多书画家所用,但墨汁中胶重,最好略加清水,再用墨锭研匀使用,墨色更佳。

3.纸

中国画在唐宋时代多用绢,到了元代以后才大量使用纸作画。中国画用的纸与其他画种不同,它是青檀树做主要原料制做的宣纸,宣纸产于安徽泾县,古属宣州,故称宣纸。宣纸又分为生宣、熟宣和半生熟宣。熟宣纸是用矾水加工过的,水墨不易渗透,遇水不化开,但和其他纸张的效果也不一样;可作完整细致的描绘,可反复渲染上色,适于画青绿重彩的工笔山水。生宣纸是没有经过矾水加工的,特点是吸水性和渗水性强,遇水即化开,易产生丰富的墨韵变化,能收到水晕墨章、浑厚化滋的艺术效果,多用于写意山水画。熟宣用画容易掌握,但也容易产生光滑板滞的毛病;生宣作画虽多墨趣,但渗透迅速,不易掌握。故画山水一般喜欢用半生半熟宣纸。半生熟宣纸遇水慢慢化开,既有墨韵变化,又不过分渗透,皴、擦、点、染都易掌握,可以表现丰富的笔情墨趣。可以代替宣纸作画的纸还有东北的高丽纸、四川的夹江宣纸、江西的六吉纸等,其性能接近于半生半熟的宣纸。

4.砚

我国最有名的砚是歙砚和端砚。歙砚产于安徽歙县,端砚产于广东高要县。一般书画选择各地产的砚台就可以了,选择砚台主要择其石料质地细腻、湿润,易于发墨,不吸水。砚台使用后要及时清洗干净,保持清洁,切忌曝晒、火烤。砚的优劣,对墨色有很大的影响,最理想的是广东肇庆出产的端溪砚,或安徽的砚,都是石质细润,发墨快,墨也磨得细,且能贮墨甚久不易干,但良质的砚价格昂贵,台湾二水出产的螺溪石砚品质亦佳,但不宜选购树脂加石粉灌出来的塑胶品。选择砚台虽然以石质细润为佳,但过于光滑(如台湾大理石砚),亦不容易发墨。砚台的形状也有多种款式,以墨海一型最便利,储墨多,使用后可盖上盖子,以免墨水干涸。经过一段时间后,残墨积得太多,应先用水浸泡,再洗除墨垢,保持砚台清洁。

5.颜料

我国的绘画发展到唐代,以重彩设色为主流,自从宋代水墨画盛行以来,在文人标榜淡雅的趋势下,色彩的运用有逐渐衰退的倾向;然而习画者应该对传统的绘画颜料有所认识,作多面性的发展,或与水墨作更佳的结合。传统的颜料分两大类。

矿物性颜料从矿石中磨炼出来,色彩厚重,覆盖性强,常用的有:

(1)石绿:通常呈粉末状,使用时须兑胶,石绿根据细度可分为头绿、二绿、三绿、四绿等,头绿最粗最绿,依次渐细渐淡。

(2)石青:性能与用法大致与石绿相同,石青也分头青、二青、三青、四青等几种,头青颗粒粗,较难染匀,应多染几次才好。

（3）朱京:朱京又叫辰京,以色彩鲜明呈朱红色者较佳,也有制成墨状。朱京不宜调石青、石绿使用。

（4）朱膘:（朱标）是将朱京研细,兑入清胶水中,浮在上面呈橙色的部分。

（5）赭石:又称士朱,从赤铁矿中出产,呈浅棕色。目前赭石大多精制成水溶性的胶块状,无覆盖性。

（6）白粉:可分成铅粉、蛤粉、白垩等数种,蛤粉从海中的文蛤壳加工研细而成,日久易"返铅"而变黑,用双氧水轻洗则可返白;至于白垩(白土粉)在古代壁画中常用,亦历久不变色。

植物性颜料,透明色薄,没有覆盖性能。常用的植物性颜料有:

（7）花青:用蓼蓝或大蓝的叶子制成蓝淀,再提炼出来的青色颜料,用途相当广,可调藤黄成草绿或嫩绿色。

（8）藤黄:南方热带林中的海藤树,从其树皮凿孔,流出胶质的黄液,以竹筒承接,干透即可使用,藤黄有毒,不可入口。

（9）胭脂(脂):用红蓝花、茜草、紫梗三种植物制成的暗红色颜料,但以胭脂作画,年代久则有褪色的现象。目前多以西洋红取代。

6. 其他工具

除了上述的笔、墨、砚、纸绢、颜料之外,还须准备相关的用具:

（1）调色(储色)工具:以白色的瓷器制品较佳,调色或调墨应准备小碟子数个,储色以梅花盘及层碟较理想,不同的颜料应该分开储放。

（2）贮水盂:盛水作洗笔或供应清水之用,亦以白色瓷器制的较佳。

（3）薄毯:衬在画桌上,可以防止墨渗透将画沾污,铺纸后画面也不易被笔擦坏。

（4）胶和矾:上石青、石绿、朱砂等重色时为防止颜色脱落,可用胶矾水罩上,矾有粉末状和块状,胶则有瓶装的液状鹿胶与条状或块状的牛胶、鱼胶、鹿胶等,最好备置一套杯、酒精灯,以便融胶调兑清水。

（5）乳钵:粉状颜料粒子太粗时,需用乳钵研磨再置于烧杯中飞漂。此外挂笔的笔架、压纸的纸镇、裁纸的裁刀、起稿的炭条、吸水的棉质废布(或废纸)、以及钤印用的印泥、印章等皆可酌情备置。

（十）国画的欣赏

初看国画,要欣赏的不是画面如此简单,还要看下面几项是否精美。

1. 画工

画家作品,可表现出作者成就。画面的形象,就是画工的具体,我们往往主观批判该画的好与坏，是受画工的影响最大。

2. 书法

中国画与西方绘画不同之处，其中一项就是书法。国画画面上常伴有诗句，而诗句是画的灵魂，有时候一句题诗如画龙点睛，使画生色不少，而画中的书法，亦影响画面甚大。书法不精的画家，大多不敢题字，虽然仅具签署，亦可窥其功底一二。

3. 印章

画面上常见的印章有各方面使用：

画家的印玺、题字者私章、闲章、收藏印章、欣赏印章、鉴证印章等。而各种印章的雕工、印文内容、印章位置都在评介之列。尤其古画，往往有皇帝、名家、藏家及鉴赏家的印鉴，可佐真伪。

4. 装框

中国画装裱独具一格，常见有纸裱、绫裱两大类。纸裱较粗，绫裱较精。裱边的颜色、宽窄、衬边、接驳、裱工等都十分讲究。

5. 功力

从事书画修养越久的人，他表现出的功力，是初学者无法掌握的。尤其是书法，老手多苍劲有力，雄浑生姿。国画方面，其线条、设计、意景亦表现出作者功力。所以人生经验丰富的艺术家，其作品往往较年轻画家有不同表现，这就是功力。

6. 布局

布局看来似是画面的设计，其实是作者胸怀中的天地，从画面布局中表现出来。中国画与西方绘画不同地方甚多，最明显之处就是"留白"，国画传统上不加底色，于是留白甚多，而疏、密、聚、散称为留白的布局。在留白之处，有人以书法、诗词、印章等来补白。亦有让其空白，故从布局可见作者独到之处。

7. 诗句

字画中的诗词，往往代表主人的心声。一句好诗能表现作者的内涵和学养，亦能起到画龙点睛的作用。

8. 印文

无论字或画，常有"压角"的闲章出现。所谓闲章，就是画面或书法留白的角落。而印上的文字，有时影响字画甚大。从印文中也可看到作者心态，或当时的环境。好的印文，配以好的雕刻刀法，盖在字画上，使作品更添光彩。

第十三章　中国传统文学经典

一、《山海经》

《山海经》是先秦古籍,是一部富于神话传说的最古老的地理书。它主要记述古代地理、物产、神话、巫术、宗教等,也包括古史、医药、民俗、民族等方面的内容。

《山海经》全书18篇,约3.1万字。共藏山经5篇、海外经4篇、海内经5篇、大荒经4篇。全书内容,以五藏山经5篇和海外经4篇作为一组;海内经4篇作为一组;而大荒经5篇以及书末海内经1篇又作为一组。每组的组织结构,自具首尾,前后贯串,有纲有目。五藏山经的一组,依南、西、北、东、中的方位次序分篇,每篇又分若干节,前一节和后一节又用有关联的语句相承接,使篇节间的关系表现得非常清楚。

该书按照地区不按时间把这些事物一一记录。所记事物大部分由南开始,然后向西,再向北,最后到达大陆(九州)中部。九州四围被东海、西海、南海、北海所包围。古代中国也一直把《山海经》当做历史看待,是中国各代史家的必备参考书,由于该书成书年代久远,连司马迁写《史记》时也认为:"至《禹本纪》,《山海经》所有怪物,余不敢言之也。"对古代历史、地理、文化、中外交通、民俗、神话等研究,均有价值参考。

二、《诗经》

《诗经》是我国第一部诗歌总集,收入自西周初年至春秋中叶五百多年的诗歌311篇,又称《诗三百》。

《诗经》内容上分为风、雅、颂三个部分。其中"风"包括了十五个地方的民歌,叫"十五国风",有160篇,是《诗经》中的核心内容。"风"的意思是土风、风谣。"雅"是正声雅乐,分"大雅"、"小雅",有诗105篇,其中大雅31篇,小雅74篇。"颂"是祭祀乐歌,分"周颂"、"鲁颂"、"商颂",有诗40篇,是"五经"之一。《诗经》距今已有2500年的历史。

《诗经》的作者成分很复杂,产生的地域也很广。除了周王朝乐官制作的乐

国学经典文库

中华历书大全

· 中国传统文学经典 ·

图文珍藏版

歌,公卿、列士进献的乐歌,还有许多原来流传于民间的歌谣。这些民间歌谣是如何集中到朝廷来的,则有不同说法。汉代某些学者认为,周王朝派有专门的采诗人,到民间搜集歌谣,以了解政治和风俗的盛衰利弊;又有一种说法:这些民歌是由各国乐师搜集的。乐师是掌管音乐的官员和专家,他们以唱诗作曲为职业,搜集歌谣是为了丰富他们的唱词和乐调。诸侯之乐献给天子,这些民间歌谣便汇集到朝廷里了。这些说法,都有一定道理。

《诗经》是中国现实主义文学的光辉起点。由于其内容丰富、思想和艺术上的高度成就,在中国以至世界文化史上都占有重要地位。它开创了中国诗歌的优秀传统,对后世文学产生了不可磨灭的影响。

三、《楚辞》

"楚辞"之名首见于《史记·酷吏列传》,可见最迟在汉代前期已有这一名称。其本义,当是泛指楚地的歌词,以后才成为专称,指以战国时楚国屈原的创作为代表的新诗体。这种诗体具有浓厚的地域文化色彩,如宋人黄伯思所说,"皆书楚语,作楚声,纪楚地,名楚物"(《东观余论》)。

在汉代,楚辞也被称为辞或辞赋。西汉末年,刘向将屈原、宋玉的作品以及汉代淮南小山、东方朔、王褒、刘向等人承袭模仿屈原、宋玉的作品共16篇辑录成集,定名为《楚辞》。楚辞遂又成为诗歌总集的名称。由于屈原的《离骚》是《楚辞》的代表作,故楚辞又称为骚或骚体。这是《诗经》以后,我国古代又一部具有深远影响的诗歌总集。

四、《尚书》

《尚书》又称《书》、《书经》,为一部多体裁文献汇编,是中国现存最早的史书。分为《虞书》、《夏书》、《商书》、《周书》。战国时期总称《书》,汉代改称《尚书》,即"上古之书"。因是儒家五经之一,又称《书经》。现存版本中真伪参半。一般认为《今文尚书》中《周书》的《牧誓》到《吕刑》16篇是西周真实史料,《文侯之命》、《费誓》和《秦誓》为春秋史料,所述内容较早的《尧典》、《皋陶谟》、《禹贡》反而是战国编写的古史资料。今本《古文尚书》总体认为是晋代梅赜伪造,但也存在争议。

《尚书》主要记录虞、夏、商、周各代一部分帝王的言行。它最引人注目的思想倾向,是以天命观念解释历史兴亡,以为现实提供借鉴。这种天命观念具有理性的内核:一是敬德,二是重民。《尚书》的文字佶屈艰深,晦涩难懂,但它标志着史官记事散文的进步:第一,有些篇章注重人物的声气口吻;第二,有些篇章注重语言的形象化以及语言表达的意趣;第三,有些篇章注重对场面的具体描写。

就文学而言,《尚书》是中国古代散文已经形成的标志。据《左传》等书记载,在《尚书》之前,有《三坟》、《五典》、《八索》、《九丘》,但这些书都没有传下来,《汉书·艺文志》已不见著录,叙先秦散文当从《尚书》始。书中文章,结构渐趋完整,有一定的层次,已注意在命意谋篇上下工夫。后来春秋战国时期散文的勃兴,是对它的继承和发展。秦汉以后,各个朝代的制诰、诏令、章奏之文,都明显地受它的影响。

五、《礼记》

《礼记》是战国至秦汉年间儒家学者解释说明经书《仪礼》的文章选集,是一部儒家思想的资料汇编。《礼记》的作者不止一人,写作时间也有先有后,其中多数篇章可能是孔子的七十二名高足弟子及其学生们的作品,还兼收先秦的其他典籍。

《礼记》的内容主要是记载和论述先秦的礼制、礼仪,解释仪礼,记录孔子和弟子等的问答,记述修身做人的准则。实际上,这部 9 万字左右的著作内容广博,门类杂多,涉及政治、法律、道德、哲学、历史、祭祀、文艺、日常生活、历法、地理等诸多方面,几乎包罗万象,集中体现了先秦儒家的政治、哲学和伦理思想,是研究先秦社会的重要资料。

《礼记》全书用记叙文形式写成,一些篇章具有相当的文学价值。有的用短小的生动故事阐明某一道理;有的气势磅礴、结构谨严;有的言简意赅、意味隽永;有的擅长心理描写和刻画,书中还收有大量富有哲理的格言、警句,精辟而深刻。

《礼记》与《仪礼》、《周礼》合称"三礼",对中国文化产生过深远的影响,各个时代的人都从中寻找思想资源。因而,历代为《礼记》作注释的书很多,当代学者在这方面也有一些新的研究成果。

六、《春秋》

《春秋》,又称《麟经》(《麟史》),是鲁国的编年史,经过了孔子的修订。记载了从鲁隐公元年(前 722 年)到鲁哀公十四年(前 481 年)的历史,是中国现存最早的一部编年体史书。《春秋》一书的史料价值很高,但不完备,王安石甚至说《春秋》是"断烂朝报"。亦是儒家经典之一。

在中国上古时期,春季和秋季是诸侯朝觐王室的时节。另外,春秋在古代也代表一年四季。而史书记载的都是一年四季中发生的大事,因此"春秋"是史书的统称,而鲁国史书的正式名称就是《春秋》。传统上认为《春秋》是孔子的作品,也有

图文珍藏版

人认为是鲁国史官的集体作品。

《春秋》中的文字非常简练,事件的记载很简略,但242年间诸侯攻伐、盟会、篡弑及祭祀、灾异礼俗等,都有记载。它所记鲁国十二代的世次年代,完全正确,所载日食与西方学者所著《蚀经》比较,互相符合的有30多次,足证《春秋》并非古人凭空虚撰,可以定为信史。

《春秋》最初原文仅1.8万多字,现存版本则只有1.6万多字。在语言上极为精练,遣词井然有序。就因文字过于简单,后人不易理解,所以诠释之作相继出现,对书中的记载进行解释和说明,称之为"传"。其中左丘明《春秋左氏传》,公羊高《春秋公羊传》,谷梁赤《春秋谷梁传》合称《春秋三传》,列入儒家经典。

七、《论语》

《论语》是儒家学派的经典著作之一,由孔子的弟子及其再传弟子编撰而成。它以语录体和对话文体为主,记录了孔子及其弟子言行,集中体现了孔子的政治主张、论理思想、道德观念及教育原则等。与《大学》、《中庸》、《孟子》、《诗经》、《尚书》、《礼记》、《易经》、《春秋》并称"四书五经"。通行本《论语》共20篇。

《论语》首创语录之体。汉语文章的典范性也发源于此。《论语》以记言为主,"论"是论纂的意思,"语"是话语,经典语句、箴言,"论语"即是论纂(先师孔子的)语言。《论语》成于众手,记述者有孔子的弟子,有孔子的再传弟子,也有孔门以外的人,但以孔门弟子为主。作为一部优秀的语录体散文集,它以言简意赅、含蓄隽永的语言,记述了孔子的言论。《论语》中所记孔子循循善诱的教诲之言,或简单应答,点到即止;或启发论辩,侃侃而谈;富于变化,娓娓动人。

《论语》的语言简洁精练,含义深刻,比较真实地记述了孔子及其弟子的言行,也比较集中地反映了孔子的思想,其中有许多言论至今仍被世人视为至理。

八、《孟子》

《孟子》一书是孟子的言论汇编,由孟子及其弟子共同编写而成,记录了孟子的语言、政治观点(仁政、王霸之辨、民本、恪君心之非,民贵君轻)和政治行动的儒家经典著作。

孟子曾仿效孔子,带领门徒游说各国。但不被当时各国所接受,退隐与弟子一起著书。《孟子》有7篇传世:《梁惠王》上下;《公孙丑》上下;《滕文公》上下;《离娄》上下;《万章》上下;《告子》上下;《尽心》上下。其学说出发点为性善论,提出"仁政"、"王道",主张德治。

南宋时朱熹将《孟子》与《论语》、《大学》、《中庸》合在一起称"四书",是四书中篇幅最大的部头最重的一本,有3.5万多字。从此直到清末,"四书"一直是科举必考内容。孟子的文章说理畅达、气势充沛并长于论辩,逻辑严密,尖锐机智,代表着传统散文写作最高峰。孟子在人性问题上提出性善论。

九、《大学》

　　《大学》原为《礼记》第四十二篇。宋朝程颢、程颐兄弟把它从《礼记》中抽出,编次章句。朱熹将《大学》、《中庸》、《论语》、《孟子》合编注释,称为"四书",从此《大学》成为儒家经典。

　　至于《大学》的作者,程颢、程颐认为是"孔氏之遗言也"。朱熹把《大学》重新编排整理,分为"经"一章,"传"十章。认为,"经一章盖孔子之言,而曾子述之;其传十章,则曾子之意而门人记之也"。就是说,"经"是孔子的话,曾子记录下来;"传"是曾子解释"经"的话,由曾子的学生记录下来。

　　"大学"是对"小学"而言,是说它不是讲"详训诂,明句读"的"小学",而是讲治国安邦的"大学"。"大学"是大人之学。

　　《大学》为"初学入德之门也"。"经"一章提出了明明德、亲民、止于至善三条纲领,又提出了格物、致知、诚意、正心、修身、齐家、治国、平天下八个条目。八个条目是实现三条纲领的途径。在八个条目中,修身是根本的一条,"自天子以至于庶人,壹是皆以修身为本"。"传"十章分别解释明明德、新民、止于至善、本末、格物、致知、诚意、正心、修身、齐家、治国、平天下。明明德是指弘扬光明正大的品德。新民是指让人们革旧图新。止于至善是指要达到最好的境界。本末是指做事要分清主次,抓住根本。格物、致知是指穷究事物的原理来获得知识。诚意就是"勿自欺",不要"掩其不善而著其善"。正心就是端正自己的心思。修身就是加强自身修养,提高自身素质。齐家就是管理好自己的家庭、家族。治国、平天下是谈治理国家的事。怎样治理国家呢? 首先要做表率;自己讨厌的,不加给别人;要得众、慎得、生财、举贤。"得众则得国,失众则失国";"有德此有人,有人此有土,有土此有财";见贤能举,举而能先。

十、《中庸》

　　《中庸》原是《小戴礼记》中的一篇。作者为孔子后裔子思,后经秦代学者修改整理,它也是中国古代讨论教育理论的重要论著。

　　《中庸》是被宋代学人提到突出地位上来的,宋一代探索中庸之道的文章不下百篇,但最早探索《中庸》的并非儒生,而是卒于宋真宗乾兴元年的方外之士——释智圆。智圆之后,司马光则是宋儒中论中庸较早的一个。后来北宋程颢、程颐极力尊崇《中庸》。南宋朱熹又作《中庸章句》,并把《中庸》和《大学》、《论语》、《孟子》并列称为"四书"。宋、元以后,《中庸》成为学校官定的教科书和科举考试的必读书,对古代教育产生了极大的影响。

中庸就是既不善也不恶的人的本性。从人性来讲,就是人性的本原,人的根本智慧本性。实质上,用现代文字表述就是"临界点",这就是难以把握的"中庸之道"。人性的不善也不恶的本性,从临界点向上就是道;向下就是非道。向上就是善;向下就是恶。

十一、《道德经》

《道德经》,又称《道德真经》、《老子》、《五千言》、《老子五千文》,是中国古代先秦诸子分家前的一部著作,为其时诸子所共仰,传说是春秋时期的老子李耳(似是作者、注释者、传抄者的集合体)所撰写,是道家哲学思想的重要来源。道德经分上、下两篇,原文上篇《德经》、下篇《道经》,不分章,后改为《道经》在前,《德经》在后,并分为81章,是中国历史上首部完整的哲学著作。

《道德经》常会被归属为道教学说。其实哲学上的道家和宗教上的道教,是不能混为一谈的,但《道德经》作为道教基本教义的重要构成之一,被道教视为重要经典,其作者老子也被道教视为至上的三清尊神之一———道德天尊的化身,又称太上老君,所以应该说道教吸纳了道家思想,道家思想完善了道教。同时,前面所说的哲学,并不能涵括《道德经》(修身立命、治国安邦、出世入世)的全貌。

《道德经》提出了"无为而治"的主张,成为中国历史上某些朝代,如西汉初的治国方略,在经济上可以缓解人民的压力,对早期中国的稳定起到过一定作用。历史上《道德经》注者如云,甚至有几位皇帝都为其作注。

唐贞观二十一年(647年),译《道德经》为梵文,传入东天竺;唐开元二十三年(735),唐玄宗亲注《老子》。日本使者名代,请《老子经》及老子"天尊像"归国,对日本社会发展产生过影响。

十二、《庄子》

庄子,著名的思想家、哲学家、文学家,是道家学派的代表人物,老子哲学思想的继承者和发展者,先秦庄子学派的创始人。他的学说涵盖当时社会生活的方方面面,但根本精神还是皈依于老子的哲学。后世将他与老子并称为"老庄",他们的哲学为"老庄哲学"。《庄子》一书也被称为《南华真经》。其文章具有浓厚的浪漫色彩,对后世文学有很大影响。

庄子的思想包含着朴素辩证法因素,主要思想是"天道无为",认为一切事物都在变化,他认为"道"是"先天生地"的,从"道未始有封",庄子主要认为自然的比人为的要好,提倡无用,认为大无用就是有用。就像"一棵难看的树被认为无用,有一个木匠要找一棵树做房梁,但这棵树太弯了,没法做房梁;第二个木匠找树做磨的握柄,要弯的,但这棵树太难看了,又没办法;第三个木匠要做车轱辘,但这棵树长得不行,从某方面讲是无用的"。但从庄子的角度看,无用就是有用,大无用就是大有作为,所以庄子提倡无用精神("道"是无界限差别的),属主观唯心主义体系。"道"也是其哲学的基础和最高范畴,即关于世界起源和本质的观念,又是人之认识境界。主张"无为",放弃一切妄为。又认为一切事物都是相对的,因此他否定一切事物的本质区别,极力否定现实,幻想一种"天地与我并生,万物与我为一"(《齐物论》)的主观精神境界,安时处顺,逍遥自得,倒向了相对主义和宿命论。在政治上主张"无为而治",反对一切社会制度,摈弃一切文化知识。

庄子的文章,想象力很强,文笔变化多端,具有浓厚的浪漫主义色彩,并采用寓言故事形式,富有幽默讽刺的意味,对后世文学语言有很大影响。其超常的想象和变幻莫测的寓言故事,构成了庄子特有的奇特的形象世界,"意出尘外,怪生笔端"(刘熙载《艺概·文概》)。庄周和他的门人以及后学者著有《庄子》(被道教奉为《南华经》),道家经典之一。《汉书艺文志》著录《庄子》52 篇,但留下来的只有 33 篇。其中内篇 7 篇,一般定为庄子著;外篇杂篇可能掺杂有他的门人和后来道家的作品。

《庄子》在哲学、文学上都有较高研究价值。研究中国哲学,不能不读《庄子》;研究中国文学,也不能不读《庄子》。鲁迅先生说过:"其文汪洋辟阖,仪态万方,晚周诸子之作,莫能先也。"(《汉文学史纲要》)名篇有《逍遥游》、《齐物论》、《养生主》等,《养生主》中的"庖丁解牛"尤为后世传诵。

十三、《孙子兵法》

《孙子兵法》又称《孙武兵法》、《吴孙子兵法》、《孙子兵书》、《孙武兵书》等,英文名为《The Art of War》,是中国古典军事文化遗产中的璀璨瑰宝,是中国优秀文化传统的重要组成部分。是世界三大兵书之一,其内容博大精深,思想精邃富赡,逻辑缜密严谨。目前认为《孙子兵法》由孙武草创,后来经其弟子整理成书。

《孙子兵法》全书共 13 篇。《谋攻》是以智谋攻城,即不专用武力,而是采用各种手段使守敌投降;《形》、《势》讲决定战争胜负的两种基本因素:"形"指具有客观、稳定、易见等性质的因素,如战斗力的强弱、战争的物质准备;"势"指主观、易变、带有偶然性的因素,如兵力的配置、士气的勇怯;《虚实》讲的是如何通过分散集结、包围迁回,造成预定会战地点上的我强敌劣,最后以多胜少;《军争》讲的是如何"以迂为直"、"以患为利",夺取会战的先机之利;《九变》讲的是将军根据不同情况采取不同的战略战术;《行军》讲的是如何在行军中宿营和观察敌情;《地形》讲的是 6 种不同的作战地形及相应的战术要求;《九地》讲的是依"主客"形势和深入敌方的程度等划分的 9 种作战环境及相应的战术要求;《火攻》讲的是以火助攻;《用间》讲的是 5 种间谍的配合使用;书中的语言叙述简洁,内容也很有哲理性,后来的很多将领用兵都受到了该书的影响。

十四、《吕览》

《吕览》是秦国丞相吕不韦主编的一部古代类百科全书似的传世巨著,又名《吕氏春秋》,有八览、六论、十二纪,共 20 多万言。吕不韦自己认为其中包括了天地万物古往今来的事理,所以号称《吕氏春秋》。书中尊崇道家,肯定老子顺应客观的思想,但舍弃了其中消极的成分。同时,融合儒、墨、法、兵众家长处,形成了包括政治、经济、哲学、道德、军事各方面的理论体系。吕不韦的目的在于综合百家之长,总结历史经验教训,为以后的秦国统治提供长久的治国方略。

《吕氏春秋》内容驳杂,有儒、道、墨、法、兵、农、纵横、阴阳家等各家思想,所以《汉书·艺文志》等将其列入杂家。在内容上虽然杂,但在组织上并非没有系统,编著上并非没有理论,内容上也并非没有体系。正如该书《用众》篇所说:"天下无粹白之狐,而有粹白之裘,取之众白也。"《吕氏春秋》的编著目的显然也是为了集各家之精华,成一家之思想,那就是以道家思想为主干,融合各家学说。据吕不韦说,此书对各家思想的去取完全是从客观出发,对各家都抱公正的态度,并一视同仁的。因为"私视使目盲,私听使耳聋,私虑使心狂。三者皆私没精,则智无由公。智不公,则福日衰,灾日隆。"(《吕氏春秋·序意》)

《吕氏春秋》的十二纪是全书的大旨所在,是全书的重要部分,分为《春纪》、《夏纪》、《秋纪》、《冬纪》。每纪都是 15 篇,共 60 篇。本书是在"法天地"的基础上来编辑的,而十二纪是象征"大圜"的天,所以,这一部分便使用十二月令来作为组合材料的线索。《春纪》主要讨论养生之道;《夏纪》论述教学道理及音乐理论;《秋纪》主要讨论军事问题;《冬纪》主要讨论人的品质问题。八览,现在 63 篇,显然脱去一篇。内容从开天辟地说起,一直说到做人务本之道、治国之道以及如何认识、分辨事物、如何用民、为君等。六论,共 36 篇,杂论各家学说。

十五、《史记》

《史记》(中国古代最著名的古典典籍之一)与后来的《汉书》(班固)、《后汉书》(范晔、司马彪)、《三国志》(陈寿)合称"前四史"。

《史记》记载了上自中国上古传说中的黄帝时代,下至汉武帝(公元前122年),共3000多年的历史。作者司马迁以其"究天人之际,通古今之变,成一家之言"的史识,使《史记》成为中国历史上第一部纪传体通史。

《史记》全书包括十二本纪(记历代帝王政绩)、三十世家(记诸侯国和汉代诸侯、勋贵兴亡)、七十列传(记重要人物的言行事迹,主要叙人臣,其中最后一篇为自序)、十表(大事年表)、八书(记各种典章制度即礼、乐、音律、历法、天文、封禅、水利、财用),共130篇,526500余字。

《史记》最初没有固定书名,或称"太史公书",或称"太史公记",也简称"太史公"。"史记"本来是古代史书的通称,从三国时期开始,"史记"由史书的通称逐渐成为"太史公书"的专称。

《史记》对后世史学和文学的发展都产生了深远影响。其首创的纪传体编史方法为后来历代"正史"所传承。同时,《史记》还被认为是一部优秀的文学著作,在中国文学史上有重要地位,被鲁迅誉为"史家之绝唱,无韵之离骚",有很高的文学价值。刘向等人认为此书"善序事理,辨而不华,质而不俚",与司马光的《资治通鉴》并称"史学双璧"。

十六、《汉书》

《汉书》,又称《前汉书》,由我国东汉时期的历史学家班固编撰,是中国第一部纪传体断代史,"二十四史"之一。《汉书》是继《史记》之后我国古代又一部重要史书,与《史记》、《后汉书》、《三国志》并称为"前四史"。《汉书》全书主要记述了上起西汉的汉高祖元年(前206年),下至新朝的王莽地皇四年(23年),共230年的史事。《汉书》包括纪12篇,表8篇,志10篇,传70篇,共100篇,后人划分为120卷,共80万字。

《汉书》的语言庄严工整,多用排偶、古字古词,遣词造句典雅远奥,与《史记》平畅的口语化文字形成了鲜明的对照。中国纪史的方式自《汉书》以后,历代都仿照它的体例,纂修了纪传体的断代史。

《汉书》成书于汉和帝时期,前后历时近40年。班固世代为望族,家多藏书,父班彪为当世儒学大家,"唯圣人之道然后尽心",采集前史遗事,旁观异闻,作《史记后传》65 篇。班固承继父志，"亨笃志于博学，以著述为业"，撰成《汉书》。其书的八表和《天文志》，则由其妹班昭及马续共同续成，故《汉书》前后历经四人之手完成。注疏《汉书》者主要有唐朝的颜师古（注）、清朝的王先谦（补注）。

《汉书》开创了我国断代纪传表志体史书，奠定了修正史的编例。史学家章学诚曾在《文史通义》中说过："迁史不可为定法，固因迁之体，而为一成之义例，遂为后世不桃之宗焉。"历来，"史之良，首推迁、固"，"史风汉"、史班或班马并称，两书各有所长，同为中华史学名著，为治文史者必读之史籍。

《汉书》尤以史料丰富、闻见博洽著称，"整齐一代之书，文赡事详，要非后世史官所能及"。可见，《汉书》在史学史上有重要的价值和地位。

十七、《水经注》

《水经注》是公元 6 世纪北魏时郦道元所著，是我国古代较完整的一部以记载河道水系为主的综合性地理著作，在我国长期历史发展进程中有过深远影响，自明清以后不少学者从各方面对它进行了深入细致的专门研究，形成了一门内容广泛的"郦学"。

我国古代记载河流的专著就叫《水经》，其作者历来说法不一，一说晋郭璞撰，一说东汉桑钦撰，又说郭璞曾注桑钦撰的《水经》。《水经注》则是以注《水经》而得名。

《水经注》是以《水经》所记水道为纲，《唐六典》注中称《水经》共载水道 137条，而《水经注》则将支流等补充发展为 1252 条。今人赵永复将全书水体包括湖、淀、陂、泽、泉、渠、池、故渎等算入，实记 2596，倍于《唐六典》之数。

注文达 30 万字，涉及的地域范围，除了基本上以西汉王朝的疆域作为其撰写对象外，还涉及当时不少域外地区，包括今印度、中南半岛和朝鲜半岛若干地区，覆盖面积实属空前。

所记述的时间幅度上起先秦，下至南北朝当代，上下约 2000 年。它所包容的地理内容十分广泛，包括自然地理、人文地理、山川胜景、历史沿革、风俗习惯、人物掌故、神话故事等，真可谓是我国 6 世纪的一部地理百科全书，无所不容。难能可贵的是这么丰富多彩的内容并非单纯地罗列现象，而是有系统地进行综合性的记述。侯仁之教授概括得最为贴切："他赋予地理描写以时间的深度，又给予许多历史事件以具体的空间的真实感。"（《水经注选释·前言》）

《水经注》是我国古代地理名著，其内容包括了自然地理和人文地理的各个方面。在自然地理方面，所记大小河流有 1252 条，从河流的发源到入海，举凡干流、支流、河谷宽度、河床深度、水量和水位季节变化，含沙量、冰期以及沿河所经的伏流、瀑布、急流、滩濑、湖泊等都广泛搜罗，详细记载。所记湖泊、沼泽500余处，泉水和井等地下水近300处，伏流有30余处，瀑布60多处。所记各种地貌，高地有山、岳、峰、岭、坂、冈、丘、阜、崗、障、峰、矶、原等，低地有川、野、沃野、平川、平原、原隰等，仅山岳、丘阜地名就有近2000处，喀斯特地貌方面所记洞穴达70余处，植物地理方面记载的植物品种达140余种，动物地理方面记载的动物种类超过100种，各种自然灾害有水灾、旱灾、风灾、蝗灾、地震等，记载的水灾共30多次，地震有近20次。

在人文地理方面，所记的一些政区建置往往可以补充正史地理志的不足。所记的县级城市和其他城邑共2800座，古都180座；除此以外，小于城邑的聚落包括镇、乡、亭、里、聚、村、墟、戍、坞、堡10类，共约1000处。在这些城市中包括国外一些城市，如在今印度的波罗奈城、巴连弗邑、王舍新城、瞻婆国城等，林邑国的军事要地区粟城和国都典冲城等都有详细记载。交通地理包括水运和陆路交通，其中仅桥梁就记有100座左右，津渡也近100处。经济地理方面有大量农田水利资料，记载的农田水利工程名称就有坡湖、堤、塘、堰、堨、额、坨、水门、石逗等。还记有大批屯田、耕作制度等资料。在手工业生产方面，包括采矿、冶金、机器、纺织、造币、食品等。所记矿物有金属矿物如金、银、铜、铁、锡、汞等，非金属矿物有雄黄、硫黄、盐、石墨、云母、石英、玉、石材等，能源矿物有煤炭、石油、天然气等。兵要地理方面，全注记载的从古以来的大小战役不下300次，许多战役都生动说明了利用地形的重要性。

除了丰富的地理内容外，还有许多学科方面的材料。诸如书中所记各类地名约在2万处上下，其中解释的地名就有2400多处。所记中外古塔30多处，宫殿120余处，各种陵墓260余处，寺院26处以及不少园林等。可见该书对历史学、考古学、地名学、水利史学以至民族学、宗教学、艺术等方面都有一定的参考价值。以上这些内容不仅在数量上惊人，更重要的是作者采用了文学艺术手法进行了绘声绘色的描述，所以它还是我国古典文学名著，在文学史上居有一定地位。它"写水着眼于动态"，"写山则致力于静态"，它"是魏晋南北朝时期山水散文的集锦，神话传说的荟萃，名胜古迹的导游图，风土民情的采访录"。《水经注》在语言运用上也是出类拔萃的，仅就描写的瀑布来说，它所用的词汇就有：泷、洪、悬流、悬水、悬涛、悬泉、悬涧、悬波、颓波、飞清等，真是变化无穷。所以我们说《水经注》不仅是科学名著，也是文学艺术的珍品。

十八、《抱朴子》

《抱朴子》东晋葛洪撰，总结了战国以来神仙家的理论，从此确立了道教神仙理论体系;又继承魏伯阳炼丹理论,集魏晋炼丹术之大成;它也是研究我国晋代以前道教史及思想史的宝贵材料。东晋道家理论著作。葛洪(284—364年),字稚川,两晋时学者、文学家,丹阳句容(今属江苏)人。曾为司徒王导主簿,又被征为散骑常侍、大著作,不就。后赴广州,在罗浮山炼丹。

《抱朴子》今存"内篇"20篇。论述神仙、炼丹、符箓等事,自称"属道家";"外篇"50篇,论述"时政得失,人事臧否",自称"属儒家"。"外篇"中《钧世》、《尚博》、《辞义》、《文行》等篇有关于文学理论批评的内容。

《抱朴子内篇》主要讲述神仙方药、鬼怪变化、养生延年,禳灾却病,属于道家。其内容可以具体概括为:论述宇宙本体、论证神仙的确实存在、论述金丹和仙药的制作方法及应用、讨论各种方术的学习应用、论述道经的各种书目,说明世人修炼的广泛性。

《抱朴子外篇》则主要谈论社会上的各种事情,属于儒家的范畴,也显示了作者先儒后道的思想发展轨迹。其内容可具体概括为:论人间得失,讥刺世俗,讲治民之法;评世事臧否,主张藏器待时,克己思君;论谏君主任贤能,爱民节欲,独掌权柄;论超俗出世,修身著书等。

总之,《抱朴子》将玄学与道教神学,方术与金丹、丹鼎与符箓、儒学与仙学统统纳为一体之中,从而确立了道教神仙理论体系。

十九、《文心雕龙》

《文心雕龙》为古代文学理论著作,作者刘勰。成书于南朝齐和帝中兴元、二年(501—502年)年间。它是中国文学理论批评史上第一部有严密体系的、"体大而虑周"(章学诚《文史通义·诗话篇》)的文学理论专著。魏晋时期,中国的文学理论有了很大的发展,到南北朝,逐渐形成繁荣的局面。文学创作和文学理论批评在其历史发展中所积累起来的丰富经验,既为《文心雕龙》的出现准备了条件,也在《文心雕龙》中得到了反映。

《文心雕龙》共10卷,50篇。原分上、下部,各25篇。全书包括四个重要方面。上部,从《原道》至《辨骚》的5篇,是全书的纲领,而其核心则是《原道》、《徵圣》、《宗经》3篇,要求一切要本之于道,稽诸于圣,宗之于经。从《明诗》到《书记》的20篇,以"论文序笔"为中心,对各种文体源流及作家、作品逐一进行研究和评价。以有韵文为对象的"论文"部分中,以《明诗》、《乐府》、《诠赋》等篇较重要;以无韵文为对象的"序笔"部分中,则以《史传》、《诸子》、《论说》等篇意义较大。下部,从《神思》到《物色》的20篇(《时序》不计在内),以"剖情析采"为中心,重点研究有关创作过程中各个方面的问题,是创作论。《时序》、《才略》、《知音》、《程器》

4 篇,则主要是文学史论和批评鉴赏论。下部的这两个部分,是全书最主要的精华所在。以上四个方面共 49 篇,加上最后叙述作者写作此书的动机、态度、原则,共 50 篇。

二十、《世说新语》

《世说新语》是我国南朝宋时期(420—581 年)产生的一部主要记述魏晋人物言谈逸事的笔记小说。由南朝刘宋宗室临川王刘义庆(403—444 年)组织一批文人编写的,梁代刘峻作注。全书原 8 卷,刘孝标注本分为 10 卷,今传本皆作 3 卷,分为德行、言语、政事、文学、方正、雅量等 36 门,全书共 1000 多则故事。

《世说新语》是一部笔记小说集,此书不仅记载了自汉魏至东晋士族阶层言谈、逸事,反映了当时士大夫们的思想、生活和清谈放诞的风气,而且其语言简练,文字生动鲜活,因此自问世以来,便受到文人的喜爱和重视,戏剧、小说如关汉卿的杂剧《玉镜台》、罗贯中的《三国演义》等也常常从中寻找素材。

二十一、《颜氏家训》

《颜氏家训》是我国南北朝时北齐文学家颜之推的传世代表作。他结合自己的人生经历、处世哲学,写成《颜氏家训》一书告诫子孙。《颜氏家训》是我国历史上第一部内容丰富、体系宏大的家训,也是一部学术著作。阐述立身治家的方法,其内容涉及许多领域,强调教育体系应以儒学为核心,尤其注重对孩子的早期教育,并对儒学、文学、佛学、历史、文字、民俗、社会、伦理等方面提出了自己独到的见解。文章内容切实,语言流畅,具有一种独特的朴实风格,对后世的影响颇为深远。

作为中国传统社会的典范教材,《颜氏家训》直接开后世"家训"的先河,是我国古代家庭教育理论宝库中的一份珍贵遗产。颜之推并无赫赫之功,也未列显官之位,却因一部《颜氏家训》而享千秋盛名,由此可见其家训的影响深远。被陈振孙誉为"古今家训之祖"的《颜氏家训》,是中国文化史上的一部重要典籍,这不仅表现在该书"质而明,详而要,平而不诡"的文章风格上,以及"兼论字画音训,并考正典故,品第文艺"的内容方面,而且还表现在该书"述立身治家之法,辨正时俗之谬"的现世精神上。因此,历代学者对该书推崇备至,视之为垂训子孙以及家庭教育的典范。纵观历史,颜氏子孙在操守与才学方面都有惊世表现,光以唐朝而言,像注解《汉书》的颜师古、书法为世楷模、笼罩千年的颜真卿,凛然大节震烁千古、以身殉国的颜杲卿等人,都令人对颜家有不同凡响的深刻印象,更足证其祖所立家训之效用彰著。即使到了宋、元两朝,颜氏族人也仍然入仕不断,尤其令以后明、清两代的人钦羡不已。

二十二、《金刚经》

《金刚经》是佛教重要经典。根据不同译本,全名略有不同,鸠摩罗什所译全名为《金刚般若波罗蜜经》,唐玄奘译本则为《能断金刚般若波罗蜜经》,梵文 Va-jracchedika – prajñāpāramitā – sūtra。《金刚经》传入中国后,自东晋到唐朝共有六个译本,以鸠摩罗什所译《金刚般若波罗蜜经》最为流行(5176 字或 5180 字)。唐玄奘译本,《能断金刚般若波罗蜜经》共 8208 字,为鸠摩罗什译本的一个重要补充。其他译本则流传不广。《金刚经》通篇讨论的是空的智慧。一般认为前半部说众生空,后半部说法空。

此经共有六个译本:

1. 东晋十六国时期后秦鸠摩罗什译;

2. 南北朝时期北魏菩提留支译;

3. 陈真谛译;以上三译并名《金刚般若波罗蜜经》;

4. 隋达摩笈多译,名《金刚能断般若波罗蜜经》;

5. 唐玄奘译,乃《大般若波罗蜜多经》之第九会,名能断金刚分;摘出别行,名《能断金刚般若波罗蜜多经》;

6. 唐义净译,亦名《能断金刚般若波罗蜜多经》。

二十三、《茶经》

《茶经》,是中国乃至世界现存最早、最完整、最全面介绍茶的第一部专著,被誉为"茶叶百科全书",由中国茶道的奠基人陆羽所著。此书是一部关于茶叶生产的历史、源流、现状、生产技术以及饮茶技艺,茶道原理的综合性论著,是一部划时代的茶学专著。它不仅是一部精辟的农学著作,又是一本阐述茶文化的书。它将普通茶事升格为一种美妙的文化艺能,它是中国古代专门论述茶叶的一类重要著作,推动了中国茶文化的发展。

《茶经》分三卷十节,约 7000 字。卷上:一之源,讲茶的起源、形状、功用、名称、品质;二之具,谈采茶制茶的用具,如采茶篮、蒸茶灶、焙茶棚等;三之造,论述茶的种类和采制方法。卷中:四之器,叙述煮茶、饮茶的器皿,即 24 种饮茶用具,如风炉、茶釜、纸囊、木碾、茶碗等。卷下:五之煮,讲烹茶的方法和各地水质的品第;六之饮,讲饮茶的风俗,即陈述唐代以前的饮茶历史;七之事,叙述古今有关茶的故事、产地和药效等;八之出,将唐代全国茶区的分布归纳为山南(荆州之南)、浙南、浙西、剑南、浙东、黔中、江西、岭南等八区，并谈各地所产茶叶的优劣；九之略，分析采茶、制茶用具可依当时环境，省略某些用具；十之图，教人用绢素写茶经，陈诸座隅，目击而存。《茶经》系统地总结了当时的茶叶采制和饮用经验，全面论述了有关茶叶起源、生产、饮用等各方面的问题，传播了茶业科学知识，促进了茶叶生产的发展，开中国茶道之先河。且《茶经》是中国古代最完备的茶书，除茶法外，凡与茶有关的各种内容，都有叙述，以后茶书皆本于此。

二十四、《资治通鉴》

《资治通鉴》是北宋著名史学家、政治家司马光和他的助手刘攽、刘恕、范祖禹、司马康等人历时19年编纂的一部规模空前的编年体通史巨著。在这部书里，编者总结出许多经验教训，供统治者借鉴，书名的意思是："鉴于往事，资于治道"，即以历史的得失作为鉴戒来加强统治，所以叫《资治通鉴》。

《资治通鉴》全书294卷，300多万字，另有《考异》、《目录》各30卷。《资治通鉴》所记历史断限，上起周威烈王二十三年（前403年），下迄后周显德六年（959年），前后共1362年。全书按朝代分为十六纪，即《周纪》5卷、《秦纪》3卷、《汉纪》60卷、《魏纪》10卷、《晋纪》40卷、《宋纪》16卷、《齐纪》10卷、《梁纪》22卷、《陈纪》10卷、《隋纪》8卷、《唐纪》81卷、《后梁纪》6卷、《后唐纪》8卷、《后晋纪》6卷、《后汉纪》4卷、《后周纪》5卷。

《资治通鉴》的内容以政治、军事和民族关系为主，兼及经济、文化和历史人物评价，目的是通过对事关国家盛衰、民族兴亡的统治阶级政策的描述，以警示后人。

《资治通鉴》自成书以来，历代帝王将相、文人骚客、各界要人争读不止。点评批注《资治通鉴》的帝王、贤臣、鸿儒及现代的政治家、思想家、学者，不胜枚举、数不胜数。作为历代君王的教科书，对《资治通鉴》的称誉，除《史记》之外，几乎没有任何一部史著可与《资治通鉴》媲美。

二十五、《窦娥冤》

《窦娥冤》全称《感天动地窦娥冤》，是元朝关汉卿的杂剧代表作，悲剧剧情取材自"东海孝妇"的民间故事。《窦娥冤》是中国十大悲剧之一的传统剧目，是一出具有较高文化价值、广泛群众基础的名剧，约86个剧种上演过此剧。

《窦娥冤》全剧为四折一楔子，高中课文选的第三折，是全剧矛盾冲突的高潮部分，写窦娥被押赴刑场杀害的悲惨情景，揭露了元代吏治的腐败残酷，反映了当时的社会黑暗，歌颂了窦娥的善良心灵和反抗精神。

作品在艺术上,体现出现实主义与浪漫主义风格的融合。作品用丰富的想象和大胆的夸张,设计超现实的情节,显示出正义的强大力量,寄托了作者鲜明的爱憎,反映了广大人民伸张正义、惩治邪恶的愿望。

关汉卿戏曲的语言通俗自然,朴实生动,极富性格,评论家以"本色"二字概括其特色。课文中的曲词,都不事雕琢,感情真切,精练优美,浅显而深邃。

二十六、《西厢记》

《西厢记》全名《崔莺莺待月西厢记》。作者王实甫,元代著名杂剧作家,今保定定兴县人。他一生写作了 14 种剧本,《西厢记》是他的代表作,大约写于元贞、大德年间(1295—1307 年)。这个剧一上舞台就惊倒四座,博得男女青年的喜爱,被誉为"西厢记天下夺魁"。

《西厢记》最突出的成就是从根本上改变了《莺莺传》的主题思想和莺莺的悲剧结局,把男女主人公塑造成在爱情上坚贞不渝,敢于冲破封建礼教的束缚,并经过不懈的努力,终于得到美满结果的一对青年。这一改动,使剧本反封建倾向更鲜明,突出了"愿普天下有情人都成眷属"的主题思想。在艺术上,剧本通过错综复杂的戏剧冲突,来完成莺莺、张珙、红娘等艺术形象的塑造,使人物的性格特征生动鲜明,加强了作品的戏剧性。

二十七、《本草纲目》

《本草纲目》(Compendium of Materia Medica)是明朝伟大的医药学家李时珍为修改古代医书的错误而编,李时珍以毕生精力,亲历实践,广收博采,实地考察,对本草学进行了全面的整理总结,历时 29 年编成,30 余年心血的结晶。共有 52 卷,载有药物 1892 种,其中载有新药 374 种,收集医方 11096 个,书中还绘制了 1160 幅精美的插图,约 190 万字,分为 16 部、60 类。每种药物分列释名(确定名称)、集解(叙述产地)、正误(更正过去文献的错误)、修治(炮制方法)、气味、主治、发明(前三项指分析药物的功能)、附方(收集民间流传的药方)等项。全书收录植物药有881 种,附录 61 种,共 942 种,再加上具名未用植物 153 种,共计 1095 种,占全部药物总数的 58%。

李时珍把植物分为草部、谷部、菜部、果部、本部五部,又把草部分为山草、芳草、湿草、毒草、蔓草、水草、石草、苔草、杂草九类,是我国医药宝库中的一份珍贵遗产。是对 16 世纪以前中医药学的系统总结,在训诂、语言文字、历史、地理、植物、动物、矿物、冶金等方面也有突出成就。

本书十七世纪末即传播,先后多种文字的译本,对世界自然科学也有举世公认的卓越贡献。其有关资料曾被达尔文所引,它是几千年来祖国药物学的总结。这本药典,不论从它严密的科学分类,或是从它包含药物的数目之多和流畅生动的文笔来看,都远远超过古代任何一部本草著作。被誉为"东方药物巨典",对人类近代科学以及医学方面影响最大。

二十八、《菜根谭》

《菜根谭》是明代还初道人洪应明收集编著的一部论述修养、人生、处世、出世的语录汇集。具有三教真理的结晶,和万古不易的教人传世之道,为旷古稀世的奇珍宝训。对于人的正心修身,养性育德,有不可思议的潜移默化的力量。其文字简练明隽,兼采雅俗。似语录,而有语录所没有的趣味;似随笔,而有随笔所不易及的整饬;似训诫,而有训诫所缺乏的亲切醒豁;且有雨余山色,夜静钟声,点染其间,其所言清霏有味,风月无边。

《菜根谭》不是一部有系统的、逻辑严密的学术著作,而是 300 多年前一位退职官僚的人生处世哲学的表白。作者糅合了儒家的中庸思想、道家的无为思想和释家的出世思想,成为一种在世出世的处世方法体系,这是该书最突出的一个特点。但《菜根谭》并非完全消极厌世的道德说教,它还有劝导人们建功立业,积极入世、乐观进取的一面。例如,他说:"天地有万古,此身不再得;人生只百年,此日最易过。幸生其间者,不可不知有生之乐,亦不可不怀虚生之忧。"他的积极入世思想是有限度的,他要求人们应该坚持一种道德标准,符合时可以积极入世;反之,则宁可"受一时之寂寞,毋取万古之凄凉"。这种讲究道德的原则立场对于现代社会依然有借鉴意义。

二十九、《天工开物》

《天工开物》初刊于 1637 年(明崇祯十年)。《天工开物》是世界上第一部关于农业和手工业生产的综合性著作,是中国古代一部综合性的科学技术著作,有人也称它是一部百科全书式的著作,作者是明朝科学家宋应星。外国学者称它为"中国 17 世纪的工艺百科全书"。作者在书中强调人类要和自然相协调、人力要与自然力相配合。

《天工开物》的书名取自《易·系辞》中"天工人其代之"及"开物成务",作者说是"盖人巧造成异物也"(《五金》卷)。全书按"贵五谷而贱金玉之义"(《序》)分为《乃粒》(谷物)、《乃服》(纺织)、《彰施》(染色)、《粹精》(谷物加工)、《作咸》

（制盐）、《甘嗜》（食糖）、《膏液》（食油）、《陶埏》（陶瓷）、《冶铸》、《舟车》、《锤锻》、《燔石》（煤石烧制）、《杀青》（造纸）、《五金》、《佳兵》（兵器）、《丹青》（矿物颜料）、《曲蘗》（酒曲）和《珠玉》共 18 卷。包括当时许多工艺部门世代相传的各种技术，并附有大量插图，注明工艺关键，具体描述生产中各种实际数据（如重量准确到钱，长度准确到寸）。

《天工开物》全书详细叙述了各种农作物和工业原料的种类、产地、生产技术和工艺装备，以及一些生产组织经验，既有大量确切的数据，又绘制了 123 幅插图。全书分上、中、下三卷，又细分为 18 卷。上卷记载了谷物豆麻的栽培和加工方法，蚕丝棉苎的纺织和染色技术，以及制盐、制糖工艺。中卷内容包括砖瓦、陶瓷的制作，车船的建造，金属的铸锻，煤炭、石灰、硫黄、白矾的开采和烧制，以及榨油、造纸方法等。下卷记述金属矿物的开采和冶炼，兵器的制造，颜料、酒曲的生产，以及珠玉的采集加工等。

三十、《徐霞客游记》

《徐霞客游记》是以日记体为主的中国地理名著。明末徐弘祖（徐霞客）经 34 年旅行，写有天台山、雁荡山、黄山、庐山等名山游记 17 篇和《浙游日记》、《江右游日记》、《楚游日记》、《粤西游日记》、《黔游日记》、《滇游日记》等著作，除佚散者外，遗有 60 余万字游记资料。死后由他人整理成《徐霞客游记》。世传本有 10 卷、12 卷、20 卷等数种，主要按日记述作者 1613—1639 年间旅行观察所得，对地理、水文、地质、植物等现象，均做详细记录，在地理学和文学上卓有成就。

在文学上的主要特点是：

1. 写景记事，悉从真实中来，具有浓厚的生活实感；

2. 写景状物，力求精细，常运用动态描写或拟人手法，远较前人游记细致入微；

3. 词汇丰富，敏于创制；绝不因袭套语，落人窠臼；

4. 写景时注重抒情，寓情于景，情景交融，同时注意表现人的主观感觉；

5. 通过丰富的描绘手段，使游记表现出很高的艺术性，具有恒久的审美价值。

此外，在记游的同时，还常常兼及当时各地的居民生活、风俗人情、少数民族的聚落分布、土司之间的战争兼并等情事，多为正史稗官所不载，具有一定的历史学、民族学价值。《徐霞客游记》被后人誉为"世间真文字、大文字、奇文字"。

三十一、《红楼梦》

《红楼梦》，中国古代四大名著之一，章回体长篇小说。成书于 1784 年（清乾隆帝四十九年），梦觉主人序本正式题为《红楼梦》，它的原名《石头记》、《情僧录》、《风月宝鉴》、《金陵十二钗》等，作者曹雪芹，续作是由高鹗完成。本书是一部具有高度思想性和高度艺术性的伟大作品，作者具有初步的民主主义思想，他对现实社会、宫廷、官场的黑暗，封建贵族阶级及其家庭的腐朽，封建的科举、婚姻、奴婢、等级制度及社会统治思想即孔孟之道和程朱理学、社会道德观念等都进行了深刻的批判，并且提出了朦胧的带有初步民主主义性质的理想和主张。

《红楼梦》是一部具有高度思想性和高度艺术性的伟大作品，可以代表古典小说艺术的最高成就，它继承了《金瓶梅》的网状结构特点，以荣国府的日常生活为中心，以宝黛钗的爱情悲剧及大观园中点滴琐事为主线，以金陵贵族名门贾、王、薛、史四大家族由鼎盛走向衰亡的历史为暗线，展现了穷途末路的封建社会终将走向灭亡的必然趋势。并以其曲折隐晦的表现手法，凄凉深切的情感格调，强烈高远的思想底蕴，容及百家之长，汇集百科之粹，在我国古代民俗、封建制度、社会图景、建筑金石等各领域皆有不可替代的研究价值，达到我国古典小说的高峰。

《红楼梦》在流传初期是通过名为《石头记》的手抄本形式流传，手抄本仅有 80 回（根据有些学者的研究，流传下来的手抄本实为 79 回，今存手抄本的第 80 回仅仅是第 79 回的后半节，被后人割裂，以凑足 80 回的整数；也有部分学者认为今 79、80 二回本均为续作混入）。

自乾隆年间始，各种关于《红楼梦》的续作纷纷出笼。据有关学者统计，《红楼梦》的续书种类高达百余种，如《后红楼梦》、《红楼后梦》、《续红楼梦》、《红楼复梦》、《红楼梦补》、《增补红楼》、《红楼》、《红楼梦影》等。

三十二、《三国演义》

《三国演义》，全名《三国志通俗演义》，作者罗贯中。英文名：The romance of Three Kingdoms,（翻译为：三个国度的传奇故事），为中国四大名著之一，是历史演义小说的经典之作。

《三国演义》描写的是从东汉末年到西晋初年之间近 100 年的历史风云，全书反映了三国时代的政治军事斗争，反映了三国时代各类社会矛盾的渗透与转化，概括了这一时代的历史巨变，塑造了一批叱咤风云的英雄人物。在对三国历史的把握上，作者表现出明显地拥刘反曹倾向，以刘备集团作为描写的中心，对刘备集团的主要人物加以歌颂，对曹操则极力揭露鞭挞。今天我们对于作者的这种拥刘反曹的倾向应有辩证的认识。尊刘反曹是民间传说的主要倾向，在罗贯中时代隐含着人民对汉室复兴的希望。

《三国演义》塑造了一大群鲜明生动、有生命力的人物形象，罗贯中也因此获得了在中国文学史上的重要地位。刻画的近200个人物形象中最为成功的有曹操、司马懿、诸葛亮、关羽、刘备、赵云等人。曹操是一位奸雄，他生活的信条是"宁教我负天下人，休教天下人负我"，既有雄才大略，又很善于使用诡计，是一个十分伟大的政治家、阴谋家、军事家及诗人。诸葛亮是作者心目中的"贤相"的化身，他具有"鞠躬尽瘁，死而后已"的大义胸怀，具有济世救民再造太平盛世的雄心壮志，而且作者还赋予他呼风唤雨、神机妙算的奇异本领。关羽"威猛刚毅"、"义薄云天"。刘备被作者塑造成为仁民爱物、礼贤下士、知人善任的仁人志士。其实历史上真实的曹操、刘备、关羽、诸葛亮等人和演义中的差别是很多很大的。

《三国演义》描写了大大小小的战争，构思宏伟，手法多样，使我们对古代文化有了很多了解。其中官渡之战、赤壁之战等战争的描写波澜起伏、跌宕跳跃，读来惊心动魄、荡气回肠、感人肺腑，给读者带来丰富的历史文化。

《三国演义》开创了历史小说的先河，代表了历史小说的最高成就。自此以后，文人纷纷效仿。在中国文学史上，历史小说便蔚然成为一大潮流。直到现在，三国都是一部在文学界享有盛名的历史小说，中国几千年的历史，都已写成了各种历史小说，无不是罗贯中历史演义的继承和发展。

三十三、《水浒传》

《水浒传》又名《忠义水浒传》，一般简称《水浒》，作于元末明初，是中国历史上第一部用白话文写成的章回小说，是中国四大名著之一。

《水浒传》的艺术成就，最突出地表现在英雄人物的塑造上。全书巨大的历史主题，主要是通过对起义英雄的歌颂和对他们斗争的描绘中具体表现出来的。因而英雄形象塑造的成功，是作品具有光辉艺术生命的重要因素。在《水浒传》中，至少出现了一二十个个性鲜明的典型形象，这些形象有血有肉，栩栩如生，跃然纸上。

《水浒传》在文学成就上受到后世不少文学评论家的赞许：金圣叹将《水浒传》与《离骚》《庄子》《史记》《杜诗》《西厢记》合称为"六才子书"。冯梦龙将《水浒传》与《三国演义》《西游记》《金瓶梅》《石头记》定为"五大奇书"。与《三国演义》、《西游记》、《红楼梦》共列"中国古典四大名著"。

三十四、《西游记》

《西游记》是吴承恩所著，是中国古典四大名著之一，是一部优秀的神魔小说，也是一部规模宏伟、结构完整、用幻想形式来反映社会矛盾的巨著。

小说以整整七回的"大闹天宫"故事开始,把孙悟空的形象提到全书的首要地位。第八至十二回写如来说法、观音访僧、魏征斩龙、唐僧出世等故事,交代取经的缘起。从十三回到全书结束,讲述了500年后,观音向孙悟空道出自救的方法:他须随唐三藏到西方取经,做其徒弟,修成正果之日便得救。孙悟空遂紧随唐三藏上路,途中屡遇妖魔鬼怪,二人与猪八戒、沙僧等合力对付,展开一段艰辛的取西经之旅。

作品写于明朝中期,当时社会经济虽繁荣,但政治日渐败坏,百姓生活困苦。作者对此不合理的现象,通过故事提出批评。此作品共100回,60万余字。分回标目,每一回目以整齐对偶展现。

三十五、《封神演义》

《封神演义》原是中国平民娱乐文学,约成书于隆庆,作者是明朝的陈仲琳(或许仲琳)(也有一说为明代道士陆西星,《封神演义》中有十余处引用道教经典《黄庭经》)。原书最早追溯可能是南宋的《武王伐纣白话文》和《商周演义》、《昆仑八仙东游记》,以古代魔幻神话故事再参考古籍和民间传说创作而成。

《封神演义》,俗称《封神榜》。全书共100回,以姜子牙辅佐周室(周文王、周武王)讨伐商纣的历史为背景,描写了阐教、截教诸仙斗智斗勇、破阵斩将封神的故事,书中包含了大量民间传说和神话。有姜子牙、哪吒等生动、鲜明的形象,最后以姜子牙封诸神和周武王封诸侯结尾。

三十六、《牡丹亭》

《牡丹亭》是明朝剧作家汤显祖的代表作之一,共55出,描写杜丽娘和柳梦梅的爱情故事。与其《紫钗记》、《南柯记》、《邯郸记》并称为"临川四梦"。此剧原名《还魂记》,创作于1598年。

舞台上常演的有《闹学》、《游园》、《惊梦》、《寻梦》、《写真》、《离魂》、《拾画叫画》、《冥判》、《幽媾》、《冥誓》、《还魂》等几折。

《牡丹亭》,全名《牡丹亭还魂记》,即《还魂记》,也称《还魂梦》或《牡丹亭梦》,传奇剧本,2卷,55出,据明人小说《杜丽娘慕色还魂》而成,明代南曲的代表。

《牡丹亭》是汤显祖的代表作,也是我国戏曲史上浪漫主义的杰作。作品通过杜丽娘和柳梦梅生死离合的爱情故事,洋溢着追求个人幸福、呼唤个性解放、反对封建制度的浪漫主义理想,感人至深。杜丽娘是我国古典文学里继崔莺莺之后出现的最动人的妇女形象之一,通过杜丽娘与柳梦梅的爱情婚姻,喊出了要求个性解放、爱情自由、婚姻自主的呼声,并且暴露了封建礼教对人们幸福生活和美好理想的摧残。《牡丹亭》以文辞典丽著称,宾白饶有机趣,曲词兼用北曲泼辣动荡及南词婉转精丽的长处。明吕天成称之为"惊心动魄,且巧妙迭出,无境不新,真堪千古矣!"

三十七、《金瓶梅》

《金瓶梅》是我国明代长篇世情小说,成书约在隆庆至万历年间。作者署名兰陵笑笑生。

《金瓶梅》借《水浒传》中武松杀嫂一段故事为引子,通过对兼有官僚、恶霸、富商三种身份的封建时代市侩势力的代表人物西门庆及其家庭罪恶生活的描述,暴露了宋代中叶社会的黑暗和腐败,具有较深刻的认识价值。描绘了一个上至朝廷内擅权专政的太师,下至地方官僚恶霸乃至市井间的地痞、流氓、帮闲所构成的鬼蜮世界。西门庆原是个破落财主、生药铺老板。他善于夤缘钻营,巴结权贵,在县里包揽讼事,交通官吏,知县知府都和他往来。他不择手段地巧取豪夺,聚敛财富,荒淫好色,无恶不作。他抢夺寡妇财产,诱骗结义兄弟的妻子,霸占民间少女,谋杀姘妇的丈夫。为了满足贪得无厌的享乐欲望,他干尽伤天害理的事情。但由于有官府做靠山,特别是攀结上了当朝宰相蔡京并拜其为义父,这就使他不仅没有遭到应有的惩罚,而且左右逢源、步步高升。这些描写,反映了明代中叶以后,朝廷权贵与地方上的豪绅官商相勾结,压榨人民、聚敛钱财的种种黑幕。

《金瓶梅》是我国第一部由文人独创的率先以市井人物与世俗风情为描写中心的长篇小说。它的诞生,标志着诸如《三国演义》、《水浒传》、《西游记》等几部小说取材于历史故事与神话传说而集体整理加工式小说创作模式的终结,开启了文人直接取材于现实社会生活而进行独立创作长篇小说的先河。历代研究《金瓶梅》者,不乏其人,论著层出不穷。尤其是改革开放以来,更是备受研究者之关注。

三十八、《三言二拍》

《三言二拍》,是中国古代成就最大的两个白话短篇小说集。"三言"是明代冯梦龙编辑、加工的三部短篇小说集:《喻世明言》、《警世通言》、《醒世恒言》。每部40篇,共120篇。因为书名都有一个"言"字,就统称"三言"。"二拍"是明代凌濛初在"三言"的直接影响下写成的两部短篇小说集:《初刻拍案惊奇》、《二刻拍案惊奇》。每部40篇,共80篇。"二拍"也是取两部书名中的"拍"字而得名。

《三言二拍》在通俗文学界占有极为重要的历史地位,是反映明代生活的最著名的作品。它的语言通俗易懂，故事曲折生动，描写准确有力，是思想性和艺术性最完美的结合，在古今中外备受瞩目。《三言二拍》中许多故事都广为人知，如《卖油郎独占花魁》、《喻世明言》、《包公断奇案》、《错配鸳鸯》、《罗衫恩仇记》等。作为古代白话短篇小说的一个高峰，《警世通言》构筑了自己独特的艺术世界。与早期的"话本"相比较，《警世通言》在语言、文体和结构等方面都有了很大的变化和发展。首先是语言，改变了过去书面语与口头语分离的状况，完全采用通俗、流畅的白话，力避文白间杂，风格趋于统一。《醒世恒言》所收录的多是成熟的话本小说，达到很高的艺术水准，和先前同类作品相比，在写作技巧方面有显著的提高。话本小说原是说书的底本，故事性强，以情节取胜。《醒世恒言》继承话本小说的这种传统，并且又有新的发展。作品的多数故事不是直线展开，而是跌宕起伏，一波三折，以其曲折多变而引人入胜。

三十九、《聊斋志异》

《聊斋志异》，简称《聊斋》，俗名《鬼狐传》，是中国清代著名小说家蒲松龄的著作。书中共有短篇小说491篇，题材非常广泛，内容极其丰富。《聊斋志异》的艺术成就很高，它成功地塑造了众多的艺术典型，人物形象鲜明生动，故事情节曲折离奇，结构布局严谨巧妙，文笔简练，描写细腻，堪称中国古典短篇小说之巅峰。

《聊斋志异》是一部具有独特思想风貌和艺术风貌的文言文短篇小说集。多数小说是通过幻想的形式谈狐说鬼，但内容却深深地扎根于现实生活的土壤之中，曲折地反映了蒲松龄所生活的时代的社会矛盾和人民的思想愿望，熔铸进了作家对生活的独特的感受和认识。蒲松龄在《聊斋自志》中说："集腋为裘，妄续幽冥之录;浮白载笔，仅成孤愤之书。寄托如此，亦足悲矣!"在这部小说集中，作者是寄托了他从现实生活中产生的深沉和孤愤。因此我们不能只是看《聊斋志异》奇异有趣的故事，当做一本消愁解闷的书来读，而应该深入地去体会作者寄寓其中的爱和恨、悲愤和喜悦，以及产生这些思想感情的现实生活和深刻的历史内容。

四十、《儒林外史》

《儒林外史》是由清代吴敬梓创作的长篇小说（也称章回小说）。全书共56回（也有人认为最后一回非吴所作），约40万字，描写了近200个人物。小说假托明，实际描写了康乾时期科举制度下读书人的功名和生活。

《儒林外史》是我国清代一部杰出的现实主义的长篇讽刺小说，大约在1750年前后，作者50岁时成书，先后用尽了吴敬梓的20年。主要描写封建社会后期知识分子及官绅的活动和精神面貌。

鲁迅先生评为"如集诸碎锦,合为帖子,虽非巨幅,而时见珍异。"冯沅君、陆侃如合著的《中国文学史简编》认为"大醇小疵"。

当然,由于时代的局限,作者在书中虽然批判了黑暗的现实,却把理想寄托在"品学兼优"的士大夫身上,宣扬古礼古乐,看不到改变儒林和社会的真正出路,这是应该加以批判的。

全书故事情节虽没有一个主干,可是有一个中心贯穿其间,那就是反映科举制度和封建礼教的毒害,讽刺因热衷功名富贵而造成的极端虚伪、恶劣的社会风习。这样的思想内容,在当时无疑是有其重大的现实意义和教育意义的。加上它那准确、生动、简练的白话语言,栩栩如生的人物形象塑造,优美细腻的景物描写,出色的讽刺手法,艺术上也获得了巨大成功。

《儒林外史》全书 56 章,由许多个生动的故事连起来,这些故事都是以真人真事为原型塑造的。全书的中心内容,就是抨击僵化的考试制度和由此带来的严重社会问题。

《儒林外史》是我国古代讽刺文学的典范,吴敬梓对生活在封建末世和科举制度下的封建文人群像的成功塑造,以及对吃人的科举、礼教和腐败事态的生动描绘,使他成为我国文学史上批判现实主义的杰出作家之一。《儒林外史》不仅直接影响了近代谴责小说,而且对现代讽刺文学也有深刻的启发。现在,《儒林外史》已被译成英、法、德、俄、日等多种文字,成为一部世界性的文学名著。有的外国学者认为:这是一部讽刺迂腐与卖弄的作品,然而却可称为世界上一部最不引经据典、最饶诗意的散文叙述体之典范。

四十一、《海国图志》

《海国图志》是一部划时代的著作,其"师夷之长技以制夷"命题的提出,打破了传统的夷夏之辨的文化价值观,摒弃了九洲八荒、天圆地方、天朝中心的史地观念,树立了五大洲、四大洋的新的世界史地知识,传播了近代自然科学知识以及别种文化样式、社会制度、风土人情,拓宽了国人的视野,开辟了近代中国向西方学习的时代新风气。

《海国图志》的划时代意义,还在于给闭塞已久的中国人以全新的近代世界概念。明末清初,西洋传教士利玛窦等人来华,带来了世界知识的新东西,但却不被人们所重视。鸦片战争爆发前,妄自尊大的清廷皇帝和显官达贵,竟不知英国在何方? 为什么成为海上霸王?《海国图志》的刊出,打破了这种孤陋寡闻的状况,它向人们提供了 80 幅全新的世界各国地图,又以 66 卷的巨大篇幅,详叙各国史地。

这样,使当时的中国人通过《海国图志》这一望远镜,开眼看世界。既看到了西洋的"坚船利炮",又看到了欧洲国家的商业、铁路交通、学校等情况,使中国人跨出了"国界",认识近代世界的新鲜事物。

在百卷本的《海国图志》中,作者不仅重视工商业,并由经济扩展到政治,由原来对西方"坚船利炮"等奇技的惊叹,发展到对西方近代资本主义民主政体的介绍。至此,魏源的"师夷"思想发展到了他那个时代的高峰。

中华历书大全

·中国传统文学经典·

图文珍藏版

第十四章　古代谋略经典

一、《孙子兵法》

计篇

（一）孙子曰：兵者，国之大事，死生之地，存亡之道，不可不察也。

（二）故经之以五事，校之以计，而索其情：一曰道，二曰天，三曰地，四曰将，五曰法。道者，令民与上同意也，故可以与之死，可以与之生，而不畏危。天者，阴阳、寒暑、时制也。地者，远近、险易、广狭、死生也。将者，智、信、仁、勇、严也。法者，曲制、官道、主用也。凡此五者，将莫不闻，知之者胜，不知者不胜。故校之以计，而索其情。曰：主孰有道？将孰有能？天地孰得？法令孰行？兵众孰强？士卒孰练？赏罚孰明？吾以此知胜负矣。

（三）将听吾计，用之必胜，留之；将不听吾计，用之必败。去之。

（四）计利以听，乃为之势，以佐其外。势者，因利而制权也。

（五）兵者，诡道也。故能而示之不能，用而示之不用，近而示之远，远而示之近。利而诱之，乱而取之，实而备之，强而避之，怒而挠之，卑而骄之，佚而劳之，亲而离之。攻其无备，出其不意。此兵家之胜，不可先传也。

（六）夫未战而庙算胜者，得算多也；未战而庙算不胜者，得算少也。

多算胜，少算不胜，而况于无算乎！吾以此观之，胜负见矣。

作战篇

（七）孙子曰：凡用兵之法，驰车千驷，革车千乘，带甲十万，千里馈粮，则内外之费，宾客之用，胶漆之材，车甲之奉，日费千金，然后十万之师举矣。其用战也胜，久则钝兵挫锐，攻城则力屈，久暴师则国用不足。夫钝兵挫锐，屈力殚货，则诸侯乘其弊而起，虽有智者，不能善其后矣。故兵闻拙速，未睹巧之久也。夫兵久而国利者，未之有也，故不尽知用兵之害者，则不能心知用兵之利也。

（八）善用兵者，役不再籍，粮不三载。取用于国，因粮于敌，故军食可足也。

（九）国之贫于师者远输，远输则百姓贫。近于师者贵卖，贵卖则百姓财竭，财竭则急于兵役。力屈、财殚，中原内虚于家。百姓之费，十去其七；公家之费，破车罢马,甲胄矢弩,戟盾蔽橹,丘牛大车,十去其六。

(十)故智将务食于敌,食敌一钟,当吾二十钟;艺秆一石,当吾二十石。

(十一)故杀敌者,怒也;取敌之利者,货也。故车战,得车十乘已上,赏其先得者,而更其旌旗,车杂而乘之,卒善而养之,是谓胜敌而益强。

(十二)故兵贵胜,不贵久。

(十三)故知兵之将,民之"司命",国家安危之主也。

谋攻篇

(十四)孙子曰:凡用兵之法,全国为上,破国次之;全军为上,破军次之;全旅为上,破旅次之;全卒为上,破卒次之:全伍为上,破伍次之。是故百战百胜,非善之善者也;不战而屈人之兵,善之善者也。

(十五)故上兵伐谋,其次伐交,其次伐兵,其下攻城。攻城之法为不得已。修橹轒辒,具器械,三月而后在,距音又三月而后已。将不胜其忿,而蚁附之,杀士三分之一,而城不拔者,此攻之灾也。故善用兵者,屈人之兵而非战也,拔人之城而非攻也,毁人之国而非他,必以全争于天下,故兵不顿,而利可全,此谋攻之法也。

(十六)故用兵之法,十则围之,五则攻之,倍则分之,敌则能战之,少则能逃之,不若则能避之。故小敌之坚,大敌之擒也。

(十七)夫将者,国之辅也,辅周则国必强,辅隙则国必弱。

(十八)故君之所以患于军者三:不知军之不可以进而谓之进,不知军之不可以退而谓之退,是为縻军;不知三军之事,而同三军之政者,则军士惑矣;不知三军之权而同三军之任,则军士疑矣。三军既惑且疑,则诸侯之难至矣,是谓乱军引胜。

(十九)故知胜有五:知可以战与不可以战者胜,识众寡之用者胜,上下同欲者胜,以虞待不虞者胜,将能而君不御者胜。此五者,知胜之道也。

(二十)故曰:知彼知己者,百战不殆;不知彼而知己,一胜一负;不知彼,不知己,每战必殆。

形篇

(二十一)孙子曰:昔之善战者,先为不可胜,以待敌之可胜。不可胜在己,可胜在敌。故善战者,能为不可能,不能使敌之可胜;故曰:胜可知,而不可为。不可胜者,守也;可胜者,攻也。守则不足,攻则有余。善守者,藏于九地之下,善攻者,动于九天之上,故能自保而全胜也。

(二十二)见胜不过众人之所知,非善之善者也;战胜而天下曰善,非善之善者也。故举秋毫不为多力,见日月不为明目,闻雷霆不为聪耳。古之所谓善战者,胜于易胜者也。故善战者之胜也,无智者,无勇功。故其战胜不忒,不忒者,其所措必胜,胜已败者也。故善战者,立于不败之地,而不失敌之败也。是故胜兵先胜而后求战,败兵先战而后求胜。善用兵者,修道而保法,故能为胜败之政。

(二十三)兵法:一曰度,二曰量,三曰数,四曰称,五曰胜,地生度,度生量,量生数,数生称,称生胜。

(二十四)故胜兵若以镒称铢,败兵若以铢称镒。

(二十五)胜者之战,民也,若决积水于千仞之溪者,形也。

势篇

(二十六)孙子曰:凡治众如治寡,分数是也;斗众如斗寡,形名是也;三军之众,可使必受敌而无败者,奇正是也;兵之所加,加以碫投卵者,虚实是也。

(二十七)凡战者,以正合,以奇胜。故善出奇者,无穷如天地,不竭如江河。终而复始,日月是也。死而复生,四时是也。声不过五,五声之变,不可胜听也。色不过五,五色之变,不可胜观也。味不过五,五味之变,不可胜尝也。战势不过奇正,奇正之变,不可胜穷也。奇正相生,如循环之无端,孰能穷之?

(二十八)激水之疾,至于漂石者,势也;鸷鸟之疾,至于毁折者,节也。是故善战者,其势险,其节短。势如彍弩,节如发机。

(二十九)纷纷纭纭,斗乱而不可乱也;浑浑沌沌,形圆而不可败也。

(三十)乱生于治,怯生于勇,弱生于强。治乱,数也;勇怯,势也;强弱,形也。

(三十一)故善动敌者,形之,敌必从之;予之,敌必取之;以利动之,以卒待之。

(三十二)故善战者,求之于势,不责于人,故能择人而任势。任势者,其战人也,如转木石。木石之性,安则静,危则动,方则止,圆则行。故善战火之势,如转圆石于千仞之山者,势也。

虚实篇

(三十三)孙子曰:凡先处战地而待敌者佚,后处战地而趋战者劳。故善战者,致人而不致于人。

(三十四)能使敌人自至者,利之也;能使敌人不得至者,害之也。故敌佚能劳之,饱能饥之,安能动之。

(三十五)出其所不趋,趋其所不意。行千里而不劳者,行于无人之地也。攻而必取者,攻其所不守也;守而必固者,守其所不攻也。

(三十六)故善攻者,敌不知其所守;善守者,敌不知其所攻。

(三十七)微乎微乎,至于无形,神乎神乎,至于无声,故能为敌之司命。

(三十八)进而不可御者,冲其虚也;退而不用造者,速而不可及也。故我欲战,敌虽高垒深沟,不得不与我战者,攻其所必救也;我不欲战,画地而守之,敌不得与我战者。乖其所之也。

(三十九)故形人而我无形,则我专而敌分;我专为一,敌分为十,是以十攻其一也,则我众而敌寡;能以众击寡者,则吾之所与战者,约矣。吾听与战之地不可知,不可知,则敌所备者多,敌所备者多,则吾所与战者,寡矣。

(四十)故备前则后寡,备后则前寡,备左则右寡,备右则左寡,无所不备,则无所不寡。寡者备人者也,众者使人备己者也。

(四十一)故知战之地,知战之日,则可千里而会战。不知战地,不知战日,则左不能救右,右不能救左,前不能救后,后不能救前,而况远者数十里,近者数里乎?

(四十二)以吾度之,越人之兵虽多,亦奚益于胜败哉!?

(四十三)故曰:胜可为也。敌虽众,可使无斗。

(四十四)故策之而知得失之计,作之而知动静之理,形之而知死生之地,角之而知有余不足之处。

(四十五)故形兵之极,至于无形。无形,则深涧不能窥,智者不能谋。

(四十六)因形而错胜于众,众不能知。人皆知我所以胜之形,而莫知吾所以制胜之形。故其战胜不复,而应形于无穷。

(四十七)夫兵形象水,水之形避高而趋下,兵之形避实而击虚,水因地而制流,兵因敌而制胜。故兵无常势,水无常形,能因敌变化而取胜者,谓之神。

(四十八)故五行无常胜,四时无常位,日有短长,月有死生。

军争篇

(四十九)孙子曰:凡用兵之法,将受命于君,合军聚众,交和而舍,莫难于军争。军争之难者,以迂为直,以患为利。故迂其途,而诱之以利,后人发,先人至,此知迂直之计者也。

(五十)故军争为利,军争为危。举军而争利,则不及;委军而争利,则辎重捐。是故卷甲而趋,日夜不处,倍道兼行,百里而争利,则擒三将军。劲者先,疲者后,其法十一而至;五十里而争利,则蹶上将军,其法半至;三十里而争利,则三分之二至。是故军无辎重则亡,无粮食则亡,无委积则亡。

(五十一)故不知诸侯之谋者,不能豫交;不知山林、险阻、沮泽之形者,不能行军;不用乡导者,不能得地利。

(五十二)故兵以诈立,以利动,以分合为变者也。

(五十三)故其疾如风,其徐如林,侵掠如火,不动如山,难知如阴,动如雷震。

(五十四)掠乡分众,廓地分利,悬权而动。

(五十五)先知迂直之计者胜,此军争之法也。

(五十六)《军政》曰:"言不相闻,故为金鼓;视不相见,故为旌旗。"夫金鼓旌旗者,所以一人之耳目也。人既专一,则勇者不得独进,怯者不得独退,此用众之法也。故夜战多火鼓,昼战多旌旗,所以变人之耳目也。

（五十七）故三军可夺气，将军可夺心。是故朝气锐，昼气惰，暮气归。故善用兵者，避其锐气，击其惰归，此治气者也。以治待乱，以静待哗，此治心者也。以近待远，以佚待劳，以饱待饥，此治力者也。无邀正正之旗，勿击堂堂之阵，此治变者也。

（五十八）故用兵之法，高陵勿向，背丘勿逆，佯北勿从，锐卒勿攻，饵兵勿食，归师勿遏，围师必阙，穷寇勿迫，此用兵之法也。

九变篇

（五十九）孙子曰：凡用兵之法，将受命于君，合军聚众，圮地无舍，衢地交合，绝地无留，围地则谋，死地则战。

（六十）涂有所不由，军有所不击，城有所不攻，地有所不争，君命有所不受。

（六十一）故将通于九变之地利者，知用兵者；将不通于九变之利者，虽知地形，不能得地之利矣。治兵不知九变之术，虽知五利，不能得人之用矣。

（六十二）是故智者之虑，必杂于利害。杂于利，而务可信也；杂于害，而患可解也。

（六十三）是故屈诸侯者以害，役诸侯者以业，趋诸侯者以利。

（六十四）故用兵之法，无恃其不来，恃吾有以待也；无恃其不攻，恃吾有所不可攻。

（六十五）故将有五危：必死，可杀也；必生，可虏也；忿速，可侮也；廉洁，可辱也；爱民，可烦也。凡此五者，将之过也，用兵之灾也。覆军杀将，必以五危，不可不察也。

行军篇

（六十六）孙子曰：凡处军、相敌，绝山依谷，视生处高，战隆无登，此处山之军也；绝水必远水，客绝水而来，勿迎之于水内，令半济而击之利。欲战者，无附于水而迎客，视生处高，无迎水流，此处水土之军也。绝斥泽，惟亟去无留，若交军于斥泽之中，必依水草，而背众树，此处斥泽之军也；平陆处易，而右背高，前死后生，此处平陆之军也。凡此四军之利，黄帝之所以胜四帝也。

（六十七）凡军好高而恶下，贵阳而贱阴，养生而处实，军无百疾，是谓必胜。丘陵堤防，必处其阳，而右背之。此兵之利，地之助也。

（六十八）上雨，水沫至，欲涉者，待其定也。

（六十九）凡地有绝涧、天井、天牢、天罗、天陷、天隙，必亟去之，勿近也。吾远之，敌近之；吾迎之，敌背之。

（七十）军行有险阻、潢井、葭苇、山林、翳荟者，必谨复索之，此伏奸之所处也；

（七十一）敌近而静者，恃其险也；远而挑战者，欲人之进也；其所居易者，利也。

（七十二）众树动者，来也；众草多障者，疑也；鸟起者，伏也；兽骇者，覆也；坐高而锐者，车来也；卑而广者，徒来也；散而条达者，樵采也；少而往来者，营军也。

（七十三）辞卑而益备者，进也；辞强而进驱着，退也：轻车先出居其侧者，陈也；无约而请和者，谋也；奔走而陈兵车者，期也；半进半退者，诱也。

（七十四）杖而立者，饥也；汲而先饮者，渴也；见利而不进者，劳也；鸟集者，虚也；夜呼者，恐也；军扰者，将不重也；旌旗动者，乱也；吏怒者，倦也；粟马肉食，军无悬缸不返其舍者，穷寇也；谆谆翕翕，徐与人言者，失众也；数赏者，窘也；数罚者，困也；先暴而后畏其众者，不精之至；来委谢者，欲休息。兵怒而相迎，久而不合，又不相去，必谨察之。

（七十五）兵非益多也，惟无武进，足以并力、料敌、取人而已。夫惟无虑而易敌者，必擒于人。

（七十六）卒未亲附而罚之，则不服，不服则难用也。卒已亲附而罚不行，则不可用也。故令之以文，齐之以武，是谓必取。今素行以教其民，则民服；令不素行以教其民，则民不服。令素行者，与众相得也。

地形篇

（七十七）孙子曰：地形有"通"者，有"挂"者，有"支者"，有"隘"者，有"除"者，有"远"者。我可以往，彼可以来，曰"通"，"通"形者，先居高阳，利粮道，以战则利；可以往，难以返，曰"挂"，"挂"形者，敌无备，出而胜之，敌若有备，出而不胜，难以还，不利；我出而不利，彼出而不利，曰"支"，"支"形者，敌虽利我，我无出也，引而去之，令敌半出而击之；利"隘"形者，我先居之，必盈之以待敌，若敌先后之，盈而勿从，不盈而从之；"险"形者，我先居之，必居高阳以待敌，若敌无居之，引而去之，勿从也；"远"形者，势均，难以挑战，战而不利。凡此六者，地之道也。将之至任，不可不察也。

（七十八）故兵有"走"者，有"弛"者，有"陷"者，有"崩"者，有"乱"者，有"北"者。凡此六者，非天之灾，将之过也。夫势均，以一击十，曰"走"；卒强吏弱，曰"弛"；吏强卒弱，曰"陷"；大吏怒而不服，遇敌怼而自战，将不知其能，曰"崩"；将弱不严，教道不明，吏卒无常，陈兵纵横，曰"乱"；将不能料敌，以少合众，以弱击强，兵无选锋，曰"北"。凡此六者，败之道也。将之至任，不可不察也。

（七十九）夫地形者，兵之助也。料敌制胜，计险阨远近，上将之道也。知此而用战者必胜，不知此而用战者必败。

（八十）故战道必胜，主曰无战，必战可也；战道不胜，主曰必战，无战可也，就避不求名，退不避罪，惟人是保，而利合于主，国之宝也。

（八十一）视卒如婴儿，故可与之赴深溪；视卒如爱子，故可与之俱死。厚而不能使，爱而不能令，乱而不能治，譬若骄子，不可用也。

（八十二）知吾卒之可以击，而不知敌之不可击，胜之半也，知敌之可击，而不知吾卒之不可以击，胜之半也；知敌之可击，知吾卒之可以击，而不知地形之不可以战，胜之半也。故知兵者，动而不迷，举而不穷。故曰：知彼知己，胜乃不殆；知天知地，胜乃不穷。

九地篇

（八十三）孙子曰：用兵之法，有"散地"，有"轻地"，有"争地"，有"交地"，有"衢地"，有"重地"，有"圮地"，有"围地"，有"死地"。诸侯自战其地，为"散地"；入人之地而不深者，为"轻地"；我得则利，彼得亦利者，为"争地"；我可以往，彼可以来者，为"交地"；诸侯之地三属，先至而得天下之众者，为"衢地"；入人之地深，背城邑多者，为"重地"；行山林、险阻、沮泽，凡难行之道者，为"圮地"；所由入者隘，所从归者迂，彼寡可以击吾之众者，为"围地"；疾战则存，不疾战则亡者，为"死地"。是故"散地"则无战，"轻地"则无止，"争地"则无攻，"交地"则无绝，"衢地"则合交，"重地"则掠，"圮地"则行，"围地"则谋，"死地"则战。

（八十四）所谓古之善用兵者，能使敌人前后不相及，众寡不相恃，贵贱不相救，上下不相收，率离而不集，兵合而不齐。合于利而动，不合于利而止。敢问："敌众整而将来，待之若何？"曰："先夺其所爱，则听矣。"

（八十五）兵之情主速。乘人之不及，由不虞之道，攻其所不戒也。

（八十六）凡为客之道：深入则专，主人不克；掠于饶野，三军足食；谨养而勿劳，并气积力，运兵计谋，为不可测。投之无所往，死且不北，死焉不得，士人尽力。兵士甚陷则不惧，无所往则固，深入则拘，不得已则斗。是故其兵不修而成，不求而得，不约而亲，不令而信。禁祥去疑，至死无所之。吾士无余财，非恶货也；无余命，非恶寿也。令发之日，士卒坐者涕沾襟，偃卧者涕交颐，投之无所往者，诸、刿之勇也。

（八十七）故善用兵者，譬如"率然"；"率然"者，常山之蛇也，击其首则尾至，击其尾则首至，击其中则首尾俱至。敢问："兵可使如'率然'乎？"曰："可。"夫吴人与越人相恶也，当其同舟而济，遇风，其相救也，如左右手。是故方马埋轮，未足恃也；齐勇若一，政之道也；刚柔皆得，地之理也。故善用兵者，携手若使一人，不得已也。

（八十八）将军之事：静以幽，正以治。能愚士卒之耳目，使之无知。易其事，革其谋，使人无识；易其居，迂其途，使人不得虑。帅与之期，如登高而去其梯；帅与之深入诸侯之地，而发其机，焚舟破釜；若驱群羊，驱而往，驱而来，莫知所之。聚三军之众，投之于险，此谓将军之事也。九地之变，屈伸之别，人情之理，不可不察。

（八十九）凡为客之道：深则专，浅则散。去国越境而师者，绝地也；四达者，衢地也;深入者,重地也;入浅者,轻地也,背固前隘者,围地也;无所往者,死地也。

（九十）是故"散地",吾将一其志;"轻地",吾将使之属;"争地",吾将趋其后;"交地",吾将谨其守;"衢地",吾将固其结;"重地",吾将继其食;"圮地",吾将进其涂;"围地",吾将塞其阙;"死地",吾将示之以其活。

（九十一）故兵之情:围则御,不得已则斗,过则从。

（九十二）是故不知诸侯之谋者,不能预交;不知山林、险阻、沮泽之形者,不能行军;不用乡导者,不能得地利。四五者,不知一,非霸、王之兵也。夫霸、王之兵,伐大国,则其众不得聚;威加于敌,则其交不得合。是故不争天下之交,不养天下之权,信己之私,威加于敌,故其城可拔,其国可隳。施无法之赏,悬无政之令,犯三军之众,若使一人。犯之以事,勿告以言;犯之以利,勿告以害。

（九十三）投之亡地然后存,陷之死地然后生。夫众陷于害,然后能为胜败。

（九十四）故为兵之事,在于顺详敌之意,并敌一向,千里杀将,此谓巧能成事者也。

（九十五）是故政举之日,夷关折符,无通其使,厉于廊庙之上,以诛其事。敌人开阖,必亟入之。先其所爱,微与之期。践墨随敌,以决战事。是故始如处女,敌人开户,后如脱兔,敌不及拒。

火攻篇

（九十六）孙子曰:凡火攻有五:一曰火人,二曰火积,三曰火辎,四曰火库,五曰火队。行火必有因,烟火必素具。发火有时,起火有日。时者,天之燥也;日者,月在箕、壁、翼、轸也。凡此四宿者,风起之日也。

（九十七）凡火攻,必因五火之变而应之。火发于内,则早应之于外。火发兵静者,待而勿攻,极其火力,可从而从之,不可从而止。火可发于外,无待于内,以时发之,火发上风,无攻风。昼风久,夜风止。凡军必知有五火之变,以数守之。

（九十八）故以火佐攻者明,以水佐攻者强。水可以绝,不可以夺。

（九十九）夫战胜攻取,而不修其功者凶,命曰"费留"。故曰:明主虑之,良将修之。非利不动,非得不用,非危不战。主不可以怒而兴师,将不可以愠而致战,合于利而动,不合于利而止;怒可以复喜,愠可以复悦,亡国不可以复存,死者不可以复生;故明君慎之,良将警之。此安国全军之道也。

用间篇

（一〇〇）孙子曰:凡兴师十万,出征千里,百姓之费,公家之奉,日费千金。内外骚动,怠于道路,不得操事者,七十万家。相守数年,以争一日之胜,而爱爵禄百金,不知敌之情者,不仁之至也,非人之将也,非主之佐也,非胜之主也。故明君贤将,所以动而胜人,成功出于众者,先知也。先知者不可取于鬼神,不可象于事,不可验于度，必取于人，知敌之情者也。

（一〇一）故用间有五：有因间、有内间、有反间、有死间、有生间。

五间俱起，莫知其道，是谓神纪，人君之宝山。因间者，因其乡人而用之；内间者，因其官人而用之；反间者，因其故门而用之；死间者，为诳事于外，令吾间知之，而传于敌间也；生间者，反报也。

（一〇二）故三军之事，莫亲于间，赏莫厚于间，事莫密于间。非圣智不能用间，非仁义不能使间，非微妙不能得间之实。微哉！微哉！无所不用间也。间事未发，而先闻者，间与所告者皆死。

（一〇三）凡军之所欲击，城之所欲攻，人之所欲杀，必先知其守将、左右、谒者、门者、舍人之姓名，令吾间必索知之。

（一〇四）必索敌人之间来间我者，因而利之，导而合之，故反间可得而用也。阅是而知之，故乡间、内间可得而使也；因是而知之，故死间为诳事可使告敌；因是而知之，故生间可使如期。五间之间，主必知之，知之必在于反间，故反间不可不厚也。

（一〇五）昔殷之兴也，伊挚在夏；周之兴也，吕牙在殷。故惟明君贤将能以上智为间者，必成大功。此兵之要，三军之所恃而动也。

二、《三十六计》

《三十六计》作者不详，估计成书于晚明或清初。该书中 36 个计名，也就是 36 个大家熟知的成语。由于古代兵家熟知易经，每计的解语，多半用深奥难懂的易经语辞写成；每计的按语，则举了很多古代用兵的实例及该计的解释，通俗易懂，生动有趣。《三十六计》集历代兵家诡道之大成，如能妥善运用，则能以弱敌强，转败为胜。《三十六计》的谋略和思想，已传遍海内外，广泛地被运用于军事、商业、管理、谈判、识人、处世等各个方面。

总说

六六三十六，数中有术，术中有数。阴阳变理，机在其中。机不可没，设则不中。

【按】解语重教不重理。盖理，术语自明；而数则在言外，若徒知术之为术，而不知术中有数，则术多不应。且诡谋权术，原在事理之中、人情之内。倘事出不经，则诡异立见，诧世惑俗，而机谋泄矣。或曰：三十六计中，每六计成为一套。第一套为胜战计，第二套为敌战计，第三套为攻战计，第四套为混战计，第五套为并战计，第六套为败战计。

胜战计

第一计　瞒天过海　备周则意怠，常见则不疑。阴在阳之内，不在阳之对。太阳，太阴。

【按】阴谋作为，不能于背时秘处行之。夜半行窃，僻巷杀人，愚俗之行，非谋士之所为也。

昔孔融被围，太史慈将突围求救。乃带鞭弯弓将两骑自从，各作一的持之。开门出，围内外观者并骇。慈竟引马至城下堑内，植所持的射之，射毕还。明日复燃，围下人或起或卧。如是者再，乃无复起者。慈逐严行蓐食，鞭马直突其围。比敌觉，则驰去数里矣。

第二计　围魏救赵　共敌不如分敌，敌阳不如敌阴。

【按】治兵如治水：锐者避其锋，如导流；弱者塞其虚，如筑堰。故当齐救赵时，孙子谓田忌曰："夫解杂乱纠纷者不控拳；救斗者不搏击。批亢捣虚，形格势禁，则自为解耳。"

第三计　借刀杀人　敌已明，友未定，引友杀敌，不自出力，以《损》推演。

【按】敌象已露，而另一势力更张，将有所为，应借此力以毁敌人。如子贡之存鲁、敌齐、破吴、强晋。

第四计　以逸待劳　困敌之势，不以战，损则益柔。

【按】此即致敌之法也。兵书云："凡先处战地而待敌者佚，后处战地而趋战者劳。故善战者，致人而不致于人。"兵书论敌，此为论势，则其旨非择地以待敌，而在以简驭繁，以不变应变，以小变应大变，以不动应动，以小动应大动，以枢应环也。

第五计　趁火打劫　敌之害大，就势取利。刚决柔也。

【按】敌害在内，则劫其地；敌害在外，则劫其民；内利交割，则劫其国。

第六计　声东击西　敌志乱萃，不虞，坤下兑上之象。利其不自主而取之。

【按】西汉，七国反，周亚夫坚壁不战。吴兵奔壁之东南陬，亚夫使备西北；已而，吴王精兵果攻西北，遂不得入，此敌志不乱，能自主也。汉末，朱隽围黄巾于宛。起土山临城内，鸣鼓攻其西南，黄巾悉众赴之；隽自将精兵五千，掩东北，遂乘城虚而入。此敌志乱萃，不虞也。然则声东击西之策，须视敌志乱否为定。乱则胜，不乱将自取败亡。险策也！

敌战计

第七计　无中生有　诳也，非诳也，实其所诳也。少阴、太阴，太阳。

【按】无而示有，诳也。诳不可久而易觉，故无不可以终无。无中生有，则由诳而真，由虚而实矣。无，不可以败敌；生有，则败敌矣。如令孤潮围雍丘，张巡缚稿为人千作披黑衣，夜缒城下，潮兵争射之，得箭数十万。其后复夜缒人，潮兵笑，不设备,乃以死士五百砍潮营,焚垒幕,追奔十余里。

第八计　暗渡陈仓　示之以动,利其静而有主,益动而巽。

【按】奇出于正,无正则不能出奇。不明修栈道,则不能暗渡陈仓。昔邓艾屯白水之北,姜维遣廖化屯白水之南而结营焉。艾谓诸将曰:"维今卒还,吾军少,法当皋渡而不作桥;此维使化持吾,令不得还,必自东袭洮城矣。"艾即夜潜军,径到洮城。维果来渡。而艾先至,据城,得以不破。此则是姜维不善用暗渡陈仓之计,而艾察知其声东击西之谋也。

第九计　隔岸观火　阳乖序乱,阴以待逆。暴戾恣睢,其势自毙。顺以动豫,豫顺以动。

【按】乖气浮张,逼则受击,退而远之,则乱自起。昔袁尚、袁熙奔辽东,尚有数千骑。初,辽东太守公孙康,持远不服。及曹操破乌丸,或说操遂征之,尚兄弟可擒也。操曰:"吾方使康斩送尚、熙首来,不烦兵矣!"九月,操引兵自御城还,康即斩尚、熙,传其首。诸将问其故,操曰:"彼素畏尚等,吾急之则并力,缓之则相图。其势然也。"或曰:此兵书火攻之道也。按:兵书《火攻篇》,前段言火攻之法,后段言慎动之理,与隔岸观火之意,亦相吻合。

第十计　笑里藏刀　信而安之,阴以图之;备而后动,勿使有变。刚中柔外也。

【按】兵法云:"辞卑而益备者,进也;……无约而请和者,谋也。"故:凡敌人之巧言令色,皆杀机之外露也。宋曹武穆玮知渭州,号令明肃,西人惮之。一日,方召诸将饮,会有叛卒数千,亡奔夏境。埃骑报至,诸将相顾失色,公言笑如平时。徐谓骑曰:"吾命也,汝勿显言!"西人闻之,以为袭己,尽杀之。此临机应变之用也。若勾践之事夫差,则竟使其久而安之矣。

第十一计　李代桃僵　势必有损,损阴以益阳。

【按】我敌之情,备有长短。战争之事,难得全胜。而胜负之决,即在长短之相较,乃有以短胜长之秘诀。如"以下驷敌上驷,以上驷敌中驷,以中驷敌下驷"之类,则诚兵家独具之诡谋,非常理之可推测者也。

第十二计　顺手牵羊　微隙在所必乘,微利在所必得。少阴,少阳。

【按】大军动处,其隙甚多;乘间取利,不必以战。胜固可用,败亦可用。

攻战计

第十三计　打草惊蛇　疑以叩实,察而后动;复者,阴之谋也。

【按】敌力不露,阴谋深沉,未可轻进,应遍探其锋。兵书云:"军旁有险阻、蒋潢并生芦苇,山林翳荟,必谨索之,此伏奸之所藏处也。"

第十四计　借尸还魂　有用者,不可借;不能用者,求借。借不能用者而用之,匪我求童蒙,童蒙求我。

【按】换代之际,纷立亡国之后者,而代其攻守者,皆此用也。

第十五计　调虎离山　待天以困之,用人以诱之。往骞来反。

【按】兵书云:"下政攻城。"若攻坚,则自取败亡矣。敌既得地利,则不可以争其地。且敌有主而势大;有主,则非利不采趋;势大,则非天人合用,不能胜。

汉末,羌率众数千,遮虞诩于陈仓崤谷。诩军不进,宣言上书请兵,须到当发。羌闻之,乃分抄旁县。诩因其后散,日夜进道,兼行百余里。令军士各作两灶,日倍增之;羌不敢逼,遂大破之。兵到乃发者,利诱之也;日夜兼进者,用天时以困之也;倍增兵灶者,惑之以人事也。

第十六计　欲擒故纵　逼则反兵,定则减势,紧随勿迫。累其气力,消其斗志,散而后擒,兵不血刃。需有孚光。

【按】所谓"纵"者,非放之也,随之。而稍松之耳。"穷寇勿追",亦即此意。盖不追者,非不随也,不迫之而已。武侯之七纵七擒,即纵而蹑之,故展转推进,至于不毛之地。武侯之七纵,其意在拓地,在借孟获以服诸蛮,非兵法也光,若论战,则擒者不可复纵。

第十七计　抛砖引玉　类以诱之,击蒙也。

【按】诱敌之法甚多,最妙之法,不在疑似之间,而在类同。以固其惑。以旌旗全鼓诱敌者,疑似也;以老弱粮草诱敌者,财类同也。

第十八计　擒贼擒王　摧其坚,夺其魁,以解其体。龙战于野,其道穷也。

【按】攻胜则利不胜取。取小遗大,卒之得、将之累、帅之害、功之亏也。全胜而不摧坚擒王,是纵虎归山也,擒王之法,不可图辨旌旗,而当察其阵中之首动。

昔张巡与尹子奇战,直冲贼营,至子奇麾下。营中大乱,斩贼将五十余人,杀士卒五千余人。巡欲射子奇而不识,剡稿为矢,中者喜,谓巡矢尽,走白子奇。乃得其状,使霁云射之,中其左目,几获之,子奇乃收军退还。

混战计

第十九计　釜底抽薪　不敌其力,而消其势,兑下乾上之象。

【按】水沸者,力也。火之力也,阳中之阳也,锐不可挡;薪者,火之魄也,即力之势也。阳中之阴也,近而无害。故力不可挡而势犹可消。尉缭子曰:"气实则斗,气夺而走。"而夺气之法,则在攻心。

昔吴汉为大司马,尝有寇,夜攻汉营。军中惊扰,汉坚卧不动。军中闻汉不动,有顷乃定。乃选精兵夜击,大破之。此即不直挡其力而扑消其势力。

宋,薛长儒为汉州通判。戍卒开营门,放火杀人,谋杀知州、兵马监押。有来告者,知州、监押皆不敢出。长儒挺身出营,谕之曰:"汝辈皆有父母妻子。何故作此?然不与谋者,各在一边。"于是不敢动。惟本谋者八人突门而出,散于诸村野,寻捕获。时谓非长儒，则一城涂炭矣。此即攻心夺气之用也。或曰：敌与敌对，捣强敌之虚，以败其将成之功也。

第二十计　混水摸鱼　乘其阴乱，利其弱而无主，随，以向晦入宴息。

【按】动荡之际，数力冲撞，弱者依违无主；敌蔽而不察，我随而取之。《六韬》曰："三军数惊，士卒不齐，相恐以敌强，相语以不利。耳目相属，妖言不止，众口相惑。不畏法令，不重其将：此弱征也。"是"鱼"，混战之际，择此而取之。如刘备之得荆州、取西川，皆此计也。

第二十一计　金蝉脱壳　存其形，完其势，友不疑，敌不动。巽而止，蛊。

【按】共友击敌，坐观其势。倘另有一敌，则须去而存势，则金蝉脱壳者，非徒走了，盖为分身之法也。故我大军转动，而旌旗金鼓，俨然原阵。使敌不敢动，友不生疑。待以摧他敌而返，而友敌始知，或犹且不知。然则金蝉脱壳者，在对敌之际，而抽精锐以袭别阵也。

第二十二计　关门捉贼　小敌困之。剥，不利有攸往。

【按】捉贼而必关者，非恐其逸也，恐其逸而为他人所得见。且逸者不可复追，恐其诱也。贼者，奇兵也，游兵也，所以劳我者也。《吴子》曰："今使一死贼，伏于旷野，千人追之，莫不枭视狼顾。何者？恐其暴起而害己也。是以一人投命，足惧千夫。"追贼者，贼有脱逃之机，势必死斗；若断其去路，则成擒矣！故小敌必困之；不能，则放之可也。

第二十三计　远交近攻　形禁势格，利从近取，害以远隔。上火下泽。

【按】混战之局，纵横捭阖之中，各自取利。远不可攻，而可以利相结；近者交之，反而使变生肘腋。范雎之谋，为地理之定则，其理甚明。

第二十四计　假途伐虢　两大之间，敌胁以从，我假以势靠近困，有言不信。

【按】假地用兵之举，非巧言可诓。必其势不受一方之胁从，则将受双方之夹击。如此境况之际敌必迫之以威，我则诓之以不害，利其幸存之心，速得全势。彼将不能自阵，故不战而灭之矣。

并战计

第二十五计　偷梁换柱　频更其阵，抽其劲旅，待其自败，而后乘之。曳其轮也。

【按】阵有纵横，天街为梁，地轴为柱，梁、柱以精兵为之。故观其阵，则知其精兵之所在。共战他敌时，频更其阵，暗中抽换其精兵，或竟代其为梁柱，势成阵塌，遂兼其兵。并此敌以击他敌之首策也。

第二十六计　指桑骂槐　大凌小者，警以诱之。刚中而应，行险而顺。

【按】率数未服者以对敌，若策之不行，而利诱之，又反启其疑。于是故为自误,责他人之失,以暗警之。警之者,反诱之也,此盖以刚险驱之也。或曰:此遣将法也。

第二十七计　假痴不癫　宁伪作不知不为,不伪作假知妄为。静不露机,云雷屯也。

【按】假作不知而实知,假作不为而实不可为,司马懿之假病昏以诛曹爽,受巾帼、假请命,以老蜀兵,所以成功。姜维九伐中原,明知不可为而妄为之,则似痴矣!所以破灭。兵书曰:"故善战者之胜也,无智名,无勇功。"当其机未发时,静屯似痴;若假癫,则不但露机,且乱动而群疑,故假痴者胜,假癫者败。或曰:"假痴可以对敌,并可以用兵。"

宋代,南俗尚鬼;狄武襄(青)征侬智高时,大兵始出桂林之南,因佯祝曰:"胜负无以为据。"乃取百钱自持,与神约:"果大捷,则投此钱尽钱面也。"左右谏止:"倘不如意,恐沮师。"武襄不听,万众方耸视,已而挥手一掷,百钱皆面。于是举手欢呼,声震森野。武襄也大喜,顾左右,取百钉来,即随钱疏密,布地而贴钉之,加以青纱笼护,手自封焉。曰:"俟凯旋,当酬神取钱。"其后平邕州还师,如言取钱,幕府士大夫共视,乃两面钱也。

第二十八计　上屋抽梯　假之以便,唆之使前,断其援应,陷之死地。遇毒,位不当也。

【按】唆者,利使之也。利使之而不为之便,或犹且不行,故抽梯之局,须先置梯,或示之以梯。

第二十九计　树上开花　借局布势,力小势大。鸿渐于陆,其羽可用为仪也。

【按】此树本无花,而树则可以有花。剪彩粘之,不细察者不易觉。使花与树交相辉映,而成玲珑全局也。此盖布精兵于友军之阵,完其势以威敌也。

第三十计　反客为主　乘隙插足,扼其主机,渐之进也。

【按】为人驱使者为奴,为人牵处者为客;不能立足者为暂客,能立足者为久客;客久而不能主事者为贱客,能主事则可渐握机要,而为主矣。故反客为主之局,第一步须争客位,第二步须乘隙,第三步须插足,第四步须握机,第五步乃成为主。为主,则并人之军矣。此渐进之阴谋也。

败战计

第三十一计　美人计　兵强者,攻其将;将智者,伐其情。将弱兵颓,其势日萎。利用御寇,顺相保也。

【按】兵强将智,不可以致,势必事之。事之以土地,以增其势,如六国之事秦,策之最下者也;事之以布帛,以增其富,如宋之事辽、金,策之下者也;惟事之以美人,以佚其志,以弱其体,以增其下之怨,如勾践之事夫差,乃可转败为胜。

第三十二计　空城计　虚者虚之，疑中生疑；刚柔之际，奇而复奇。

【按】虚虚实实，兵无常势。虚而示虚，诸葛而后，不乏其人。如吐蕃陷瓜州，王君焕死，河西汹惧。以张守珪为瓜州刺史。领余众，方复筑州城。板干栽立，敌又暴至，略无守御之具，城中相顾失色，莫有斗志。守珪曰："彼众我寡，又疮痍之后，不可以矢石相持，须以权道制之。"乃于城上置酒作乐，以会将士。敌疑城中有备，不敢攻而退。

又如齐祖珽为北徐州刺史，至州，会有陈寇，百姓多反。珽不关城门，守降者皆令下城，静坐街巷，禁断行人。鸡犬不乱鸣吠。贼无所见闻，不测所以。疑惑人走城空，不设警备。珽复令大叫，鼓噪聒天。贼大惊，登时走散。

第三十三计　反间计　疑中之疑，比之自内。不自失也。

【按】间者，使敌自相疑也；反间者，因敌之间而间之也，如燕昭王薨，惠王自为太子时，不快于乐毅。田单乃纵反间曰："乐毅与燕王有隙，畏诛，欲连兵王齐。齐人未附，故且缓攻即墨，以待其事。齐人惟恐他将来，即墨残矣！"惠王闻之，即使骑劫代将。毅遂奔赵。如周瑜利用曹操间谍，以间其将，亦疑中之疑局也。

第三十四计　苦肉计　人不自害，受害必真；假真真假，间以得行。童蒙之古，顺以巽也。

【按】间者，使敌人相疑也；反间者，因敌人之疑，而实其疑也。苦肉计者，盖假作自间以间人也。凡遣与己有隙者以诱敌人，约为响应，或约为其力者，皆苦肉计之类也。

第三十五计　连环计　将多兵众，不可以敌，使其自累，以杀其势。在师中吉，承天宠也。

【按】庞统使曹操战舰勾连，而后纵火焚之，使不得脱，则连环计者，其法在使敌自累，而后图之。盖一计累敌，一计对敌，两计扣用，以摧强势也。如宋毕再遇，尝引敌与战。且前且却，至于数四，视日已晚，乃以香料煮黑豆，布地上，复前搏战，佯败走。敌乘胜追逐，其马已饥，闻豆香就食，鞭之不前。遇率师反攻之，遂大胜。皆连环之计也。

第三十六计　走为上　全师避敌，左次无咎，未失常也。

【按】乱势全胜，我不能战，则必降、必和、必走。降则全败，和则半败，走是未败。未败者，胜之转机也。

如宋毕再遇与金人对垒，一夕拔营去，留旗帜于营，豫缚生羊悬之，置前二足于鼓上；羊不堪倒悬，则足击鼓有声。金人不觉，相持数日。始觉之，则已远矣。可谓善走者矣。

第十五章 中国戏剧

　　戏曲指的是中国传统的戏剧。戏曲的内涵包括唱念做打,综合了对白、音乐、歌唱、舞蹈、武术和杂技等多种表演方式,有别于西方的歌剧、舞剧、话剧。

　　我国各民族地区的戏曲剧种,约有 360 多种,传统剧目数以万计。中华人民共和国成立后又出现许多改编的传统剧目,新编历史剧和表现现代生活题材的现代戏,都深受广大观众的热烈欢迎。比较流行的剧种有:京剧、粤剧、评剧、越剧、黄梅戏、昆曲、川剧、秦腔、苏州评弹、皮影戏、花鼓戏等数十个剧种。

一、京剧

　　京剧是在北京形成的戏曲剧种之一,至今已有将近 200 年的历史。它是在徽调和汉戏的基础上,吸收了昆曲、秦腔等一些戏曲剧种的优点和特长逐渐演变而形成的。京剧音乐属于板腔体,主要唱腔有二黄、西皮两个系统,所以京剧也称"皮黄"。京剧常用唱腔还有南梆子、四平调、高拔子和吹腔。京剧的传统剧目约在 1000 多个,常演的约有三四百个,其中除来自徽戏、汉戏、昆曲与秦腔者外,也有相当数量是京剧艺人和民间作家陆续编写出来的。京剧较擅长于表现历史题材的政治和军事斗争,故事大多取自历史演义和小说话本。既有整本的大戏,也有大量的折子戏,此外还有一些连台本戏。

(一)京剧的表演手段

　　唱、念、做、打是京剧表演的四种艺术手段,也是京剧表演的四项基本功。唱指歌唱,念指具有音乐性的念白,二者相辅相成,构成歌舞化的京剧表演艺术两大要素之一的"歌"。做指舞蹈化的形体动作,打指武打和翻跌的技艺,二者相互结合,构成歌舞化的京剧表演艺术两大要素之一的"舞"。

(二)京剧的角色

　　京剧角色的行当划分比较严格,早期分为生、旦、净、末、丑、武行、流行(龙套)七行,以后归为生、旦、净、丑四大行,每一种行当内又有细致的进一步分工。"生"是除了大花脸以及丑角以外的男性角色的统称,又分老生(须生)、小生、武生、娃娃生;"旦"是女性角色的统称,内部又分为正旦、花旦、闺门旦、武旦、老旦、彩旦

（摇旦）、刀马旦；"净"俗称花脸，大多是扮演性格、品质或相貌上有些特异的男性人物，化妆用脸谱，音色洪亮，风格粗犷。"净"又分为以唱工为主的大花脸，如包拯；以做工为主的二花脸，如曹操；"丑"是扮演戏中喜剧角色，因在鼻梁上抹一小块白粉，俗称小花脸。

（三）京剧脸谱

京剧脸谱的分类有：整脸、英雄脸、六分脸、歪脸、神仙脸、丑角脸等。

（四）京剧的艺术特色

京剧耐人寻味，韵味醇厚。京剧舞台艺术在文学、表演、音乐、唱腔、锣鼓、化妆、脸谱等各个方面，通过无数艺人的长期舞台实践，构成了一套互相制约、相得益彰的格律化和规范化的程式。它作为创造舞台形象的艺术手段是十分丰富的，而用法又是十分严格的。不能驾驭这些程式，就无法完成京剧舞台艺术的创造。由于京剧在形成之初，便进入了宫廷，使它的发育成长不同于地方剧种。要求它所要表现的生活领域更宽，所要塑造的人物类型更多，对它的技艺的全面性、完整性也要求得更严，对它创造舞台形象的美学要求也更高。当然，同时也相应地使它的民间乡土气息减弱，纯朴、粗犷的风格特色相对淡薄。因而，它的表演艺术更趋于虚实结合的表现手法，最大限度地超脱了舞台空间和时间的限制，以达到"以形传神，形神兼备"的艺术境界。表演上要求精致细腻，处处入戏；唱腔上要求悠扬委婉，声情并茂；武戏则不以火爆勇猛取胜，而以"武戏文唱"见佳。20世纪的第一个50年，是中国京剧的鼎盛时期，著名的"四大名旦"、前后"四大须生"都产生于这个时期。但是，很多京剧名家也都凋谢于这个时期，后人欣赏他们的艺术，只能靠他们当时留下的一大批老唱片。

（五）京剧流派及创始人

京剧的流派习惯上以创始人的姓来命名，各行当被公认的主要流派大致如下：

老生：谭派——谭鑫培；汪派——汪桂芬；孙派——孙菊仙；王派——王鸿寿；刘派——刘鸿声；余派——余叔岩；言派——言菊朋；高派——高庆奎；马派——马连良；麒派——周信芳；新谭派——谭富英；杨派——杨宝森；奚派——奚啸伯；唐派——唐韵笙。

武生：俞派——俞菊笙；李派——李春来；黄派——黄月山；杨派——杨小楼；盖派——盖叫天。

小生：程派——程继先；德派——德珺如；姜派——姜妙香；叶派——叶盛兰。

旦角：陈派——陈德霖；王派——王瑶卿；梅派——梅兰芳；程派——程砚秋；荀派——荀慧生；尚派——尚小云；筱派——筱翠花；黄派——黄桂秋；张派——张君秋。

老旦:龚派——龚云甫;李派——李多奎;孙派——孙甫亭。

花脸:何派——何桂山;金派——金秀山;裘派——裘桂仙;金派——金少山;郝派——郝寿臣;侯派——侯喜瑞;裘派——裘盛戎。

丑角:萧派——萧长华;傅派——傅小山;叶派——叶盛章。

二、豫剧

豫剧,是在河南梆子的基础上,不断进行继承、改革和创新发展起来的。建国后因河南简称"豫",所以称豫剧。豫剧在安徽北部地区称梆剧,山东、江苏的部分地区仍称梆子戏。豫剧的流行区域主要在黄河、淮河流域。除河南省外,湖北、安徽、江苏、山东、河北、北京、山西、陕西、四川、甘肃、青海、新疆、台湾等省区市都有专业豫剧团的分布,是我国最大的地方剧种之一。

(一)豫剧的艺术特点

豫剧以唱见长,在剧情的节骨眼上都安排有大板唱腔,唱腔流畅、节奏鲜明、极具口语化,一般吐字清晰、行腔酣畅、易为听众听清,显示出特有的艺术魅力。豫剧的风格首先是富有激情奔放的阳刚之气,善于表演大气磅礴的大场面戏,具有强大的情感力度;其次是地方特色浓郁,质朴通俗、本色自然,紧贴老百姓的生活;再次是节奏鲜明强烈,矛盾冲突尖锐,故事情节有头有尾,人物性格大棱大角。

早期豫剧表演的舞台装置极为简单,往往只用芦席、箔子一挡,台上一桌二椅,即可开演。打小锣、敲梆子的人员兼"检场"。进入城市后,有较固定的剧场,舞台装置才有所改进,豫声剧院已采用一些布幕、布景,旦角服饰讲究"老旦清,正旦俊,花旦风流"。此后又受京剧服饰的影响,现在基本与京剧服饰相同。

豫剧的音乐属于梆子声腔系统,是板腔体式。据清朝李绿园于乾隆四十二年(1777年)成书的《歧路灯》和乾隆五十三年(1788年)《杞县志》所记载,当时本地梆子戏已在开封、杞县一带盛行,并曾与罗戏、卷戏合班演出,又被称为"梆罗卷"。豫剧在其发展过程中,由于受到各地语音和民间音乐等因素的影响,在音乐上形成了带有区域性的不同风格的艺术流派。

(三)豫剧的角色行当

豫剧的角色行当,由"生旦净丑"组成。按一般的说法是四生、四旦、四花脸。戏班组织也是按照"四生四旦四花脸,四兵四将四丫环;八个场面两箱官,外加四个杂役"。"四生"是老生、大红脸(红生)、二红脸(武生)、小生;"四旦"为正旦(青衣)、小旦(花旦、闺门旦)、老旦、帅旦;"四花脸"是黑头(副净)、大花脸、二花脸、三花脸(丑)。也有五生、五旦、五花脸的说法。演员一般都有自己专工行当,也有一些演员则一专多能，工一行外，兼演他行。

据说，早期豫剧以"外八角"（四生四花脸）戏为主，生行戏占重要地位。生行的大红脸和二红脸的界限很小，大红脸专演关羽；二红脸专演赵匡胤、秦琼、康茂才等类角色，主要是武功戏。小生行一般有文武之分，也有的演员文武兼备，武功戏较出色。旦行在以"外八角"为主时代，只占次要地位，但随女演员的登台与逐渐增多，旦行在豫剧中取得了主导地位。大净主要以唱功取胜，三花脸除表演诙谐风趣外，武功戏也有"盘绳"、"吊水桶"、"空中还原"、"探海"、"元宝顶"、"大翻身"等不少绝招。各行当都有自己的表演要诀，如手势要诀是"花脸过项，红脸齐眉，小生齐唇，小旦齐胸"；武打戏的短打要诀是"身如蛇形眼似电，拳如流星，腿似钻；稳如重舟急似箭，猛、勇、急、快、坐、站稳如山"；在枪路上，有"走丝"、"连九枪"、"十三枪"、"九个鼻"、"八杆"、"单倒"等路数；青衣中闺门旦的表演要诀是"上场伸手似撵鹅，回手水袖搭手脖；飘飘下拜如抱子，跪下不能露脚脖"，"说话不看人，走路不踢裙，男女不挽手，坐下看衣襟"；彩旦的表演要诀是"斜眼偷看人，说话咬嘴唇，一扭浑身动，走路摔汗巾"；小旦的出场式是"出门按鬓角，双手掖领窝，弯腰提绣鞋，再整衣裳角"；小生的表演要诀是"清、净、冲"。

（三）豫剧的流派

豫剧主要流派分为豫东调与豫西调。豫东调因受其邻近的兄弟剧种山东梆子唱腔的影响，男声高亢激越，女声活泼跳荡，擅长表现喜剧风格的剧目。豫西调因遗留了部分秦腔的韵味，男声苍凉、悲壮，女声低回婉转，擅长表现悲剧风格的剧目。细分大致如下：

1. 祥符调：以开封为中心带地区流行的豫剧，为标准的中州正韵。

2. 豫东调：豫东调也称之为"东路梆子"、"下路调"，它是祥符调传入豫东后形成的一个豫剧地域流派，因邻接鲁南等县，亦近山东梆子，咬字较重，弦高，故有"高调梆"之称。

3. 豫西调：在洛阳、郑州等地，又称之为"西府调"，音味略带秦腔，优美悦耳动听，吐字清晰，字字入耳。

4. 豫北调：在彰德、怀庆等地，梆子特大，反扛肩上，若夜静时，梆声可闻数里，弦音低，故有"大平调"之称，亦称"大悠梆"。

5. 豫南调：种类繁多，南阳一带盛行曲子，其他越调、道情及另一种俗名"靠山簧"亦有演出。

（四）豫剧名家

豫剧流派中，经常被谈论的有陈（素真）派、常（香玉）派、崔（兰田）派、马（金凤）派、阎（立品）派、桑（振君）派等。流派的出现对豫剧来说有正面的激励意义，每一类派别的表演特色都是直接促进豫剧成长的重要因素。就上述几派分叙于下：

1. 陈派

陈素真，1918 年出生，陕西富平人。本名王若瑜，从小跟随养父陈玉庭先生学戏，改名陈素真。1930 年左右随祥符调名家孙建德学习，踏进了豫剧表演世界。1934 年在著名豫剧改革家、剧作家樊粹庭帮助下建立豫声剧院，并主演了《凌云志》、《霄壤恨》、《女贞花》、《三拂袖》、《巾帼侠》、《义烈风》等一大批"樊戏"。陈素真以干练简洁、端庄大方的表演风格、质朴隽秀的声腔，征服了观众与戏剧评论家。她心思细腻，擅长刻画剧中人物性格并做适当的表达，唱做并茂而不过度夸张，又积极向其他剧种看齐，为豫剧表演取长补短，开启"陈派"的表演风范，所以豫剧界推崇她为河南梅兰芳、豫剧皇后、梆子大王。抗战爆发后，辗转到山西、西安等地演出，抗战胜利后回开封。1950 年后辗转武汉、西安、兰州、石家庄、邯郸等地，后加入天津豫剧团。

2. 常派

常香玉，1922 年出生于河南巩县董沟村，原名张妙龄。由于她的父亲张福仙先生悉心栽培，13 岁就以文武双全的本事（唱得好、武功也好）风靡整个开封城。常香玉的表演特色不仅在于嗓音宽厚洪亮、武打利落，在调合豫剧唱腔方面曾经致力兼并豫西调与豫东调的特点，勇于创新的精神造就她开创了"常派"的表演艺术。常老师代表剧作有《红娘》、《白蛇传》、《花木兰》、《大祭桩》、《破洪州》、《五世请缨》等。

3. 崔派

崔兰田，1926 年出生于山东省曹县。11 岁进入周海水科班学戏，一开始学的是老生，后来改学旦角，努力的结果使她成为豫西调著名演员"十八兰"的代表。崔兰田特长在悲剧，悲剧的人物性格比较复杂，因此唱腔、念白与身段等表演必须更细腻而真切，才能充分表现悲剧的哀怨深沉、感人肺腑。"崔派"的表演风格就在悲剧的表演基础上发展起来。她的代表剧作有《桃花庵》、《三上轿》、《秦香莲》、《卖苗郎》、《二度梅》、《陈三两》等。

4. 马派

马金凤，1922 年出生在山东省曹县。6 岁开始向父亲学唱河北梆子，后来改学豫剧。马金凤的身段、表演都很精彩，尤其在声腔方面以小嗓为主，音质柔韧；特别要求咬字清楚、唱词易懂、唱腔要有"腔头"。马金凤在处理"二八板"唱腔常用大段并连、垛唱的方式来强调节奏，这些都成为马派的主要表演风格。因为找到了能够发挥自己特点的表演方法，所以创造出"马派"表演艺术，马金凤的成功在于用心了解自己。她的代表剧作有《穆桂英挂帅》、《花打朝》、《对花枪》等。

5. 阎派

阎立品，1920年生，其父为祥符调名旦阎彩云。9岁学戏，主要学习目标是旦行中的"闺门旦"，长年辛苦练习带来的成就是：以能将闺门旦的优美发挥得淋漓尽致而成名。阎立品对于表达闺门旦的含蓄娟秀有极深的领悟，由内而外展现婉约清丽的身段风范、不愠不火的甜润唱腔更美化了剧中人物形象。为求技艺更上一层楼，1954年拜梅兰芳先生为师钻研表演艺术，在融合京剧与豫剧的旦行表演程式之后，阎派艺术趋向成熟。阎老师的代表名剧有《秦雪梅》、《蝴蝶杯》、《玉虎坠》、《碧玉簪》、《盘夫索夫》、《西厢记》等。

6. 桑派

桑派代表人物是桑振君，乖巧灵动，深沉委婉，雍容富丽是其唱腔特点。自幼学习河南坠子，后改学豫剧。桑派艺术的偷、闪、滑、抢、衬、离调等声腔技巧堪称一绝。桑振君善于博采众长，又不拾人牙慧，刻意固本求新。从她表演的几个大戏里，细心人都能窥见京剧四大名旦的色彩。其代表剧目有《打金枝》、《桃花庵》、《秦雪梅观文》、《对绣鞋》、《白莲花》等。

三、评剧

评剧是在我国有较大影响的地方剧种之一。早在19世纪末，河北唐山一带的贫苦农民于农闲时以唱莲花落谋生，1890年前后就逐渐出现了专业的莲花落艺人。莲花落，是一种长期流行在民间的说唱艺术，评剧就是在莲花落基础上发展起来的。其后，东北民间歌舞"蹦蹦"传进关内，于是河北的莲花落艺人便迅速地吸收了这种艺术，开始演唱如《王二小赶脚》、《王二姐思夫》、《杨二舍化缘》、《王大娘锯大缸》、《丁香割肉》、《安安送米》等一类剧目，深受当地的农民喜爱。这些艺人随后又由农村进入到工业城市唐山，唐山的工人，特别是煤矿和钢铁工人成为这个剧种早期的热心观众及积极支持者。但是，它形成为较完整的戏曲艺术则在辛亥革命前后。当时舞台上已有文明戏和话剧演出，它们都拥有自己的剧作者；同时，进步的民主思想已传播到了文艺圈子，这就促使评剧这个新兴的剧种也产生了第一代的剧作家成兆才等。

当成兆才等人把莲花落演变成"唐山落子"时，吸收了河北梆子的全套乐器，他们给这个新剧种命名为"京东第一平腔梆子戏"，简称"平剧"，演唱时用本嗓。当时的代表性演员有月明珠、金开芳等。辛亥革命后，北京改称北平，京剧也随之称为平剧。以成兆才为首的"平剧"此时已经发展到了天津等地，和由京剧改称的平剧成对峙之势。于是就定名为评剧，寓"评古论今"之意。

（一）评剧的艺术特点

评剧的艺术特点是：以唱工见长，吐字清楚，唱词浅显易懂，演唱明白如诉，表演生活气息浓厚，有亲切的民间味道。它的形式活泼、自由，最善于表现当代人民生活，因此城市和乡村都有大量观众。

评剧唱腔是板腔体，有慢板、二六板、垛板和散板等多种板式。解放后，评剧音乐、唱腔、表演的革新取得显著成就，特别是改变了男角唱腔过于贫乏的弊病，男声唱腔有了新的创造。其表演艺术虽吸收了梆子、京剧的身段、程式，一度出现京剧化的倾向，但仍保持着民间活泼、自由、生活气息浓郁的特点。

善于表观现实生活是评剧的一个传统。辛亥革命后，成兆才依据当地的时事新闻创作和改编了《杨三姐告状》、《黑猫告状》、《枪毙骆龙》、《枪毙骆虎》等，基本上奠定了评剧以演现代剧目为主的特长。中华人民共和国建立后，评剧进入了新的繁荣发展时期，演出了一批受群众欢迎的现代戏，如小白玉霜和韩少云主演的《小女婿》、新凤霞主演的《刘巧儿》、《祥林嫂》、《小二黑结婚》以及《金沙江畔》、《夺印》、《野火春风斗古城》等；改革开放以后又出现《山里人家》、《疙瘩屯》、《黑头与四大名旦》、《贫嘴张大民的幸福生活》等优秀现代剧目。

（二）角色行当

评剧的行当是随着评剧的发展历史，经过不断丰富和完善而逐渐形成的。评剧的前身"蹦蹦戏"曾经历了"对口戏"、"拆出戏"两个阶段，那时的行当也不像现今这样分明。后经过改革，评剧成为一个大剧种。评剧的行当，也依据表演的需要吸取京、梆等剧种的行当分类经验，逐渐形成现在生、旦、净、丑门类齐全的规模。

"对口戏"的行当是一旦一丑，旦角称"上装"，丑角称"下装"。这种形式是由冀东大秧歌中民歌小调对口唱衍变而来；"上装"、"下装"是以第三人称叙述故事并分别表演剧中人物（如《西厢记》，"上装"要表演红娘、莺莺、老夫人三个角色）。由于这种表演的局限，表演者不能以剧中人物来固定着装和勾画脸谱，因此他们的最初装扮是"上装"（旦角）彩扮，身着裙袄或彩裤褂，手持折扇、手帕；"下装"（丑脚）头戴毡帽或头巾，身着茶衣、腰包，手持竹板或霸王鞭。

"拆出戏"亦称"三小戏"，是由"对口戏"演变而来，以代言体、单折式、分场式为其戏剧结构基本体制。上演的剧目虽短小，但首尾相接，故事连贯，具有中心人物和配角。至此演员便依据角色人物性格，有了明确的分工，逐步由"上装"、"下装"形成"三小"行当，即：小生、小旦、小花脸（丑）。"三小戏"，初以小生、小旦戏为主，丑脚居于次要位置。随着"拆出戏"的剧目不断增多，所表现生活内容不断丰富，相应地也出现了老生、老旦、彩旦等行当。

评剧由于历史较短，又受剧目题材的局限，所以没有像京、梆大剧种那样具有驾驭反映帝王将相生活和政治斗争、军事斗争重大内容的能力，多以反映下层官吏、市民阶层、农民阶层的生活为主，因此各行当的表演艺术（声腔、技巧），特别是老生、净、刀马旦、武生行的表演手段，仍有待不断丰富和发展。中华人民共和国成立后，由于新编历史故事戏不断增多，各行当，特别是小生、老生、净行的表演艺术有了较大的发展。

目前的评剧逐渐发展成青衣、花旦、老旦、彩旦、小生、老生、花脸、小花脸等行当齐全的大剧种，但仍保留了民间小戏活泼自由、生活气息浓厚的特点。

（三）评剧名家

1. 成兆才

成兆才（1874—1929），字捷三（又作浩三），评剧鼻祖，清直隶滦州绳各庄（今属河北省滦南县人）。清同治十三年（1874）12月20日出生于一个贫苦的农民家庭。他一生所整理、改编、创作的剧本多达102个，为创建评剧事业奠定了基础，被称为评剧剧本作者第一人。

2. 月明珠

月明珠（1898—1922），著名评剧男旦，原名叫任善丰，字久恒，艺名月明珠，乳名围柱，出生河北滦县胡家坡（今属河北唐山滦南县）的一个莲花落世家。父任连会，为莲花落艺人，是对口、折出时期的著名编剧和演员，被誉为评剧的发轫者。月明珠弟兄四人，长兄任善庆（艺名金不换，为评剧第一任鼓师），三弟任善年（小生），四弟任善诚（艺名赛月珠）为评剧小生、老旦。

3. 倪俊生

倪俊生（1895—1970），字秀岩，河北省迁安县人，1910年形成"倪派"小生唱腔。

1902年拜吴占魁为师，学唱河北梆子。同年10月，随吴占魁参加了唐山的吉庆班，改学莲花落。艺名"银娃娃"、"九岁红"。1910年起，先后在唐山、天津、北平、营口、奉天、哈尔滨等地演出。相继演出了《夜审周子琴》、《秦雪梅吊孝》、《回杯记》、《刘伶醉酒》、《卖油郎独占花魁》、《打狗劝夫》、《败子回头》、《杜十娘》等。经过自己较长时间的刻苦钻研，终于形成了曲调优美、字正腔圆、准确大方而独具特色的倪派小生唱腔。1951年曾任齐齐哈尔评剧团副团长。1956年到黑龙江省戏曲学校任教，精心培育后一代。他的学生遍布省内外，著名小生演员桂宝芬（"桂派"女小生创始人）、杨振邦、刘小楼都是他的高徒。

4. 李金顺

李金顺（1902—1953），评剧女演员，工旦行，"李派"创始人。她是第一代评剧演员，是评剧进入"奉天落子"时期的最主要的代表人物。幼年曾习京韵大鼓、京剧、小调,16 岁拜孙凤鸣为师学唱落子。1920 年到哈尔滨演出,因唱腔大鼓味过浓,观众把椅垫扔到台上。李金顺没有后退,投到倪俊声处学艺,并转艺多师,终于形成了吐字清晰,纯朴又充满感情的大口落子演唱风格。她是评剧史上一位承前启后的艺术家,她创立的李派对后辈影响甚大,刘翠霞、白玉霜、芙蓉花、花云舫、筱麻红、喜彩春、鲜灵霞、喜彩莲等均受其教益和影响。她表演过的代表剧目有《杜十娘》、《移花接木》、《三节烈》、《珍珠衫》、《书囊记》等十余种唱段。

5. 刘翠霞

刘翠霞(1911—1941),评剧女演员,工旦行,"刘派"创始人,评剧早期四大名旦之一。3 岁的时候随母亲沙氏"下卫"讨饭,10 岁时被卖给撂地艺人何丑子学唱辽河大鼓(辽宁大鼓),不久随师傅到大连谋生。11 岁进了李金顺(李氏亦为武清人)的落子班,走上了评剧艺术之路,拜张百龄、赵月楼学唱评戏,并受到罗万盛指点。曾为花莲舫、李金顺配演。17 岁挑班与李华山同组山霞社(又称为"山华社"),曾常年在福仙茶园、北洋戏院、大舞台、天宝大戏院等场所演出,并应邀赴北京、济南、沈阳等地演出,名震华北,特别是京津地区。1934 年在津有"评剧皇后"之称,1936 年又被誉为"评剧女皇",红遍津、京、冀、鲁及东北各地。她善演的剧目很多,代表剧目有:《雪玉冰霜》、《劝爱宝》、《奇冤巧报》、《一元钱》、《玉镯记》、《三节烈》、《移花接木》、《珍珠衫》等。三四十年代,高亭、百代、蓓开、昆仑、宝利等公司分别为其录制了唱片。

6. 白玉霜

白玉霜(1907—1942),评剧女演员,工旦行,"白派"创始人,评剧早期四大名旦之一。原名李桂珍,又名李慧敏,河北滦县人,有"评剧皇后"之誉。1934 年白玉霜在上海与钰灵芝、爱莲君合演《花为媒》、《空谷兰》、《桃花庵》、《马震华哀史》、《珍珠衫》,与京剧演员赵如泉合演京评两腔的《潘金莲》及电影《海棠红》等剧,受到上海文化界重视,白玉霜也声誉日隆。白玉霜的演唱艺术不仅折服了上海的观众,也使文艺界对她刮目相看。《时事新报》上刊登了著名戏剧家欧阳予倩、洪深、田汉的文章,赞誉白玉霜为"评剧皇后",也有报纸称她为评剧坤角泰斗。1936 年,明星公司推出了白玉霜主演的电影《海棠红》轰动了大江南北,不仅提高了白玉霜知名度,也扩大了评剧的影响。1937 年后长期在北平演出,使年轻的评剧日臻成熟。代表剧目:《秦香莲》、《秦雪梅吊孝》、《桃花庵》、《空谷兰》、《珍珠衫》、《李香莲卖画》、《花魁从良》、《马寡妇开店》、《双蝴蝶》、《玉堂春》、《潇湘夜雨》、《老妈开磅》、《豆汁记》、《赵芸娘》、《花为媒》、《马震华哀史》等。

7. 爱莲君

爱莲君(1918—1939),评剧女演员,工旦行,"爱派"创始人,评剧早期四大名旦之一。爱莲君生于 1918 年,祖籍天津。她从小被卖给赵连琪为养女,取名赵久英。12 岁拜赵月楼学评戏,曾受师兄王锡瑞等教益。14 岁成立爱莲社挑班主演。16 岁爱莲君学成出师,和爱令君合作,到全国各地演出,又应邀东渡日本,到大阪录制唱片。1935 年,她率爱莲社赴上海演出,与钰灵芝,白玉霜三班组成"三连社",轰动一时,至今仍为评剧史上的一段佳话。短短几年,她就逐渐形成了自己的独特风格,被称为"爱"派。爱莲君的代表剧目有:《于公案》、《蜜蜂记》、《烧骨记》、《庚娘传》、《三赶韩梨花》等,30 年代中期以来,胜利、国乐公司为其录制了不少唱片。

8. 喜彩莲

喜彩莲(1916—1997),评剧女演员,工旦行,"喜派"创始人,评剧早期四大名旦之一。11 岁进复盛戏社拜莲花落艺人吴寿朋为师学艺,12 岁进元顺剧社,艺术上受到了李金顺的影响。17 岁挑班主演并改剧社为阳春社。30 年代初,喜彩莲带着《杨乃武与小白菜》、《贫女泪》、《可怜的秋香》、《杨三姐告状》、《宦海潮》等时装戏以及从京剧移植过来的剧目《孟丽君》、《白蛇传》、《武则天》等闯入天津。1937年 5 月,喜彩莲将京剧《卓文君与司马相如》改成评剧在上海一炮打响,同时对评剧进行了一系列的改革,她演唱艺术有扎实的功底,嗓音高亢、明亮,表演细腻准确;在上海,评剧艺人喜彩莲与戏剧大师欧阳予倩的交往是剧坛一段佳话,移植并演出了《人面桃花》,引入了南梆子,被誉为"时代艺人"。新中国成立后,在政府的关怀下,喜彩莲与小白玉霜等评剧艺人成立新中华评剧工作团,之后与其他剧团合并成立为中国评剧院。她的戏路宽,不但主工青衣、花旦,且在老旦、彩旦方面也做出了贡献。

9. 小白玉霜

小白玉霜(1922—1967),评剧新白派创始人,20 世纪五六十年代评剧届的领头羊。原名李再雯,山东人,5 岁随父逃荒到北京,被白玉霜收为养女。经李文祉启蒙,继承了白玉霜的演唱风格。14 岁登台演戏,在京津一带享有盛名。她的代表剧目有《玉堂春》、《临江驿》、《打狗劝夫》、《劝爱宝》、《珍珠衫》、《红娘》等。小白玉霜的演唱圆润隽永、低回婉转,讲究节奏的变化及快慢、轻重的对比,富有独特风韵。曾任中华全国文学艺术界联合会委员,中国戏剧家协会理事,北京市戏剧家协会副主席,全国政协第二、三届委员,中国评剧院艺委会主任。1950 年全国第一次政协会议上受到毛主席的亲切接见。

10. 新凤霞

新凤霞(1927—1998),评剧新派创始人。原名杨淑敏,天津市人。6 岁学京剧,12 岁学评剧,14 岁任主演。1949 年后历任北京实验评剧团团长,解放军总政治部文工团评剧团副团长,中国评剧院演员、作家,全国第七届政协委员。

新凤霞取得了令人瞩目的艺术成就,新派艺术在众多的评剧流派中标新立异、独树一帜,成为了评剧革新的代表。她以纯熟的演唱技巧,细致入微的人物刻画,塑造了青春美丽富有个性的少女——张五可的艺术形象,从而将新派艺术推向了高峰。这出剧目拍成电影在全国包括香港地区、东南亚各国放映后,新派艺术又一次风靡全国和东南亚地区。这一时期新凤霞主演了《志愿军的未婚妻》、《会计姑娘》、《春香传》、《乾坤带》、《金沙江畔》、《无双传》、《杨乃武与小白菜》、《凤还巢》、《三看御妹》、《花为媒》、《杨三姐告状》、《阮文追》、《调风月》、《六十年的变迁》等几十出剧目。她所塑造的一系列艺术形象为评剧画廊增添了一幅幅绚丽多彩的篇章,为后人留下了宝贵的艺术遗产。她也被评选为亚洲最杰出艺人,荣获首届中国金唱片奖。

11. 鲜灵霞

鲜灵霞(1920—1993),评剧鲜派创始人。原名郑淑云,生于河北省文安县丰各庄。姐妹三人,她最小,一家五口全靠父亲租地生活。

1923 年闹水灾,她随母亲逃荒到天津。鲜灵霞的家在南市大舞台对面,几年后她以"捋叶子"的方法,学会了不少出评戏。后郑淑云改名鲜灵霞,1934 年,正式拜著名评剧前辈刘宝山和刘兆祥为师。鲜灵霞的嗓音高亢响亮,音域宽广,清脆响亮,横竖兼备,音韵醇厚,扮相光彩照人。她在唱腔上花了大量的功夫,一方面对李、刘两派剧目中原有的唱腔进行加工润色;另一方面为一些剧目重新设计唱腔。她在不断的舞台实践中,逐渐形成了自己自然洒脱、高亢激越,朴实豪放,以情传声、声情并茂的艺术风格。她的代表剧目有《井台会》、《王二姐思夫》、《杜十娘》、《包公三勘蝴蝶梦》、《夫人城》、《锯碗丁》等。1954 年参加天津市首届戏曲汇演时,鲜灵霞演出《井台会》荣获演员一等奖。1956 年赴朝鲜演出慰问志愿军。1959年应邀赴长春拍摄戏曲电影片《包公三勘蝴蝶梦》。她曾任天津评剧院副院长。

12. 韩少云

韩少云(1931—2003),评剧韩派创始人,画家,是河北玉田人,她 9 岁入梨园,新中国成立前后在唐山一带走红,1950 年参加了东北实验评剧团(后为沈阳评剧院)。1952 年她主演的《小女婿》参加了第一届全国戏曲观摩演出大会,获表演一等奖,因唱腔新颖,表现自然而享誉全国。在半个世纪的艺术生涯中,她排演了近 200 出戏。她所扮演的"五四"以来各个历史时期的妇女典型都是栩栩如生,惟妙惟肖,她唱腔圆润醇厚,吐字清新,腭(疙瘩)音运用尤佳,为评剧艺术发展做出了突出的贡献。

13. 花淑兰

花淑兰(1929—2005),评剧花派创始人。原名葛淑兰、评剧教育家。1929 年生于河北省唐山林西一个梨园世家。8 岁起随母刘玉舫学戏,兼学京、梆、大鼓等,11 岁开始登台,12 岁便在唐山、秦皇岛、天津等地演出。1945 年,她在张家口演出，排演了《白毛女》、《血泪仇》、《兄妹开荒》、《夫妻识字》等有革命内容的新戏，较早地接受了革命文艺思想的教育。1946年进入北京演出，很快以《刘翠屏哭井》和《保龙山》声名鹊起。1953年以一出《茶瓶计》获东北汇演优秀表演奖，之后加入沈阳评剧院。花淑兰音域宽、音质纯净、嗓音甜脆，在唱腔上广采博取、兼容并蓄、刚柔相济、声情并茂，创造出自己独特的演唱风格。她戏路宽广，能胜任小旦、花旦、青衣甚至是小生各个行当，文武兼备，善于塑造各类角色，并能从人物性格出发。她巧妙地将刘、爱为代表的两派的演唱艺术融为一体，形成她自己独特的演唱风格。她的代表剧目有《茶瓶计》、《黛诺》、《谢瑶环》、《牧羊圈》、《三节烈》等。在六十余年的艺术生涯中，花淑兰演出了近200出传统戏和现代戏，培养弟子近50人，为评剧艺术发展做出了突出的贡献。

14. 筱俊亭

筱俊亭（1921—），评剧筱派创始人。6岁丧父，8岁起就跟随盲艺人王先生学唱民间小曲，后拜老艺人杨义为师学习蹦蹦儿戏。青年时代，她又深深迷恋上前辈名家刘翠霞、白玉霜、爱莲君的演唱艺术，并努力学习她们的优长，10岁即红遍天津、河北、山东各地。1951年，筱俊亭应邀到锦州演出，1952年6月参加锦州评剧团。1952年秋，她开始对评剧青衣唱腔进行系统改革。

1954年年底，筱俊亭调至沈阳。她结合自己的嗓音及身形条件，有意识开辟新路，尝试着进行老旦行当的创造，于1956年排演了第一出纯老旦剧目《杨八姐游春》，大获成功，接着又排演了《穆桂英挂帅》、《古国风云》、《三关排宴》、《母亲》、《洪湖赤卫队》、《江姐》、《南海长城》、《丰收之后》、《东风解冻》、《社长的女儿》等剧目，成功地塑造了众多不同时代、年龄、性格、身份的老年妇女形象。

通过一系列剧目的演出，筱俊亭为评剧老旦行当积累了一整套唱腔与表演模式，在评剧剧坛具有特殊的地位，形成了自己独特的风格，世称"筱派"。

15. 李忆兰

李忆兰（1925—1992），李派创始人。祖籍北京，是河北梆子名艺人李贵云的女儿。她从小在梆子班里长大，15岁改学京剧，1952年夏，李忆兰改行学评剧。

她的代表剧目有《张羽煮海》、《花为媒》、《樊梨花斩子》、《祥林嫂》、《苦菜花》、《南方烈火》、《阮文追》、《拜月记》、《无双传》、《白蛇传》、《樱花恋》、《喜神》、《高山下的花环》、《多情的河》、《乔迁之喜》、《楠竹夫人》等，还主演过故事片《画中人》，为电影《党的女儿》配唱主题歌。

16. 魏荣元

魏荣元（1923—1976），评剧花脸、老生，魏派创始人。直隶（今河北）丰润人，幼年入复盛戏社学艺，12岁登台，曾在平津一带演出，曾演京剧、梆子、曲艺。建国后，任中国评剧院演员，1955年加入中国共产党。对评剧男声唱腔有创造性的改革创新,擅演剧目有《钟离剑》、《孙庞斗智》、《夺印》、《包公三勘蝴蝶梦》、《包公赔情》等。主演的《秦香莲》已拍成影片。

17.张德福

张德福(1931—),评剧张派小生创始人。八九岁时就已经是"小角儿"了,10岁时,他在天桥"小桃园"的戏班里,拜孙宝亭为师。他从13岁起开始演正工小生,在评剧舞台上崭露头角,两年左右就演了十几出大戏。1953年调入中国评剧院后,他的小生艺术得到了飞跃发展。与新凤霞长期合作,在评剧舞台上塑造了众多的人物形象,他的代表作有《刘巧儿》、《祥林嫂》、《春香传》、《三里湾》、《六十年变迁》、《金沙江畔》、《杨三姐告状》、《会计姑娘》、《阮文追》、《志愿军的未婚妻》、《金印记》、《御河桥》、《杨乃武与小白菜》、《无双传》、《花为媒》、《樱花恋》、《锯碗丁》、《高山下的花环》等。

18.洪影

洪影(1930—),评剧女小生、兼老生,洪派创始人。8岁随金百灵学戏,9岁到北京与赵月生学京剧老生,12岁在北京开始票戏,1951年入唐山专区胜利剧社唱京剧老生,1952年随团改为唐山专区实验评剧团(后并入唐山市评剧团)正式唱评剧。洪影的音域宽广,音色丰富,高音区明亮,低音区苍劲有力,其演唱吸收了京剧、河北梆子、曲艺等旋律,突破评剧原生腔板式束缚,唱腔新颖流畅,以情带声。代表作有《刘翠萍哭井》、《梁祝》、《刘伶醉酒》、《十五贯》、《红龙传》、《周仁献嫂》、《孙安动本》、《孙庞斗志》、《御河桥》、《王二姐思夫》等。

19.马泰

马泰(1935—2004),评剧老生,马派创始人。师承评剧艺人张润时先生,1955年在著名评剧表演艺术家喜彩莲率领下与一批青年演员深入工矿演出。马泰与喜彩莲合作演出了《怀乡梦》、《小借年》、《马寡妇开店》等剧目。20世纪60年代他先后主演了《夺印》中的何文进,《金沙江畔》中的谭文苏,《野火春风斗古城》中的杨晓冬,《向阳商店》中的刘宝忠,《阮文追》中的阮文追,《钟离剑》中的勾践,《孙庞斗智》中的孙膑,《李双双》中的孙喜旺等。他那不同时期、不同人物的表演及演唱在社会上引起强烈的反响和广大观众的赞誉。

四、越剧

越剧是中国五大戏曲种类之一,是目前中国第二大剧种。越剧长于抒情,以唱为主,声腔清悠婉丽优美动听,表演真切动人,极具江南灵秀之气;多以"才子佳人"题材的戏为主,艺术流派纷呈。主要流行于浙江、上海、江苏、福建等南方地区,鼎盛时期除西藏、广东、广西等少数省、自治区外,全国都有专业剧团存在,据初步统计,约有280多个,业余剧团更有成千上万,不胜统计。在海外亦有很高的声誉和广泛的群众基础,为流传最广的地方剧种。2006年5月20日,经国务院批准列入第一批国家级非物质文化遗产名录。

(一)越剧的艺术特色

越剧流派唱腔由曲调和唱法两大部分组成,在曲调的组织上,各派都有与众不同的手法和技巧,通过旋律、节奏以及板眼的变化,形成各自的基本风格。特别是起调,落调,句间、句尾的拖腔,以及旋律上不断反复、变化的特征以及惯用音调等,更是体现各流派唱腔艺术特点的核心和关键。在演唱方法上,则大都集中在唱字、唱声、唱情等方面显示自己的独特个性,通过发声、音色以及润腔装饰的变化,形成不同的韵味美。有些细微之处,还包括着不少为曲谱难以包容,也无法详尽记录的特殊演唱形态,却更能体现各流派唱腔的不同色彩。

(二)越剧的流派

1. 生角流派

(1)尹派

由尹桂芳创立,主工小生。她的表演朴实而不呆板,聪颖但不轻佻,潇洒而不飘浮,吐字清晰而别有风味。尹派的特点深沉隽永,缠绵柔和。流派传人:尹瑞芳、邢桂芬、尹小芳、茅威涛、赵志刚、萧雅、王君安、陈丽宇,王一敏、王清、齐春雷、张琳等。

(2)徐派

由徐玉兰创立,主工小生。她吸收了绍剧粗犷悲壮的特点,京剧刚健、坚实的技巧,又融合了越剧早期小生唱腔中朴实、淳厚的因素,形成了自己华彩俊逸,洒脱流畅,奔放高亢,感情炽热,曲调大起大落,跌宕明显的特点。流派传人:金美芳、刘觉、汪秀月、钱惠丽、邵雁、陈娜君、郑国凤、张小君、周伟君、刘志霞、杨婷娜等。

(3)范派

由范瑞娟创立,主工小生。范瑞娟戏路较宽,她的嗓音实、声洪亮、中气足、音域宽、演唱追求刚劲的男性美。她是"弦下腔"的创始人之一。范派的特点是朴素大方,咬字坚实,旋律起伏多变,带男性气质,阳刚之美。流派传人:丁赛君、陈琦、邵文娟、史济华、陈雪萍、江瑶、章瑞虹、韩婷婷、孟科娟、方雪雯、吴凤花、章青青、王柔桑、徐铭、筱明珠等。

(4)竺派

由竺水招创立,主工小生。其表演细腻妩媚,清新脱俗,唱腔甜润而柔糯,尤为突出的是她的戏路宽广,花旦、青衣、小旦、小生(主)、老生乃至老旦等行当都能应付自如,加上扮相俊美,遂被观众喻为"越剧西施"。代表剧目有《柳毅传书》、《三看御妹》、《莫愁女》等。流派传人：夏雯君、竺小招、孙婷涯、孙静、殷瑞芬等。

（5）陆派

由陆锦花创立。她擅长扮演儒生、穷生、巾生。他的演唱不尚华丽、不喜雕琢、朴实清丽、自然流畅。流派传人：曹银娣、许杰、黄慧、廖琪瑛、夏赛丽、张宇峰、徐标新、裘巧芳等。

（6）毕派

由毕春芳创立。毕春芳擅长演喜剧，她发声清脆且富有弹性，音域较宽，善于唱法的变化来塑造人物形象，她吸收了范派和尹派的唱腔精华，袁派的表演技巧，融会贯通自成一格。流派传人：杨文蔚、丁小蛙、丁莲芳、孙建红、毕继芳、徐宁生、阮建绒、李晓旭、杨童华、徐文芳、戚小红等。

（7）张派

由张桂凤创立，主工老生。其表演真切，以善于刻画人物性格见长；其唱腔刚劲挺拔，顿挫分明，声情并茂。代表剧目《二堂放子》、《九斤姑娘》。流派传人：王金萍、张国华、董柯娣、张承好、郑曼莉、章海灵、王晓玲、乐彩珍、吴群、蔡燕等。

（8）徐派

由徐天红创立，主工老生。唱腔吸收绍剧顿挫跌宕，高亢昂扬的风格。嗓音高亢，吐字注重喷口功夫。发声运用颤音、鼻腔和头腔的共鸣，被称为"抖抖腔"。代表剧目《红楼梦》、《二堂放子》、《明月重圆夜》等。流派传人：金烨等。

（9）吴派

由吴小楼创立，主工老生。表演苍劲凝重，激昂舒展，富有激情，嗓音宽厚洪亮，中低音音质饱满，善于塑造各类性格迥异的人物形象。代表剧目《情探》等。流派传人：杨同时、金红、陈琴湘等。

（10）商派

由商芳臣创立，主工老生。商芳臣早年与邢竹琴、竺素娥、赵瑞花、姚水娟等人合作，在原有的老生唱腔基础上尝试改革，借鉴绍兴大班中的尺调，融合到越剧的四工调中，唱腔高亢遒劲，清峻壮美，形成了独具特色的老生唱腔。代表剧目《柳毅传书》等。流派传人：胡国美等。

（11）陈派

由陈佩卿创立，主工小生。唱腔旋律一般多在中低音进行，又具往高音冲击的力度，在作曲家卢炳容的协助配合下，形成流派。代表剧目《张羽煮海》、《孔雀东南飞》等。流派传人：钟宝珍等。

（12）毛派

由毛佩卿创立，主工小生。做工潇洒，吐字清晰，唱腔富有韵味，有意识地将绍剧的唱腔融入越剧唱腔中，使观众感到耳目一新。代表剧目《李闯王》、《祥林嫂》、

《闯宫》等。

（13）金派

由金宝花创立,主工小生。代表剧目《庵堂认母》、《西厢记》、《胭脂》等。

（14）高派

由高爱娟创立,主工小生。高爱娟根据自己受损的嗓音条件独辟蹊径,从20世纪60年代始逐步形成适应自己嗓音条件跌宕有致的唱腔特色。代表剧目《荆钗记》、《周仁献嫂》、《杨宗保》、《左维明》等。

2.旦角流派

（1）袁派

由袁雪芬创立,主工花旦。在越剧唱腔艺术发展史上,袁雪芬是个重要的代表人物。袁雪芬创立的"袁派"对越剧旦角唱腔的发展、提高和流派的形成有着深远的影响。袁派唱腔的风格是质朴平易;委婉细腻,深沉含蓄,韵味醇厚,声情并茂。流派传人:筱水招、朱东韵、陶琪、华怡青、方亚芬、李沛婕等。

（2）傅派

由傅全香创立,主工花旦。其主要特点是唱腔俏丽多变、跌宕婉转,富有表现力,表演充沛,细腻有神,有感人以形、动之以情的魅力。傅派是越剧花旦唱腔中的重要流派。流派传人:薛莺、张金月、胡佩娣、张腊娇、洪芬飞、陈岚、何英、陈颖、陈飞、颜佳、陈艺、裘丹莉、董鉴鸿等。

（3）王派

由王文娟创立,主工花旦。她以善于表演人物神态、传达内心感情著称。王文娟博采众长,追求创新,逐步形成了自然流畅、平易质朴、情意真切的风格。流派传人:钱爱玉、周云娟、舒锦霞、单仰萍、洪瑛、俞建华、何炯华、王志萍、李敏、陈晓红、王桂萍、陈萍、宓永仙、夏艺奕等。

（4）戚派

由戚雅仙创立,主工花旦。特点是感情真挚浓厚,曲调朴实,花腔不多,但组织严密,节奏鲜明,音型简练并经变化反复出现,形成给人印象深刻的特征。流派传人:朱祝芬、周雅琴、傅幸文、王杭娟、王毓梅、朱蔺、余福英、邹红、金静、周美姣、徐洁明、钱丽文、戚继仙等。

（5）吕派

由吕瑞英创立,主工花旦。是越剧流派中最年轻的流派(各流派中创派时间最迟)。吕瑞英的唱腔在质朴细腻、委婉深沉的袁派基础上,增加了其绚丽多彩、雍容花俏的唱腔。她的唱腔乐感强,有越剧界"抒情女高音"的美誉。代表剧目有《打金枝》、《西厢记》、《花中君子》、《穆桂英》等。流派传人:孙智君、陈辉玲、吴素英、黄依群、赵海英、张咏梅等。

（6）金派

由金采风创立,主工花旦。金采风师承袁雪芬,并吸收施银花、范瑞娟、傅全香各家精华,高雅得体。她擅演大家闺秀,唱腔婉转回荡,吐字清晰,运气自然、富于韵味。流派传人:谢群英、黄美菊、裘锦媛、樊婷婷等。

（7）张派

由张云霞创立,主工花旦。其唱腔的主要特点是曲调细腻婉转,深情意浓;音色柔和甜润,韵味足。流派传人:薛桂珍、袁小云、杨学梅、何赛飞等。

（8）周派

由周宝奎创立,主工老旦。周宝奎有"老旦王"之称。唱腔质朴真切,塑造人物性格身份各异。戏路较宽,演技老到,塑造人物生动,能根据各种人物性格设计唱腔,使人物形象在唱腔中得以生动体现。代表剧目《碧玉簪》和《红楼梦》等。流派传人:俞会珍、王铧丽、周燕儿等。

（三）越剧的服装

1. 古装衣

古装衣是越剧的特色服装,在剧中年轻女子和中年妇女经常穿戴。上衣有水袖或本色连袖,外加云肩或飘带;长裙上搭配有短裙、或中裙、佩、腰带、玉饰。短、中、长裙又存在有折裥和无折裥之分。按身份不同,古装衣又分为仕女衣、民间衣、宫装衣。其特点是裙长衣短,胸腰收紧,形体分明。

2. 越剧蟒

越剧蟒首先在色彩上,不再按传统的上五色的蟒,分阶、分身份严格穿戴的衣箱制,而是下五色、间色的都有,但又参照上五色色阶等级制的习俗,在间色中选择。如《打金枝》中蟒的色彩、纹样更简练、更随意,《孟丽君》中用了许多的间色蟒袍。另一种方法是参照历史典律和官阶运用色彩,如《长乐宫》中老皇帝穿黑衣,用"黼"、"黻"、"粉米"、"日"、"月"、"宗彝"、"藻"、"山"、"星"、"华虫"、"火"等象征性图案。越剧有时把传统的"蟒"改为袍制,叫蟒袍。在制作上和传统的"蟒"有很大的区别。蟒不再是整件夹里,而前后是麻衬,使前后挺括硬撑,以显官风十足。发展到后来,蟒的前后内衬有的干脆不用麻衬,用布刮浆代替。

3. 越剧靠

越剧男班早期都用传统大靠,女班也沿用传统大靠(硬靠)。改革后,武生很少用靠旗、靠肚,小生串演武生更不用靠旗。"靠身"、"靠脚"、"靠肩",不再用"网子穗"或"排须"、搂带,一般也不用双层靠肩。靠肚不再是传统的平面一大块,改为围腰的"腰包"再束虎头腰带。靠衣不绣花,都用甲片。1944年春,袁雪芬饰演《木兰从军》中的花木兰,所穿戎装,甲片开始用铜片,上甲、下甲都用,以后,纹样有"鱼鳞甲"、"丁字甲"、"人字甲"、"龟背甲"等,有金绣,也有用金缎、银缎剪贴,或金银宽边花版线缝纫上去。护心镜有用克罗米铜泡,或盘金、盘银。

4. 越剧裙

越剧的裙主要是花旦的百褶裙。最早穿的都是传统大裥裙,前后有"马面",俗称"马面裙",以后去掉后"马面",改为单马面裙,经常用于老旦。传统的"鱼鳞百裥裙"往往作衬裙使用。以后大裥改成五分宽的百裥裙。20世纪40年代雪声剧团受清末仕女画的影响,设计了"裙裙"。这种裙裙,罩在大裥裙外,正面用佩,佩长及脚面,很简洁。这种"裙裙"在《梁祝哀史》、《嫦娥奔月》等剧中反复使用。短裙,行话称"包屁股",有折裥的,有不打折裥的,有网眼雕花的,有绣花、贴花、斜裁、平裁的,花样繁多。

5. 越剧云肩

最早用的都是传统大云肩,以后发展到百多种,如对开云肩、珠云肩(白珠或金、银珠穿成的)、有领云肩、无领云肩,如意云肩、花形云肩、网眼云肩等。

6. 褶子与帔

越剧小生穿的褶子是不开门襟的,有圆领、斜领、对开领,开门襟的是"帔"。这种"帔"往往在剧中有夫妻俩出场时,运用相同色彩,称"对帔"。越剧帔在领口上又变化出多种样式,如斜襟帔、直襟帔、翻领帔、如意领帔等。小生褶子与帔,多用间色,花纹偏一边,有四君子花纹(梅、兰、竹、菊),也有用牡丹、玉兰等花纹,领边也越改越窄,约二寸,朝秀美的方向发展。越剧所有衣服在服装的"夹窝"里都挖"裉袋"(夹窝裁剪成圆形),所以越剧的戏服,双肩挥洒自如、平稳服贴而且舒服。

7. 越剧靴鞋

越剧男班在"草台班"时期,演员已穿租借的靴鞋。女班进上海后,学京剧、绍剧穿高靴,特别是大面、老生,官带装扮穿高靴居多。女班小生穿的靴鞋都不高,穿云鞋,有平底鞋,有一寸左右高的鞋。小旦为弥补身材过矮,在鞋内垫高二三寸。20世纪30年代末,"高升舞台"演出《彩姨娘》,筱丹桂饰彩姨娘,为了增高身材曾用"踩跷"。直到1944年演《新梁祝哀史》的男角小生才穿一寸左右的薄高靴。解放后,小生穿三套云高靴居多,一般都要二三寸左右,个别演员还要再加内高。1955年,拍《梁山伯与祝英台》电影后,靴鞋改革,不但穿高靴,在靴头上也改成有云饰纹的花样或绣花,色彩套成强烈和谐的三色,俗称三套云高靴。

五、黄梅戏

黄梅戏,旧称黄梅调或采茶戏,与京剧、越剧、评剧、豫剧并称中国五大剧种。

它发源于湖北、安徽、江西三省交界处黄梅县多云山，与鄂东和赣东北的采茶戏同出一源，其最初形式是湖北黄梅一带的采茶歌。黄梅戏用安庆语言念唱，唱腔淳朴流畅，以明快抒情见长，具有丰富的表现力；黄梅戏的表演质朴细致，以真实活泼著称。黄梅戏来自于民间，雅俗共赏、怡情悦性，以浓郁的生活气息和清新的乡土风味感染观众。

（一）黄梅戏的角色行当

黄梅戏角色行当的体制是在"二小戏"、"三小戏"的基础上发展起来的。上演整本大戏后，角色行当才逐渐发展成正旦、正生、小旦、小生、小丑、老旦、奶生、花脸诸行。辛亥革命前后，角色行当分工被归纳为上四脚和下四脚。上四脚是：正旦（青衣）、老生（白须）、正生（黑须）、花脸；下四脚是：小生、花旦、小丑、老旦。行当虽有分工，但很少有人专工一行。民国十九年（1930年）以后，黄梅戏班社常与徽、京班社合班演出。由于演出剧目的需要，又出现了刀马旦、武二花行当，但未固定下来。当时的黄梅戏班多为半职业性质，一般只有三打、七唱、箱上（管理服装道具）、箱下（负责烧茶做饭）十二人。行当搭配基本上是正旦、正生、小旦、小生、小丑、老旦、花脸七行。由于班社人少，演整本大戏时，常常是一个演员要兼扮几个角色，因而在黄梅戏中，戏内角色虽有行当规范，但演员却没有严格分行。

1. 正旦：多扮演庄重、正派的成年妇女，重唱功，表演要求稳重大方。所扮演的角色如：《荞麦记》中的王三女、《罗帕记》中的陈赛金、《鱼网会母》的陈氏等。重唱念，讲究喷口、吐字铿锵有力。所扮演的角色如：《荞麦记》中的徐文进、《告经承》的张朝宗、《桐城奇案》的张柏龄等。

2. 小旦：又称花旦，多扮演活泼、多情的少女或少妇，要求唱做并重，念白多用小白（安庆官话），声调脆嫩甜美，表演时常执手帕、扇子之类，舞动简单的巾帕花、扇子花。所扮演的角色有：《打猪草》中的陶金花、《游春》中的赵翠花、《小辞店》中的刘凤英等。演出整本大戏后，小旦行又细分出闺门旦及专演丫鬟的行当"捧托"。旦行是黄梅戏的主要行当，旧有"一旦挑一班"之说。

3. 小生：多扮演青少年男子，用大嗓演唱，表演时常执折扇。扮演的角色有：《罗帕记》的王科举、《春香闹学》的王金荣、《女驸马》的李兆廷、《天仙配》的董永等。

4. 丑行：分小丑、老丑、女丑（彩旦）三小行。在黄梅戏中，丑行比较受欢迎。为帮助演出，小丑常拿着一根七八寸长的旱烟袋，老丑则拿着一根二三尺长的长烟袋，插科打诨，调节演出气氛。扮演的角色有：《打豆腐》中的王小六、《钓蛤蟆》中的杨三笑等。

5. 老旦：扮演老年妇女，在戏中多为配角。如《荞麦记》中的王夫人。

6. 花脸：黄梅戏中花脸专工戏极少，除在大本戏中扮演包拯之类的角色外，多扮演恶霸、寨主之类的角色，如《卖花记》的草鼎、《二龙山》的于彪等。

7. 正生：又称挂须，有黑白须之分，一般黑须称正生，白须称老生。重唱念，讲究喷口、吐字铿锵有力。

（二）黄梅戏班社

1. 双喜班

双喜班，班址在桐城，班主是琚光华。演出活动范围很广，主要在桐城、潜山、怀宁、枞阳、岳西、贵池、东流等地，演员阵容强大，早期是吴汉周、胡金发、方立堂等，其后则是严风英、桂月娥、丁翠霞，号称"三大坤角"，以及丁永泉、丁紫臣等。班规很严，管理有序。还请了京剧艺人传授技艺，藉以提高自己的演戏水平。这个班子，勇于改革，演出中减少帮腔，加入京胡托腔伴奏取代锣鼓过门。1936年琚光华与丁永泉、潘孝慈、查文艳、郑绍周、檀槐珠等人，带班到上海，在上海九亩地、陆家浜演出。1944年，"双喜班"停止活动，到抗战胜利的1945年才恢复演出，1947年，"双喜班"荟聚黄梅戏精英严风英、桂月娥、丁永泉、丁翠霞、柯砚秋、潘犹芝、程积善、潘泽海、潘璟琍、丁紫臣、王文治、饶广胜等于一堂，演出于大通，引起很大的轰动。

2. 小白伢班

小白伢班，成立较早，约在1911年。班址在岳西，班主是崔小白和刘金秀两个女子。她们原本都是童养媳，黄梅戏的艺人住在她们家隔壁，教戏时她们隔墙偷听学会了黄梅戏，后冲破阻碍拜师学艺，师满试演获得成功，后两人以"二小戏"到处唱"堂会"，很受欢迎。遂邀人自己组班，被称为"小白伢班"，不仅演唱"二小戏"、"三小戏"，更多的是演出"本戏"。因当时女子演戏是件新奇的事儿，尤其是两个女伶领班并同台演唱，轰动四乡八村，数十里外的人也赶来看戏。是黄梅戏的历史上，第一个女子领班的班社。

3. 张翰班

班址在岳西，班主是张廷翰。这个班子，活动于岳西、潜山、怀宁、太湖、舒城、霍山、六安一带。班子里的成员，是集中潜山、岳西、怀宁的精英，如王宏元，朱昌运、吴汉周、王风阳、方立周、方立堂等。老旦朱昌运被誉称朱奶奶，花脸方立堂被誉称"活文王"、"活姜维"、"活包公"。由于阵容强大，演出质量上乘，故有"岳潜第一班"之称。

六、昆曲

昆曲，原名"昆山腔"或简称"昆腔"，是我国古老的戏曲声腔、剧种，清代以来被称为"昆曲"，现又被称为"昆剧"。昆曲是我国传统戏曲中最古老的剧种之一，也是我国传统文化艺术，特别是戏曲艺术中的珍品，被称为百花园中的一朵"兰花"。

昆曲早在元末明初之际（14 世纪中叶）产生于江苏昆山一带，它与起源于浙江的海盐腔、余姚腔和起源于江西的弋阳腔，被称为明代四大声腔，同属南戏系统。

昆剧是明朝中叶至清代中叶戏曲中影响最大的声腔剧种，很多剧种都是在昆剧的基础上发展起来的，有"中国戏曲之母"的雅称。昆剧是中国戏曲史上具有最完整表演体系的剧种，它的基础深厚，遗产丰富，是我国民族文化艺术高度发展的成果，在我国文学史、戏曲史、音乐史、舞蹈史上占有重要的地位。

昆曲的伴奏乐器，以曲笛为主，辅以笙、箫、唢呐、三弦、琵琶等。昆曲的表演，也有它独特的体系、风格，它最大的特点是抒情性强、动作细腻，歌唱与舞蹈的身段结合得巧妙而和谐。在语言上，该剧种原先分南曲和北曲。南昆以苏州白话为主，北昆以大都韵白和京白为主。昆曲于 2001 年 5 月 18 日被联合国教科文组织命名为"人类口述遗产和非物质遗产代表作"称号。

（一）昆曲的曲牌

昆曲的音乐属于联曲体结构，简称"曲牌体"。它所使用的曲牌，据不完全统计，大约有 1000 种以上，南北曲牌的来源，其中不仅有古代的歌舞音乐，唐宋时代的大曲、词调，宋代的唱赚、诸宫调，还有民歌和少数民族歌曲等。它以南曲为基础，兼用北曲套数，并以"犯调"、"借宫"、"集曲"等手法进行创作。

曲牌是昆曲中最基本的演唱单位。全国共有 300 多种戏曲曲种，在音乐体系上分为两种：板腔体和曲牌体。绝大多数剧种是板腔体，少数是曲牌体。而昆曲的曲牌体是最严谨的。

曲牌的音乐结构和文学结构是统一的。由于曲牌是由词发展而来，又称词余，在文字上是长短句式，写作就是填词。一个曲牌有多少字，几句，每个字的平仄声，都有规定。而且重要的词位严格到仄声中应有上（Ｖ），去（＼）之别。如不根据平仄声就要形成倒字，很难谱曲和演唱。这也是写作和演唱昆剧难度很高的一个原因。

昆曲演唱的特点是"以字行腔"，腔跟字走；在演唱上也有一定的腔格，不同于其他戏曲可以根据演员个人条件随意发挥，而是有严格的四定：定调、定腔、定板、定谱。

（二）昆曲的门派

昆曲门派主要分为南曲与北曲。南曲以苏州昆剧院与江苏昆剧院为代表，北曲以北方昆剧院为代表。南曲与北曲虽同为昆曲但在其分离之初与后来的发展中，它们既受南北不同地域文化的影响，也受艺术家们人为的作用，而形成两种风

国学经典文库

中华历书大全

·中国戏剧·

图文珍藏版

格各异又可以互补的类型。它们最主要的差异在于：

1. 音阶。在记载昆曲的工尺谱里，北曲是按七声音阶记录的，南曲则按五声音阶(不记乙、凡二字)，但实际演唱中，乙、凡作为经过音、装饰音也常常出现。

2. 读字。北曲遵循《中原音韵》，四声分阴(阴平)阳(阳平)上去，念字多从普通话；南曲遵循《洪武正韵》，念字多从苏州话。

3. 调和韵。北曲一出戏，一韵一调到底；南曲一出戏，不限一调，也可以换韵。

4. 词曲关系。北曲一般为"辞情多"(词位较密)，"声情少"(拖腔较少)；南曲则"声情多"，"辞情少"，吐出一个字来，常常要在一段腔(音乐)里上下游曳好一阵，才进入下一个字。

5. 旋法特点。北曲常用四、五度及八度以上的跳进，造成旋律激越、舒朗的阳刚之气；南曲则多用五声级进，因此其旋律缠绵委婉。

6. 唱法特点。北曲发声较"硬挺直截"，"以遒劲为主"；南曲讲究吞吐收放，追求声音的起伏多变。且因南曲常用入声字，其"短促急收藏"的特点，与音乐结合时就需"逢入必断"，而乐句的内在关系又是相连的，在演唱时便造成极有特色的"断中有连"。

7. 演唱形式。北曲一般只用独唱这一种形式，且在一出戏里一人唱到底，其他角色只有说白，不能唱；南曲则用独唱、接唱、同唱(二人)、合唱(齐唱)、独唱接齐唱等多种形式演唱。

8. 剧目。北曲里武打剧目较多；南曲则侧重文戏。

(三)昆曲名家

1. 魏良辅

魏良辅，字尚泉，江西南昌人，流寓于江苏太仓。为嘉靖年间杰出的戏曲音乐家、戏曲革新家，昆曲(南曲)始祖。对昆山腔的艺术发展有突出贡献，被后人奉为"昆曲之祖"，在曲艺界更有"曲圣"之称。

2. 俞振飞

卓越的昆曲艺术家，他具有一定的古文学修养，又精通诗词、书、画，他不但精研昆曲，同时又是一位京剧表演艺术家。因此他能将京、昆表演艺术融于一体，形成儒雅、飘逸、雄厚遒劲的风格，特别是以富有"书卷气"驰誉剧坛。他深受海内外推崇的代表剧目有《太白醉写》、《游园·惊梦》、《惊变·埋玉》、《琴挑》、《八阳》、《断桥》等。

3. 田瑞亭

田瑞亭(1897—1961)，河北省安新县端村大田庄人。

师从陶显亭，习文武老生戏，又曾向王亦友学习武生戏，后专攻吹奏曲笛和唢呐熟谙工尺谱,会戏极多,皆能背记。1918 年收高景池为弟子(后高景池为北昆著名笛师)传授曲笛和唢呐,后同入北京荣庆昆弋社,专门为韩世昌吹笛。1928 年韩世昌赴日本演出,田瑞亭随行全程,能以单笛灌满全场,遂获"笛王"之美誉。回国后收田柏林,白鸿林为徒。1935 年受山东省立剧院院长王泊生之邀请携徒白鸿林、女儿田菊林,赴济南任教。1935 年至 1937 年间,学员赵荣琛、任桂林、张宝彝、徐志良(徐荣奎)等得其指导。1938 年被傅惜华主持的北京国剧学会昆曲研究会聘为教师,担任拍曲吹笛并在电台播音。

4. 王瑾

1971 年生于北京,大学学历,北方昆曲剧院国家二级演员。1982 年考入北方昆曲剧院学员班,1988 年毕业于北京戏曲学校,至今从事昆曲。代表剧目有大戏《钗钏记》、《西厢记》、《牡丹亭》、《风筝误》等。折戏《胖姑学舌》、《思凡·下山》、《春香闹学》、《相约·相骂》、《昭君出塞》、《刺梁》、《梳妆·掷戟》、《痴梦》、《小放牛》等。

5. 单雯

江苏省昆剧院演员,1989 年 4 月 25 日出生于一个昆曲世家,师从张继青,16 岁时担任《1699 桃花扇》主角扮演李香君,是昆曲界后起之秀。

七、秦腔

秦腔又称乱弹,是中国戏曲曲种之一,源于西秦腔,如今流行于中国西北地区的陕西、甘肃、青海、宁夏、新疆等地。又因其以枣木梆子为击节乐器,所以又叫"梆子腔",俗称"桄桄子"(因其以梆击节时发出"桄桄"声得名),是中国戏曲四大声腔中最古老、最丰富、最庞大的声腔体系。

(一)秦腔的表演形式

秦腔唱词结构是齐言体,常见的有七字句和十字句,也就是整出戏词如同一首七言无韵诗一样排列整齐。和唱词相对应的是曲调,秦腔板腔音乐结构可以归纳为:"散板——慢板——由中板而入于急板——结束"的过程,也就是打板节奏从慢到略快、快、极快、结束以前的渐慢、最终结束的过程。演唱者根据这种循序渐进的节奏,层层推入地展开故事情节。节奏的快慢由"板路"来调节,秦腔属于板式变化体剧种,有二六板、慢板、带板、垫板、二倒板、滚板等六大板式。二六板就是两个"六板",一个六板要敲六下梆子,都是强拍。其他各种板式都是将二六板加快、减慢、自由、转板等变化而成的。这样艺术家就可以根据剧情需要,使用不同的节奏来表达情感了。

秦腔唱腔中还有一个特点就是"彩腔",假嗓唱出,音高八度,多用在人物感情激荡、剧情发展起伏跌宕之处。其中的拖腔必须归入"安"韵,一句听下来饱满酣畅,极富表现力,也是与其他的剧种有明显区别的地方。另外,秦腔的唱腔有欢音和苦音之分。顾名思义,欢音擅长表现欢快、喜悦的情绪;苦音适合抒发悲愤、凄凉的情感。这些都需要表演者对剧本的拿捏把握,以更好地表达情感的辅助唱法。

秦腔的伴奏分文场和武场。所用的乐器,文场有板胡、二弦子、二胡、笛、三弦、琵琶、扬琴、唢呐、海笛、管子、大号(喇叭)等;武场有暴鼓、干鼓、堂鼓、句锣、小锣、马锣、铙钹、铰子、梆子等。秦腔中最主要的乐器是板胡,其发音尖细清脆,最能体现秦腔板式变化的特色。

秦腔的角色分为四生、六旦、二净、一丑,共计十三门,又称"十三头网子"。演唱时须生、青衣、老生、老旦、花脸多角重唱,所以也叫做"唱乱弹"。秦腔的表演朴实、粗犷、细腻、深刻,以情动人,富有夸张性。辛亥革命后,西安成立了易俗社,专演秦腔;同时锐意改革,吸收京剧等剧种的营养,唱腔从高亢激昂而趋于柔和清丽,既保存原有的风格,又融入新的格调。

(二)秦腔八大传统绝技

1. 吹火

吹火亦称喷火,一般多用于有妖怪、鬼魂出现的剧目中。秦腔《游西湖·救裴生》中,李慧娘用此技。吹火的方法是先将松香研成粉末,用箩过滤,再用一种纤维长、拉力强的白麻纸包成可含入口中的小包,然后剪去纸头。演员吹火前将松香包噙在口里。用气吹动松香包,使松香末飞向火把,燃烧腾起火焰。

常见的形式有:直吹、倾吹、斜吹、仰吹、俯吹、翻身吹、蹦子翻身吹等。就其形状可分为:单口火、连火、翻身火、一条龙、蘑菇云火等。

单口火:一口一口地吹火。主要用鼻子吸气,丹田用气,冲着火把的火苗直吹。

连火:用气方法与单口火相同。吹时要连紧一些。在火头上吹第一口火,乘其未灭时,紧接着在第一口火上再吹一口火,使火延续不灭。

翻身火:踏左步,半卧鱼势,从火头上引火(借吹出的火苗再连续喷出松香末,使火苗不断延续长达四五尺)翻身,转一圈后,火仍然连续不断。

一条龙:半卧鱼势俯冲火把头吹火,然后离开火把,均匀地一口气吹得引过火来,使火苗不断延续长达数尺,犹如一条火龙一样摆过去。

蘑菇云火:半卧鱼势,在"一条龙"火的龙尾上紧接着再摆回来,重重地一口一口地吹火,即成一朵一朵的蘑菇状(也叫天女散花或火中凤凰)。

以上是吹火最基本的几种吹法,还可根据剧情需要和舞蹈动作的变化而变化。秦腔演员党甘亭、何振中、李正敏、马蓝鱼、张咏华、孙利群、张燕;同州梆子演员王德元;西府秦腔演员曾鉴堂、李嘉宝等均擅长此技。马蓝鱼的"鬼吹火"(《游西湖·救裴生》中的李慧娘之鬼魂吹火)享誉全国。她能吹出各种形状的火,且能一口气吹到40多口火,堪称绝技。

2. 变脸

秦腔、同州梆子、西府秦腔、汉调桄桄、汉调二簧等剧种的生、旦、丑行皆有此特技。其变法有"变脸型"和"吹面灰"两种。

变脸型:《三人头·揭墓》中用此技。盗墓贼用腰带做好套圈,一端套在僵尸脖子上,另一端挂在自己脖子上,扶起僵尸脱衣时,感情变化复杂,面部表情也随之变化。他发现死者衣着豪华时,高兴得眼睛眯成了一条线,嘴角翘到了鼻子两侧,喜得浑身发抖。当尸体的盖脸帕飞落,露出阴森可怖面孔时,他被吓得脖子一缩,裂开大嘴,瞪着两眼,眉毛不住地跳动。盗墓贼为了抑制心中的恐惧情绪,忽地眉头一耸,圆鼓双眼,翘起鼻翼,眦着牙,显出凶残之相。死者穿了七套衣服,每旋转一次尸体,就脱掉一件衣服,同时还要穿在自己身上,并要变化一次脸型。他一会儿变得憨傻痴呆,一会儿又变得机智勇敢;一会儿扯长脖子,收起下巴,舌尖顶住下唇,把头和脖子拉成一体,变成又长又细的脸型;一会儿皱起双眉,缩着下颚,撅着下巴,变成两腮无肉的险恶者;一会儿又鼓起两腮,松开双肩,变成大胖子;一会儿缩着头,收起下巴,变成瘦子……形态百出,变化无穷,全靠一张脸的功夫。汉调桄桄演员田兴华精于此特技。

吹面灰:演员给自己脸上吹灰,使之变化。西安乱弹《毒二娘》、汉调桄桄《药毒武大郎》等,皆用此法。武大郎一时毒酒下肚,腹疼难忍,指骂潘金莲。潘下狠心猛扑过去,用被子捂住武大郎,到潘起身坐在被子上时,面灰已吹上脸,一副阴森黑煞之脸相。《太和城》中孙武也有变脸的情节。

3. 顶灯

表演者将一盏油灯点着,置于头顶,耍各种动作。秦腔《三进士》的丑角常天保因赌博被其妻处罚顶灯。常天保头顶油灯,跪地、行走、仰卧、钻椅、钻桌、上桌等,均很自如,并能使油灯不掉、不洒、不灭,这全凭演员脖颈的平衡技巧。秦腔丑角演员刘省三、晋福长和汉调桄桄演员王半截、赵安学及汉调二簧演员蔡安今等,均擅长此技。王半截还能自己将头顶之灯吹灭。

4. 打碗

秦腔、同州梆子、西府秦腔、汉调桄桄及汉调二簧等剧种演神庙会戏时常用的打碗特技。《打台》的天官,《太和城》的孙武等净角、须生也用此技,其表演方法是将一碗掷于空中飞转,用另一只碗飞出击打,两碗同在空中粉碎。打碗表演有平打、斜打两种打法。

平打:先将一碗底朝下平掷于空中飞转,再将另一碗底朝上掷出,两只碗底对击相撞,破碎落下。

斜打:两手各拿一碗,碗底相对转磨,打时先将碗侧立掷出,使其在空中如车轮滚行状旋转,然后将第二个碗如法掷出,以碗底边撞击而破碎。西府秦腔须生王彦魁、唐二瓜、司东纪、吕明发,西安秦腔演员陆顺子、和家彦、刘立杰、阎国斌等,均擅长此技。

5. 鞭扫灯花

秦腔、同州梆子、西府秦腔、汉调桄桄和汉调二簧净、旦行的表演特技。有鞭扫灯花和"纸摆子"(把纸拧成绳子一样的条子)扫灯花两种。鞭扫灯花:《太和城》中的孙武与《黄河阵》中的闻仲用此技。

其表演方法是:先用黄表纸在鞭梢扎成约四寸多长的纸花,然后加足灯油,拉长灯捻(用纸裹香做成),使其多出灯花。演员在兵卒下场后,跨右腿,左转身,蹾步,左前弓后箭,面向观众,对着舞台左前角吊的油灯,在打击乐《脚底风》伴奏中,双鞭从下向上,反手交叉挽面花,双鞭梢前面的纸花,反复扫向灯捻上所结的灯花,使其扩散,洒向空中。接着,跨左腿,右转身蹾步,右前弓后箭,面向观众,对着吊在舞台右前角的油灯,动作要求与锣鼓经同上,只是方向不同。接着,舞一套双鞭,在《倒四锤》中,到舞台右前角扎势亮相。这时,舞台空间火星闪闪,四下飘落,忽明忽暗,扑朔迷离。靠近演员亮相的那盏灯,因灯花被扫掉而灯光由暗转亮,使观众清晰地看到演员面部的表情与眼神。扫灯花,在添油、拨捻子、结灯花、扫灯花上,均需掌握好时间,恰到好处,配合默契,才能显示出技巧的高超。

6. 踩跷

秦腔、汉调二簧旦角表演特技。跷子是木制脚垫,尖而小,约三寸长,外面套绣花小鞋。演员只能用两个脚趾穿假鞋,而且要将鞋绑在脚趾上,因此,称之为扎跷。扎跷之后,演员只能凭两个脚的脚趾行走,脚跟高高提起,扎跷演员则始终都得用二趾着地。戏演完后方可解跷休息。更难的是,不仅要求模仿三寸金莲的步子和形态,还有特为扎跷设计高难动作,如:踩跷走凳、踩跷过桌、踩跷踢石子等,沿低上高,蹦跳不止,方能显出演员的踩跷技巧来。清乾隆时,秦腔旦角魏长生在北京演出后,"名动京师",踩跷之技从此推广到全国各兄弟剧种。魏长生之后,踩跷著名者有朱怡堂。

7. 牙技

秦腔、同州梆子、西府秦腔、汉调桄桄和汉调二簧等剧种中毛净所用的一种特技。牙技分为"咬牙"和"耍牙"两种。

咬牙:也叫磨牙,毛净常用此技。演员用上、下牙齿咬紧磨动,发出咯吱吱的声音,表示咬牙切齿的恨。这一技巧主要在于控制,咬响并不难,难点在于声音要响并要传得远,还不能有疹人的噪音。秦腔名演员彦娃、刘金录、范仲魁、华启民、陈西秦、周辅国等在《反长沙》、《虎头桥》、《祭灯》、《淤泥河》和《八义图》等剧中,扮演魏延、盖苏文、屠岸贾等,均用此技。

耍牙:将牙含在口中使其活动。所耍的牙有两种:一是将两颗较长的猪牙洗净,空其根部灌铅,外部刻细槽,扎上细丝线,使两牙相连,演出时含于口中,以舌操纵;一种是用牛骨磨制而成的。从前汉调桄桄演员多用这种牙。耍牙有六种七个样式。(一)阴阳齿。即左边牙尖朝上弯,右边牙尖朝下弯,或相反;(二)獠牙。即两颗牙齿同时向上,并微向外撇,呈倒八字形;(三)鼻孔齿。即两颗牙齿同时向上,将牙尖伸进两个鼻孔内,根部微撇,呈正八字形;(四)一字齿。即两颗牙齿分别从嘴两边出,伸向两边腮部,同嘴唇呈一字形。(五)巨齿:即巨灵神的齿形,两颗牙齿从嘴角两侧向下斜伸,在下巴两侧呈倒八字形;(六)疙牙。即两颗牙齿由口中向下伸直,呈"ll"形状。西府秦腔艺人谢德奎、温良民、赵文国、焦定国等常用此技。主要用于番王、判官、鬼怪一类角色。汉调二簧演员刘鸣祥,汉调桄桄名净马忠福、张同福、华天堂,西安乱弹演员王化民,后起之秀雷艺强,富平阿宫腔的柏福荣等均擅长此技。

8.尸吊

亦称"大上吊",秦腔、同州梆子、西府秦腔、汉调桄桄、汉调二簧等剧种均有此特技。演出前,先将一根长吊杆,平绑于入场口的柱子上,杆的一端在台口,另一端藏于台内侧。剧中人上吊时,站椅上,将白绫吊圈绑于杆头,然后将吊圈套在脖子,蹬倒椅子。这时台内即将吊杆一端压下,右移,使杆头上翘并伸出台口,使上吊者高高吊于台前。演员在化妆时,腰里扎一椭圆形铁裹肚,上端有两个铁钩,由胸部直通脖颈。上吊时,往脖子上套的吊圈一定要套在铁钩上,然后将一水袖绕脖搭肩,以作掩饰,另一水袖下垂,呈现出活人被吊死的景象。现在已不用此技。

(三)秦腔的常见剧目

秦腔所演的剧目,据现在统计约3000个,多是取材于"列国"、"三国"、"杨家将"、"说岳"等作品中的英雄传奇或悲剧故事,也有神话、民间故事和各种公案戏。它的传统剧目丰富,已抄存的共2748本。

备受观众喜爱的曲目有《春秋笔》、《八义图》、《紫霞宫》、《和氏璧》、《惠风扇》、《玉虎坠》、《麟骨床》、《鸳鸯被》、《射九阳》、《哭长城》、《伐董卓》、《白蛇传》、《梵王宫》、《法门寺》和《铁公鸡》等。新中国建立后还创作了《黄花岗》、《汉宫案》和《屈原》等脍炙人口的佳作。

八、苏州评弹

苏州评弹是苏州评话和弹词的总称。它产生并流行于苏州及江、浙、沪一带,用苏州方言演唱。评弹的历史悠久,清乾隆时期已开始流行。

(一)苏州评话

苏州评话是采用以苏州话为代表的吴语方言徒口讲说表演的曲艺说书形式,流行于江苏南部和浙江北部,包括上海大部的吴语地区,通常与苏州弹词合称"苏州评弹"。在流行地区,苏州评话俗称"大书",苏州弹词俗称"小书",总称"说书"。

1.苏州评话的艺术特色

(1)苏州评话的特点

苏州评话是用苏州方言讲故事的口头语言艺术。其语言由第一人称即说书人的语言和第三人称即故事中人物的语言两部分组成,而以前者为主。这就和戏剧白言有质的区别。它是讲故事,而不是演故事。第一人称语言称表,第三人称语言称白,表和白以散文为主,多说不唱。但也有用作念诵的一小部分韵文,包括赋赞、挂口、引子和韵白等。赋赞用以描景、状物和渲染、烘托人物的心理状态及性格特征;挂口是人物的自我介绍;引子是说书人的书情介绍或点题;韵白是韵文的表或白或铺叙情节,或总结前段书情。

苏州评话很注重噱,有"噱乃书中之宝"的说法。人物性格和情节的矛盾展开中产生的喜剧因素,叫"肉里噱"。用作比方、衬托、借喻和解释性的穿插,叫"外插花"。与此类似,用只言片语来引起听众的笑声,叫"小卖"。

(2)苏州评话的表演

评话的表演包括"手面"和"面风"。这种动作和表情,也分说书人的和故事中人物的两大类。说书人的动作和表情,是解释性的,并用以表达说书人的喜怒哀乐和爱憎态度。故事中人物的动作和表情,由说书人用近似故事中人物的语言,包括语音和语调来讲话,叫做"起角色"。起角色是对故事中人物的模仿,而不是演员以故事中人物的面目出现,说书人在书台上,始终是以演员身份出现的。这和戏剧的表演,也有质的不同。

评话的演出,因演员的说法、语言、起角色等方面的不同特色,形成了不同的风格和流派。如有的演员说法严谨,语言经反复锤炼后基本固定,叫作"方口";有的随机应变,舌底生花,善于即兴发挥,适应不同的听众而随心变化,叫作"活口";有的演员说表语如联珠,铿锵有力,为"一口干"或"快口";相反,则为"慢口";有的演员以说表见长,少起角色,则为"平说";有的以起某个角色见长,如有"活关公"、"活周瑜"、"活鲁智深"等美称。

(3)苏州评话的书目

苏州评话的传统书目,约50多部。一类说历史故事,属讲史类,如《西汉》、《东汉》、《三国》、《隋唐》、《金枪》、《岳传》、《英烈》和《三笑》等,为"长靠书",又称

"着甲"；一类是"短打书"，讲英雄好汉、义士侠客的故事，如《水浒》、《七侠五义》、《小五义》、《绿牡丹》和《金台传》等；还有神怪故事和公案书，如《封神榜》、《济公传》、《彭公案》和《施公案》等。

苏州评话都是讲长篇故事，分回逐日连说。每天说一回，每回约一个半小时。能连说几个月，长的可达一年半载。这种长篇连说的特点，形成了评话特殊的结构手法。单线顺叙，用未来先说、过去重谈的方法前后呼应。用"关子"来制造悬念，以吸引听众。中华人民共和国成立后，苏州评话创作、改编了一批新书目，如《江南红》、《铁道游击队》、《林海雪原》、《烈火金刚》和《敌后武工队》等。还出现一些中、短篇作品。

（二）苏州弹词

苏州弹词又称"小书"，是一种散韵文体结合，以叙事为主，代言为辅的苏州方言说唱艺术。发源并流行于以苏州为中心的江苏东南部、浙江北部和上海等吴语方言区，大约形成于明末清初。

1.苏州弹词的艺术特色

苏州弹词的演出地域，南不出浙江嘉兴，西不过常州，北不越常熟，东也超不过上海松江。地域小，艺人多，听众要求不一，迫使艺人在创新书、新腔、新的表演风格等方面去作各种探索。同治、光绪年间，苏州评弹发展史中出现"后四名家"。这四名家中，三家为弹词艺人，他们使苏州弹词确立了自己的艺术体制：书词中的散文部分，用"说"来表现；叙述和描写故事中人物的行为、思想和活动环境，称为"表"；人物语言叫"白"；书词中以七字句为主的韵文，用三弦、琵琶自弹自唱，相互伴奏，称"唱"和"弹"；在故事中穿插喜剧因素，称作"噱"；演员模仿故事中人物的表情、语言、语调及某些动作称"演"或"学"，也称"做"。

苏州弹词的表演通常以说为主，说中夹唱。唱时多用三弦或琵琶伴奏，说时也有采用醒木作为道具击节拢神的情形。演唱采用的音乐曲调为板腔体的说书调，即所谓"书调"。因流传中形成了诸多的音乐流派，故"书调"又被称之为"基本调"。早期演出多为一个男艺人弹拨三弦"单档"说唱，后来出现了两个人搭档的"双档"和三人搭档的"三个档"表演。

苏州弹词的艺术传统非常深厚，技艺十分发达。讲究"说噱弹唱"。"说"指叙说；"噱"指"放噱"逗人发笑；"弹"指使用三弦或琵琶进行伴奏，既可自弹自唱，又可相互伴奏和烘托；"唱"指演唱。其中"说"的手段非常丰富，有叙述，有代言，也有说明与议论。艺人在长期的说唱表演中形成了诸如官白、私白、咕白、表白、衬白、托白等等功能各不相同的说表手法与技巧，既可表现人物的思想活动、内心独白和相互间的对话，又可以说书人的口吻进行叙述、解释和评议。艺人还借鉴昆曲

国学经典文库

中华历书大全

·中国戏剧·

图文珍藏版

和京剧等的科白手法,运用嗓音变化和形体动作及面部表情等来"说法中现身",表情达意并塑造人物。在审美追求上,苏州弹词讲求"理、味、趣、细、技"。"理者,贯通也。味者,耐思也。趣者,解颐也。细者,典雅也。技者,工夫也"。

苏州弹词的节目以长篇为主,传统的代表性节目有《三笑》、《倭袍传》、《描金凤》、《白蛇传》、《玉蜻蜓》和《珍珠塔》等几十部。早期的著名艺人有清代的王周士、陈遇乾、毛菖佩、俞秀山、陆瑞廷、姚豫章、马如飞、赵湘舟和王石泉等。清末民初出现了大批女演员。20世纪30年代以来,随着广播电台的兴起,苏州弹词进入鼎盛期,节目丰富,流派纷呈。

中华人民共和国成立后,苏州弹词艺术经过艺人们自觉的整旧创新,艺术上有了很大的飞跃。新节目不断涌现,长篇有《白毛女》、《新儿女英雄传》、《李闯王》、《青春之歌》、《苦菜花》、《红岩》、《野火春风斗古城》、《红色的种子》、《江南红》、《夺印》和《李双双》等,中篇和常独立演出的"选回"有《老地保》、《厅堂夺子》、《玄都求雨》、《花厅评理》、《怒碰粮船》、《庵堂认母》和《一定要把淮河修好》、《海上英雄》、《芦苇青青》、《新琵琶行》、《白衣血冤》、《大脚皇后》等。

2. 苏州弹词的流派

（1）陈调

陈调创始人陈遇乾,苏州人,清乾隆、嘉庆年间苏州弹词艺人。早年演唱苏州昆曲,后改习弹词,用嗓与昆曲相近。他以大嗓演唱为主,音色宽厚,苍劲,间或杂以小嗓,增加曲折、悲怆之感。一些有造诣的艺人在演唱陈调时都带有自己的风格。如刘天韵所唱的《林冲踏雪》便是脍炙人口的保留曲目。又如杨振雄唱的《武松打虎》也别具一格。现在陈调多作为书目中老年角色的唱调。

（2）姚调

姚荫梅（1907—）,江苏苏州人,其唱腔人称"姚调"。姚荫梅早年师从唐芝云、朱耀祥,弹唱《描金凤》、《大红炮》和《玉连环》等长篇弹词,后来又编说《啼笑姻缘》。姚氏擅说表,尤擅长文丑,创造了独特的说书风格。以刻画人物、描摹世态细腻生动及语言诙谐为特点,并结合自己的嗓音条件和单档说书的风格,形成了重在语调语意、语气的表达的朴质、自由的唱腔——姚调。

姚调以普通的书调为基础,受了小阳调的一定影响,以本嗓为主,偶也插入用假嗓的小腔。其弹唱注重语言因素,吐字清楚,行腔自由,充分显示了弹调音乐的说书性,其唱词一般不受七字句格律的限制,接近白话,通俗易懂,因此其唱腔也灵活自如,力求对内容表达均贴切和透切。

他唱的《啼笑姻缘》中的《旧货摊》唱篇。运用"乱鸡啼"曲牌,将旧货摊上各种货物一一列举。中间有大段急口令式的白口,生动风趣。

姚荫梅还擅唱白话开篇,早期的代表作有《跳舞厅》、《饭粥》等,均以描绘世态,缕析人情见长,又以诙谐的噱头取胜。这些也都得利于他唱腔的自由灵活,平易近人。

（3）杨调

杨调是弹词世人杨振雄（1920年生,江苏苏州人）所创的唱腔流派。因杨振雄小名阿龙,故又称"龙调"。

杨振雄幼年随其父杨斌奎学艺,9岁登台,充当其父下手,说唱《描金凤》与《大红袍》二书,以唱俞调为主。20岁后,改放单档,致力于编说根据洪升原著改编的长篇弹词《长生殿》。起初弹唱一般书调及夏（荷生）调。后来,根据书情要求,在夏调基础上,发展唱腔,终于在演唱《长生殿·埋玉》时,使具有自己独特个性的唱腔杨调,脱颖而出。

第十六章　汉字汉语

一、对联

对联俗称对子,它是我国汉文化的一朵奇葩,是汉语的一种独特艺术形式,我们一般把上下两句字数相等、词语对偶、音韵平仄对称,内容上相互关联呼应,形式上彼此排比对称的两句话组成的文体,称为对联。我们把上句叫上联,把下句叫下联,上下合称一副对联。由于它的形式独特,语言鲜明,音韵和谐,内容风趣,意义深远,用途广泛,上下关联,一气呵成,具有诗的神韵,再加上优美的书法,显著的张贴,从而成为艺术中的艺术。自产生到现在,雅俗共赏,贫富咸宜,历来为我国各族人民群众和国际友人所喜闻乐见。上至帝王将相,下至黎民百姓,不论民族、年龄、贵贱都喜欢玩赏和运用,成为节庆大事、游行集会、婚礼丧祭、居室补壁、装点亭台、抒发激情、寄托理想、传播文化、状物抒志、传神壮威不可或缺的艺术形式,在艺苑中具有特殊的位置和艺术的魅力。

(一)对联的起源

关于对联的起源,说法很多,实际以讲究对称和谐为美的中华民族的文化理念是对联产生和发展的文化根源。在一些古文献中,对句的运用已达到了炉火纯青的地步,如《尚书洪范》中就有"无偏无颇,遵王之义,无有作好,尊主之道"等语。而对联作为一种独特的艺术形式登上大雅之堂,则是后来的事。一种说法是,对联由题桃符演变而来,宋代诗人王安石就有"爆竹声中一岁除,春风送暖入屠苏。千门万户瞳瞳日,总把新桃换旧符"的诗句,桃符就是对联的别称了。起初,人们为了辟邪在桃符上刻的是神荼、郁垒两个神名,后来为了方便就写成对联了。据《蜀梼杌》载后蜀主孟昶于归宋前之岁除日,题桃符于寝门云"新年纳余庆,嘉节号长春",这是见于史册的最早的一副对联,一般把它称为对联的起源。后来对联的运用日益广泛,逐渐出现了迎春用的春联、婚庆用的喜联、贺寿用的贺联、哀挽用的挽联以及亭台楼阁、风景名胜楹联柱上悬挂的楹联,书斋厅堂悬挂的厅堂联。不论悬挂和张贴都形成了一定的格式,从艺术到形式上也日益成熟了。

对联是由对偶句发展而成,说准确些,它是在诗、赋、骈文的创作实践中对偶艺术臻于成熟后的产物。人们自觉地和广泛地运用对偶艺术到诗文创作中,是始于西汉的司马相如等赋家。后来又出现了骈体文,骈文和诗歌中出现了大量书对精工的作品。至此,对联产生的条件完全具备,即从骈文的母体中分娩而出,发展成为一种独立的文学样式——对联。

(二) 对联的发展

从文学史的角度看,楹联系从古代诗文辞赋中的对偶句逐渐演化、发展而来。这个发展过程大约经历了三个阶段:

1. 对偶阶段

时间跨度为先秦、两汉至南北朝。在我国古诗文中,很早就出现了一些比较整齐的对偶句。流传至今的几篇上古歌谣已见其滥觞。如"凿井而饮,耕田而食"、"日出而作,日入而息"之类。至先秦两汉,对偶句更是屡见不鲜。《易经》卦爻辞中已有一些对偶工整的文句,如:"眇能视,跛能履。"、"初登于天,后入于地。"《易传》中对偶工整的句子更常见,如:"仰以观于天文,俯以察于地理。"

成书于春秋时期的《诗经》,其对偶句式已十分丰富。刘麟生在《中国骈文史》中说:"古今作对之法,《诗经》中殆无不毕具。"他例举了正名对、同类对、连珠对、双声对、叠韵对、双韵对等各种对格的例句。如:"青青子衿,悠悠我心。"(《郑风·子衿》)、"山有扶苏,隰有荷华。"(《郑风·山有扶苏》)《道德经》其中对偶句亦多。刘麟生曾说:"《道德经》中裁对之法已经变化多端,有连环对者,有参差对者,有分字作对者,有复其字作对者,有反正作对者。"(《中国骈文史》)如:"信言不美,美言不信。善者不辩,辩者不善。"(八十一章)、"独立而不改,周行而不殆。"(二十二章)再看诸子散文中的对偶句。如"满招损,谦受益。"(《尚书·武成》)、"乘肥马,衣轻裘。"《论语·雍也》)、"君子坦荡荡,小人常戚戚。"(《论语·述而》)等。辞赋兴起于汉代,是一种讲究文采和韵律的新兴文学样式。对偶这种具有整齐美、对比美、音律美的修辞手法,开始普遍而自觉地运用于赋的创作中。如司马相如的《子虚赋》中有:"击灵鼓,起烽燧;车按行,骑就队。"

2. 骈偶阶段

骈体文起源于东汉的辞赋,兴于魏晋,盛于南北朝。骈体文从其名称即可知,它是崇尚对偶,多由对偶句组成的文体。这种对偶句连续运用,又称"排偶"或"骈偶"。刘勰在《文心雕龙·明诗》评价骈体文是"俪采百字之偶,争价一句之奇"。初唐王勃的《滕王阁序》一段为例:"时维九月,序属三秋。潦水尽而寒潭清,烟光凝而暮山紫。俨骖𬴂于上路,访风景于崇阿。临帝子之长洲,得天人之旧馆。层峦耸翠,上出重霄;飞阁流丹,下临无地。鹤汀凫渚,穷岛屿之萦回;桂殿兰宫,即冈峦之体势。披绣闼,俯雕甍,山原旷其盈视,川泽纡其骇瞩。闾阎扑地,钟鸣鼎食之家;舸舰迷津,青雀黄龙之轴。云销雨霁,彩彻区明。落霞与孤鹜齐飞,秋水共长天一色。渔舟唱晚,响穷彭蠡之滨;雁阵惊寒,声断衡阳之浦。"全都是用对偶句组织,其中"落霞与孤鹜齐飞,秋水共长天一色"更是千古对偶名句。

这种对偶句是古代诗文辞赋中对偶句的进一步发展,它有如下三个特点:一是对偶不再单纯作为修辞手法,已经变成文体的主要格律要求。骈体文有三个特征,即四六句式、骈偶、用典,此其一。二是对偶字数有一定规律,主要是"四六"句式及其变化形式。主要有:四字对偶、六字对偶、八字对偶、十字对偶、十二字对偶。三是对仗已相当工巧,但其中多有重字("之、而"等字),声律对仗未完全成熟。

3.律偶阶段

律偶,格律诗中的对偶句。这种诗体又称"近体诗",正式形成于唐代,但其溯源,则始于魏晋。曹魏时,李登作《声类》10卷,吕静作《韵集》5卷,分出清、浊音和宫、商、角、徵、羽诸声。另外,孙炎作《尔雅音义》,用反切注音,他是反切的创始人。一般的五、七言律诗,都是八句成章,中间二联,习称"颔联"和"颈联",必须对仗,句式、平仄、意思都要求相对。这就是标准的律偶。举杜甫《登高》即可见一斑:

风急天高猿啸哀,渚清沙白鸟飞回。

无边落木萧萧下,不尽长江滚滚来。

万里悲秋常作客,百年多病独登台。

艰难苦恨繁双鬓,潦倒新停浊酒杯。

这首诗的颔联和颈联,"无边落木萧萧下,不尽长江滚滚来","万里悲秋常作客,百年多病独登台"对仗极为工稳,远胜过骈体文中的骈偶句。除五、七言律诗外,唐诗中还有三韵小律、六律和排律,中间各联也都对仗。

律偶也有三个特征:一是对仗作为文体的一种格律要求运用;二是字数由骈偶句喜用偶数向奇数转化,最后定格为五、七言;三是对仗精确而工稳,声律对仗已成熟。

(三)对联的分类

1. 按照用途分类

(1)春联。也叫"门对"、"春贴"、"对联",比如:"杨柳吐翠九州绿;桃杏争春五月红。"

(2)门联。常年贴在大门上的,叫门联。比如过去一些有钱的读书人家,常在大门上贴这么一副门联:"忠厚传家久;诗书继世长。"

(3)喜联。送给结婚人家的对联,叫喜联、婚联。比如:"一对红心向四化;两双巧手绘新图。"

(4)寿联。为了祝贺别人过生日送的对联,叫寿联。比如:"福如东海;寿比南山。"

（5）挽联。为悼念死去的人写的对联，叫挽联、丧联。比如有一副悼念周恩来总理的挽联："悼总理继承革命志；举红旗横扫害人虫。"

（6）楹联、名胜古迹联。挂在殿堂、住室或者建筑物的柱子上的对联，叫楹联。过去也常把对联叫做楹联。比如，济南大明湖沧浪亭上有一副楹联是："四面荷花三面柳；一城山色半城湖。"

写在名胜古迹上的对联，叫名胜古迹联。上边的沧浪亭楹联也是名胜古迹联。

（7）赠联、自勉联。送给朋友的叫赠联，写给自己的叫自勉联。革命老人徐特立早在1938年写过一副对联，送给一家商店的青年店员："有关家国书常读；无益身心事莫为。"

著名教育家陶行知写过一副自勉联，表达了自己献身祖国教育事业的决心："捧着一颗心来；不带半根草去。"

（8）行业联。三百六十行，像茶馆、酒楼、药铺、粮店什么的，全有自己的行业联。比如，书店联："欲知千古事；须读五车书。"

钟表店联："刻刻催人资惊醒；声声呼君惜光阴。"

眼镜店联："悬将小日月；照澈大乾坤。"

旅店联："欢迎春夏秋冬客；款待东西南北人。"

煤店联："雪中送炭家家暖；锦上添花户户春。"

理发店联："理世上万缕青丝；创人间头等事业。"

（9）口头对联。一些文人、读书人平时在口头上一问一答作的对子，叫口头对联。我们这本书里介绍的，就有好些是口头对联。

从艺术角度分，对联里有回文联、嵌字联、谐音双关联、叠字联、合字联、拆字联、数字联、方位联、比喻联等。

2. 按字数分类

（1）短联（十字以内）。

（2）中联（百字以内）。

（3）长联（百字以上）。

3. 按修辞技巧分类

（1）对偶联：言对、事对、正对、反对、工对、宽对、流水对、回文对、顶针对。

（2）修辞联：比喻、夸张、反诘、双关、设问、谐音。

（3）技巧联：嵌字、隐字、复字、叠字、偏旁、析字、拆字、数字。

4. 按联语来源分类

（1）集句联：全用古人诗中的现成句子组成的对联。

（2）集字联：集古人文章，书法字帖中的字组成的对联。

（3）摘句联：直接摘他人诗文中的对偶句而成的对联。

（4）创作联：作者自己独立创作出来的对联。

（四）对联的格律

对联的正规名称叫楹联，俗称对子，是我国特有的一种汉语言文学艺术形式，为社会各阶层人士所喜闻乐见。对联格律，概括起来，是六大要素，又叫"六相"，分叙如下：

1.字数要相等

上联字数等于下联字数。长联中上下联各分句字数分别相等。有一种特殊情况，即上下联故意字数不等，如民国时某人讽袁世凯一联："袁世凯千古；中国人民万岁。"上联"袁世凯"三个字和下联"中国人民"四个字是"对不起"的，意思是袁世凯对不起中国人民。

对联中允许出现叠字或重字，叠字与重字是对联中常用的修辞手法，只是在重叠时要注意上下联相一致。如明代顾宪成题无锡东林书院联："风声雨声读书声，声声入耳；家事国事天下事，事事关心。"

但对联中应尽量避免"异位重字"和"同位重字"。所谓异位重字，就是同一个字出现在上下联不同的位置。所谓同位重字，就是以同一个字在上下联同一个位置相对。不过，有些虚词的同位重字是允许的，如杭州西湖葛岭联："桃花流水之曲；绿荫芳草之间。"

上下联"之"字同位重复，但因为是虚字，是可以的。不过，有一种比较特殊的"异位互重"格式是允许的（称为"换位格"），如林森挽孙中山先生联："一人千古；千古一人。"

2.词性相当

在现代汉语中，有两大词类，即实词和虚词。前者包括：名词（含方位词）、动词、形容词（含颜色词）、数词、量词、代词六类。后者包括：副词、介词、连词、助词、叹词、拟声词六类。词性相当指上下联同一位置的词或词组应具有相同或相近词性。首先是"实对实，虚对虚"规则，这是一个最为基本，含义也最宽泛的规则。某些情况下只需遵循这一点即可。其次词类对应规则，即上述12类词各自对应。大多数情况下应遵循此规则。再次是义类对应规则，义类对应，指将汉字中所表达的同一类型的事物放在一起对仗。古人很早就注意到这一修辞方法。特别是将名词部分分为许多小类，如天文（日、月、风、雨等）、时令（年、节、朝、夕等）、地理（山、风、江、河等）、宫室（楼、台、门、户等）、草木（草、木、桃、李等）、飞禽（鸡、鸟、凤、鹤等）等。最后是邻类对应规则，即门类相临近的字词可以互相通对。如天文对时令、天文对地理、地理对宫室等。

3.结构相称

所谓结构相称,指上下联语句的语法结构(或者说其词组和句式之结构)应当尽可能相同,也即主谓结构对主谓结构、动宾结构对动宾结构、偏正结构对偏正结构、并列结构对并列结构等。如李白题湖南岳阳楼联:"水天一色;风月无边。"此联上下联皆为主谓结构。其中,"水天"对"风月"皆为并列结构,"一色"对"无边"皆为偏正结构。

　　但在词性相当的情况下,有些较为近似或较为特殊的句式结构,其要求可以适当放宽。

　　4.节奏相应

　　就是上下联停顿的地方必须一致。如"莫放——春秋——佳日过;最难——风雨——故人来"。

　　这是一副七字短联,上下联节奏完全相同,都是"二——二——三"。比较长的对联,节奏也必须相应。

　　5.平仄相谐

　　什么是平仄?普通话的平仄归类,简言之,阴平、阳平为平,上声、去声为仄。古四声中,平声为平,上、去、入声为仄。平仄相谐包括两个方面:

　　(1)上下联平仄相反。一般不要求字字相反,但应注意:上下联尾字(联脚)平仄应相反,并且上联为仄,下联为平;词组末字或者节奏点上的字应平仄相反;长联中上下联每个分句的尾字(句脚)应平仄相反。

　　(2)上下联各自句内平仄交替。当代对联家余德泉等总结了一套"马蹄韵"规则。简单说就是"平平仄仄平平仄仄"这样一直下去,犹如马蹄的节奏。

　　6.内容相关

　　什么是对联?就是既"对"又"联"。上面说到的字数相等、词性相当、结构相同、节奏相应和平仄相谐都是"对",还差一个"联"。"联"就是要内容相关。一副对联的上下联之间,内容应当相关,如果上下联各写一个不相关的事物,两者不能照应、贯通、呼应,则不能算一副合格的对联,甚至不能算作对联。

　　(五)妙联赏析

　　1.清朝朱应镐《楹联新话》言,清时有人与其友合作五十岁生日,撰联云:

　　"与我同庚,忝居三日长;

　　得君知己,共作百年人。"

　　同庚,即同年所生。忝,谦词。三日长,即比其友大三天。末句既可理解为两人合起来庆贺一百岁,也可理解为两人都要活到一百岁。

　　2.魏寅《魏源楹联辑注》云,清代魏源幼时,见当地一举人喜抄人诗作对以为炫耀,颇憎恶之,时或予以揭穿。一日举人指着手提的烛灯出联要魏源对。联曰:

"油醮蜡烛,烛内一心,心中有火;"

魏源对道:

"纸糊灯笼,笼边多眼,眼里无珠。"

"心中有火"与"眼里无珠"均语带双关。"烛,烛"、"心,心"与"笼,笼"、"眼,眼"为连珠。

3.《评释古今巧对》云,秦观与苏小妹成婚之夜,苏小妹不知何故,决定不理秦观,并用如下一联表意:

"月朗星稀,今夜断然不雨;"

秦观会意,并对下联:

"天寒地冻,明朝必定成霜。"

联语主要用双关法。月朗星稀者,无云也。无云加不雨,即不会云雨也。不雨亦谐不语。成霜,犹言成双。

4.《解人颐》云,明代解缙七岁时,随父出,见一女吹箫。父出句命对,曰:

"仙子吹箫,枯竹节边出玉笋;"

解缙应对道:

"佳人撑伞,新荷叶底露金莲。"

枯竹,箫也。玉笋,歌女之手也,乃比喻。金莲,乃脚之代称。两联极具形象。

5.景常春《近现代历史事件对联辑注》载有挽黄花岗烈士温生才等人联,曰:

"生径白刃头方贵,死葬黄花骨亦香。"

上联极具豪侠气。下联之"黄花"既指黄花岗,又指菊花,语带双关,且隐喻烈士精神不朽。

6.相传清康熙年间,某年春节将近,康熙命大学士李光地写春联百副,以替换宫中原有的旧联。光地正为此事犯愁的时候,其弟光坡恰好来京,表示愿意代作。除夕之日,光坡将如下一联呈与皇上:

"地下七十二大贤,贤贤易色;天上二十八星宿,宿宿皆春。"

康熙见后,大为赞赏。七十二加二十八,正好一百,是以一副代百副也,可谓巧于用数。"贤,贤"与"宿,宿"为连珠。"贤贤"、"宿宿"为叠词。七十二大贤,指孔子特别优秀的弟子。易色,有多解,按颜师古的说法为不重容貌。

7.《中国古今巧对妙联大观》云,湖南彭更曾出一上联在天津《智力》杂志上征对。联曰:

"信是人言,苟欲取信于人,必也言而有信;"

河南于万杰对道:

"烟乃火因,常见抽烟起火,应该因此戒烟。"

联语为析字对。"人"与"言"成"信","火"与"因"成"烟",联中皆凡两见。

8. 相传民国初年，重庆一酒家悬一瓶法国三星牌白兰地酒于门，征求对联，应对者甚多，老板总不满意。其时郭沫若还很年轻，闻讯赶去，想到四川有一道名菜，正可与酒相对成联，于是题道：

"三星白兰地；五月黄梅天。"

一般只知"黄梅天"指气候而不知其是菜名，误认此联是"无情对"，其实一酒一菜，意思十分连贯。上联嵌商标名和酒名，下联嵌时间名和菜名。

9.《解人颐》云，唐伯虎见张灵，常在一起喝酒。一日唐曰：

"贾岛醉来非假倒；"

张对曰：

"刘伶饮尽不留零。"

贾岛，唐代诗人。刘伶，西晋"竹林七贤"之一，嗜酒，曾著《酒德颂》。此联用了两种手法。"贾岛"与"假倒"、"刘伶"与"留零"音同字异，是为"混异"；"假倒"与"留零"为动宾词组，又可视为"贾岛"与"刘伶"的谐音拆字。

10.《对联话》载，民国初年，《长沙报》有龙龚二君任主笔，时人撰一谐联刊于《大公报》云：

"龙主笔，龚主笔，龙龚共主笔；马宾王，骆宾王，马骆各宾王。"

龙龚二主笔，均未详。马宾王，即马周，唐初人，太宗时曾任监察御史。骆宾王，亦唐初人，"唐初四杰"之一，其诗多悲愤之词，曾作《讨武曌檄》。联语的手法主要为析字，亦有重言和嵌名等。

11.《古今巧联妙对趣话》云，明代汤显祖新婚之夜，新娘出联曰：

"红烛蟠龙，水里龙由火里去；"

显祖久而无对。后见新娘穿的绣花鞋，遂得句云：

"花鞋绣凤，天边凤向地边来。"

因蜡烛上的龙同是蜡烛做的，燃烧时同时烧掉，故言"由火里去"。因凤绣在穿于双脚的鞋上，故言"向地边来"。联话以矛盾统一见趣。

12.《联语》云，南京燕子矶武庙，至清末仅存一勒马横刀偶像。某入庙见之而得上联云：

"孤山独庙，一将军横刀匹马；"

未得下句。后一赶考书生系船于江边时逢两渔翁对钓，遂得下联：

"两岸夹河，二渔翁对钓双钩。"

联语之巧在用数。上联之数全为一，而用"孤"、"独"、"一"、"横"、"匹"等变言之。下联之数全为二，而用"两"、"夹"、"对"、"双"变言之，使人不觉有雷同之感。

13.《纪晓岚外传》云，乾隆游泰山，至玉皇顶，见东岳庙北有弥高岩，出对要纪昀对：

"仰之弥高，钻之弥坚，可以语上也；"

纪对道：

"出乎其类，拔乎其萃，宜若登天然。"

联为用典。坚，深也。上联首二句本讲孔子之道，语出《论语·子罕》。此言泰山。下联首二句本讲孔子之伟大，语出《孟子·公孙丑上》，此亦言泰山。上下联首二句为自对，"之弥"与"乎其"为重言。

14.《评释古今巧对》云，唐伯虎幼时，一日随父外出，见一和尚带枷示众，与父言之，父出句曰：

"削发又犯法；"

伯虎对道：

"出家却带枷。"

"发"与"法"、"家"与"枷"音同而字异，是为混异。削发出家，与犯法带枷，相映成趣。

15.《楹联丛话》载，北京宣武门外赵象庵家，菊花最盛。一日刘金门等借园赏菊，主人求题新联。问主何好，答曰："无他好，惟爱菊如性命耳。"金门信手书云：

"只以菊花为性命；"

一时无对。又问主人何姓，答曰姓赵，于是得下联：

"本来松雪是神仙。"

松雪，既为自然物与"菊花"相对，又为赵孟頫之号，是隐切赵姓无疑，对主人亦甚恭维。

16.清洪薛成《庸庵笔记》言，安庆有位12岁的诸生叫孟昭暹，工诗文书法，尤善对。曾以"盘庚"对"箕子"名噪一时。适逢曾国藩驻兵安庆，闻其名而召见他。问其家世，知其祖亦是诸生，遂口占四字命对，曰：

"孙承祖志；"

对曰：

"孟受曾传。"

孟，本指孟子，此借指自己。曾，本指曾子，此借指曾国藩，无怪曾听后要"大加赞赏"了。联语自对后又上下联相对，非常工整。

17.《古今谭概》载，关懈其貌不扬。为推官时，一次过南徐（今镇江），见一穿大红衣服的客人伸开脚坐着，有些傲慢的样子。关很有礼貌地上前相问。回答说，他是：

"太子洗马高乘鱼；"

过了好久，高回过头来问关。关答到，他是：

"皇后骑牛低钓鳌。"

高惊骇,问是何官。关笑着说:"不是什么官,不过是想与您的话对得真切罢了。"这种不管内容,只图对仗工稳的对联,乃无情对。

18.《名联谈趣》言,河南名酒"状元红"之代理商中庆公司和香港《商报》联合为状元红酒举行过一次征联。出联是:

"千载龙潭蒸琥珀;"

得对一千五百多,获优异奖者共五联。其一是:

"深宵牛渚下丝纶。"

状元红已有三百余年的历史,此言"千载"是一种夸张的说法。龙潭,在河南蔡县卧龙岗,状元红即以此泉水酿成。状元红色泽红润晶莹,形似树脂化石琥珀,故此以"琥珀"喻代之。

下联"深"虽不是数词,但有深必有浅,其中隐含有数。牛渚,地名,在安徽当涂采石矶。丝纶,既可解作钓丝,亦可解作皇帝的诏旨,此处喻指一种志向,即太公钓鱼,不在鱼而在社稷也。此对句堪为姣姣者。

19. 明末有史可法,坚守扬州,城破,不屈而死。又崇祯时兵部尚书洪承畴,降清苟且,朝野不齿。或撰一联曰:

"史鉴流传真可法;洪恩未报反成仇。"

成仇,谐承畴,语带双关。联嵌史可法与洪承畴之名。

此联后被扩展成为:

"史笔流芳,虽未成功终可法;洪恩浩荡,不能报国反成仇。"

联语虽有扩有改,基本意思和手法未变。

20. 相传宋代刘少逸幼时,一日随师往拜名士罗思纯。罗出对曰:

"家藏千卷书,不忘虞廷十六字;"

少逸对道:

"目空天下士,只让尼山一个人。"

虞廷,指舜的朝廷。相传舜为古代明主,故常以"虞廷"作"圣朝"的代称。十六字,指《书·大禹谟》之"人心惟危,道心惟微,惟精惟一,允执厥中"。宋儒将此十六字视为尧、舜、禹心心相传个人道德修养和治理国家的原则。尼山,本为山名,在山东曲阜,此代指孔子。联语使用了用典和借代二法。刘少逸小小年纪在前辈面前便竟以此种口气说话,令人震惊。

21. 相传旧时有一书生,衣食无着,一日饿极,伏于泉畔饮水充饥。一老秀才路过,见面问之曰:

"欠食饮泉,白水何能度日?"

书生答道:

"才门闭卡,上下无处逃生。"

联语用析字双关法。"欠"与"食"组成"饮"字,"白"与"水"组成"泉"字,"才"与"门"组成"闭"字,"上"与"下"组成"卡"字。

抗战时期,蒋介石政权层层克扣教育经费,加上通货膨胀,教职员工苦不堪言。某大学教师愤题如下一联:"欠食饮泉,白水何堪足饱;无才抚墨,黑土岂能充饥?"此联显然是老秀才联句之脱化和仿作,手法与前完全一样。

22.《中国古今巧对妙联大观》云,明万历年间,艾自修与张居正同科中举,艾名列榜末,旧称背虎榜。张嘲之曰:

"艾自修,自修勿修,白面书生背虎榜;"

艾当时未对出。张当上宰相后,相传与皇后有暧昧关系,艾抓住这一点。遂得了下联:

"张居正,居正勿正,黑心宰相卧龙床。"

联语对得很工。两联先用嵌名,然后联珠("自修,自修"与"居正,居正")、重言(修、正)。

23.《笑笑录》云,唐伯虎为一商人写对联,曰:

"生意如春意,财源似水源;"

其人嫌该联表达的意思还不明显,不太满意。唐伯虎给他另写了一副,曰:

"门前生意,好似夏月蚊虫,队进队出;柜里铜钱,要像冬天虱子,越捉越多。"

其人大喜而去。蚊子、虱子,皆为嗜血动物,人人见而厌之。以此比喻生意和铜钱,形象不言而喻。此商人居然"大喜",足见其无知与浅薄,联趣正在这里。此联除用比喻外,还用了重言(队,越)。

24.《解人颐》言,明代僧人姚广孝,在街上遇到林御史。林曰:

"风吹罗汉摇和尚;"

姚对道:

"雨打金刚淋大人。"

罗汉,小乘佛教所理想的最高果位,仅次于菩萨一级。皆因是光头,故常以用作对和尚的尊称。摇,谐姚。金刚,佛教护法神,因个头都塑得很大,故此用称"大人"。淋,谐林。联中用了嵌名和双关。

25.清周起渭任江南主考,一日游碧波洞,见洞口右侧贴有如下一联:

"乌须铁爪紫金龙,驾祥云出碧波洞口;"

周起渭索笔对下联于左侧:

"赤耳银牙白玉兔,望明月卧青草池中。"

联以颜色见趣。上联含乌、紫、碧三色,下联则以赤、白、青三色对之。又嵌"紫金龙"、"碧波洞"、"白玉兔"、"青草池"之名,极为形象。

26. 文革中,曾有一个半文盲到被派到某图书馆担任驻馆代表,领导学习《反杜林论》。人们在批判时,常有"杜林胡说什么"一语。可这位驻馆代表听不懂,误以为"杜林胡"是中国的什么人,便大声说:"杜林胡反马克思主义毛泽东思想,应该拉出去枪毙!"此人又将小说《镜花缘》读为"镜花录"。于是有人以此为题,写了这样一副对联:

"一代奇书镜花录,千秋名士杜林胡。"

这副对联先录其错读,再录其错断,并加以讽刺,用的是"飞白"手法。

27. 《坚瓠集》云,常熟人桑民悦以才自负,居成均之时,为丘仲深所屈,遂入书院任教,书一联于明伦堂云:

"文章高似翰林院,法度严于按察司。"

翰林院,官署名。清代掌编修国史及草拟制诰等。在其中供职的成员由每年考中的进士选拔。法度,此指学观。按察司,一省主管司法的最高机构。此联仍是自负,真可谓文如其人。联语用借代,翰林院代翰林学士,按察司代按察司的法度。

28. 袁枚《随园诗话》载,清乾隆进士蒋起凤有一诗联云:

"人生只有修行好,天下无如吃饭难。"

后不知何人将其改作对联,曰:

"人生惟有读书好,天下无如吃饭难。"

此联仅将蒋联之"只"改作"惟"、"修行"改作"读书",境界便大不相同。此种将别的诗词联句改动一下便出新意者,谓之"脱化"。"人生"二字,或作"世间"。"间"与"下"均为方位词,对得更工。但世间即是天下,有合掌之嫌,似又不可取。

29. 杜甫《闻官军收河南河北》一诗有句云:

"白日放歌须纵酒,青春作伴好还乡。"

清末,聂伯毅换下其下句以言袁寒云曰:

"白日放歌须纵酒,黄金散尽为收书。"

下联亦成句,只未详出自何人。

又梁羽生任香港《新晚报》编辑,或投一联云:

"白日放歌须纵酒,黑灯跳舞好揩油。"

下联形象地反映了香港舞场情况。揩油,借喻越轨行为。

30.《奇趣妙绝对联》云,旧时有一文人,因无钱贿赂而屡试不第,愤而弃文经商。一日在店堂挂一联曰:

"主考秉公,公子公孙公女婿同登金榜;"

旁加小注,谓凡应试不第者对上下联,该店聘为二掌柜。后有张生者,满腹诗书而名落孙山,返店时对出下联:

"小生有怨,怨天怨地怨丈人不是朝官。"

联语"公"字与"怨"字先连珠而后重言。上下联前后呼应,浑然天成,无情地揭露官场的黑暗腐败。

31.《奇趣妙绝对联》介绍,明代江西吉水人罗洪先,乃嘉靖年间状元。一次与友人乘船到九江,遇一船夫出联请对:

"一孤帆,二商客,三四五六水手,扯起七八叶风蓬,下九江还有十里;"

罗未对上。一直到一九五七年,佛山市工人李戒翎找九江香木材,托八七五六号轮船自十里二日运到。而一九四三年有人找此木材却整整一年才到货。有感于此,遂得下联:

"十里运,九里香,八七五六号轮,虽走四三年旧道,只二日胜似一年。"

32.《坚瓠集》载,清代朱亦巢幼善作对,其家附近田中有一巨石名石牛,旁有僧庵曰石牛庵。一日偶同父友某漫步至庵,某即出对曰:

"石牛庵畔石牛眠,种得石田收几石?"

亦巢对道:

"金鸡墩上金鸡宿,衔来金弹值千金。"

金鸡墩,亦当为附近地名。弹,谐蛋,语带双关。上下联皆嵌名,上联重"石"与"牛",下联重言"金"与"鸡"。

33. 相传旧时有位学生想试探先生才学,傍晚时分,装着前来问字。时值先生关学堂门,学生出联云:

"门内有才何闭户?"

先生对曰:

"寺边无日不逢时。"

上联谓先生如果关门就是无才,下联言现在日已下山,本当关门了,学生你来得不是时候,两句都是寓意双关。而这种双关又是靠析字来实现的:"门"中加个"才"字正好是"闭"字,"寺"字边加个"日"字便是"時"(时的繁体)字。

34.《对联话》载,清代有施粥厂,施粥以济饥民。朱彝尊题一联云:

"同是肚皮,饱者不知饥者苦;一般面目,得时休笑失时人。"

联语以对比手法写,颇合哲理。第二句之"饱者"与"饥者"、"得时"与"失时"为自对,"者"与"时"又为重言。

35.清曾衍东《小豆棚》云,王梅读书有过目不忘之功,但二十年穷愁潦倒,只能于上肖寺寄读。一日外出,为一翁约至家中进食,见其女有怠慢之意,谓"人不患有司之明,当患吾学不成耳",遂请女面试。女出句令对曰:

"鸟惜春归,噙住落花啼不得。"

王无对,谓女以此相扼。女谓王何不以此扼人。王出对云:

"芍药花开,红粉佳人做春梦;"

女知其谤已,应声对道:

"梧桐落叶,青皮光棍打秋风。"

两联皆用比喻。梧桐落叶之的,即成青皮光棍,在秋风中摇摆。光棍,乃无家无室之人。打秋风,旧指利用关系向人家取财物。下联影射王梅,同上联一样,皆语带双关,而刻薄则有胜于上联。

36. 清余得水《熙朝新语》云,浙江乾隆丙子科乡试,两主考,一姓庄一姓鞠。庄氏糊涂,鞠氏不谨。或嘲之云:

"庄梦未知何日醒,鞠花从此不须开。"

试毕回京,鞠语人云:"杭人欠通,如何鞠可通菊?"未答。再问之,答曰:"吾适思《月令》'鞠(即菊)有黄花(即花)'耳。"鞠大惭,不久死去,人以为谶语。

上联用庄周梦蝶故事,暗指庄氏。下联出自杜甫《九日五言》诗,以"鞠"代"菊",暗指鞠氏。两联皆双关。

37.《坚瓠集》载,有两吏员候选典史,南者欲得北,北者欲得南,于是相争。主持者命对曰:

"吏典争南北,南方之强欤,北方之强欤?"

一吏对道:

"相公要东西,东夷之人也,西夷之人也。

强,胜也。东西夷,指未开化地区。"南北"与"南"、"北","东西"与"东"、"西"皆为总分。"东西"用其物件之义又借其方向之义与"南北"相对,是为借对。"方之强欤"、"夷之人也"又为重言。

38. 相传清代一捐官,不通文墨。到某地担任主考,不能阅卷,便将考生号码写置筒中,先出者为第一,依次类推,直到名额检满为止。有人作联嘲之云:

"尔小生论命莫论文,碰! 咱老子用手不用眼,摇。"

联语仿主考官的口吻来写,是为假称,又重言"论"、"用"。"碰"、"摇"二字尤其使人觉得滑稽。

此联尚有另一版本。"尔小生"作"尔等","咱老子"作"吾侪"。这个版本显得更雅,但"尔小生"与"咱老子"带点粗野,更能表达这位主考官的真面目。

39. 孙保龙《古今对联丛谈》云,郑板桥在淮县上任不久,一塾师前来告状,谓主人请他教学,议定一年酬金八吊,但年终未曾兑现。板桥疑塾师误人子弟,遂以大堂灯笼为题,出联曰:

"四面灯,单层纸,辉辉煌煌,照遍东西南北;"

塾师对道:

"一年学,八吊钱,辛辛苦苦,历尽春夏秋冬。"

板桥见塾师并非无能之辈,即判塾师为胜,并留其在衙办事。联语用了叠词、自对及上下对句相对(以"春夏秋冬"四季对"东西南北"四方)等技巧。

40.《中国古今巧对妙联大观》载有一联:

"玉澜堂,玉兰蕾茂方逾栏,欲拦余览;清宴舫,清艳荷香引轻燕,情湮晴烟。"

此联以妙用音同或音近的字取胜。将此联反复快读,即成绕口。玉澜堂,在颐和园昆明湖畔,为当年光绪帝寝宫。清宴舫,一名石舫,在颐和园万寿山西麓岸边,为园中著名水上建筑。

41.《奇趣绝妙对联》言,明代解缙一日与友宴饮。友出联曰:

"上旬上,中旬中,朔日望日;"

解缙对道:

"五月五,九月九,端阳重阳。"

每个月前十日为上旬,初一(即上旬上)为朔日。中间十日为中旬,十五(即中旬中)为望日。五月初五为端午节,亦称端阳。九月初九为重九节,亦称重阳。上下联前二句各为回文,末句共嵌四个名称。"旬"与"日","月"与"阳"又为重言。

42.传张学良将军曾撰一联云:

"两字让人呼不肖,一生误我是聪明。"

两字,即"不肖"。此将"不肖"置后,是为同位语倒装。九一八事变,蒋介石令张学良不得抵抗,并退出东北,张为执行命令而深感痛悔,上联即反映此种心情。下联则为后来发生的西安事变所证明,即轻信蒋介石的"诺言"而遭终身软禁,此将"聪明"置后,亦是倒装。

43.《素月楼联语》云,乾隆状元秦涧泉学士,江宁(今南京)人,秦桧,亦江宁人,人以为涧泉为桧后。一日涧泉至西湖,人故请其瞻拜岳坟并题联,涧泉无奈,题云:

"人从宋后无名桧,我到坟前愧姓秦。"

忠奸之判,俨如冰炭。秦桧之害岳飞,遗臭一至如此!"无名桧",亦作"羞名桧",还有作"少名桧"者。联语以抒发真情实感取胜。

44.《长安客话》云,明太祖与刘三吾微服出游,入市小饮,无物下酒。朱出句云:

"小村店三杯五盏,无有东西;"

三吾未及对出,店主送酒至,随口对道:

"大明国一统万方,不分南北。"

次日早朝传旨将店主召去,赐官,店主固辞不受。东西,在联中指下小酒菜,但它又可表示方向。下联"南北",正是与其方向之义相对,是为借对。

45.相传某地有个王老头很会作对联,附近一位朱秀才见他普普通通的样子,颇有些不以为然。一日秀才登门便言:

"王老者一身土气；"

王老头对道：

"朱先生半截牛形。"

秀才默然。朱秀才的上联用了析字法。因"王"、"老"、"者"三字，均含有土字在内，故云"一身土气"。王老头的对句也用析字法，因"朱"、"先"、"生"三字都含有牛字在内，且都在上部，故云"半截牛形"。

46.《楹联丛话》载，郑板桥辞官归田后，一日在家宴客，有李啸村者至，送来一联，观之出句，云：

"三绝诗书画；"

板桥曰："此难对。昔契丹使者以'三才天地人'属对，东坡对以'四诗风雅颂'，称为绝对。吾辈且共思之。"限对上后就食，久而未能，再启下联，曰：

"一官归去来。"

感叹其妙。唐玄肃二宗时，有诗人郑虔，诗书画皆工，时称"郑虔三绝"。上联以郑板桥比郑虔者。又东晋陶潜，于彭泽令上挂冠归隐，作《归去来辞》，下联又以郑板桥比陶潜。两比皆为暗誉，且皆确。

47.《奇趣妙绝对联》云，郁达夫某年游杭州西湖，至茶亭进餐。面对近水遥山，餐罢得句云：

"竺六桥九溪十八涧；"

一时未得对句。适逢主人报账曰：

"茶四碟二粉五千文。"

达夫以为主人是说对句，经交谈，不禁大笑。三竺，指上、中、下。六桥，指苏堤上有六座桥，即映波桥、锁澜桥、望山桥、压堤桥、东浦桥和跨虹桥。九溪，在烟霞岭西南。十八涧，在龙井之西。因巧合与误会而成联是这副对联的情趣所在。上联全为杭州山水，下联全为食单账单，两联数字对得尤其工整，很难得。

48.旧时娄某与薛某是朋友。娄某先在南方发展，颇有成就。薛欲投靠，娄予以婉拒：

"南日暖难存雪；"

后薛北上谋生，几经坎坷，终成家业。此时娄日渐衰败，不得已想寄居薛下。薛回敬道：

"塞北风高不住楼。"

"雪"与"薛"、"楼"与"娄"谐音双关，此联浑然天成。

49.清代状元林大钦，少年时便才学远近闻名。一日，一位姓叶的私塾先生想考考他的真才实学，便出联道：

"竹笋初生，何时称得林大秀？"

林大钦随声答道：

"梅花放发，哪曾见得叶先生？"

50. 旧时某夫妇新婚之夜，新郎揭开新娘盖头，忽出一联：

"十八年前未谋面；"

新娘是个有胆有识的女子，细声应道：

"二三更后便知心。"

妙哉！一切尽在此言中。

51. 旧时一穷书生，好打抱不平，为此被富绅诬陷。公堂审案，县官知其为人，想找个理由将其释放，便言："吾出一联，能对则免罪；不能则严办。"出句云：

"云锁高山，哪个尖峰得出？"

书生见壁洞透进阳光，对道：

"日穿漏壁，这条光棍难拿！"

惺惺相惜，结果不言而喻。

52. 1921 年冬，陈毅同志在法国因为闹学被法国政府遣送回国，过春节时给自己家里写了这样一副对联：

"年难过，年难过，年年难过；事必成，事必成，事事必成。"

这副对联表现了青年时代的陈毅忧国忧民和对革命一定胜利的信心。

53. 清末以来，我国涌现出一批杰出的戏曲表演艺术家，小翠花、小翠喜、马连良、马连昆就是其中的四位。或嵌四人姓名，撰有一联：

"小翠花，小翠喜，一文一武，一京一汉；马连良，马连昆，同乡同姓，同教同科。"

小翠花，京剧演员于连泉的艺名，北京人。小翠喜，汉剧演员，武汉人。马连良，回族，马边昆亦是，且与马连良同为北京人。同教，同信回教。同科，同习老生。联语除嵌名外，还借助了人名中相同的文字取巧，又重言"一"字与"同"字。

54. 清赵翼《檐曝杂记》云，金山寺有一小和尚善对，润州（府治在镇江）太守出对云：

"史君子花，朝白午红暮紫；"

小和尚答道：

"虞美人草，春青夏绿秋黄。"

联语共含有六种颜色。史君子与虞美人为嵌名，上下联第二句为自对。

55.《长安客话》载，元丞相脱脱将赴三河，至宫廷向元主辞别，元主赐宴。至深夜，脱脱站起来说，他明天一早就会走，偶然得了一句七字联：

"半醉半醒过半夜；"

元主笑曰，明天也不必走得太早，他也偶得一句七字联：

"三更三点到三河。"

脱脱叩谢,尽欢而罢。联语为流水对。上联重言"半"字,下联重言"三"字,并嵌"三河"之名。

56.《对类》载一联云:

"马笼笼马马笼松,笼松马跑;鸡罩罩鸡鸡罩破,罩破鸡飞。"

此联的手法有多种。马笼与笼马、笼马与马笼,鸡罩与罩鸡、罩鸡与鸡罩为句内回环。笼松、笼松,罩破、罩破为连珠。笼笼与罩罩均为一个名词一个动词,又为转类。

57.《对类》有联云:

"门子封门,门外有风封不得;狱囚越狱,狱中无月越将来。"

门子,看门人。此联用了多种技巧。前两个"门"与"狱"以及两"封"字与两"越"字为重言。"门、门"与"狱、狱"为连珠。"风封"与"月越"为混异。因"有风"而"封不得",因"无月",才可"越将来",所表达的因果关系都极形象。

58.相传某知府欲革两役吏之职,遂出一联令二吏属对:

"一史不通难作吏;"

一吏对道:

"二人相聚总由天。"

上联以"一史不通"作为革役吏之职的由头。下联则以"二人"暗指役吏本身,又发"相聚总由天"一语奉承知府。联用析字法。"一"与"史"合起来便是"吏"字,"二"与"人"合起来就是"天"字。同时亦用了寓意双关。

59.相传旧时有二人登当地临江楼,一见江中倒映的北斗星,得句云:

"北斗七星,水底连天十四点;"

一见楼头一雁迎月飞去,对道:

"南楼孤雁,月中带影一双飞。"

联语以写物影见趣,故后一数(十四、双)皆为前一数(七、孤)之两倍。

60.明张岱《琅嬛文集》载,张岱六岁时,随祖父游杭州。祖父之友陈眉公跨鹿而至,指屏上之《太白骑鲸图》出联曰:

"太白骑鲸,采石江边捞夜月;"

岱应声对曰:

"眉公跨鹿,钱塘县里打秋风。"

打秋风,指利用关系向人索求财物。六岁孩童调侃如此,意趣尤浓。此事《陶庵梦忆》等书亦有载。陶庵,张岱字。

61.《评释古今巧对》云,明代杨循吉幼时,与塾师一同赏月,师出一联曰:

"月缺月圆,缺似梳而圆似镜;"

循吉对曰:

“雪飞雪缀,飞如絮而缀如银。”

联语首句之“月”、“雪”二字重言,第二句“似梳”、“似镜”、“如絮”、“如银”为比喻。以“梳”喻缺月,以“镜”喻圆月,以“絮”喻雪飞,以“银”喻雪缀,十分生动贴切。

62. 乾隆五十大庆时,在乾清宫举行千叟宴。参加者有位 141 岁的老人。乾隆以其年齿为题出句云:

“花甲重开,外加三七岁月;”

纪晓岚对道:

“古稀双庆,又多一个春秋。”

花甲,指 60 岁。重开,指两个花甲,120 岁。三七为 21 岁。上联加起来共 141 岁。古稀,指 70 岁。双庆,指两个古稀,140 岁。一个春秋,即 1 岁。下联加起来也是 141 岁。联语的特点在巧于用数。

63. 《评释古今巧对》云,明代都与楼仲彝路遇盗牛被擒者。都出句曰:

“村前木贼夜牵牛,连翘怎过?”

楼对道:

“路上槟榔朝贝母,滑石难行。”

联语串组“木贼”、“牵牛”、“连翘”、“贝母”、“滑石”六个中药名。翘,谐桥。槟榔,谐宾郎。贝,谐背。皆语带双关。

64. 相传明代王臣,嘉靖进士。一日约友人观赏芍药,友人出联曰:

“芍药还为药;”

王对道:

“山茶不当茶。”

芍药花可入药,山茶叶则不能泡茶。二物之性,不能由字面求之。联语先嵌名而后又用名中之字重言取巧。当,手抄件作“是”,“是”似比“当”好。

65. 清钟耘舫《振振堂集》载,某年除夕,钟曾题一联云:

“过苦年,苦年过,过年苦,苦过年,年去年来今变古;读好书,好书读,读书好,好读书,书田书舍子而孙。”

联语用了换位、连珠、重言等手法,表达了钟氏穷愁潦倒时的心情。此联因“过年苦”和“读好书”三字组合与排列的不同,还有构成“越递”者。

66. 《纪晓岚外传》云,纪晓岚等人在醉月轩为翰林陈半江赴南昌饯行,陪酒歌伎风燕求联,获赠云:

“凤枕鸳帐,睡去不知春几许;燕歌赵舞,醒来莫问夜如何。”

联语首嵌“凤燕”二字,又用隐切法,含蓄调侃式地道出歌伎的夜生活,不可言传者由此意会,极其高妙。

67.《中国古今巧联妙对大观》云,从前有一小姐出联求偶,曰:

"羊毫笔写白鸾笺,鸿雁传书,南来北往;"

一位皮匠对道:

"马蹄刀切黄牛皮,猪鬃引线,东扯西拉。"

上联含三种动物,两个方位,下联亦含三种动物,两个方位。上联表达小姐的愿望,下联表现皮匠的职业,都很确切。联语末四字乃自对而后又上下联相对。全联对仗极工整。据说,二人因此结成伉俪。

68.安徽定远县城隍庙里,有一副妙联,不仅有色有味,而且还具有警世作用,颇为难得。这副对联写道:

"泪酸血咸,悔不该手辣口甜,只道世间无苦海;金黄银白,但见了眼红心黑,哪知头上有青天。"

这副对联用酸、咸、辣、甜、苦"五味"对黄、白、红、黑、青"五色",对得极为精巧。但在精巧的对句背后,又寓意有不可对人残暴,不可见钱眼开的劝世深心。用对联来省人劝世,真是绝世无双。

(六)选择对联的秘诀

选择对联,应符合张贴的条件、位置和内容等因素,选择适合自己需要的对联;同时,还应注意行业、身份、阅历、场合、欣赏的兴趣爱好等等。总之,选择对联时应掌握一个原则,即张帖出的对联使人人看后都皆大欢喜或赞许。基本上应做到如下三点:

1.张贴的条件

选择对联要根据场地的大小,这是最初步的要求。例如:一般家庭对联应选用七言联、八言联、九言联为佳,这样可使字的大小排列与门的大小基本对称,不会给人头重脚轻之感。而机关、单位、学校等大门处张贴对联,则宜选用十言以上二十言以下的行业专用对联。工地及庆典大会的会场等地,选择十言以上的对联较合适。

2.使用要求

根据场合及内容的要求选择对联是很重要的。例如:春联是人们欢庆春节时用的,所以,用词选句要热烈欢快,色彩要鲜艳,内容要健康,要表现出人们对未来生活的憧憬和美好的愿望。新婚用联应以祝贺新婚夫妇团结互助、相亲相爱、共同进步为主要内容,用词要欢快、热烈、端庄、雅而不俗。

又如:挽联是追悼死者生平、事迹,要恰如其分地评价死者性格特点,表达对死者的深沉而真挚的悼念、哀惜之情,所以它不能只是歌颂、盛赞,否则,就变成寿联了。

3. 张贴的位置

不同的位置贴不同的对联,是选用对联的基本要求。例如,新婚时张贴大门处的对联,应着重表现家人及宾客为新婚夫妻结为燕尔之好和家庭又添新人的喜悦、幸福之情;而张贴在洞房门处的对联应重在激励和祝福新婚夫妇结发之后,互帮互学,相敬如宾,恩爱相处。

除以上谈的几点外,我们选用对联时,还应注意行业、职业乃至身份、年龄、阅历、场合、欣赏的兴趣和爱好等等。力求做到张贴出的对联令人皆大欢喜。

(七)选择横批要贴切

有的对联除了上下联以外,还有横批。横批就是贴在上下联中间上面的横联。一般是四个字。好的横批具有总结或补充对联的作用,它与对联浑然一体,使意境更加深远和优美。因此,横批一定要与上下联紧密联系。比如:上下联是"先抓吃穿用,实现农轻重",横批是"综合平衡";上下联是"遍地牛羊六畜旺,满山花果四季香",横批是"春光明媚"。

所以,横批是全联的总结或者提示,应该是点睛之笔,不要随便就写一个,应该仔细琢磨对联的内容,配上恰当的横批。

(八)张贴对联的窍门

张贴对联,可遵照这样的基本口诀:"人朝门立,右手为上,左手为下"。就是说,出句应贴在右手边(即门的左边),对句应贴在左手边(即门的右边)。因为按传统读法,直书是从右向左读的。

出句和对句的辨别,最简单的是记下"上仄下平"。在汉字的一、二、三、四四种声调中,"一"为平声,"二、三、四"声为仄声,如果对联某一句的最后一字为"三声"或"四声",则此句为出句,另一句就是对句无疑。如果对联最后一字都是仄声,那就要从对联的内容和语气上来分辨。

对联的横批,它揭示对联的中心主题,是一幅对联的眉目,起着画龙点睛的作用。所以我们应将它贴在门楣中央,而且要十分醒目。

(九)写好对联的方法

对联的分类

对联可分为五大类:

实用对联　它包括春联、婚联、挽联、行业联等。

寺庙风景联　它包括寺院、庙宇、墓碑联等。

游联　它是旅游胜地的对联。

讽喻对联　它包括直谕、间谕、讽喻等。

箴诚联　它包括劝勉联、自勉联、格言联、明志联等。

对联的特征有以下几点：

字数相等上联与下联字数相等，给人们一种对称美的直观感。

对仗整齐　工对联（即要求对仗结构很严谨）要做到两句字字对应、词类相同、平仄相反、互为对仗，要求十分严格。而宽对联不像工对联严谨，虽不计求对仗，但好的宽对也是很工整的，从实用角度看，用宽对较多，不论是正对（上、下联语意相同）或是反对（上、下联语意相反）或串对（上、下联相连惯，意思相同）都是平仄相反，词类相同。

平仄要协调　对联中的平仄要一一相对，不能一平到底或一仄到底，要求上联句尾为仄声，下联句尾为平声，千万不能用俗语去写对联，这样会闹出笑话。但实用联也有不用平仄这个尺子去测量的。

节奏要一致　一般来说，四言联是2—2，五言联是2—3或3—2，六言联是2—2—2，七言联是3—4或4—3，八言联是4—4，字数多的联一般均由以上几言组成。

例如：四言：吉星——高照　　五言：一轮——秋夜月

　　　　　瑞气——垂临　　几点——晓天星

　　　七言：三春月照——千山路

　　　　　十里花开——一夜香

上联下联　出对的句子主题意思要统一，相反的对句也有内在的必然联系。

例：横眉冷对千夫指

　　俯首甘为孺子牛

鲁迅此联上、下句意虽相反，但都是鲁迅的文墨佳品。

写好对联的规律

书写对联除遵循五大特征外，还必须掌握以下五大规律。

做到信、达、雅　内容要多提炼，文字要多推敲，一定要达到内容、形式和谐统一。

用　典　就是在书写时使用古代故事、民间习俗、警句、传说，来表达一定的意义，有明、暗两种。

议　论　即抓住所写对象的特点，略发议论，情与景相映成辉，如"状物联"廖廖数语，便把所写的状物描绘得生动形象，就像看到一样。

嵌　字　又分藏头、藏尾、嵌中，一般以藏头为多。

对　比　即把一事物的两个方面，如民与官、廉与贪、好与坏、阴与阳、天与地等来比较，从而更加增添对联的语意。

以上是常见的写好对联的基本规律，另外还有衬托、借代、双关、双声、折合、重叠等都是写好对联的修辞手法。

写作对联的注意事项

注重构思　就是要讲究新、巧。一般要从所写的对象本身出发,考虑采取适当的表现手法,或正反相对,或虚实相衬,或俗中见雅,以期更好地表现客观对象、抒发主观情感。

把握特点　就是要有针对性。从情调上讲,春联应激情满怀,喜联须喜气洋洋,挽联应情意深厚,讽喻联应战斗性强,山水寺庙联应文学色彩较浓。

讲究格调　对联要有健康的思想内容,奋发向上的精神,充实而真挚的感情,雄放而高昂的格调。要体现出时代特色,万不可陈词滥调。

锤炼语言　对联的语言要精练,具有高度的概括性;同时要给人鲜明而深刻的印象,具有直观形象感;还要富于音乐美,即要求写作对联讲究平仄格律,注意节奏。

二、谜语

最早的谜语,先由民间集体创作,口传心授,当初并未引起文人的注意,所以在文字上没有反映出来;这样就形成了长期流传在不识字的劳动人民口头上的民间谜语;另外主要是在上层社会和文人中流传的文字谜,由书面传播。

(一)谜语风格

谜语风格大致可以分为主流、民间、典雅和通俗风格四种类型。

1. 主流

这样的谜作多产生于某个时期、某种场合,多是为了某种特定的需要而特别创作的。其特点是主题突出,内容严肃,针对性强,效果显著。虽然主题不同,但都具有主流性的特征。

下面举例加以说明:

中国在腾飞。(猜化学名词)谜底:升华。

法网恢恢,疏而不漏。(猜京剧剧目)谜底:《全部罗成》。

2. 民间

民间风格的猜谜多以百姓常见、熟悉的事物为谜材,谜面语言朗朗上口,易记易传。大多数民间猜的谜都属于这种类型。

3. 典雅

典雅风格,又称"书家意"。此类谜作注重文采,书卷气浓厚,多以典故入谜,或以前人诗词名句做面,在扣合上追求贴切自然,浑然天成。猜答起来有一定的难度。

举例如下:

霜禽欲下先偷眼。(猜《西厢记》)谜底:恐怕张罗。

萧疏听雨声。(猜《汉书》)谜底:此天下所稀闻。

到黄昏,点点滴滴。(猜国外名著二)谜底:《天才》《黑雨》。

4.通俗

这样的谜猜起来障碍要少得多。因为谜面多源于生活,使用通俗的语言。即使是成句,也是耳熟能详的。在扣合方面,即使有别解,也只是汉字一字多义等手法,所以大众容易理解和接受。

例如:

天庭饱满,地阁方圆。(猜一礼貌用语)谜底:首长好。

故友两离别。(猜阴历一名词)谜底:腊月。

可以看出,以上谜作朴实无华,深入浅出,而且扣合贴切,妙趣横生。可见通俗并非庸俗、粗俗,所谓"雅而不俗"就是这个道理。

(二)谜语构成

一般由谜面、谜目和谜底三部分组成。有些运用谜格制成的灯谜还有谜路。如:第一个教室(学校用语),谜底:先进班级(作"最先进入班级"解)。这里"第一个教室"是谜面,"学校用语"是谜目,"先进班级"是谜底。节约能收(秋千格)、(地理名词),谜底:省会(作"会省"解)。这里的"秋千格"是谜格。以下具体介绍灯谜各组成部分。

1.谜面

谜面是灯谜的主要部分,是猜谜时以隐语的形式表达描绘形象、性质、功能等特征,供人们猜测的说明文字。

它是为了揭示谜底所给的条件或提供的线索,是灯谜艺术的表现部分,也可以说是灯谜提出问题的部分,通常由精练而富于形象的诗词、警句、短语、词、字等组成。谜面文字要求简洁明了,通俗易懂。

谜面可以说出来让人猜,也可以写出来。一般来讲,民间谜语(事物谜,包括简单的字谜)多是说出来的,灯谜差不多都得写出来。

还有一些灯谜的谜面不是文字,而是由图形、实物、符号、数字、字母、印章、音像、动作等组成。不论谜面采用哪种形式,都应该简洁明快,隐喻得当,富于巧思。

2.谜目

谜目是给谜底限定的范围,是联系谜面和谜底的"桥梁"。它的作用有点像路标,给人指明猜测的方向。

如"猜字一",就是限定谜底只能是一个字,不能是别的东西,也不能多余一个字。即使猜别的东西也能扣合谜面,仍算没有猜中。

谜目附在谜面的后边,比如"打一字","打"是"猜"的意思,"打一字"就是"猜一字"。

一般谜目规定的谜底是一个,也有的是两个或者几个。比如:客满(打字二)。谜目规定了谜底有两个。用会意法来猜,谜底就是"促"、"侈"。客满,表示人已经足够了,"人""足"合成"促";也可以表示人已经非常多了,"人""多"合成"侈"。

标谜目时,应特别注意其范围。标得范围过大,猜测起来就难;标得范围太小,猜测起来就容易。

3. 谜底

谜底就是谜面所提出问题的答案。谜底字数一般很少,有的是一个字、一个词、一个词组,有的是一种事物的名称或者动作,最多也不过是一两句诗词。如果谜底字数较多,制谜者就不容易制出好谜,猜谜语者也不好猜中。有趣的是,有些灯谜的谜底和谜面互相掉换以后,还能成谜。比如:泵(打成语一)。泵是一种机械,有气泵、水泵等。"泵"字"石"在上,"水"在下,用会意法猜出谜底:水落石出。"水落石出"是个成语。反过来,用"水落石出"做谜面(打一字),它的谜底就是"泵"。

谜底是指谜面含蓄转折所指的、要人猜测的事物本身,是灯谜隐藏的内在部分,也可以说是谜面所提问题的答案。

谜底既要符合谜面的内在含义,又必须符合谜目所限定的范围,使人一见谜底就有"恍然大悟"之感。

一般说来,灯谜的谜底应专一。一则好的灯谜,应该而且只能有一个谜底,不应该有两个或者更多的谜底。

4. 谜格

谜格产生于明代。当时,由于灯谜的不断发展,通常使用的制谜方法已远远不能满足人们的需求。于是人们创造出各种各样的谜格,借助它们来制作谜语。

按照谜格的规定,或者把谜底中字的位置移动一下,或者把谜底中的字读成谐音(就是字音相同或相近),或者对谜底中文字的偏旁部首进行一番加工整理,然后再去扣合谜面。

(三)动物谜语百则

谜语 1. 耳朵像蒲扇,身子像小山,鼻子长又长,帮人把活干。

谜语 2. 八只脚,抬面鼓,两把剪刀鼓前舞,生来横行又霸道,嘴里常把泡沫吐。

谜语 3. 身披花棉袄,唱歌呱呱叫,田里捉害虫,丰收立功劳。

谜语 4. 头戴红帽子,身披五彩衣,从来不唱戏,喜欢吊嗓子。

谜语 5. 腿细长,脚瘦小,戴红帽,穿白袍。

谜语6. 夏前它来到,秋后没处找,摧咱快播种,年年来一遭。

谜语7. 尾巴一根钉,眼睛两粒豆,有翅没有毛,有脚不会走。

谜语8. 一个黑大汉,腰插两把扇,走一步,扇几扇。

谜语9. 粽子头,梅花脚,屁股挂把指挥刀,坐着反比立着高。

谜语10. 年纪并不大,胡子一大把,不论遇见谁,总爱喊妈妈。

谜语11. 金箍桶,银箍桶,打开来,箍不拢。

谜语12. 一位游泳家,说话呱呱呱,小时有尾没有脚,大时有脚没尾巴。

谜语13. 皮黑肉儿白,肚里墨样黑,从不偷东西,硬说它是贼。

谜语14. 名字叫做牛,不会拉犁头,说它力气小,背着房子走。

谜语15. 前有毒夹,后有尾巴,全身二十一节,中药铺要它。

谜语16. 有头无颈,有眼无眉,无脚能走,有翅难飞。

谜语17. 嘴像小铲子,脚像小扇子,走路左右摆,不是摆架子。

谜语18. 身穿梅花袍,头上顶双角,蹿山又越岭,全身都是宝。

谜语19. 脸上长鼻子,头上挂扇子,四根粗柱子,一条小辫子。

谜语20. 鹿马驴牛它都像,很难肯定像哪样,四种相貌集一体,说像又都不太像。

谜语21. 凸眼睛,阔嘴巴,尾马要比身体大,碧绿水草衬着它,好像一朵大红花。

谜语22. 红船头,黑篷子,二十四把快篙子,撑到人家大门前,吓坏多少小孩子。

谜语23. 八字须,往上翘,说话好像娃娃叫,只洗脸,不梳头,夜行不用灯光照。

谜语24. 远看是颗星,近看像灯笼,到底是什么,原来是只虫。

谜语25. 一个白胡老头,带了一袋黑豆,一面走,一面漏。

谜语26. 不是狐,不是狗,前面架铡刀,后面拖扫帚。

谜语27. 小货郎,不挑担,背着针,满地蹿。

谜语28. 小伙子,长得愣,生下来,就会蹦,不像样,不姓他爹的姓。

谜语29. 有个懒家伙,只吃不干活,戴顶帽子帽边大,穿件褂子纽扣多。

谜语30. 薄扇脚跟,木瓢嘴唇,赛跑不行,游泳有名。

谜语31. 头有毛栗大,尾巴像钢叉,睡觉在泥里,离地一丈八。

谜语32. 大将军披头散发;二将军黄袍花甲;三将军肥头肥脑;四将军瘦瘦巴巴。(打四种动物)

谜语33. 一只顺风船,白篷红船头,划起两支桨,湖上四处游。

谜语34. 身上乌里乌,赤脚走江湖,别人看它吃饱,其实天天饿肚。

谜语35. 一把刀,水里漂,有眼睛,没眉毛。

谜语 36. 小小瓶, 小小盖, 小小瓶里好荤菜。

谜语 37. 胖子大娘, 背个大筐, 剪刀两把, 筷子四双。

谜语 38. 小小一条龙, 胡须硬似粽, 活着没有血, 死了满身红。

谜语 39. 有个小姑娘, 穿件黄衣裳, 你要欺侮她, 她就戳一枪。

谜语 40. 头戴绿帽, 身穿绿袍, 腰细肚大, 手拿双刀。

谜语 41. 身体花绿, 走路弯曲, 洞里进出, 开口恶毒。

谜语 42. 小时着黑衣, 长大穿绿袍, 水里过日子, 岸上来睡觉。

谜语 43. 一个白发老妈妈, 走起路来四边爬, 不用铁镐不用锄, 种下一片好芝麻。

谜语 44. 小时穿黑衣, 大时换白袍, 造一间小屋, 在里面睡觉。

谜语 45. 远看芝麻撒地, 近看黑驴运米, 不怕山高道路陡, 只怕跌进热锅里。

谜语 46. 腿长胳膊短, 眉毛盖住眼, 有人不吱声, 无人大声喊。

谜语 47. 上肢下肢都是手, 有时爬来有时走, 走时很像一个人, 爬时又像一条狗。

谜语 48. 眼如铜铃, 身像铁钉, 有翅无毛, 有脚难行。

谜语 49. 说它是虎它不像, 金钱印在黄袄上, 站在山上吼一声, 吓跑猴子吓跑狼。

谜语 50. 头插野鸡毛, 身穿滚龙袍, 一旦遇敌人, 作战呱呱叫。

谜语 51. 一身毛, 尾巴翘, 不会走, 只会跳。

谜语 52. 小小飞贼, 武器是针, 抽别人血, 养自己身。

谜语 53. 小小玲珑一条船, 来来往往在江边, 风吹雨打都不怕, 只见划桨不挂帆。

谜语 54. 口吐白云白沫, 手拿两把利刀, 走路大摇大摆, 真是横行霸道。

谜语 55. 小小诸葛亮, 独坐军中帐, 摆成八卦阵, 专抓飞来将。

谜语 56. 头戴两根雄鸡毛, 身穿一件绿衣袍, 手握两把锯尺刀, 小虫见了拼命逃。

谜语 57. 小时四只脚, 大时两只脚, 老时三只脚。

谜语 58. 两撇小胡子, 油嘴小牙齿, 贼头又贼脑, 喜欢偷油吃。

谜语 59. 坐也是坐, 立也是坐, 行也是坐, 卧也是坐。

谜语 60. 坐也是立, 立也是立, 行也是立, 卧也是立。

谜语 61. 坐也是行, 立也是行, 行也是行, 卧也是行。

谜语 62. 坐也是卧, 立也是卧, 行也是卧, 卧也是卧。

谜语 63. 说它是条牛, 无法拉车走, 说它力气小, 却能背屋跑。

谜语 64. 一条小小虫, 自己做灯笼, 躲在灯笼里, 变个飞仙女。

谜语 65. 八字胡须往外翘,说话好像娃娃叫。藏在深山密林处,只会洗脸不会笑。

谜语 66. 名字叫小花,喜欢摇尾巴,夜晚睡门口,小偷最怕它。

谜语 67. 白天草里住,晚上空中游,金光闪闪动,见尾不见头。

谜语 68. 头戴红顶帽,身穿白布袄,走路像摇船,说话像驴叫。

谜语 69. 水里游着穿青袄,平生都是弯着腰在水中。

谜语 70. 尖细嘴长尾巴,嗡嗡嗡满天飞,白天躲着不敢动,夜里出来吸血乐。

谜语 71. 尖嘴尖耳尖下巴,细腿细角细小腰,生性狡猾多猜疑,尾后拖着一丛毛。

谜语 72. 天空捍卫小飞军,井然排列人字形,冬天朝南春回北,规规矩矩纪律明。

谜语 73. 瞳孔遇光能大小,唱起歌来喵喵喵,夜半巡逻不需灯,四处畅行难不倒。

谜语 74. 小小年纪,却有胡子一把,不论谁见,总是大喊妈妈。

谜语 75. 一肚子没学问,开口闭口知道,瞧瞧这小家伙,实在真是骄傲。

谜语 76. 生来粗壮,长成狗样,满身肥肉,人人怕它。

谜语 77. 长长身体两排脚,阴湿暗地是家窝,剧毒咬人难忍痛,治病倒是好中药。

谜语 78. 性情躁烈暴,常披黄皮袄,山中称大王,我说那是猫。

谜语 79. 黑背白肚皮,一副绅士样,两翅当划桨,双脚似鸭蹼。

谜语 80. 不管翻地或打洞,天生爱动到处钻,松松土来施点肥,人人称我为地龙。

谜语 81. 细细身体长又长,身后背着四面旗,斗大眼睛照前方,专除害虫有助益。

谜语 82. 椎子尾,橄榄头,最爱头尾壳内收,走起路来慢又慢,有谁比它更长寿。

谜语 83. 任劳又任怨,田里活猛干,生产万吨粮,只把草当饭。

谜语 84. 一身金钱袍,猫脸性残暴,爬树且游水,食肉不食草。

谜语 85. 此物生得怪,肚下长口袋,宝宝袋中养,跳起来真快。

谜语 86. 从头到脚硬盔甲,走起路来横着走,张牙舞爪八只脚,两把利剪真吓人。

谜语 87. 顶上红冠戴,身披五彩衣,能测天亮时,呼得众人醒。

谜语 88. 小小娃娃兵,四处寻猎物,物虽比已大,团结便解决。

谜语 89. 红头绿身真漂亮,五彩薄衫披两旁,可是专干坏勾当,传播痢疾和霍乱。

谜语90.两眼外突大嘴巴,有个尾巴比身大,青草假山来相伴,绽放朵朵大红花。

谜语91.全身片片银甲亮,瞧来神气又威武,有翅寸步飞不起,无脚五湖四海行。

谜语92.似鸟又非鸟,有翅身无毛,一脸丑模样,专爱夜遨游。

谜语93.远瞧犹如岛一座,总有水柱向上喷,模样像鱼不是鱼,哺乳幼儿有一手。

谜语94.纵横沙漠中,展翅飞不起,快走犹如飞,是鸟中第一。

谜语95.活动地盘在墙壁,专门收拾飞蚊虫,尾断无碍会再生,医学名称是守宫。

谜语96.个子虽不大,浑身是武器,见敌缩成团,看你奈我何。

谜语97.有种鸟儿本领高,尖嘴会给树开刀。坏树皮,全啄掉,钩出害虫一条条。

谜语98.说它像鸡不是鸡,尾巴长长拖到地,张开尾巴像把扇,花花绿绿真美丽。

谜语99.远看像只猫,近看像只鸟,夜晚捉老鼠,白天睡大觉。

谜语100.头长小树杈,身开白梅花,四腿细又长,奔跑快如马。

(四)动物谜语谜底

1. 大象

2. 螃蟹

3. 青蛙

4. 公鸡

5. 鹤

6. 布谷鸟

7. 蜻蜓

8. 鸵鸟

9. 狗

10. 山羊

11. 蛇

12. 青蛙

13. 乌贼

14. 蜗牛

15. 蝎子

16. 鱼

17. 鸭子

18. 鹿

19. 大象

20. 麋鹿（四不像）

21. 金鱼

22. 蜈蚣

23. 猫

24. 萤火虫

25. 羊

26. 狼

27. 刺猬

28. 骡子

29. 猪

30. 鸭子

31. 燕子

32. 狮、虎、熊、狼

33. 鹅

34. 鱼鹰

35. 鱼

36. 螺蛳

37. 螃蟹

38. 虾

39. 马蜂

40. 螳螂

41. 蛇

42. 青蛙

43. 蚕

44. 蚕

45. 蚂蚁

46. 蝈蝈

47. 猴子

48. 蜻蜓

国学经典文库

中华历书大全

·汉字汉语·

图文珍藏版

国学经典文库

中华历书大全

·汉字汉语·

图文珍藏版

83. 牛

84. 豹

85. 袋鼠

86. 螃蟹

87. 公鸡

88. 蚂蚁

89. 苍蝇

90. 金鱼

91. 鱼

92. 蝙蝠

93. 鲸鱼

94. 鸵鸟

95. 壁虎

96. 刺猬

97. 啄木鸟

98. 孔雀

99. 猫头鹰

100. 梅花鹿

（五）经典字谜

1. 非典,非典,携手清除(打一字)

2. 看上去很美(打一我国足球运动员2字)

3. "玄德请二人到庄"(打2字古礼仪用语)

4. 遮住了花容月貌(打3字出版新词)

5. 七日速变俏姿容(打一影星名)

6. 宾客尽脱帽,洒泪来反思(打一音乐人,2字)

7. 细雨如丝正及时(打古称谓二)

8. 玄德先来,云长未到(打一田径运动员,2字)

9. 此章节错误较少(打5字口语)

10. 元宵隔日始营业(打4字出版名词,纸张类型)

11. 战乱重圆何感叹(打9笔字)

12. 不孝遭父笞,药疗得痊愈(打公安名词二)

13. 太阳出来喜洋洋(打3字天文名词)

14. 吾与一家人,离散又重逢(打一党史人物,2字)

15. "有连山"（打 2 字国际名词）

16. 娘娘懿旨：刀下留人（打 7 字成语）

17. 介入一部分（打 2 字音乐名词）

18. "夫妻本是同林鸟"（打 4 字电视剧）

19. 滚滚长江东逝水（打 2 字手机品牌二）

20. 文章不写半句空（打 2 字文学名词二）

21. 不要江山要美人（打汽车品牌二）

22. 寄人篱下为糊口（打 16 笔字）

23. "煌煌太宗业"（打一相声演员，3 字）

24. 做事手段好精明（打一 3 字教育机构简称）

25. 曲意奉承不可取（打一港台歌星，2 字）

26. 还是分开吧（打一 2 字外国名）

27. 这一章情节纯属虚构（打 5 字口语）

28. 弃曹会刘本为云长心愿（打《三国演义》歌词一句）

29. 高不成，低不就（打一金融机构名称）

30. 早穿皮袄午穿纱（打医学名词一）

31. 大会（打成语一）

32. 不舒服（打成语一）

33. 人比黄花瘦（打农业名词一）

34. 中华民族繁荣昌盛（打近代烈士一）

35. 天下谁人不识君（打我国地名二）

36. 荐之于平原君（打成语一）

37. 东京北京通贸易（打成语一）

38. 未成油团（打外国著名小说一）

39. 卷尾猴（打一字）

40. 贞观之治（打一电影演员）

41. 唐代瑰宝（打一古代医学家）

42. 儿童节放假（打一中成药名）

43. 并非阴历初一（打一广西地名）

44. 孟母三迁（打杂志三）

45. 家中添一口（打一字）

46. 湖光水影月当空（打一字）

47. 百病不单由口入（打外国故事片）

48. 千分之一百分之一（打一字）

49. 因（打一谚语）

50. 甜咸苦辣各味俱备（打一字）

51. 魏蜀相争（打一经济名词）

52. 只公开谜目（打二个出版名词）

53. 重点支援大西北（打一字）

54. 到黄昏点点滴滴（打一气象术语）

55. 座中泣下谁最多（打二个文学名词）

56. 山中无老虎（打二个法律名词）

57. 大胆改组（打一鲁迅作品篇名）

58. 巧立名目（打一字）

59. 专吃金木火（打一医学术语）

60. 天苍苍，野茫茫（打一白居易七言诗句）

61. 减四余二，减二余四（打一字）

62. 遇水则清，遇火则明（打一字）

63. 冷冷清清凄凄惨惨戚戚（打二个故事片）

64. 丫丫（打一文艺名词）

65. 长安美女（此谜用心方能猜中，打一词牌）

66. 2110（打一字）

67. 凤凰台上凤凰游（打一数学名词）

68. 为什么要控制人口（打一成语）

69. 半价出售（打一字）

70. 伐（打二句《十五的月亮》歌词）

71. 拦河坝（打一字）

72. 羊叫（打一词牌）

73. 蟋蟀对鸣（打一《木兰辞》句）

74. 曲（打一曹操诗句）

75. 分（打一广告用语）

76. 他有你没有，地有天没有（打一字）

77. 九辆车（打一字）

78. 有凤凰而没有孔雀（打一字）

79. 画中不是田（打一字）

80. 谜面空白无字（打一字）

81. 说与旁人浑不解（用红笔书写，打一现代散文家）

82. 百年松柏老芭蕉（打一成语）

国学经典文库

中华历书大全

·汉字汉语·

图文珍藏版

83. 塞外秋菊漫野金（打三个中药名）

84. 谢绝参观（打一常用语）

85. 夫人何处去（打一字）

86. 一人一张口，口下长只手。（打一字）

87. 推开又来（打一字）

88. 高尔基（打一字）

89. 日近黄昏（打一中国地名）

90. 珍珠港（打一中国地名）

91. 大热天，猫、狗等都在气喘吁吁，只有羊在吃草。（打一成语）

92. 有头无颈，有眼无眉，无脚能走，有翅难飞。（打一动物）

93. 同穿衣服同穿鞋（打一与人有关的东西）

94. 一线相通，飞行空中。（打一物）

95. 一片全是草的地（打一植物名称）

96. 两对听觉器官（打一音乐家名）

97. 刽子手的嘴脸（打一两字官名）

98. 开花结桃，桃不能吃（打一物）

99. 房子三个门住着半个人（打一服装物）

100. 有果子万万千（打一计算工具）

101. 两国交战，兵强马壮（打一棋类物品）

102. 生在水中，就怕水冲，一到水里，无影无踪（打一佐料名称）

103. 一物生来身穿三百多件衣，每天脱一件，年底剩张皮（打一日常用品）

104. 金箍桶，银箍桶，打开来，箍不拢（打一动物）

105. 一枝红杏出墙来（打一成语）

106. 五句话（打一成语）

107. 扁担作字两头看（打一成语）

108. 反刍（打一成语）

109. 掠（打一成语）

110. 动物作标本（打一成语）

111. 空袭警报（打一成语）

112. 静候送礼人（打一成语）

113. 律师贪污（打一成语）

114. 弃文就武（打一成语）

115. 力争上游（打一成语）

116. 垃圾当肥料（打一成语）

117. 潜艇攻击（打一成语）

118. 细菌开会（打一成语）

119. 王八屁股（两字词）

120. 米汤淋头（打一明星）

121. 欲话无言听流水（打一字）

122. 点点营火照江边（打一字）

123. 存心不善，有口难言（打一字）

124. 太阳西边下，月亮东边挂（打一字）

125. 宝岛姑娘（打一字）

126. 千里相逢（打一字）

127. 添丁进口（打一字）

128. 与我同行（打一字）

129. 二小姐（打一字）

130. 依山傍水（打一字）

131. 十五天（打一字）

132. 九十九（打一字）

133. 一曲高歌夕阳下（打一字）

134. 两山相对又相连，中有危峰插碧天（打一字）

135. 田中（打一字）

136. 旭日东升（打一字）

137. 斩草不除根（打一字）

138. 金木水火（欠缺了土）（打一字）

139. 春和秋都不热（打一字）

140. 挥手告别（打一字）

141. 弄瓦之喜（打一字）

142. 弄璋之喜（打一字）

143. 昨日不可留（打一字）

144. 正字少一横，莫作止字打。（打一字）

145. 久雷不雨（打一字）

146. 乘人不备（打一字）

147. 人不在其位（打一字）

148. 九点（打一字）

149. 十二点（打一字）

150. 十三点（打一字）

151. 十六两多一点（打一字）

152. 矮冬瓜（打一字）

153. 独眼龙（打一字）

154. 无头无尾一亩田（打一字）

155. 傻瓜（打一字）

156. 出一半有何不可（打一字）

157. 边打边谈（打一字）

158. 休要丢人现眼（打一字）

159. 书香门第（打一字）

160. 镜中人（打一字）

161. 元旦（打一字）

162. 平均地权（打一字）

163. 结实（打一字）

164. 观不见有鸟飞来（打一字）

165. 十日谈（打一字）

166. 没有钱（打一字）

167. 打断念头（打一字）

168. 再见（打一字）

169. 手无寸铁（打一字）

170. 日落香残，洗却凡心一点（打一字）

171. 火尽炉冷，平添意马心猿（打一字）

172. 人无信不立（打一字）

173. 飞砂走石（打一字）

174. 九泉之地（打一字）

175. 三口重重叠，莫把品字猜（打一字）

176. 真心相伴（打一字）

177. 付出爱心（打一字）

178. 心香飘失，闻香无门。（打一字）

179. 学子远去，又见归来。（打一字）

180. 部位相反（打一字）

181. 阎罗王（打一字）

182. 太阳王（打一字）

183. 四退八进一（打一字）

184. 孔子登山（打一字）

185. 刀出鞘（打一字）

186. 龙袍（打一字）

187. 大口多一点（打一字）

188. 因小失大（打一字）

189. 独留花下人，有情却无心（打一字）

190. 日复一日（打一字）

191. 一夜又一夜（打一字）

192. 人我不分（打一字）

193. 春雨绵绵妻独睡（打一字）

（六）经典字谜谜底

1. 排

2. 张帅

3. 备座

4. 封面秀

5. 周迅

6. 洛兵

7. 在下、小的

8. 刘翔

9. 这回差不多

10. 十六开张

11. 哉

12. 严打、治安

13. 日心说

14. 伍豪

15. 峰会

16. 置之死地而后

17. 音阶

18. 难舍真情

19. 波导、海尔

20. 成语、实录

21. 爱丽舍、皇冠

22. 噙

23. 李国盛

24. 高招办

25. 阿杜

26. 古巴

27. 没有那回事

28. 离合总关情

29. 中行

30. 日服二次

31. 年幼无知

32. 适得其反

33. 植物肥

34. 黄兴

35. 常熟、大名

36. 引人入胜

37. 日中为市

38. 羊脂球

39. 电

40. 唐国强

41. 李时珍

42. 六一散

43. 阳朔

44. 《为了孩子》、《健康》、《读书》

45. 古

46. 豪

47. 《白痴》

48. 伯

49. 有火就有烟

50. 口

51. 专利权

52. 封面、封底

53. 头

54. 晚间有气象小雨

55. 独白、悲剧

56. 申诉、自首

57. 《明天》

国学经典文库

中华历书大全

·汉字汉语·

图文珍藏版

92. 鱼

93. 人影

94. 风筝

95. 梅花（没花）

96. 聂耳

97. 宰相

98. 棉花

99. 长裤

100. 算盘

101. 象棋

102. 盐

103. 日历

104. 蛇

105. 对外开放

106. 三言两语

107. 始终如一

108. 吞吞吐吐

109. 半推半就

110. 装模作样

111. 一鸣惊人

112. 待人接物

113. 知法犯法

114. 投笔从戎

115. 铤而走险

116. 废物利用

117. 沉着应战

118. 无微不至

119. 规定

120. 周（粥）润发

121. 活

122. 淡

123. 亚

124. 明

125. 始

国学经典文库

中华历书大全

· 汉字汉语 ·

图文珍藏版

三、歇后语

歇后语是俗语的一种，多为群众熟悉的语言。俗语包括谚语、熟语和歇后语三种形式，歇后语形式上是半截话，采用这种手法制作的联语就是"歇后语"。

歇后语是中国人民在生活实践中创造的一种特殊语言形式。它一般由两个部分组成，前半截是形象的比喻，像谜面，后半截是解释、说明，像谜底，自然贴切。在一定的语言环境中，通常说出前半截，"歇"去后半截，就可以领会和猜想出它的本意，所以称它为歇后语。

歇后语具有鲜明的民族特色，浓郁的生活，气息幽默风趣，耐人寻味，为广大人民所喜闻乐见。古代的歇后语虽然很少见于文字记载，但在民间流传肯定是不少的。如钱大昕《恒言录》所载："千里寄鹅毛，礼物轻情意重，复斋所载宋时谚也。"这类歇后语，直到今天还继续为人们所使用。

（一）常用歇后语

A

阿拉伯数字 8 字分家——零比零（0:0）

阿公吃黄连——苦也（爷）（比喻双方旗鼓相当，不分胜负、高下、优劣）

阿斗当皇帝——软弱无能

矮子骑大马——上下两难

矮子坐高凳——够不着

矮子推掌——出手不高

矮子爬坡——贪便宜

庵庙里的尼姑——没福（夫）

安禄山起兵——反了

案板底下放风筝——飞不起来

按老方子吃药——还是老一套

案板上砍骨头——干干脆脆

暗地里耍拳——瞎打一阵

岸边的青蛙——一触即跳

B

八级工拜师傅——精益求精

八十岁学吹打——上气不接下气

八月十五的月亮——光明正大

抱住木炭亲嘴——碰一鼻子黑

抱着元宝跳井——舍命不舍财

半夜吃柿子——专拣软的捏

半夜三更放大炮———鸣惊人

冰糖煮黄莲——同甘共苦

C

曹操遇蒋干——倒了大霉

茶壶煮饺子——道（倒）不出

拆了的破庙——没神

出窑的砖——定型了

厨房里的垃圾——鸡毛蒜皮

D

大姑娘坐轿——头一回

大老爷坐堂——吆五喝六

大炮打麻雀——不够本钱

大水淹了龙王庙——不认自家人

刀尖上走路——悬乎

肚皮上磨刀——好险

肚子里敲鼓——心中乱扑腾

E

二十一天不出鸡——坏蛋

F

飞蛾扑火——自取灭亡

飞机上吹笛子——唱高调

飞机上吹喇叭——空想（响）

飞机上点灯——高明

飞机上挂口袋——装疯（风）

飞机上挂暖壶——高水平（瓶）

飞机上做梦——天知道

G

擀面杖吹火——窍不通

刚孵出的小鸡——嘴硬腿软

高射炮打蚊子——大材小用

H

何家的姑娘嫁郑家——正合适

和尚打伞——无法无天

怀里抱冰——心寒

黄连树下吹喇叭——苦中作乐

火车拉汽笛——名（鸣）声挺大

J

捡芝麻丢西瓜——贪小失大

姜太公钓鱼——愿者上钩

近视眼看月亮——好大的星

井里划船——前途不大

K

开弓不放箭——虚张声势

孔夫子搬家——净输（书）

口袋里装钉子——个个想出头

L

拉磨的驴断了套——空转一遭

拉琴的丢唱本——没谱

懒婆娘的裹脚布——又臭又长

老九的弟弟——老实（十）

梁山上的兄弟——不打不相识

林黛玉进贾府——谨小慎微

刘备借荆州——有借无还

刘备摔阿斗——收买人心

刘备招亲——弄假成真

刘皇叔哭荆州——拿眼泪吓人

刘姥姥进大观园——看得出神

聋子的耳朵——摆设

鲁智深出家——毫无牵挂

捋着胡子过河——谦虚过度（渡）

M

麻子不叫麻子——坑人

麻子管事——点子多

麻子敲门——坑人到家了

麻子的脸——尽是缺点

麻子跳伞——天花乱坠

麻布片绣花——白费劲

麻布袋做龙袍——不是这块料

麻布下水——拧不干

麻布袋里的菱角——硬要钻出来

麻绳上安电灯泡——搞错了线路

麻绳拴豆腐——提不起来

麻绳穿绣花针——通不过

麻绳蘸水——紧上加紧

麻绳吊鸡蛋——两头脱空

麻线穿针眼——过得去就行

麻油煎豆腐——下了大本钱

麻柳树解板子——不是正经材料

麻茎当秤杆——没个准垦

麻花儿上吊——脆鬼

麻包里装钉子——露头

麻秆搭桥——担不起

麻秆打老虎——不痛不痒

麻雀嫁女——细吹细打

麻雀饮河水——干不了

麻雀搬家——唧唧喳喳

麻雀飞进照相馆——见面容易说话难

麻雀飞到旗杆上——鸟不大，架子倒不小

麻雀飞到糖堆上——空欢喜

麻雀的肚腹——心眼狭小

麻雀掉在面缸里——糊嘴

麻雀开会——细商量

麻雀飞大海——没着落

麻雀鼓肚子——好大的气

蚂蚁背田螺——假充大头鬼

蚂蚁嘴碾盘——嘴上的劲

蚂蚁爬扫帚——条条是路

蚂蚁关在鸟笼里——门道很多

蚂蚁讲话——碰头

蚂蚁尿书本——识（湿）字不多

蚂蚁搬磨盘——枉费心机

蚂蚁脖子戳一刀——不是出血的筒子

蚂蚁拖耗子——心有余而力不足

蚂蚁搬家——大家动口

蚂蚁抬虫子——个个使劲

蚂蚁背螳螂——肩负重任

蚂蚁头上砍一刀——没血肉

蚂蚁吃萤火虫——亮在肚里

蚂蚁戴谷壳——好大的脸皮

蚂蚁搬泰山——下了狠心

蚂蚁扛大树——不自量力

蚂蚁头上戴斗笠——乱扣帽子

蚂蚁碰上鸡——活该

蚂蚁挡道儿——颠不翻车

蚂蚁抓上牛角尖——自以为上了高山

蚂蚁搬家——不是风，就是雨

蚂蚁看天——不知高低

蚂蚁喝水——点滴就够

蚂蚁下塘——不知深浅

蚂蚁进牢房——自有出路

蚂蚱上豆架——借大架子吓人

蚂蚱驮砖头——吃不住劲

蚂蚱斗公鸡——自不量力

蚂蚱打喷嚏——满口青草气

蚂蟥的身子——软骨头

蚂蟥见血——盯（叮）住不放

马大哈当会计——全是糊涂账

马来西亚的咖啡——耐人寻味

马勺碰锅沿——常有的事

马嚼子套在牛嘴上——胡勒

马路不叫马路——公道

马蜂过河——歹（带）毒

马蜂蜇秃子——没遮没盖

国学经典文库

中华历书大全

·汉字汉语·

图文珍藏版

盲人打牌九——瞎摸

盲人聊天——瞎扯谈

盲人买喇叭——瞎吹

盲公打灯笼——照人不照己

盲人骑瞎马——乱闯

盲人戴眼镜——假聪（充）明

盲人拉风箱——瞎鼓捣

盲人剥蒜——瞎扯皮

盲人学绣花——瞎逞能

盲人上大街——目中无人

盲人给盲人带路——瞎扯

猫不吃鱼——假斯文

猫儿抓老鼠——祖传手艺

猫儿捉老鼠狗看门——各守本分

猫儿教老虎——留一手

猫钻狗洞——容易通过

猫钻鼠洞——通不过

猫儿念经——假充善人

猫爪伸到鱼缸里——想捞一把

猫披老虎——抖威风

猫肚子放虎胆——凶不起来

猫守鼠洞——不动声色

猫头鹰抓耗子——干好事，落骂名

猫头鹰唱歌——瞎叫唤

馒头里包豆渣——人家不夸自己夸

埋下的地雷——一触即发

买回彩电带回发票——有根有据

买咸鱼放生——尽做冤枉事

买椟还珠——不识货

卖了衣服买酒喝——顾嘴不顾身

卖了儿子招女婿——颠倒着做

卖完孩子唱大戏——庆的什么功

卖水的看大河——尽是钱

卖炒勺的——拣有把握的来

卖米不带升——居心不良（量）

卖煎饼的赔本——摊（贪）大了

卖螃蟹的上戏台——角（脚）色不少，能唱的不多

卖木脑壳被贼抢——大丢脸面

卖瓦盆的——要一套有一套

卖瓦盆的摔跟头——乱了套

卖虾的不拿秤——抓瞎（虾）

卖盐的喝开水——没味道

卖馒头的掺石灰——面不改色

卖豆芽的抖搂筐——干净利索

卖油的不打盐——不管闲（咸）事

卖油条的拉胡琴——游（油）手好闲（弦）

卖牛卖地娶回个哑巴——无话可说

卖豆腐的扛马脚——生意不大架子大

卖花的，说花香；卖菜的，说菜鲜——各有一套

卖鸭子儿的换筐——捣（倒）蛋

麦秆吹火——小气

麦芒戳到眼睛里——又刺又痛

麦糠搓绳——搭不上手

麦茬地里磕头——戳眼

麦秆顶门——白费力

麦秆儿当秤——没斤没两

麦秸秆里瞧人——小瞧

麦秸堆里装炸药——乱放炮

满天刷糨糊——胡（湖）云

满口黄连——说不完的苦

满口金牙——开口就是谎（黄）

满园果子——就数（属）你红

满身沾油的老鼠往火里钻——哪还有它好过的

茅厕里啃香瓜——不对味儿

茅坑里的石头——又臭又硬

茅坑里丢炸弹——激起公愤（粪）

茅坑里安电扇——出臭风头

茅坑里放玫瑰花——显不出香味

国学经典文库

中华历书大全

·汉字汉语·

图文珍藏版

帽沿儿做鞋垫儿———一贬到底

冒名顶替——以假乱真

没弦的琵琶——从哪儿谈（弹）起

没有根的浮萍——无依无靠

没牙老婆啃骨头——靠舔

煤球放在石灰里——黑白分明

煤灰拌石灰——黑白不分

美食家聊天——讲吃不讲穿

梅兰芳唱霸王别姬——拿手好戏

霉烂的冬瓜——肚子坏水

霉烂了的莲藕——坏心眼

煤炭下水———一辈子洗不清

煤面子捏的人——黑心肝

煤铺的掌柜——赚黑钱

媒婆子烂嘴——口难张

媒婆夸闺女——天花乱坠

媒婆提亲——净拣好听的说

媒婆迷了路——没说的了

眉毛上失火——红了眼

眉毛上放爆竹——祸在眼前

眉毛上搭梯子——放不下脸

眉毛胡子一把抓——主次不分

眉毛上荡秋千——玄乎

眉毛上掐虱子——有眼色（虱）

磨上睡觉——转向了

磨眼里推稀饭——装什么糊涂

妹妹贴对联——不分上下

梅香拜把子——都是奴才

梦中聚餐——嘴馋

梦里见黄连——想苦了

梦里娶媳妇——想得倒美

梦里吃蜜——想得甜

梦里坐飞机——想头不低

梦里拾钱——瞎高兴

梦里结亲——好事不成

梦里讲的话——不知是真是假

梦里讲新郎——空喜一场

孟获归降——口服心服

孟姜女寻夫——不远千里

猛火烤烧饼——不出好货

蒙着被子放屁——独（毒）吞

蒙上眼睛拉磨——瞎转悠

棉花耳朵——经不起吹

棉花换核桃——吃硬不吃软

棉花里藏针——柔中有刚

棉花堆失火——没救

棉花堆里找跳蚤——没着落

棉花地里种芝麻——一举两得

棉花耳朵——根子软

棉花塞住了鼻子——憋得难受

棉花卷儿找锣——没回音

棉花槌打鼓——没音

棉纱线牵毛驴——不牢靠

棉裤没有腿——凉了半截

棉袄改皮袄——越变越好

摸着石头过河——稳稳当当

摸着光逗乐——耍滑头

摸黑儿打耗子——到处碰壁

门缝里看人——把人看扁了

门槛下的砖头——踢进踢出

门缝里看天——目光狭小

门槛上拉屎——里外臭

门上的封条——扯不得

门后面的扫帚——专拣脏事做

门角落里的秤砣——死（实）心眼

门框脱坯子——大模大样

门头上挂席子——不像话（画）

弥勒佛——笑口常开

国学经典文库

中华历书大全

·汉字汉语·

图文珍藏版

米筛挡阳光——遮不住

米筛里睡觉——浑身是眼

米筛装水——漏洞多

米饭煮成粥——糊涂

米店卖盐——多管闲（咸）事

蜜蜂的屁股——刺儿头

蜜蜂的眼睛——突出

蜜蜂窝——窟窿

蜜蜂飞到彩画上——空欢喜

密封船下水——随波逐流

庙里的和尚——无牵无挂

庙里的泥像——有人样，没人味

庙里头放屁——熏爷爷来了

庙里的佛爷——有眼无珠

庙里的马——精（惊）不了

庙里的钟——声大肚里空

茉莉花喂骆驼——那得多少

墨里藏针——难找寻

墨鱼肚肠河豚肝——又黑又毒

N

拿着凤凰当鸡卖——贵贱不分

泥菩萨过河——自身难保

P

判官的女儿——鬼丫头

皮球抹油——又圆又滑

Q

七窍通了六窍——一窍不通

骑驴看唱本——走着瞧

秦琼卖马——没办法

秦始皇灭六国——一统天下

秋后的蚂蚱——蹦跶不了几天

R

热锅上的蚂蚁——团团转

肉包子打狗——有去无回

S

入秋的高粱——老来红

三十晚上盼月亮——没指望

沙滩上走路——一步一个脚印

上鞋不用锥子——真（针）行

十五只吊桶打水——七上八下

屎壳郎搬家——滚蛋

屎壳郎下饭馆——臭讲究

寿星拿琵琶——老调常谈

司马昭之心——无路人皆知

宋江的军师——无（无）用

孙二娘开店——进不得

孙猴子穿汗衫——半截不像人

孙悟空大闹天宫——慌了神

孙悟空的金箍棒——能大能小

孙悟空翻跟头——十万八千里

孙悟空碰见如来佛——有法难施

孙悟空听见金箍咒——头疼

T

偷来的锣鼓——打不得

头发里找粉刺——吹毛求疵（刺）

头上点灯——高明

秃头上的虱子——明摆着

驼子上山——前（钱）紧

W

温水烩饼子——皮热心凉

温水烫鸡毛——难扯

温水煮板栗——半生不熟

温火爆牛肉——慢工夫

温汤里煮鳖——不死不活

捂着耳朵放炮——怕听偏听见

捂着屁股过河——小心过度（渡）

屋檐边的水——点滴不离窝

屋檐下躲雨——不长久

国学经典文库

中华历书大全

·汉字汉语·

图文珍藏版

国学经典文库

中华历书大全

·汉字汉语·

图文珍藏版

屋顶上的王八——上不着天，下不着地

娃娃逗妹妹——嘻嘻哈哈

娃娃鱼爬上树——左看右看不是人

娃娃鱼的嘴——好吃

蚊子叮鸡蛋——无缝可钻

蚊子咬人——全凭你一张好嘴

蚊子放屁——小气

蚊子飞过能认公母——好眼力

蚊子衔秤砣——好大的口气

蚊叮菩萨——认错了人

蚊子肚里找肝胆——有意为难

蚊打哈欠——日气不小

蚊子找蜘蛛——自投罗网

蚊子唱小曲儿——要叮人

蚊虫遭扇打——吃了嘴的亏

晚上赶集——散了

蜗牛壳里睡觉——难翻身

蜗牛赴宴——不速之客

蜗牛的房子——背在身上

蜗牛赛跑——慢慢爬

蜈蚣吃蝎子——以毒攻毒

万岁他掉在井里——不敢劳（捞）你的大驾

围着叫化子逗乐——拿穷人开心

围着火炉吃西瓜——心上甜丝丝，身上暖烘烘

围棋盘内下象棋——不对路数

财神爷敲门——福从天降

娃娃看戏——欢天喜地

娃娃看魔术——莫名其妙

娃娃上街——哪里热闹到哪里

娃娃玩火——万万不可

娃娃当司令——小人得志

娃娃下棋——胸无全局

娃娃骑木马——不进不退

闻鼻烟蘸唾沫——假行家

挖井碰上自流泉——正合心意

挖了眼当判官——瞎到底了

瓦石榴——看得吃不得

袜子改长裤——高升

歪嘴吃石榴——尽出歪点子

歪嘴吹喇叭——一股邪(斜)气

歪嘴吹笛子——对不上眼

歪嘴吹灯——满口邪(斜)气

歪嘴和尚——没正经

歪嘴吹海螺——两将就

歪嘴婆婆喝汤——左喝右喝

歪嘴婆娘跌跤——上错下也错

歪嘴和尚念经——说不出一句正经话

歪嘴当骑兵——马上丢丑

歪脖子说话——嘴不对心

歪戴帽子歪穿袄——不成体统

歪锅配扁灶——一套配一套

歪头看戏怪台斜——无理取闹

歪嘴戴口罩——看不出毛病

歪脖子看表——观点不正

歪脖子挂项链——不见得美

歪嘴佬吹喇叭——调子不正

外甥披孝——无救(舅)

外婆得了个小儿子——有救(舅)了

外屋里的灶王爷——独座儿

外头拾块铺衬,屋里丢件皮袄——得不偿失

外贸商品不合格——难出口

弯刀遇见瓢切菜——正合适

弯腰树——直不起来

王老道求雨——早晚在今年

王八吃秤砣——铁了心

王八吃西瓜——滚的滚,爬的爬

王八肚上插鸡毛——归(龟)心似箭

王八咬手指——死不松口

国学经典文库

中华历书大全

·汉字汉语·

图文珍藏版

王八作报告——憋（鳖）声憋（鳖）气

王八的屁股——规定（龟腚）

王八心肠——直肠直肚，装不住啥

王小二过年——一年不如一年

王小二敲锣打鼓——穷得叮当响

王母娘娘的棒槌石——经过大阵势

王安石画圆圈——留下一个尾巴

王悄斗石崇——甘拜下风

王母娘娘的蟠桃——再好也吃不到

王母娘娘伸手——要风得风，要雨得雨

王麻子吃核桃——里外出点子

王道土画符——自己明白

王婆卖瓜——自卖自夸

王宝钗爱上叫化子——有远见

X

膝盖上钉掌——离题（蹄）太远

瞎子点灯——白费蜡

瞎子认针——对不上眼

小葱拌豆腐——一清（青）二白

小和尚念经——有口无心

小泥鳅跳龙门——妄想成龙

小子打老子——岂有此理

秀才遇到兵——有理说不清

徐悲鸿的马——中看不中用

徐庶进曹营——一言不发

Y

哑巴挨打——痛不堪言

哑巴吃黄连——有苦难言

哑巴吃饺子——心里有数

哑巴拾黄金——说不出的高兴

阎王爷贴告示——鬼话连篇

叶公好龙——口是心非

一根筷子吃藕——专挑眼

鱼口里的水——有进有出

月亮跟着太阳走——借光

Z

张飞吃豆芽——小菜一碟

张飞穿针——大眼瞪小眼

张飞卖豆腐——人硬货不硬

张飞遇李逵——黑对黑

芝麻开花——节节高

芝麻落进针眼里——巧极了

周瑜打黄盖——一个愿打，一个愿挨

周瑜归天——气死的

竹篮打水——一场空

锥子上抹油——又尖又滑

走夜路吹口哨——壮自己的胆子

做一天和尚撞一天钟——得过且过

（二）十二生肖歇后语

鼠

老鼠过街——人人喊打

老鼠见了猫——骨头都软了

老鼠吃猫——怪事

老鼠啃皮球——客（嗑）气

老鼠钻到风箱里——两头受气

老鼠啃碟子——全是词（瓷）

老鼠碰见猫——难逃

老鼠跳进糠囤里——空欢喜

老鼠钻进书箱里——咬文嚼字

牛

牛蹄子——两瓣儿

牛口里的草——扯不出来

老牛上了鼻绳——跑不了

老牛拖破车——一摇三摆

牛鼻子穿环——让人家牵着走

牛吃卷心菜——各人心中爱

老牛追兔子——有劲使不上

虎

老虎嘴边的胡须——谁敢去摸

老虎下山——来势凶猛

老虎上山——谁敢阻拦

老虎上街——人人害怕

老虎长了翅膀——神了

老虎当和尚——人面兽心

老虎打架——劝不得

老虎挂念珠——假慈悲

老虎拉车——谁敢（赶）

老虎屁股——摸不得

老虎头上拔毛——不知厉害

老虎头上拍苍蝇——好大的胆子

老虎嘴里拔牙——找死

兔

兔子不吃窝边草——留青（情）

兔子的腿——跑得快

兔子的耳朵——听得远

兔子的嘴——三片儿

兔子的尾巴——长不了

兔子撵乌龟——赶得上

兔子拉车——连蹦带跳

龙

两个人舞龙——有头有尾

叶公好龙——假爱

龙灯胡须——没人理

龙船上装大粪——臭名远扬

鲤鱼跳龙门——高升

龙王跳海——回老家

蛇

蛇吃鳗鱼——比长短

蛇钻到竹筒里——只好走这条道儿

蛇钻窟窿——顾前不顾后

蛇头上的苍蝇——自来的粮食

蛇入曲洞——退路难

马

马尾穿豆腐——提不起来

马槽里伸个驴头——多了一张嘴

马撩后腿——逞强

马群里的骆驼——高一等

马尾做琴弦——不值一谈（弹）

马背上看书——走着瞧

马打架——看题（蹄）

马拉独轮车——说翻就翻

马后炮——弄得迟了

马尾搓绳——用不上劲

马尾绑马尾——你踢我也踢，你打我也打

羊

羊钻进了虎嘴里——进得来，出不去

羊羔吃奶——双膝跪地

羊群里跑出个兔——数它小，数它精

羊身上取鸵毛——没法

羊群里跑出个骆驼——抖什么威风

羊撞篱笆——进退两难

猴

猴子爬树——拿手好戏

猴子长角——出洋相

猴子照镜子——里外不是人

猴子捞月亮——空忙一场

猴子的脸——说变就变

猴子看书——假斯文

鸡

鸡屙尿——没见过

鸡给黄鼠狼拜年——自投罗网

鸡毛做毽子——闹着玩的

鸡孵鸭子——干着忙

鸡毛炒韭菜——乱七八糟

鸡蛋壳发面——没多大发头

狗

狗吃王八——找不到头

狗扯羊肠——越扯越长

狗逮老鼠猫看家——反常

狗吠月亮——少见多怪

狗掀门帘——全仗一张嘴

狗咬耗子——多管闲事

猪

猪向前拱，鸡往后扒——各有各的路

猪脑壳——死不开窍猪肉汤洗澡——腻死人

猪鬃刷子——又粗又硬

猪嘴里挖泥鳅——死也挖不出来

猪大肠——扶不起来

猪鼻子插葱——装像（象）

四、大众谚语

谚语是中华传统文化的重要组成部分，在民间文学艺术宝库中占有特殊地位。它言简意赅，富含哲理，以形象生动、简洁凝练、质朴明快、含蓄隽永的艺术语言向人们揭示真理、传授经验，使人们从中获得智慧，得到启迪。

谚语历史悠久，源远流长，历代著述，均有引录；它更用于警戒、劝讽、启迪或教育后人。一位西文哲人曾经说过，一种语言本身就储藏着那个民族的文化。的确，一个民族的历史、传统、习俗、心态乃至于思维和观念，都能在语言中活生生地反映出来，谚语也是如此。所以它也常常被人们誉为"智慧的花朵"、"哲理的小诗"、"生活的小百科"。

经过几千年的语言与文化的积累，谚语成为人们社会生活经验的浓缩体现，是劳动人民智慧和情感的结晶。它虽是人民群众口头流传的习用的固定语句，但是却能在简单通俗的话语里反映深刻的道理。

谚语不仅被群众广泛应用，而且在许多历史古籍中也有所体现，早在先秦时期的文献里就有不少"引谚"的实例，在《易经》、《尚书》、《左传》、《战国策》、《国语》、《孟子》、《史记》等古籍中，都提到并且记载了谚语，宋代以后还出现了关于俗谚的专著，如《古今谚》等。谚语是劳动人民对生活和生产劳动的经验总结，是一种广泛流传于民间的简练通俗而富有意义的"现成语"，它体现了人们对生活和生产的经验感受，是劳动人民的智慧结晶。

谚语反映着人们生活的各个方面,给人以启迪,现总结如下:

(一)实践、经验、人生感悟

1. 不当家,不知柴米贵;不生子,不知父母恩。

2. 不摸锅底手不黑,不拿油瓶手不腻。

3. 水落现石头,日久见人心。

4. 打铁的要自己把钳,种地的要自己下田。

5. 打柴问樵夫,驶船问艄公。

6. 宁可做过,不可错过。

7. 头回上当,二回心亮。

8. 发回水,积层泥;经一事,长一智。

9. 耳听为虚,眼见为实。

10. 老马识路数,老人通世故。

11. 老人不讲古,后生会失谱。

12. 老牛肉有嚼头,老人言有听头。

13. 老姜辣味大,老人经验多。

14. 百闻不如一见,百见不如一干。

15. 吃一回亏,学一回乖。

16. 当家才知盐米贵,出门才晓路难行。

17. 光说不练假把式,光练不说真把式,连说带练全把式。

18. 多锉出快锯,多做长知识。

19. 树老根多,人老识多。

20. 砍柴上山,捉鸟上树。

21. 砍柴砍小头,问路问老头。

22. 砂锅不捣不漏,木头不凿不通。

23. 草遮不住鹰眼,水遮不住鱼眼。

24. 药农进山见草药,猎人进山见禽兽。

25. 是蛇一身冷,是狼一身腥。

26. 香花不一定好看,会说不一定能干。

27. 经一番挫折,长一番见识。

28. 经得广,知得多。

29. 要知山中事,乡间问老农。

30. 要知父母恩,怀里抱儿孙。

31. 要吃辣子栽辣秧,要吃鲤鱼走长江。

32. 树老半空心，人老百事通。

33. 一人说话全有理，两人说话见高低。

34. 一正辟三邪，人正辟百邪。

35. 一时强弱在于力，万古胜负在于理。

36. 一理通，百理融。

37. 人怕没理，狗怕夹尾。

38. 人怕理，马怕鞭。

39. 人横有道理，马横有缰绳。

40. 人多出正理，谷多出好米。

41. 不看人亲不亲，要看理顺不顺。

42. 天上无云不下雨，世间无理事不成。

43. 天下的弓都是弯的，世上的理都是直的。

44. 天无二日，人无二理。

45. 井越掏，水越清；事越摆，理越明。

46. 无理心慌，有理胆壮。

47. 牛无力拖横耙，人无理说横话。

48. 认理不认人，不怕不了事。

49. 认理不认人，帮理不帮亲。

50. 水大漫不过船，手大遮不住天。

51. 水不平要流，理不平要说。

52. 水退石头在，好人说不坏。

53. 以势服人口，以理服人心。

54. 让人一寸，得理一尺。

55. 有理说实话，没理说蛮话。

56. 有理的想着说，没理的抢着说。

57. 有理不怕势来压，人正不怕影子歪。

58. 有理不在言高，有话说在面前。

59. 有理不可丢，无理不可争。

60. 有理赢，无理输。

61. 有理摆到事上，好钢使到刃上。

62. 有理走遍天下，无理寸步难行。

63. 有斧砍的树倒，有理说的不倒。

64. 有志不在年高，有理不在会说。

65. 吃饭吃米，说话说理。

66. 吃人的嘴软,论人的理短。

67. 吃要吃有味的,说要说有理的。

68. 会走走不过影,会说说不过理。

69. 舌头是肉长的,事实是铁打的。

70. 灯不亮,要人拨;事不明,要人说。

71. 灯不拨不亮,理不辩不明。

72. 好人争理,坏人争嘴。

73. 好茶不怕细品,好事不怕细论。

74. 好酒不怕酿,好人不怕讲。

75. 走不完的路,知不完的理。

76. 走路怕暴雨,说话怕输理。

77. 坛口封得住,人口封不住。

78. 理不短,嘴不软。

79. 菜没盐无味,话没理无力。

80. 脚跑不过雨,嘴强不过理。

81. 做事循天理,出言顺人心。

82. 船稳不怕风大,有理通行天下。

83. 煮饭要放米,讲话要讲理。

84. 隔行如隔山,隔行不隔理。

85. 鼓不敲不响,理不辩不明。

86. 路是弯的,理是直的。

87. 人有志,竹有节。

88. 人有恒心万事成,人无恒心万事崩。

89. 人不在大小,马不在高低。人往高处走,水往低处流。

90. 人往大处看,鸟往高处飞。

91. 人争气,火争焰,佛争一炷香。

92. 人老心不老,身穷志不穷。

93. 人要心强,树要皮硬。

94. 人凭志气,虎凭威势。

95. 人怕没志,树怕没皮。

96. 人起心发,树起根发。

97. 三百六十行,行行出状元。

98. 山高有攀头,路远有奔头。

99. 山高流水长,志大精神旺。

100. 小人记仇,君子长志。

101. 一天省下个葫芦头,一年省下只大黄牛。

102. 一天省下一两粮,十年要用仓来装。

103. 一天省一把,十年买匹马。

104. 一天一根线,十年积成缎。

105. 一天吃餐粥,一年省石谷。

106. 一滴汗珠万粒粮,细水长流度灾荒。

107. 万石谷,粒粒积累;千丈布,根根织成。

108. 万物土中生,全靠两手勤。

109. 寸土寸金,地是老根。

110. 寸土不空,粮食满囤。

111. 上山弯弯腰,回家有柴烧。

112. 千靠万靠,不如自靠。

113. 门前有马非为富,家中有人不算穷。

114. 不怕天寒地冻,就怕手脚不动。

115. 不怕慢,就怕站;站一站,二里半。

116. 不怕少年苦,只怕老来穷。

117. 不怕吃饭拣大碗,就怕干活爱偷懒。

118. 少不惜力,老不歇心。

119. 手艺是活宝,天下饿不倒。

120. 长江不拒细流,泰山不择土石。

121. 今日有酒今朝醉,明天倒灶喝凉水。

122. 从俭入奢易,从奢入俭难。

123. 毛毛雨,打湿衣裳;杯杯酒,吃垮家当。

124. 心要常操,身要长劳。

125. 火越烧越旺,人越干越壮。

126. 尺有尺用,寸有寸用。

127. 双手是活宝,一世用不了。

128. 水滴石穿,坐食山空。

129. 功成由俭,业精于勤。

130. 好问不迷路,好做不受贫。

131. 求人不如求己,使人不如使腿。

132. 囤尖省,日子长;囤底省,打饥荒。

133. 男也懒,女也懒,下雨落雪翻白眼。

134. 坐吃山空,立吃地陷。

135. 每日省一钱,三年并一千。

136. 近河莫枉费水,近山莫枉烧柴。

137. 冷天不冻下力汉,黄土不亏勤劳人。

138. 没有乡下泥腿,饿死城里油嘴。

139. 三勤一懒,想懒不得懒;三懒一勤,想勤不得勤。

140. 居家要俭,行旅要慎。

141. 前留三步好走,后留三步好退。

142. 紧行无好步,慢尝得滋味。

143. 柴经不起百斧,人经不起百语。

144. 家不和,外人欺。

为人、处世、生活体会

1. 一人修路,万人安步。

2. 一人作恶,万人遭殃。

3. 一人不说两面话,人前不讨两面光。

4. 一字两头平,戥秤不亏人。

5. 一好遮不了百丑,百好遮不了一丑。

6. 一个鸡蛋吃不饱,一身臭名背到老。

7. 人怕放荡,铁怕落炉。

8. 人怕引诱,塘怕渗透。

9. 人怕私,地怕荒。

10. 人怕没脸,树怕没皮。

11. 人靠自修,树靠人修。

12. 人靠心好,树靠根牢。

13. 人心换人心,八两换半斤。

14. 人前若爱争长短,人后必然说是非。

15. 人要实心。火要空心。

16. 人是实的好,姜是老的辣。

17. 入山不怕伤人虎,只怕人情两面刀。

18. 刀伤易治,口伤难医。

19. 大路有草行人踩,心术不正旁人说。

20. 千金难买心,万金不卖道。

21. 小时偷针,大了偷金。

22. 小人记仇,君子感恩。

23. 不怕怒目金刚,只怕眯眼菩萨。

24. 不怕虎狼当面坐,只怕人前两面刀。

25. 不怕人不敬,就怕己不正。

26. 不怕鬼吓人,就怕人吓人。

27. 不要骑两头马,不要喝两头茶。

28. 不是你的财,别落你的袋。

29. 不吃酒,脸不红;不做贼,心不惊。

30. 不图便宜不上当,贪图便宜吃大亏。

31. 天凭日月,人凭良心。

32. 歹马害群,臭柑豁筐。

33. 劝人终有益,挑唆害无穷。

34. 打人两日忧,骂人三日羞。

35. 打空拳费力,说空话劳神。

36. 击水成波,击石成火,激人成祸。

37. 只可救人起,不可拖人倒。

38. 只可救苦,不可救赌。

39. 只有修桥铺路,没有断桥绝路。

40. 只有千里的名声,没有千里的威风。

41. 鸟惜羽毛虎惜皮,为人处世惜脸皮。

42. 宁可认错,不可说谎。

43. 宁可荤口念佛,不可素口骂人。

44. 宁可无钱,不可无耻。

45. 宁可正而不足,不可邪而有余。

46. 宁可明枪交战,不可暗箭伤人。

47. 宁可一日没钱使,不可一日坏行止。

48. 宁叫心受苦,不叫脸受热。

49. 宁伸扶人手,莫开陷人口。

50. 宁救百只羊,不救一条狼。

51. 一个和尚挑水喝,两个和尚抬水喝,三个和尚没水喝。

52. 一心想赶两只兔,反而落得两手空。

53. 一问三不知,神仙没法治。

54. 一年算得三次命,无病也要变有病。

55. 一瓶子水不响,半瓶子水乱晃。

56. 人心不足蛇吞象,贪心不足吃月亮。

57. 人在福中不知福，船在水中不知流。

58. 人见利而不见害，鱼见食而不见钓。

59. 人越嬉越懒，嘴越吃越馋。

60. 自家的肉不香，人家的菜有味。

61. 多鸣之猫，捕鼠必少。

62. 论旁人斤斤计较，说自己花好稻好。

63. 好药难治冤孽病，好话难劝糊涂虫。

64. 伶俐人一拨三转，糊涂人棒打不回。

65. 身穿三尺衣，说话无高低。

66. 纸做花儿不结果，蜡做芯儿近不得火。

67. 鸡大飞不过墙，灶灰筑不成墙。

68. 看人挑担不吃力，自己挑担步步歇。

69. 看佛警僧，看父警子。

70. 说话看势头，办事看风头。

71. 爹不识耕田，子不识谷种。

72. 家人说话耳旁风，外人说话金字经。

73. 家无主心骨，扫帚颠倒竖。

74. 能大能小是条龙，只大不小是条虫。

75. 眼大肚子小，争起吃不了。

76. 大王好见，小鬼难求。

77. 大树一倒，猢狲乱跑。

78. 三年清知府，十万雪花银。

79. 上了赌场，不认爹娘。

80. 门前有个讨饭棍，骨肉至亲不上门。

81. 门前出起青草墩，嫡亲娘舅当外人。

82. 小人自大，小溪声大。

83. 天下乌鸦一般黑，世上财主一样狠。

84. 天下衙门朝南开，有理无钱莫进来。

85. 不种泥田吃好饭，不养花蚕着好丝。

86. 牛角越长越弯，财主越大越贪。

87. 牛眼看人高，狗眼看人低。

88. 财大折人，势大压人。

89. 拍马有个架，先笑后说话。

90. 贫居闹市无人问，富在深山有远亲。

国学经典文库

中华历书大全

·汉字汉语·

图文珍藏版

91. 一手难遮两耳风,一脚难登两船。

92. 一手捉不住两条鱼,一眼看不清两行书。

93. 一人传虚,百人传实。

94. 一样事,百样做。

95. 好饭不怕晚,好话不嫌慢。

96. 买卖不成仁义在。

97. 你敬人一尺,人敬您一丈。

98. 你对人无情,人对你薄意。

99. 冷天莫遮火,热天莫遮风。

100. 君子动口,小人动手。

101. 君子争礼,小人争嘴。

102. 忍一句,息一怒;饶一着,赢一步。

103. 若要好,大让小。

104. 事怕合计,人怕客气。

105. 和人路路通,惹人头碰痛。

106. 美言美语受人敬,恶言恶语伤人心。

107. 说归说,笑归笑,动手动脚没家教。

108. 逢着瞎子不谈光,逢着癞子不谈疮。

109. 病好不谢医,下次无人医。

110. 爱徒如爱子,尊师如尊父。

111. 敬老得老,敬禾得宝。

112. 出笼的鸟儿难回,出口的话儿难收。

113. 只有大意吃亏,没有小心上当。

114. 过头话少说,过头事少做。

115. 对人要宽,对己要严。

116. 字不可重写,话不可乱传。

117. 自夸没人爱,残花没人戴。

118. 豆腐莫烧老了,大话莫说早了。

119. 吃饭防噎,走路防跌。

120. 绊人的桩,不一定高;咬人的狗,不一定叫。

121. 实干能成事,虚心能添智。

122. 宁走十步远,不走一步险。

123. 失事容易,得事艰难。

124. 宁可悔了改,不可做了悔。

125. 盐多了咸,话多了烦。

126. 逢人莫乱讲,逢事莫乱闯。

127. 一娇百病生,浅水溺死人。

128. 说话细思考,吃饭细咀嚼。

129. 食多伤胃,言多语失。

130. 树大招风,气大遭凶。

131. 一个朋友一条路,一个冤家一堵墙。

132. 人急投亲,鸟急投林。

133. 儿子疼小的,媳妇疼巧的。

134. 儿多不如儿少,儿少不如儿好。

135. 亏地不结籽,亏人不相交。

136. 广交不如择友,投师不如访友。

137. 子不嫌母丑,狗不嫌家贫。

138. 马好坏骑着看,友好坏交着看。

139. 马好不在叫,人美不在貌。

140. 无妻不成家,无梁不成屋。

141. 月有圆有缺,人有聚有别。

142. 今天来客,往日有意;今天打架,往日有气。

143. 水大不能漫船,职大不能欺亲。

144. 打铁不惜炭,养儿不惜饭。

145. 节令不到,不知冷暖;人不相处,不知厚薄。

146. 在家靠父母,出门靠朋友。

147. 宁交双脚跳,不交眯眯笑。

148. 有情饮水饱,无情吃饭饥。

149. 朽木不可为柱,坏人不可为伍。

150. 吃得好,穿得好,不如两口白头老。

151. 岁寒知松柏,患难见交情。

152. 会选的选儿郎,不会选的选家当。

153. 会嫁嫁对头,不会嫁嫁门楼。

154. 会交的交三辈,不会交的交一辈。

155. 行要好伴,居要好邻。

156. 交友分厚薄,穿衣看寒暑。

157. 交义不交财,交财两不来。

158. 衣不如新,人不如故。

159. 好狗不咬鸡,好汉不打妻。

160. 买马要看口齿,交友要摸心底。

161. 男怕入错行,女怕嫁错郎。

162. 近邻不可断,远友不可疏。

(二)意志、干劲、科学态度

1. 有志者事竟成。

2. 无志山压头,有志人搬山。

3. 志在顶峰的人,不在半坡留恋。

4. 理想是力量,意志是力量,知识是力量。

5. 没有松柏性,难得雪中青。

6. 三军可以夺帅,匹夫不可夺志。

7. 决心要成功的人,已成功了一半。

8. 鹰飞高空鸡守笼,两者理想各不同。

9. 鸟有翅膀,人有理想。

10. 有志漂洋过海,无志寸步难行。

11. 树怕烂根,人怕无志。

12. 船的力量在帆上,人的力量在心上。

13. 天下无难事,只怕有心人。

14. 有志不在年高,无志空长百岁。

15. 好儿女志在四方。

16. 没有意志的人,一切都感到困难;没有头脑的人,一切都感到简单。

17. 人若无志,纯铁无钢。

18. 没有铁锹挖洞难,没有志气进取难。

19. 不怕知浅,就怕志短。

20. 不怕百战失利,就怕灰心丧气。

21. 不怕人老,就怕心老。

22. 决心攀登高峰的人,总能找到道路。

23. 没有目标的生活,就像没有舵的船。

24. 人无志向,和迷途的盲人一样。

25. 聪明人把希望寄托在事业上,糊涂人把希望寄托在幻想上。

26. 宁可折断骨头,不可背弃信念。

27. 通向崇高目标的道路,总是崎岖艰难的。

28. 摔倒七次,第八次站起来。

29. 山高不算高，人登山顶比山高。

30. 刀在石上磨，人在世上练。

31. 铁要打，人要练。

32. 老天不负勤苦人。

33. 艺高人胆大。

34. 身经百战，浑身是胆。

35. 钢不压不成材。

36. 有苦干的精神，事情便成功了一半。

37. 雨淋青松松更青，雪打红梅梅更红。

38. 不经风雨不成材，不经高温不成钢。

39. 铁是打出来的，马是骑出来的。

40. 夜越黑珍珠越亮，天越冷梅花越香。

41. 能力同肌肉一样，锻炼才能生长。

42. 好马要是三年不骑，会比驴子还笨。

43. 牡丹花好看，可没有菊花耐寒。

44. 不经琢磨，宝石也不会发光。

45. 一等二靠三落空，一想二干三成功。

46. 一天不练手脚慢，两天不练丢一半，三天不练门外汉，四天不练瞪眼看。

47. 十年练得好文秀才，十年练不成田秀才。

48. 人行千里路，胜读十年书。

49. 人心隔肚皮，看人看行为。

50. 口说无凭，事实为证。

51. 湖里游着大鲤鱼，不如桌上小鲫鱼。

52. 口说不如身到，耳闻不如目睹。

53. 山里孩子不怕狼，城里孩子不怕官。

54. 万句言语吃不饱，一捧流水能解渴。

55. 山是一步一步登上来的，船是一橹一橹摇出去的。

56. 千学不如一看，千看不如一练。

57. 不怕路长，只怕志短。

58. 不怕百事不利，就怕灰心丧气。

59. 不怕山高，就怕脚软。

60. 不怕学不成，就怕心不诚。

61. 不怕学问浅，就怕志气短。

62. 不担三分险，难练一身胆。

国学经典文库

中华历书大全

·汉字汉语·

图文珍藏版

63. 不磨不炼,不成好汉。

64. 木尺虽短,能量千丈。

65. 天无一月雨,人无一世穷。

66. 天不生无用之人,地不长无名之草。

67. 见强不怕,遇弱不欺。

68. 月缺不改光,箭折不改钢。

69. 水深难见底,虎死不倒威。

70. 水往下流,人争上游。

71. 只要自己上进,不怕人家看轻。

72. 只有上不去的天,没有过不去的山。

73. 只怕不勤,不怕不精;只怕无恒,不怕无成。

74. 只给君子看门,不给小人当家。

75. 鸟贵有翼,人贵有志。

76. 鸟往明处飞,人往高处去。

77. 生人不生胆,力大也枉然。

78. 宁可身冷,不可心冷;宁可人穷,不可志穷。

79. 宁可身骨苦,不叫面皮羞。

80. 宁做蚂蚁腿,不学麻雀嘴。

81. 宁愿折断骨头,不愿低头受辱。

82. 宁给好汉拉马,不给懒汉做爷。

83. 宁吃开眉粥,不吃皱眉饭。

84. 宁肯给君子提鞋,不肯和小人同财。

85. 宁打金钟一下,不打破鼓千声。

86. 宁叫钱吃亏,不叫人吃亏。

87. 宁死不背理,宁贫不堕志。

88. 有上不去的天,没过不去的关。

89. 有山必有路,有水必有渡。

90. 百日连阴雨,总有一朝晴。

91. 一日读书一日功,一日不读十日空。

92. 一艺不精,误了终身。

93. 一天学会一招,十天学会一套。

94. 刀枪越使越亮,知识越积越多。

95. 刀钝石上磨,人笨人前学。

96. 刀快还要加钢,马壮还要料强。

97. 刀不磨要生锈，人不学要落后。

98. 三分靠教，七分靠学。

99. 土地贵在耕种，知识贵在运用。

100. 小时不教成浑虫，长大不学成懒龙。

101. 不怕事情难，就怕不耐烦。

102. 不读一家书，不识一家字。

103. 天无边，智无限。

104. 木不凿不通，人不学不懂。

105. 井淘三遍好吃水，人从三师武艺高。

106. 比赛必有一胜，苦学必有一成。

107. 牛不训不会耕，马不练不能骑。

108. 手指有长有短，知识有高有低。

109. 心不可不用，地不可不种。

110. 心专才能绣得花，心静才能织得麻。

111. 水滴集多成大海，读书集多成学问。

112. 玉不琢，不成器；木不雕，不成材；人不学，不知理。

113. 世上无难事，只怕有心人。

114. 东西越用越少，学问越学越多。

115. 只要功夫深，铁杵磨成针。

116. 鸟贵有翼，人贵有智。

117. 边学边问，才有学问。

118. 有子不教，不如不要。

119. 老要常讲，少要常问。

120. 吃饭不嚼不知味，读书不想不知意。

121. 师傅领进门，巧妙在各人。

122. 多从一家师，多懂一家艺。

123. 自在不成人，成人不自在。

124. 会说的不如会听的，会教的不如会学的。

125. 众人里面有圣贤，土石里面有金银。

126. 好铁要经三回炉，好书要经百回读。

127. 学在苦中求，艺在勤中练。

128. 话中有才，书中有智。

129. 河水不再倒流，人老不再黑头。

130. 细想出智慧，细嚼出滋味。

131. 细工出巧匠,细泥浇好瓦。

132. 要得会,天天累;要得精,用命拼。

133. 要得惊人艺,须下苦功夫。

134. 树靠人修,学靠自修。

135. 种田不离田头,读书不离案头。

136. 修树趁早,教子趁小。

137. 泉水挑不干,知识学不完。

138. 活到老学到老,学到八十仍嫌少。

139. 积钱不如教子,闲坐不如看书。

140. 爹娘养身,自己长心。

141. 一分耕耘,一分收获。

142. 一艺之成,当尽毕生之力。

143. 一个不想蹚过小河的人,自然不想远涉重洋。

144. 针越用越明,脑越用越灵。

145. 书山有路勤为径,学海无涯苦作舟。

146. 日日行,不怕千万里;时时学,不怕千万卷。

147. 多练多乖,不练就呆。

148. 只有努力攀登顶峰的人,才能把顶峰踩在脚下。

149. 困难是人的教科书。

150. 汗水和丰收是忠实的伙伴,勤学和知识是一对最美丽的情侣。

151. 学习如钻探石油,钻得愈深,愈能找到知识的精髓。

152. 先学爬,然后学走。

153. 心坚石也穿。

154. 好记性不如烂笔头。

155. 勤勉是成功之母。

156. 好高骛远的一无所得,埋头苦干的获得知识。

157. 百艺通,不如一艺精。

158. 一回生,二回熟,三回过来当师傅。

159. 学如逆水行舟,不进则退。

160. 学习如赶路,不能慢一步。

161. 学问之根苦,学问之果甜。

162. 学问勤中得,富裕俭中来。

163. 拳不离手,曲不离口。

164. 常说口里顺,常做手不笨。

165. 搓绳不能松劲,前进不能停顿。

166. 瞄准还不是射中,起跑还不算到达。

167. 没有艰苦的学习,就没有最简单的发明。

168. 谁要懂得多,就要睡得少。

169. 知识好像沙石下面的泉水,越掘得深泉水越清。

（三）智慧、策略、工作方法

1. 鸟靠翅膀,人靠智慧。

2. 打虎要力,捉猴要智。

3. 要捉狐狸,就要比狐狸更狡猾;想捉孙悟空,就得有比孙悟空更大的神通。

4. 智慧好比登山,登山便可望远。

5. 智慧是磨不烂的皮袄,知识是取之不尽的矿藏;

6. 智慧是知识凝结的宝石,文化是智慧发出的异彩。

7. 智者通权达变,愚者刚愎自用。

8. 智慧里边有智慧,高山背后有高山。

9. 聪明不在年岁上,智慧藏在脑子里。

10. 什么钥匙开什么锁。

11. 不见兔子不撒鹰。

12. 放长线,钓大鱼。

13. 淘净水捡鱼,打完蒿子捉狼。

14. 笼牢犬不入。

15. 扳倒树捉老鸹。

16. 摸着石头过河。

17. 看不准靶子不射箭。

18. 就窝按兔。

19. 棋不看三步不捏子。

20. 猛虎不处劣势,劲鹰不立垂枝。

21. 看准北斗星,就不会迷失方向。

22. 后退一步,路子更宽广。

23. 追逐双兔两落空。

24. 巧干能捕雄狮,蛮干难捉蟋蟀。

25. 事要三思。

26. 吃饭先尝一尝,做事先想一想。

27. 做事要巧,一是动手早,二是多动脑。

28. 好处着手,坏处着想。

29. 人无远虑,必有近忧。

30. 三岁的孩子做了再想,六十岁的老人想了再做。

31. 人到事中迷,就怕没人提。

32. 鱼在水中不知水,人在风中不知风。

33. 在你进去之前,先想想能不能出来。

34. 矜夸并非智者,蛮干不是英雄。

35. 宁可花一天好好思考,不要用一周蛮干徒劳。

36. 熟能生巧,巧能生妙。

37. 一样事儿百样做。

38. 戏法人人会变,各有巧妙不同。

39. 同样的米面,各人的手段。

40. 豪猪打洞,另有办法。

41. 会者不忙,忙者不会。

42. 劈柴不照纹,累死劈柴人。

43. 牛大自有破牛法。

44. 好舵手能使八面风。

45. 巧匠手里无弃物。

46. 在平坦地方不会走,便不会爬梯子。

47. 大力士不一定是摔跤的能手。

48. 会挑水的不怕水荡,会走路的不怕路窄。

49. 一个不敌两人计,三人合唱二台戏。

50. 一人一双手,做事没帮手,十人十双手,拖着泰山走。

51. 一个巴掌拍不响,一人难唱独板腔。

52. 一个巧皮匠,没有好鞋样;两个笨皮匠,彼此有商量;三个臭皮匠,胜过诸葛亮。

53. 一根草搓不成索,一根篾编不成箩。

54. 一根木头难成排,一根稻草难捆柴。

55. 一根线,容易断;千根线,能拉纤。

56. 一根竹竿容易弯,三缕丝线扯断难。

57. 一只脚难走路,一个人难成户。

58. 一只蜂酿不成蜜,一颗米熬不成粥。

59. 千树连根,十指连心。

60. 风大就凉,人多就强。

61. 平时肯帮人,急时有人帮。

62. 兄弟同心金不换,妯娌齐心家不散。

63. 兄弟协力山成玉,父子同心土变金。

64. 鸟多不怕鹰,人多把山平。

65. 团结一条心,黄土变成金。

66. 会说难抵两口,会做难抵两手。

67. 远亲不如近邻,近邻不如对门。

68. 助人要及时,帮人要诚心。

69. 邻居失火,不救自危。

70. 兵不离队,鸟不离群。

71. 弟兄不和邻里欺,将相不和邻国欺。

72. 虎离山无威,鱼离水难活。

73. 砖连砖成墙,瓦连瓦成房。

74. 独柴难引火,蓬柴火焰高。

75. 家和日子旺,国和万事兴。

76. 一人难驾大帆船,双手难遮众人眼。

77. 一人难顺百人意,一墙难挡八面风。

78. 一针不补,十针难缝;有险不堵,成灾叫苦。

79. 知识需要反复探索,土地需要辛勤耕耘。

80. 一寸光阴一寸金,寸金难买寸光阴。

81. 少而不学,老而无识。

82. 少壮不努力,老大徒伤悲。

83. 太阳落山了,人才感到阳光的可贵。

84. 记得少年骑竹马,转身便是白头翁。

85. 有钱难买少年时。

86. 失落光阴无处寻。

87. 节约时间就是延长寿命。

88. 守财奴说金钱是命根,勤奋者看时间是生命。

89. 时间是最宝贵的财富。

90. 你和时间开玩笑,它却对你很认真。

91. 补漏趁天晴,读书趁年轻。

92. 把握一个今天,胜似两个明天。

93. 清晨不起早,误一天的事;幼年不勤学,误一生的事。

94. 等时间的人,就是浪费时间的人。

95. 最珍贵的财富是时间,最大的浪费是虚度流年。

96. 黑发不知勤学早,白头方悔读书迟。

97. 挥霍金钱是败坏物,虚度年华是败坏人。

98. 谁把一生的光阴虚度,便是抛下黄金未买一物。

99. 珍宝丢失了还可以找到,时间丢失了永远找不到。

100. 懒人嘴里明天多。

101. 一日无二晨,时过不再临。

102. 久住坡,不嫌陡。

103. 不经冬寒,不知春暖。

104. 不挑担子不知重,不走长路不知远。

105. 不在被中睡,不知被儿宽。

106. 不下水,一辈子不会游泳;不扬帆,一辈子不会撑船。

(四)哲理、法则、人的作用

1. 青山长在,细水长流。

2. 一波未平,一波又起。

3. 刀不磨生锈,水不流发臭。

4. 虫多木折,隙大墙塌。

5. 物必先腐,而后虫生。

6. 水不平则流。

7. 山不转路转。

8. 鲸吞鱼,鱼吞虾。

9. 一物降一物,卤水点豆腐;蝎子怕公鸡,秧苗怕蝼蛄。

10. 斧头吃凿子,凿子吃木头。

11. 大鱼吃小鱼,小鱼吃麻虾,麻虾吃污泥。

12. 肥猪躲不过屠户手。

13. 孙悟空跳不出如来佛的手心。

14. 胳膊拧不过大腿。

15. 草怕寒霜,霜怕太阳。

16. 跌水里碰上个救生圈。

17. 久旱逢甘雨,他乡遇故知。

18. 瞎猫碰上死耗子。

19. 想磕头碰上个枕头。

20. 不熟的果子不香;强扭的瓜不甜。

21. 花到开时自然红。

22. 有鸭子不愁赶不到河里。

23. 多少只羊也能赶到山上。

24. 来早不如来巧。

25. 捉龟不在水深浅，只要遇到手跟前。

26. 过了冬天就是春天。

第十七章　民间诸神

一、王母娘娘

王母娘娘,亦称金母、瑶池金母、西王母,又名为瑶琼。

根据古书《山海经》的描写:西王母其状如人,豹尾虎齿,善啸,蓬发戴胜,是司天之厉及五残。意思是说:西王母的形状像人,却有豹子一样的尾巴,老虎一般的牙齿,很善于长呼短啸,头发蓬松,顶戴盔甲,是替天展现威猛严厉及降临五种灾害的神祇。她住在昆仑之丘的绝顶之上,有三只叫做"青鸟"的巨型猛禽,每天为她叼来食物和用品。

王母是掌管刑罚和灾疫的怪神,但在后来的流传过程中逐渐女性化与温和化,而成为年老慈祥的女神形象。相传王母住在昆仑山的瑶池,园里种有蟠桃,食之可长生不老。

《汉武帝内传》说她是容貌绝世的女神,并赐汉武帝3000年结一次果的蟠桃。道教在每年的三月初三庆祝王母娘娘的诞辰,此日举行的隆重盛会,俗称为蟠桃盛会。

王母娘娘操有不死之药,赐福、赐子,化险消灾;与泰山娘娘送生、保育、治病等有异途同归之意。道教神话中的黄帝七女说也与王母娘娘有关。

二、太岁

太岁是对道教神明的尊称,又称太岁星君,或者岁君。另外,太岁也指天上的木星,因为木星每十二个月运行一次,所以古人称木星为岁星或太岁。所以,太岁星君,它既是星辰,也是民间奉祀的神灵。

中国传统的纪年方法叫干支纪年法,它是由十个天干(甲、乙、丙、丁、戊、己、庚、辛、壬、癸)和十二地支(子、丑、寅、卯、辰、巳、午、未、申、酉、戌、亥)依次轮流搭配而成。始于甲子,终于癸亥。一个轮回需要60年,称为一甲子。

传说在这60年里面,每一年上天都会派一位神仙出来值年。他负责掌管这一年人间的福与祸,也掌管这一年出生的人一生的旦夕祸福,老百姓尊称这些神仙为值年太岁,60 年就有 60 位太岁,所以统称为 60 甲子神。

太岁神从南北朝开始就有 60 位,到了清代初期,60 位太岁的名字全部更换,成了现在各地有安奉太岁的庙宇里面的 60 太岁。

三、雷公

对雷神的信仰起源于中国古代先民对于雷电的自然崇拜。因为远古时代,气候变化异常,晴朗的天空会突然乌云密布,雷声隆隆,电光闪闪,雷电有时会击毁树木,击丧人畜。这些景象让人们认为天上有神在发怒,进而产生恐惧之感,对之加以膜拜。民间自古崇敬雷公,流传许多雷公故事。而神的形象也从单纯的自然神逐渐转变成具有复杂社会职能的神。

雷公信仰起源很早。战国时期,《山海经》中描绘的雷神形象为:"雷泽中有雷神,龙身而人头,鼓其腹则雷也。"《大荒东经》则曰:"状如牛,苍身而无角,一足……其声如雷。"皆为半人半兽形。东汉王充所记雷神形象有了变化,曰:"图画之工,图雷之状,累累如连鼓之形。又图一人,若力士之容,谓之雷公。使之左手引连鼓,右手推椎,若击之状。"基本上已是拟人化了。

唐宋文人笔记中,多记大雷雨后,雷神、雷鬼从空而降,雷神劈打不孝子和不法商人,及雷神娶妇等故事,反映出人们对雷神既存敬畏心理,又寄托主持正义的愿望。

旧时各地多有雷神庙,清末黄斐然《集说诠真》云:"今俗所塑之雷神,状若力士,裸胸袒腹,背插两翅,额具三目,脸赤如猴,下颏长而锐,足如鹰鹯,而爪更厉。左手执楔,右手执槌,作欲击状。自顶至旁,环悬连鼓五个,左足盘蹑一鼓,称曰雷公江天君。"

四、寿星

寿星是中国神话中的长寿之神,又称南极仙翁。画像中寿星为白须老翁,持杖,额部隆起,古人作长寿老人的象征。常衬托以鹿、鹤、仙桃等吉物,均象征长寿。

寿星本是恒星名称,为福、禄、寿三星之一,又称南极老人星,西方天文学里的名字是船底座 α 星,位于南半天球南纬 50 度左右,在中国北方地区其实很难看到。

司马迁《史记·天官书》中记载,秦朝统一天下时就开始在首都咸阳建造寿星祠,供奉南极老人星。但供奉他的理由,却与今天大不相同。大意是说见到寿星,天下太平;见不到就预示会有战乱发生。早期星相著作中,也讲到如果老人星颜色越是暗淡,甚至完全不见,就预示将有战乱发生。

后来"寿星"在民间传说中,逐渐演变成一位仙人。明朝小说《西游记》写寿星"手捧灵芝",长头大耳短身躯。《警世通言》有"福、禄、寿三星度世"的神话故事。福、禄、寿三星中的寿星老人,是一身平民装扮,慈眉善目,和蔼可亲。

东汉明帝在位期间,曾主持一次祭祀寿星仪式。他亲自奉献供品,宣读表达敬意的祭文。同时还安排了一次特殊的宴会,与会者是清一色的古稀老人。普天之下,只要年满70岁,无论贵族还是平民,都有资格成为汉明帝的座上客。盛宴之后,皇帝还赠送酒肉、谷米和一柄手杖——也称为鸠杖,因为手杖的顶端是斑鸠鸟的雕像。皇帝赠送鸠杖给老年人,据说因为斑鸠是不噎之鸟,是祝愿老年人饮食安康,健康长寿。

当权者之所以如此重视"寿星",是因为尊老不仅是一种美德,它所派生出的孝道伦理还是封建王朝的治国之本。孝道的核心是服从父权。在儒家提倡的天地君亲师五伦中,君臣关系等同于父子关系。那么提倡孝道实际上就是褒扬忠臣品格。既然南极老人星承担如此重要的教化任务,古代星象家说他是关乎国运兴衰的寿星,也就不足为怪了。但浓重的政治色彩却使他偏离祈愿长寿的本义。普通人更关心的是自己如何才能长生不老。于是道教提供解决之道,塑造一位长寿有道的成功实践者,即后来普通老百姓心中的寿星。

五、文曲星和武曲星

北斗七星中心的天权为文曲星。中国神话传说中,文曲星是主管文运的星宿,文章写得好而被朝廷录用为大官的人是文曲星下凡。一般认为民间出现过的文曲星包括:比干、范仲淹、包拯、文天祥。文曲星属癸水,是北斗星,主科甲功名,文曲星代表有文艺方面的才能或者爱好文学及艺术。

在中国古代传说中,武曲星的天文名称是开阳。是刚毅果决,自立自强,吃苦耐劳,勇于任事,不畏挫折,负责尽职的象征。而他的缺点是孤僻自怜,倔强固执,待人欠缺圆通,处事略嫌严苛,自我要求过高,权利欲望太大。其代表人物就是周武王。

六、八仙

八仙是民间广为流传的道教八位神仙。八仙之名,明代以前众说不一。有汉代八仙、唐代八仙、宋元八仙,所列神仙各不相同。至明吴元泰《八仙出处东游记》(即《东游记》)始定为:铁拐李(李玄/李洪水)、汉钟离(钟离权)、张果老、蓝采和、何仙姑(何晓云)、吕洞宾(吕岩)、韩湘子、曹国舅(曹景休)。

神话小说《八仙过海》，就借用了八卦的五行象，并采取拟人化的手法表现出来：

吕洞宾属于乾金之象。乾卦纯阳，故称纯阳老祖，所用宝剑亦曰纯阳剑。还同何仙姑谈恋爱，依依不舍，这表示乾坤相合之理。

铁拐李属于兑金之象。以铁拐为足，铁属金，足在下属阴，表示柔金之象，好别于乾刚之金。

何仙姑属于坤土之象。她是八仙中惟一的女性，为柔土，欲与吕洞宾配成夫妇，表示乾坤交泰之象。

曹国舅属于艮土之象。书中说他兄长地下的灵魂附于其身而为恶，将他本人的灵魂囚禁于地下。地下乃土之位，但为刚土，因他本人最后通过与恶鬼的决斗，战胜邪恶，乃复其灵明，皆刚之象。

张果老属于震木之象。因张果老于月宫砍梭椤树，树本为刚木，以别于柔木。

蓝采和属于巽木之象，手拿兰草，草本皆为柔木。

韩湘子属于坎水之象。小说中有民间大旱，韩湘子为民众吹箫降雨一节。

汉钟离属于离火之象。汉钟离性情猛悍，他的宝扇一扇则出火，火烧龙宫等皆汉钟离所为。

传说八仙分别代表着男、女、老、少、富、贵、贫、贱，由于八仙均为凡人得道，所以个性与百姓较为接近，八仙为道教中相当重要的神仙代表，中国许多地方都有八仙宫，迎神赛会也都少不了八仙。俗称八仙所持的檀板、扇、拐、笛、剑、葫芦、拂尘、花篮等八物为"八宝"，代表八仙之品。文艺作品中以八仙过海、八仙献寿最为有名。今西安市有八仙宫(古称八仙庵)，其主要殿堂八仙殿内供奉八仙神像。

七、龙王

龙王是神话传说中在水里统领水族的王，掌管兴云降雨。

龙是中国古代神话的四灵之一。《太上洞渊神咒经》中有"龙王品"，列有以方位为区分的"五帝龙王"，以海洋为区分的"四海龙王"，以天地万物为区分的54名龙王名字和62名神龙王名字。唐玄宗时，诏祠龙池，设坛官致祭，以祭雨师之仪祭龙王。宋太祖沿用唐代祭五龙之制。宋徽宗大观二年(1108年)诏天下五龙皆封王爵。封青龙神为广仁王，赤龙神为嘉泽王，黄龙神为孚应王，白龙神为义济王，黑龙神为灵泽王。清同治二年(1863年)又封运河龙神为"延庥显应分水龙王之神"，令河道总督以时致祭。

在《西游记》中，龙王分别是：东海敖广、西海敖钦、南海敖润、北海敖顺，称为四海龙王。

龙王之职就是兴云布雨，为人消除炎热和烦恼，龙王治水成了民间普遍的信仰。道教《太上洞渊神咒经》中的"龙王品"就称"国土炎旱，五谷不收，三三两两莫知何计时"，元始天尊乘五色云来临国土，与诸天龙王等宣扬正法，普救众生，大雨洪流，应时甘润。

龙王神诞之日，各种文献记载和各地民间传说均有差异。旧时专门供奉龙王之庙宇几乎与城隍、土地之庙宇同样普遍。每逢风雨失调、久旱不雨、或久雨不止时，民众都要到龙王庙烧香祈愿，以求龙王治水，风调雨顺。

八、阎罗王

中国古代原本没有关于阎王的观念，佛教从古代印度传入中国后，阎王作为地狱主神的信仰才开始在中国流行开来。中文"阎王"是从梵语中音译过来的，是词汇"阎魔罗阇"的简称，本意是"捆绑"，具体意思是捆绑有罪的人，也译作"阎罗（王）"、"阎魔（王）"、"琰魔"等。在古代印度神话中，阎王是管理阴间的神，印度现存最古老的诗集《梨俱吠陀》中已经有关于阎王的传说。而阎王观念的形成可能要更早，来源也不止一个，实际上阎王在古印度有很多版本不同的传说。

关于阎王的信仰传入中国后，与中国本土宗教道教的信仰系统相互影响，演变出具有汉化色彩的阎王观念：十殿阎罗，也叫阎罗王、阎王、阎王爷。阎王掌管人的生死和轮回，被迷信为鬼世界的审判主，诸鬼中的大王。

中国古代的僧人翻译佛经，有时也把阎王意译"平等王"，意思是认为阎王可以赏善罚恶，处事公正，待人平等。后来，"平等"的说法和"因果报应"的说法结合起来，成为中国古代最有影响的民间信仰之一。

在梵语中，阎罗又译为"双王"，这点历来有两种解释：其一，据说是因为阎王在地狱身受苦、乐两种滋味，所以称为"双王"。其二，据说是因为阎王有兄妹俩人，共同管理地狱的死神和死者，兄长专门惩治男鬼，妹妹专门惩治女鬼，因此也称为"双王"。

在汉地，阎罗王的形象一般跟判官较接近；而在藏传佛教中，则称其为阎罗法王，是佛教的护法，形象非常勇武恐怖。

九、财神

财神是中国民间普遍供奉的一位主管财富的神明。民间传说，财神为五路神，分别为文财神、武财神、富财神、义财神及偏财神。他们轮流负责到民间来处理财务问题，所以人们每年的财运都会发生很大的变化。

文财神

传说比干是商朝忠臣,为证明其忠心耿耿于朝廷,挖其心献以纣王,但因其身上的浩然正气而并未死,他以为可以免受灾难,哪知道半途受纣王爱妃妲己化身老妇,大卖无心菜所误,而魂归封神榜。天帝因怜其忠贞,又因其不偏私,故而封他为"财神"。因他是天下第一位受封者,故也称为"正财神"。

武财神

传说赵公明一生随心所欲,凭着他一身好法术,把姜子牙打得落花流水,但后来法术被破,在临死前还不屈致双目失明,魂归封神榜。天帝因怜其忠志,而又因其双眼失明,对世间人民财力不会大小眼,故封他为"武财神"。武财神的职守是追讨世人不还之债,主持世人财富公正。因为他是一位正义之神,所以许多穷人及正直的人都喜欢奉祭他。

偏财神

也可称之为福德正神,土地财神或大伯公。其有五个手下分派东南西北中,以掌理各区各地的人民财利及福泽。此财神不管你正、邪、富、贫,都会为你尽量争取,也替你掌理财库,使之不易失去。

五财神中文财神、武财神及富财神,三位皆为天仙,惟有偏财神却为地仙,故要求财利各事,受天神分配之后,都交由其管理,最后才交到我们手中,所以此神分布最大最广。在我国,以掌管泰山的感天大帝黄正虎,为中国五位福德正神的首领。

富财神

富财神是最受欢迎的财神,是银行界的始祖,他就是元末明初的大富翁沈万三。据说他有一个"聚宝盆",能不断地生出金银珠宝。当时朱元璋要建国时,因为手头缺现钱曾找他帮忙,而终于完成建国大业。故此把他封诰为"财政部长",掌理国家财务。后来天帝封其为"增福财帛星君",而手下有"招财童子",及"接引天宫"二位助手。此人文雅非凡,白脸长须,左手执"如意",右手执"聚宝盆",写着"招财进宝",所以一般人都喜拜祭祀奉他。

义财神

义财神是为关圣帝君,关云长,因为其"义薄云天",所以极受商人所重视。因古代中国人经营方式要求"信用",讲究仁、义、忠、信、智、勇,为了证明自己做生意是"货真价实,童叟无欺",故以关羽为榜样而祭奉他。所以一些需要诚实合作经营的生意,都祭奉关帝君,以祈求合伙人不要因贪而乱。而有需要以拳头来讨生活的,都敬佩关羽讲义气和过五关斩六将的英勇行为,因此都拜祭它,借此鼓励自己。关圣帝在新加坡、中国、马来西亚,几乎有华人的地方都可见到人们拜奉它。只因其以义而生财,故名"义财神"。

十、灶神

灶神,也称灶王、灶君、灶王爷、灶公灶母、东厨司命等,中国古代神话传说中的司饮食之神。晋以后则列为督察人间善恶的司命之神。自人类脱离茹毛饮血,发明火食以后,随着社会生产的发展,灶就逐渐与人类生活密切相关。崇拜灶神也就成为诸多拜神活动中的一项重要内容了。

灶神全衔是"东厨司命九灵元王定福神君",俗称灶君,或称灶君公、司命真君、九天东厨烟主、护宅天尊或灶王,北方称他为灶王爷,尊奉为三恩主之一,也就是厨房之神。灶神之起源甚早,商朝已开始在民间供奉,及周礼以吁琐之子黎为灶神等。秦汉以前更被列为主要的五祀之一,和门神、井神、厕神和中溜神五位神灵共同负责一家人的平安。灶神之所以受人敬重,除了因掌管人们饮食,赐予生活上的便利外;灶神的职责,是玉皇大帝派遣到人间考察一家善恶之职的官。灶神左右随侍两神,一捧"善罐"、一捧"恶罐",随时将一家人的行为记录保存于罐中,年终时总计之后再向玉皇大帝报告。

十二月二十三日就是灶神离开人间、上天向玉皇大帝禀报一家人这一年来所作所为的日子,所以家家户户都要"送灶神"。

十一、门神

门神是道教和民间共同信仰的守卫门户的神灵,旧时人们都将其神像贴于门上,用以驱邪避鬼,卫家宅,保平安,助功利,降吉祥等,是民间最受人们欢迎的保护神之一。

门神在汉朝时有三位,一位是成庆,另二位是神荼及郁垒。至唐太宗时,命画工画秦叔宝、尉迟恭二形象于宫掖左右,永为门神,而民间取为镇邪之用。宋元之后,民间的门神更是变化,多得不可胜数。其中流传较广的有秦叔宝和尉迟恭,温峤,岳飞,赵云,孙膑等古代忠臣名将。武将战绩显赫,更能镇鬼驱邪,使得鬼怪无法越过门栏,家户更加安全。后来,门神也有天官(喜神)、刘海(小财神)等形象。

捉鬼门神

多为神荼和郁垒,金鸡和老虎。传说桃郁都山有大桃树,盘屈3000里。上有金鸡,下有二神,一名郁,一名垒,并执苇索,伺不祥之鬼,禽奇之属。乃将旦,日照金鸡,鸡则大鸣。于是天下众鸡悉从而鸣,金鸡飞下,食诸恶鬼,鬼畏惧金鸡,皆走之,天下遂安。更有说者,郁垒二神捉到鬼后,缚以苇索,执以饴虎。北京人旧时在腊月二十三日后,便贴门神、饰桃人、垂苇索、画虎于门上,门左右置二灯,象征虎眼,以祛不祥、镇邪驱鬼。

祈福门冲

这种门神并非门户的保护者,专为祈福而用,中心人物为赐福天官。也有刘海戏金蟾,招财童子小财神。供奉、张贴者的家庭多为商界人物,希望从祈福门神那儿得到功名利禄、爵禄福喜。

道界门神

北京民宅多不张贴,但在京道观中有之,山门两大神,左为青龙孟章神君,右为白虎监兵道君。

武将门神

武将门神通常贴在临街的大门上,为了镇住恶魔或灾星从大门外进入,故所供的门神多手持兵器。如:刀枪剑戟、斧钺钩叉、鞭铜锤爪、铛棍槊棒、拐子、流星等。汉朝云台将马武,武艺高强,人称"武瘟神",与"汉太岁"铫期,并为左右武门神。北京居民院门口的武将门神多为唐代名将秦琼与尉迟恭。秦琼又名秦叔宝,山东历城人,武艺高强,人称赛专诸,似孟尝,神拳太保,双铜大将,铜打山东六府,马踏黄河两岸。尉迟恭,隋唐大将,武艺高强,日占三城,夜夺八寨,封鄂国公。秦、尉迟二将帮助李世民打天下建立大唐后,被封门神。

十二、城隍

城隍是城市的守护神。"城"指城廓,"隍"则指没有水的护城壕。城隍神的产生和土地爷产生的背景是相同的,有了城池,要保护城池,于是就有了城隍神。城隍神的执掌最初只是守御城池,保障治安;后来,当地的雨旱丰歉、吉凶祸福、冥间诸事,全都归他掌管,俨然玉皇大帝派驻城市的全权代表。

城隍神信仰的普及始于唐宋,尤以宋代为最。宋代时,府州县城池几乎都立庙奉祀城隍,并且列入官方祀典。到元代,城隍进而成为国家的守护大神,各级城隍的封爵也高了起来。在朝野奉祀城隍形成风气的时候,道教又把他纳入了自己的体系,以他为禳恶除凶、护国安邦、旱时降雨、涝时放晴,并管领一方亡魂的神明。

城隍神最初的原型是《周礼》腊祭八神之一的"水庸"神,后来则像土地爷、阎王爷一样,人们也多把已故的贤良正直的名臣附会为城隍。比如会稽(今浙江绍兴)的庞玉,南宁、桂林的苏缄,杭州的周新,上海的霍光、秦裕伯、陈化成,北京的杨椒山,襄阳的萧何等。这些地方的城隍都是历代名臣,生前都以品行或业绩著称于世。由于这些人名声好、本事大,又有一定的地方性,威严而亲切,所以被人们奉作保佑一城一都的守护神。

城隍神的信仰和土地爷的信仰是同样普及的，只是土地爷多见于乡村，而城市则建城隍庙。在城隍庙里，主祀当然是城隍，此外还有其配偶城隍奶奶，另外还有其他神灵。城隍庙里大多是阴森森的，城隍的形象一般都是一副官员模样，神情严肃，远不像土地爷那样和蔼可亲。

十三、土地神

土地神又称土地公或土地爷，在道教神系中地位较低，但在民间信仰里极为普遍，是民间信仰中的地方保护神，流行于全国各地，旧时凡有人群居住的地方就有祭奉土地神的现象存在。在中国传统文化中，祭祀土地神即祭祀大地；现代多属于祈福、保平安、保收成之意。

土地神的形象大都衣着朴实，平易近人，慈祥可亲，多为须发全白的老者。一般土地庙中，除塑土地神外，尚塑其配偶，称"土地奶奶"，与土地神共受香火供奉，没有特殊职司。

土地神崇奉之盛，是由明代开始的。明代的土地庙特别多，这与皇帝朱元璋有关系。《琅讶漫抄》记载说，朱元璋"生于盱眙县灵迹乡土地庙"。因而小小的土地庙，在明代备受崇敬。如《金陵琐事》称建文（1399—1403 年）二年（1400 年）正月，奉旨修造南京铁塔时，在塔内特地辟一"土地堂"，以供奉土地爷。又《水东日记》称当时不仅各地村落街巷处有土地庙，甚至"仓库、草场中皆有土地祠"。

十四、关圣帝君

关圣帝君，就是三国时代蜀汉的大将——关羽。字云长，美须髯，武勇绝伦，与刘备、张飞结义于桃园，即所谓桃园三结义。关羽平定西蜀，督师荆州，曾经大破曹军，他的忠义大节，永垂青史。

自汉朝以来，对关圣帝君的信仰渐渐融合儒、释、道三教而合一成为民间信仰。然而民间所信仰的神明，大多数可分出其所属的系统，如妈祖属于道教，孔子属于儒教，观音属于佛教，神明的界限相当清楚。但是，关帝圣君乃儒、释、道三教均尊其为神灵者。在儒家中称为关圣帝君外，另有文衡帝君之尊称；佛教以其忠义足可护法，并传说他曾显圣玉泉山，皈依佛门，因此，尊他为护法伽蓝神、盖天古佛；道家中，由于历代封号不同，有协天大帝、翔汉天神、武圣帝君、关帝爷、武安尊王、恩主公、三界伏魔大帝、山西夫子、帝君爷、关壮缪、文衡圣帝、崇富兵君等，民间则俗称恩主公。关公不但被佛、儒、道三家称为神，更被历代皇帝加封23次之多，由"侯"加封至"圣"。

图文珍藏版

汉后主（260年）追谥关公为"壮缪侯"；

北宋徽宗崇宁元年（1102年）追封关公为"忠惠公"；

徽宗崇宁三年（1104年）进封关公为"崇宁真君"；

大观二年（1108年）复封关公为"武安王"；

宣和五年（1123年）再封关公为"义勇武安王"；

南宋高宗建炎二年（1128年）封关公为"壮缪义勇武安王"；

南宗孝宗淳熙十四年（1187年）封关公为"壮缪义勇武安英济王"；

元文宗天历元年（1328年）封关公为"显灵义勇武安英济王"；

明太祖朱元璋明令拜关公，并于洪武廿七年敕建南京关公庙；

明宪宗敕令重建关公庙；

明神宗万历十年（1582年）封关公为"协天护国忠义帝"；

明神宗万历四十二年（1614年）加封关公为"三界伏魔大帝威远震天尊关圣帝君"，又敕令京都正阳关帝庙为关公金身加衣饰，任陆秀夫、张世杰为关公左右丞相，岳飞为元帅，尉迟恭为伽蓝，封关公夫人为"九灵懿德武肃英皇后"，关公长子关平为"竭忠王"，次子关兴为"显忠王"，周仓为"威灵惠勇公"；

清世祖顺治元年（1644年）封关公为"忠义神武关圣大帝"；

清雍正元年，加封关公"灵佑"。

十五、玉皇大帝

玉皇大帝全称"昊天金阙无上至尊自然妙有弥罗至真玉皇上帝"。又称"昊天通明宫玉皇大帝"、"玄穹高上玉皇大帝"。

道教认为玉皇为众神之王，在道教神阶中修为境界不是最高，但是神权最大。道经中称其居住昊天金阙弥罗天宫，妙相庄严，法身无上，统御诸天，综领万圣，主宰宇宙，开化万天，行天之道，布天之德，造化万物，济度群生，权衡三界，统御万灵，而无量度人，为天界至尊之神，万天帝王。简而言之，道教认为：玉皇总管三界（天上、地下、空间），十方（四方、四维、上下），四生（胎生、卵生、湿生、化生），六道（天、人、魔、地狱、畜生、饿鬼）的一切阴阳祸福。

每年的腊月廿五，玉皇要亲自下界，亲自巡视察看各方情况。依据众生道俗的善恶良莠来赏善罚恶。正月初九为玉皇圣诞，俗称"玉皇会"，传言天上地下的各路神仙在这一天都要隆重庆贺，玉皇在其诞辰日的下午回鸾返回天宫。是时道教宫观内均要举行隆重的庆贺礼仪。

玉帝源于上古的天帝崇拜。殷商时期，人们称最高神为帝，或天帝、上帝，这是一位支配天上、地下、文武众仙的大帝。周朝及后世统治者利用天帝崇拜，鼓吹"君权神授",极力宣称自己是天帝的儿子,故称"天子"。玉皇大帝的塑像或画像,至唐宋以后才逐渐定型,一般是身穿九章法服,头戴十二行珠冠冕旒,有的手持玉笏,旁侍金童玉女,完全是秦汉帝王的打扮。

十六、喜神

喜神即是吉祥神,因为人们的愿望都是趋吉避凶,追求喜乐高兴,因此就臆造出了一个喜神。民间传说喜神原本是拜北斗星神的一个虔诚女子,修道成仙时,北斗星君询问其所求,女子以手抿口,笑而不答,北斗星君误以为她祈要胡须,就赐了她长须;因为她笑时呈喜像而封为喜神,因有长须,不再让凡人看到她的形象,从此喜神专司喜庆,却不显神形。所以,喜神最大的特点是没有具体的形象,也没有专门的庙宇,高度抽象。但后世也有将祖先画像或商纣王视为喜神进行奉祀。对喜神的敬奉在各种礼俗活动中均很常见,尤其在婚礼中。迎喜神时,可在历书中查询喜神的方位。

结婚乃人生一大乐事,所以办婚事又称办喜事。办喜事当然离不开喜神。旧俗,阴阳先生推算出喜神的方位后,新娘的轿口必须对着该方向;新娘上轿后,要停一会,叫作"迎喜神",然后才能出发。

旧时,北京妓院中还有这种习俗:大年初一天刚亮,妓女要拉上相好的去走"喜神方",即寻找喜神所在的方位,认为"遇得喜神,则能致一岁康宁;而能遇见白无常者,向其乞得寸物,归必财源大辟"。

喜神并无特殊形象,完全是福神——天官的翻版。与其他婚俗、性俗相比,拜喜神的风俗似乎迷信色彩更浓一些。

十七、张天师

张天师,道教门派之一的"正一道"龙虎宗各代传人的称谓。"正一道"(即"天师道")由张陵(张道陵)创立,后世称张陵为"(祖)天师",其子张衡为"嗣师",其孙张鲁为"系师",曰"三师"("三张")。其传人为其子孙世袭,后皆称为"天师",因张姓即被称为"张天师"。

元朝忽必烈开始,官方上正式承认"天师"的称号,在《制》文中称张宗演为"嗣汉三十六代天师"。此前的天师称号则一直是张道陵子孙自称,以及民间的称呼,从未被官方正式承认过。从此时开始,张天师开始总领江南道教,并在元朝中后期,各种符箓道派都集合在周围,形成正一道。

十八、黄大仙

　　黄大仙,本名为黄初平(约328年—约386年),东晋人,著名道教神仙,出生地为现中国浙江省金华县,是当地的一名牧羊小孩。15岁时得仙指点而隐居赤松山。18岁开始修道,得道后易名赤初平,号赤松子,故号称"赤松仙子"。民间流传其法力高强,能够点石成金。传说因为炼丹得道、羽化登天,而且以"药方"度人成仙,得到人们的信仰和崇拜。黄大仙信仰在1915年由普庆坛的创建人——梁仁庵道长传入香港,其后蓬勃发展。香港著名的黄大仙祠终日香火不断。

　　有这样一段关于他的传说故事:他15岁时去放羊,有个道士见他本性善良,把他带到浙江金华山石室中,收他为徒,一学就是40多年。他的哥哥黄初起一直都在寻找他,经过这么多年都没找到他。后来在街市上看到一个道士在占卜,黄初起就问他弟弟在哪里,道士说:"金华山有一个放羊的小孩,姓黄名初平,是你的弟弟不是?"初起听到之后,立即跟道士到金华山寻找。兄弟相见后悲喜交集,哥哥问弟弟道:"羊在哪里?"黄初平指着白色的石头说"就在那儿",并喊"羊起来!"于是白石头都站起来变成山羊,有数万头。初起惊讶不已,便跟初平学道。他们食松脂茯苓等,结果炼得"坐在立亡","日中无影"。虽五百岁,而有"童子之色"。

十九、妈祖

　　妈祖,海神,又名天后圣母,天王母后,盘古长女,天妃、天后、娘妈。夫为三清之一。道教封号:辅兜昭孝纯正灵应孚济护国庇民妙灵昭应弘仁普济天妃。

　　妈祖是历代船工、海员、旅客、商人和渔民共同信奉的神祇。古代在海上航行经常受到风浪的袭击而船沉人亡,船员的安全成了航海者的主要问题,他们把希望寄托于神灵的保佑。在船舶起航前要先祭天妃,祈求保佑顺风和安全,在船舶上还立天妃神位供奉。

　　相传妈祖的真名为林默,小名默娘,故又称林默娘,诞生于宋建隆元年(960年)农历三月二十三日,宋太宗雍熙四年(987年)九月初九逝世。因默娘生前与民为善,升化后被沿海人民尊为海上女神,立庙祭祀。后屡显灵于海上,渡海者皆祷之,被尊为"通灵神女",庙宇遍海甸。妈祖信仰从产生至今,经历了1000多年,作为民间信仰,它延续之久,传播之广,影响之深,都是其他民间崇拜所不曾有过的。历代皇帝的崇拜和褒封,使妈祖由民间神提升为官方的航海保护神,而且神格越来越高,传播的面越来越广,由莆邑一带走向五湖四海,达到无人不知,无神能替的程度。

二十、观世音菩萨

观世音菩萨在梵文佛经中称为"阿缚卢枳帝湿伐逻"（Avalokite vara），在中文佛典中的译名，有好几种，竺法护译为"光世音"，鸠摩罗什的旧译为"观世音"，玄奘的新译为"观自在"，中国通用的则为罗什的旧译。唐朝时因避唐太宗李世民的讳，略去"世"字，简称观音。但照梵文原义，尚可译作"观世自在"、"观世音自在"、"窥音"、"现音声"、"圣观音"等。

观世音菩萨是四大菩萨之一。他相貌端庄慈祥，经常手持净瓶杨柳，以无量的智慧和神通，大慈大悲，普救世间疾苦。信奉佛教的人认为：当人们遇到灾难时，只要念其名号，便前往救度，所以称观世音。《法华经》中释迦牟尼佛说"若有众生多于淫欲，常念恭敬观世音菩萨，便得离欲。若多嗔恚，常念恭敬观世音菩萨，便得离嗔。若多愚痴，常念恭敬观世音菩萨，便得离痴。"

同时，观世音菩萨是西方极乐世界阿弥陀佛座下的上首菩萨，同大势至菩萨一起，是阿弥陀佛的协侍菩萨，并称"西方三圣"。

观世音菩萨是最精进的菩萨、最不愿意休息的菩萨。他愿意一天到晚救度众生，不怕工作多，不怕众生困难多，可以说是最忙、最勤奋的菩萨。他一只手，救人救得少；两只手，救人也有限，所以他就要千手千眼，千手，为了救大千世界的众生；千眼，为了照顾大千世界的众生。

据《悲华经》的记载，观世音无量劫前是转轮圣王无净念的太子，名不拘。他立下宏愿，生大悲心断绝众生诸苦及烦恼，使众生常住安乐。为此宝藏如来给他起名叫观世音。《华严经》中说："勇猛丈夫观世音"。

观世音大约是在三国时期传入我国的，现在我们看到供奉的观世音菩萨，多是女相。不过在当时，观世音还是个威武的男子。甘肃敦煌莫高窟的壁画和南北朝时的雕像，观音皆作男身，嘴唇上还长着两撇漂亮的小胡子。在我国唐朝以前观世音的像都属于男相，印度的观世音菩萨也属男相。

二十一、钟馗

钟馗，是中国传统文化中的"赐福镇宅圣君"。古书记载他系唐初长安终南山人。他生得豹头环眼，铁面虬髯，相貌奇异；然而却是个才华横溢、满腹经纶的人物，平素正气浩然，刚直不阿，待人正直，肝胆相照。

在唐玄宗登基那年，钟馗赴长安应试，作《瀛洲待宴》五首，被主考官誉称"奇才"，取为贡士之首。可是殿试时，奸相卢杞竟以貌取人，迭进谗言，从而使其落选状元。钟馗抗辩无果，激愤难当，怒撞殿柱而亡，惊天动地，泣鬼恸神。皇上以状元官职将其殡葬于终南福寿岭。为正妒贤之罪，发配卢杞至岭外。有一年春天，唐明皇讲武骊山后久病不愈，一日睡梦中见一小鬼偷了杨贵妃的紫香囊和唐明皇的玉笛，上蹿下跳，绕殿而奔。这时，一位相貌奇异，头戴纱帽，身穿蓝袍、角带，足踏朝靴的豪杰壮士将小鬼撕扯一番，囫囵吞食，他对唐明皇说："吾乃终南山下阿福泉进士钟馗也，貌异状元落选愤亡，因念皇恩，今誓与陛下除尽天下之妖邪。"唐明皇梦醒后很快病愈，遂下诏画师吴道子按照梦境绘成《钟馗赐福镇宅图》，封钟馗为"赐福镇宅圣君"，批告天下，一年四季遍悬钟馗像，以祛邪魅佑平安。吴道子挥笔而就，原来吴道子也做了个同样的梦，所以"恍若有睹"。民间盛传：赐福镇宅，惟真钟馗；拜请钟馗，中榜得馗；钟馗真神显，送咱福禄寿禧安！

二十二、四大金刚

四大天王民间又称"四大金刚"。

根据印度佛教传说，在须弥山中有一山，名"犍陀罗山"，山有四峰，四大天王便各居一峰，护一方天下，故称四大天王。在中国古代，四大天王还有"风调雨顺"的含义——持剑者风（锋）也；持琵琶者调也；持伞者雨也；持蜃者顺也。这也反映了农业社会人们对丰收之年的渴望。

东方持国天王，名"多罗吒"。身白色、穿甲胄、手持琵琶。主守东方，据称他能护扶国土，故称东方持国天王。"多罗吒"，乃梵文译音，"持国"意为慈悲为怀，保护众生。他住须弥山。手持琵琶，表明他要用音乐来使众生皈依佛教。

南方增长天王，名"毗琉璃"。身青色、穿甲胄、手仗宝剑。他住须弥山琉璃埠。"毗琉璃"梵文译音，意即"增长"。据说他能率诸鸠般茶、薛荔等主守南方浮提洲。能传令众生、增长善根、护持佛法。

西方广目天王，名"毗留博叉"。身白色、穿甲胄、手中缠绕一龙。"毗留博叉"梵文译音，意为"广目"。能以净天眼随时观察世界、护扶人民，他住须弥山白云量，为群龙领袖，故手缠一龙，也有称"赤索"，看有人不信佛教，就用赤索捉来，使其皈依佛教。

北方多闻天王，名"毗沙门"，身绿色、穿甲胄，右手持宝伞（又称宝幡），左手握神鼠——银鼠。"毗沙门"梵文译音，意即"多闻"。"多闻"比喻福、德，闻于四方。他住须弥山，山水昌盛，手持宝伞，用以制服魔众，护持众生财物。

二十三、风雨雷电四神

风伯,是古代人对风神的一种称呼,亦有谓风神为风师者,是道教俗神,又称风神、风师、箕伯,传说中掌管风的神。传说他名字叫做飞廉,蚩尤的师弟。相貌奇特,长着鹿一样的身体,布满了豹子一样的花纹;头像孔雀的头,头上的角峥嵘古怪,有一条蛇一样的尾巴。曾与蚩尤一起拜一真道人为师傅,在祁山修炼。风伯之职,就是"掌八风消息,通五运之气候"。风是气候的主要因素,事关济时育物。

雨师,是古代人对雨神的一种称呼。他是道教俗神,亦称萍翳、玄冥等。雨师是传说掌管雨的神,源于中国古代神话,认为是毕星,即西方白虎七宿的第五宿,共有八颗星,属金牛座。后有雨师为商羊或赤松子二说。在传说中常常和风伯一起出现,曾是黄帝的属臣。他的职责是施雨兴水。

雷公又称雷神或雷师。古代神话传说中的司雷之神,道教奉之为施行雷法的役使神。传说雷公和电母是一对夫妻。雷公名始见《楚辞》,因雷为天庭阳气,故称"公"。所传始为兽型,或似鬼,或似猪,而以猴形居多;后状若力士,袒胸露腹,背插双翅,额生三目,脸赤色猴状,足如鹰鹳,左手执楔,右手持锥,呈欲击状,身上悬挂数鼓,足下亦盘蹰有鼓。击鼓即为轰雷。能辨人间善恶,代天执法,击杀有罪之人,主持正义。

电母,称"金光圣母"或"朱佩娘"。是神话传说中雷公的妻子,主要掌管闪电。电母是从雷神信仰中分化出来的,早期雷神兼管雷电,当时已经有"雷公电父"之称了。后来,按照人们阴阳对立男女配对的心理特征,电父摇身一变成为女性,电母之称至迟出于宋代。总之电母为雷神属部神,与雷神相配,民间信仰中多与其他气象神合祀。

二十四、上古传说诸神

三皇:

天皇盘古(开天辟地)(女娲之兄)。

地皇伏羲(传授打猎,饲养技巧)(女娲之夫)。

人皇女娲(补天造人)(盘古之妹,伏羲之妻)。

五帝:

黄帝轩辕(传授制造车、船技巧)。

炎帝神农(传授采药、种植技巧)。

帝喾、少昊、颛顼(三者皆为黄帝之孙)。

上古四天帝:

执掌天东一万二千里:伏羲;属神:华胥氏(九河神女)、句芒(春神、秋神、少昊长子）。

执掌天南一万二千里：神农；属神：火神祝融。

执掌天西一万二千里：少昊；属神：水神共工（祝融玄孙）。

执掌天北一万二千里：颛顼；属神：海神禺疆（冬神玄冥）。

其他诸神：

神荼（夏神）。

郁垒（土神）（二人共同执掌冥界）。

刑天（反抗天帝之天神）。

蚩尤（东夷部落之首）。

燧人（授人以火）。

有巢（授人以居）。

风后（乐神）。

仓颉（造字）（轩辕部下）。

后羿（射日）（妻：嫦娥，即月神）。

曦和（太阳神）（帝喾部下）。

风伯（风神）、雨师（雨神）（蚩尤部下）。

句芒（春神、金神，少昊长子）。

蓐收（秋神、木神、少昊次子）（少昊部下）。

夸父（追日）。

精卫（神农长女，后化为大鸟）。

瑶姬（神农次女、后化为灵芝）（神农部下）。

二十五、我国古代神位一览表

盘古氏：又称元始天王，一名，浮黎元始天尊。

三清：

元始天尊。

灵宝天尊，又名太上道君。

道德天尊，又名太上老君（《西游记》里也称为太上道祖）。

六御：

中央玉皇大帝（妻：王母娘娘，又称为"西王母"）。

北方北极中天紫微大帝。

南方南极长生大帝，又名玉清真王，为元始天王九子。

东方东极青华大帝太乙救苦天尊。

西方太极天皇大帝（手下：八大元帅，五极战神）。

大地之母：承天效法后土皇地祇。

五方五老：

南方南极观音。

东方崇恩圣帝。

三岛十洲仙翁东华大帝君（即东王公，名"金蝉氏"，号木公）。

北方北极玄灵斗姆元君（佛教中二十诸天的摩利支天）。

中央黄极黄角大仙。

其他：

中央天宫仙位表：

千里眼，顺风耳，金童，玉女，雷公，电母（金光圣母），风伯，雨师，游奕灵官，翊圣真君，大力鬼王，七仙女，太白金星，赤脚大仙，广寒仙子（姮娥仙子）嫦娥，玉兔，玉蟾，吴刚，天蓬元帅，天佑元帅，九天玄女，十二金钗，九曜星，日游神，夜游神，太阴星君，太阳星君，武德星君，佑圣真君，托塔天王李靖，金吒，木吒（行者惠岸），三坛海会大神哪吒，巨灵神，月老，左辅右弼，二郎神杨戬，太乙雷声应化天尊王善王灵官，萨真人，紫阳真人（张伯端），文昌帝君，天聋，地哑。

三官大帝：天官，地官，水官。

四大天王：增长天王、持国天王、多闻天王与广目天王。

四值功曹：值年神李丙，值月神黄承乙，值日神周登，值时神刘洪。

四大天师：张道陵、许逊（字敬之，号旌阳）、邱弘济、葛洪。

四方神：青龙孟章神君、白虎监兵神君、朱雀陵光神君、玄武执明神君。

四渎龙神：黄河，长江，淮河，济水河神。

马赵温关四大元帅：马元帅，又名马天君，又称华光天王、华光大帝。赵元帅，即武财神赵公明，又名赵玄坛。温元帅，温琼，东岳大帝部将。关元帅，关羽。

五方揭谛：金光揭谛、银头揭谛、波罗揭谛、波罗僧揭谛、摩诃揭谛。

五炁真君：

东方岁星木德真君。

南方荧惑火德真君。

西方太白金德真君。

北方辰星水德真君。

中央镇星土德真君。

五岳：

东岳泰山天齐仁圣大帝。

南岳衡山司天昭圣大帝。

中岳嵩山中天崇圣大帝。

北岳恒山安天玄圣大帝。

西岳华山金天愿圣大帝。

（五岳帝君：东岳帝君，名金虹氏，东华帝君弟。其他四岳帝君为东华帝君的四个儿子。）

五斗星君：东斗星君，西斗星君，中斗星君，南斗星君，北斗星君。

六丁六甲：

六丁，阴神玉女：丁卯神司马卿，丁巳神崔巨卿，丁未神石叔通，丁酉神臧文公，丁亥神张文通，丁丑神赵子玉。

六甲，阳神玉男：甲子神王文卿，甲戌神展子江，甲申神扈文长，甲午神卫玉卿，甲辰神孟非卿，甲寅神明文章。

南斗六星君：

第一天府宫：司命星君。

第二天相宫：司禄星君。

第三天梁宫：延寿星君。

第四天同宫：益算星君。

第五天枢宫：度厄星君。

第六天机宫：上生星君。

北斗七星君：

北斗第一阳明贪狼星君。

北斗第二阴精巨门星君。

北斗第三真人禄存星君。

北斗第四玄冥文曲星君。

北斗第五丹元廉贞星君。

北斗第六北极武曲星君。

北斗第七天关破军星君。

八仙：铁拐李、汉钟离、吕洞宾、何仙姑、蓝采和、韩湘子、曹国舅、张果老。

增长天王手下八将：刘荀庞毕、邓辛张陶，其全名为：刘俊、荀雷吉、庞煜、毕宗远；邓伯温、辛汉臣、张元伯、陶元信（四目）。

九曜星：金星，木星，水星，火星，土星，罗睺（蚀星），计都星，紫炁星，月孛星。

第十八章　民间禁忌

一、日常生活禁忌

（一）杂事禁忌

在泛灵论观念的支配下，民间以为时时有禁忌，事事有禁忌，稍有不慎，便会给自己或家人带来灾难。为人处事、待人接物方面的禁忌，属日常行为禁忌部分。民间禁忌在这方面起到一定的规范作用。人际之间的种种微妙关系，特别是亲戚、朋友之间，法律往往是鞭长莫及，无能为力的，在一定程度上是由禁忌来限制调节的。

对大小便也有禁忌，忌向火中、木柴或烧过的炭末谷灰小便。因火中有火种，认为犯忌会使生殖器和膀胱感染肿疼。忌小便后不洗手，否则指甲芽裂开。忌在坟地大小便，否则被鬼捉弄病死。传说坟地为乱葬岗，是鬼魂栖息之地，若在此大小便，会冒犯鬼魂。小便又忌冲灶口，或者尿在烧锅的柴禾上，也是恐怕会亵渎灶神。忌大便后用有字的纸揩擦屁股，否则会招致眼瞎。又说，因著书立学以孔夫子为代表，故此举是渎犯神圣之物。在以前民间多有敬惜字纸之举，将废弃字纸收聚焚烧，也就是避免脏物污染字纸。浙江一带忌看别人解小便，看了晦气。这类"排泄"时的禁忌目的在于教育人们讲究卫生，不要污染环境。

扫地是每人须做的事情，也有禁忌。忌将两把扫帚放在一起，恐败家，忌打扫时将两张椅子对叠，因丧俗中常将椅脚翻上。忌用竹扫把扫客厅，一般只用来扫庭院，也因丧家才用竹扫把在客厅中"除秽"。

每人每天都要睡眠休息，其间也有不少规矩。在室内禁忌烘着火埋头大睡，俗话说"房里无人莫烘火，烘火犹恐埋头睡"。还忌睡觉时头朝窗户。达斡尔族不准人们于炕上横卧休息，以为这样会导致灾异横行。维吾尔族人睡觉时不许头东脚西，或者四肢平伸直仰。黎族人和傣族人忌讳头朝向门外睡觉，据说这种休息的方式与停尸待葬的死者相一致，一旦如此，必会晦气缠身，万事不畅。如果外地客人无意间犯忌，主人一定要及时纠正，并祈祷神灵予以宽恕。吉林一带，旧时睡卧忌头近窗，足向人。据《中华全国风俗志·吉林》云："凡卧，头临炕边脚抵窗，无论男女尊卑皆并头。如足向人，则谓之不敬。唯妾则横卧其主脚后，否则贱如奴隶，亦忌之。"这些禁忌虽有神鬼之语，但却源于对伤风感冒等病的预防，当然也是一种生活经验。

打喷嚏是人们伤风感冒时因鼻塞使气息在鼻孔出入不畅而引发的症状之一，却被人说成利用法术诅咒过或鬼魂附身的征兆，它预示着不祥的事情，因此打喷嚏者以之为讳。鄂温克族人把打喷嚏解释为有人或有鬼在想念自己。有人思念当属吉祥之兆，但有鬼思念则是非常可怕的，一旦鬼想到谁，谁就要患病卧床。正是缘于这种讲究，鄂温克族人每听到他人打喷嚏时总要说上一句"愿想你的人活一百岁，愿想你的鬼掉进火里烧死"。认为这样就可以消除打喷嚏可能带来的厄运。俄罗斯族聚众闲谈时，若有人打喷嚏，在场的人都要祝愿他身体健康，以此禳解不祥。台湾高山族人如果在耕作时打喷嚏，就要立刻停止劳作就地休息，或者干脆回家休闲，直到次日。古人还以为打喷嚏者会通过喷嚏把不祥传递给自己，因此，又以别人对自己打喷嚏为忌。《坚瓠二集》卷二说："今人喷嚏必唾曰：好人说我常安乐，恶人说我牙齿落。"还有"打喷嚏耳朵热，一定有人说"的说法。《帝京景物略》说："（正月初一）五鼓时，不卧而嚏，嚏则急起，或不及衣，曰卧嚏者，病也。"或说打喷嚏为别人在思念自己，则显为禁忌之变形，是自我安慰在心理上的实现。

日常行为禁忌作为高悬在家族及家庭之上的严重危险手段，与信仰者的命运紧紧相连，人们一旦获得禁忌信息便会以严肃态度，积极参与禁忌传承。不过，由于日常行为禁忌太多太繁琐，人们不可能一恪守，而有些又是人们不愿恪守的。于是，人们往往在获取了禁忌信息的同时，也设计了一套避忌与破忌的办法。

"灯下不讲鬼，灯下不谈贼。"这是旧时北京的禁忌，理由是说鬼招鬼，说邪招邪，可是人们偏偏好听鬼故事，于是人们又发明了避邪之方，说鬼时把《皇历时宪书》放在桌上，就可以放言无忌了。至于灯下说贼也有禳除之术，说的时候把茶杯倒扣放在桌上，也可以使梁上君子不敢光临。山西河东绛州一带，禁忌外甥在舅家剃头。非要剃头，把外甥引到大门外边的官道上，就不算在舅父家了，这就谓之破忌。再如小孩的扣子掉了，就得脱下来缝。如果穿在身上缝扣子，小孩就会变成哑巴。为了破忌，可以让小孩嘴里咬一根线头，这样虽然穿衣服缝，也不会变哑巴了。忌讳小儿夜啼，迷信的人认为是不祥之兆。不请医生看，也不找原因，不使人知，讳莫如深，自己写一张帖子，贴在大路边的墙头上（不具名）："天皇皇，地皇皇，我家有个夜哭郎。行路君子念三遍，一觉睡到大天亮。"但最根本的"破忌"是科学。随着科学思想深入人心，迷信鬼神观念逐渐消淡，一些禁忌也就越来越无市场。

（二）服药禁忌

生病服药本是倒霉的事，病人将康复的希望寄托于服药上。为了使服药产生良好的效果，病人在服中药时，要从语言、行为上给以避讳。

人们都希望药到病除，常用禁忌的方法来保持药效。浙江西南一带，药品不能放灶上,会犯了灶神,药力失效。药渣忌存放,要立即倒掉,认为药渣倒得快,病也好得快。药方单子不许反折,必须正折。旧时江苏南京一带认为,如果反折药方,就是说药与病反,不得功效。熬好的汤药不能拿过门槛。湖南一带认为,若将药拿过门槛,药被门神嗅过,药力便无效或相反,可能使病体不愈或病情加重。炙药的柴,切不可用樟树,"樟"与"张"谐音,这样会使八仙张果老动怒,而使药物失去作用。煎药时,炙碎了药罐,病人不日即可痊愈。服了药之后,奉药之人,要说:"避避疾,过别方。"这样祈祷病人可早日痊愈。河南一带吃完了中药,忌讳药渣乱倒,俗有"药渣倒高不倒低"之说。又有忌讳倒在垃圾堆咸厕所内的。如倒放不妥,就会影响病人康复。汉族普遍以为药渣最好是倒在马路上。煎过的药渣倒在门外,让千人踏、万人踩,这是驱病出门,托人消灾。

喝药时忌讳说喝药,而把"喝药"改说成喝茶。例如,在江西一带把喝药叫"喝好茶"。在湖北长阳一带叫喝药为"喝细茶"。这是从语言上对不吉祥的事进行回避,以减轻病人的心理负担。

今俗煎药不得在灶房,用药罐、风炉在廊下或病人房间煎服。药罐忌用盖,以药包纸漂水蒙罐口,纸干即药熟,不使药气散发也。世谓灶王与药王为仇,两不相触,灶间煎药不利病人,并药气亦下令散入灶间,不吉。

所说的厨房不煎药和药罐上用包药纸浸湿蒙口代盖之说,南方民间风习的确有之,何满子在浙江、苏南、江西等地都见到过人家遵守这种忌讳,倘若撇开忌讳,用浸湿的纸蒙紧药罐。实可取,因为湿纸蒙口绵贴,可免药味随蒸气外泄。不在厨房煎药,可能是为防止油酱之类污染药物,前人慎重共事,托之于迷信,沿为忌讳,亦未可知。

(三)性生活禁忌

性欲和食欲是人们最基本的两大欲望,性活动同样是人们生活的一个重要方面。过去民间,婚后性生活也有许多禁忌。《礼记·月令》云:"是月也(三月),日夜分,雷乃发声。……有不戒其容止者,生子不备,必有凶灾。"这是说在三月份打雷时要忌性交。这大概是我们最早的关于性禁忌的记载。唐孙思邈的《千金方》,对性禁忌有更详细的阐述:"男女交媾之际,更有避忌,切须慎之,若使犯之,天地夺其寿,鬼神殃其身,又恐生子不肖不寿之类,谨守戒条,可以长生。所忌之要备述于后。天地震动,卒风暴雨,雷电交作,晦朔弦望,月煞日破,大寒大暑,日月薄蚀,神佛生辰,庚申甲子,本命之日,三元八节,五月五日,名山大川,神祠灶庙,僧宇道观,圣贤像前,井灶前后,火光闹烘。以上时地禁忌须慎之,不可交合,犯之者大则寿夭,小则生病,或若生男,令其丑貌怪相,形体不全,灾疾夭寿。诸所禁忌敷奏于前,复有五月十八日是天地牝牡之日,阴阳交合,世人须避,慎不可行房,犯之重则夺命,轻则减寿,若于此时受胎孕,子母难保。"

归纳起来,这些婚后性方面的禁忌为三类:一是在大自然发生异常现象时不可行房,如暴风骤雨,电闪雷鸣,昏天黑地,日、月蚀之际,均不可做爱。在这些令人恐惧的自然环境中做爱,心理上确会紧张不安,无情调可言,自然有碍后代。二是光天化日,人多聚集的杂乱之地,如名山大川,井灶边,火光前等地要禁忌性行为。"光天化日"做见不得人的羞事,会遭到众人的谴责。浙江农夫最忌讳在野外见到男女偷情,露天野合,要是不巧碰上了认为是最晦气的事。照现代医学观点,也有一个可能,就是"户外活动"易受"风寒",年纪轻身子尚可禁得住,俟其年老,则将欲振乏力了。三是时日的避忌,如在神佛诞辰、庚申甲子、本命之日等特别示吉凶的日子里禁忌性行为,这是没有科学道理的。

夫妻白天同房交媾,背离了传统的生活习惯,亦属严重的禁忌。春秋战国时期的《论语》便说,宰予"昼寝",孔子知道后,便厉声责骂他"朽木不可雕也,粪土之墙不可圬也"。认为宰予实为不可救药,已经没办法再说他了。《汉书》也记载了汉光武帝与董贤昼寝之事:"(董贤)常与上卧起。尝昼寝,偏藉上袖。上欲起,贤未觉,不欲动贤,乃断袖而起。"白天夫妻同房交媾,一直为儒家所忌。《魏书·孝文王列传》亦记述魏高祖想让他的儿子吃完早饭后,就到内寝与妻子尽交媾之欢,汉族的人们竭力反对,以为不好,制止了事情的发生。旧时人们认为白天交媾乃淫邪之举,必定要冒犯神灵,触怒天地,神灵将降罪于造事人,或病或死,大祸必至。

除了上述的时间、地点之外,小孩有病,也要忌房事。譬如,在《红楼梦》第二十一回就有这么一段对白:"凤姐听了登时忙将起来,一面打扫房屋,供奉痘疹娘娘,一面传与家人忌煎炒等物,一面命平儿打点铺盖衣服与贾琏隔房……"《红楼梦》的作者曹雪芹,可能无意间已留下了当时的"做爱禁忌"——出"痘疹"时,不能同房共寝,否则痘疹难愈,小孩可能会变成大麻子。

在台湾,有俗谚:"二更更,三暝暝,四数钱,五烧香,六拜年。"意思是,二十岁时每更可交合一次;三十岁时一晚上可交合一次;四十岁时就要像一五一十数钱那样,每五夜交合一次;五十岁时就要像初一、十五烧香那样,每半月一次;到六十岁像一年一度的拜年那样,一年只能交合一次了。这是关于房事次数的禁忌,有一定的养生道理。

民间有一通行的禁忌:姑娘不能在月经期间举行婚礼,说是"骑马(带月经带)拜堂,家败人亡"。月经来潮时的同房,俗以为是"撞红"。月经期同房是不符合经期卫生和性卫生的,因此时妇女子宫内膜脱落,抵抗力下降,同房很容易把病菌送入子宫内,引起子宫发炎。再者,由于性交时可使女方生殖器官充血,会导致月经流血过多。另外,若常发生这种情况,还会引起妇科其他疾病。但对于男方,一般没有直接的损害,并不像世俗所云,"撞红"有生命危险。

过去父母为子女完婚，最大的心愿，就是传宗接代，生男育女，也就不太重视做爱艺术。房事一直是中国人视为神秘禁区的事情，闺房之乐，隐而不宣。旧时也无此方面的科学书籍予以教化。性生活是和繁衍后代联系在一起的，为防止性生活不慎而给夫妻及后代带来损害，民间便流行着种种性生活的禁忌。因此，其中有些是这方面的经验总结，不可一概否定。

（四）交往禁忌

我国各民族素以好客闻名，在接客待客方面有不少禁忌。古俗有上朔不会客的习俗。《风俗通义》云："堪舆书云'上朔会客必斗争'。"年纪大的人，忌留住宿，恐有不测。俗语云："七十不留宿，八十不留坐"，"七十不留饭，八十不留宿"即为此意。在人际交往中还忌与和尚、道士、尼姑等来往，俗话说："前门不进尼姑，后门不进和尚"，"会交朋友，交些铁匠、木匠；不会交朋友，交些道士、和尚。"其中既有避嫌的意思，也有恐招来事端的担忧。

待客方面，以尊重客人为基本原则，给客人倒茶水时，壶嘴不要对着人家，因为"壶嘴"谐"虎嘴"音。递烟、酒、茶都要双手、忌单手；要主动给客人点烟，点烟时忌用一根火柴连点三支烟。酒以敬客多次为荣，忌自饮不敬客。客人进门的第一顿饭忌吃水饺，因为水饺是送行的食品，俗称"滚蛋包"，意味着客人不受欢迎。要主动给客人盛饭，盛饭时忌勺子往外翻，一说这是犯人牢食的舀法；一说是为了避免财水外流。宴客席间主人始终陪坐，忌讳提前离席。吃饭未完忌讳将空碗空碟收走，忌讳抹桌扫地，俗以为这是"驱客"之举。宴客时禁忌子女上桌共餐，尤忌媳妇、女儿，否则，以为待客不诚、不敬。待客一般菜忌单数，喜用双数，取意"好事成双"。

到别人家做客的禁忌以尊重主人为原则。走进主人家，客人要主动向主人打招呼。汉族普遍的习俗是客人应当向主妇打招呼，否则，以为无礼貌，轻视主人。山东、河北一带，在别人家做客吃饭时，忌把鱼翻过来，谓之"客不翻鱼"；饭桌上忌说蒜和醋，因为蒜的方言与"散"同音，吃醋有嫉妒的意思。湖北长阳一带，进人家门时要高喊"送恭贺"，忌不声不响。浙江西南地区，到别人家串门，忌入两房，即生意人的"账房"和女人的"绣房"。外人入账房赶走财神，进绣房会带入恶煞。忌手提药包或香烛的人来串门，说这些人有鬼跟在身后，会把鬼带进门来。

交往中人们常常互相馈赠礼物，有些礼物含有一定的象征意义，所以赠物中也存在一些禁忌，如忌以手巾送人，俗语有"送巾，断根"，"送巾，离根"，且在丧俗中有以送手巾前来吊唁者，以示与死者"断绝"往来。忌以扇赠人，俗语"送扇，无相见"。且因扇子用过即失。忌以刀剪送人，以免有要伤害对方之嫌。忌以甜粿送人，民间过年时家家必蒸甜粿，只有丧家守孝才不蒸，如果以此送人，则意味着别人家有丧。给病人送的物品用单数，不用双数，特别忌用四个，因为"四"与"死"谐音，一般给死人献祭用四个。在香港给人送礼，特别是给商人老板送礼，切忌送茉莉、梅花。因为茉莉与"没利"谐音，梅花的梅与"霉"同音；去探望病人，切莫带去剑兰，因"剑兰"与"见难"相谐，这正犯了病家的大忌。一般给病人送水果要送苹果、橘子、桃、栗，这都含有平安吉利，逃离病魔的寓意，而切忌送梨，因"梨"与"离"同音。忌下午去看望病人，下午属阴。看过反会加重病情，若能带些青枣和生梨去，病人也许会感到高兴。因为枣谐音"早"，梨谐音"离"，枣、梨合送就意味着在祝愿他"早离"病房，早日康复，是讨彩话。假如有人送袋苹果去，容易引起病人的不快。因为在江浙方言中，"苹"还与"病"谐音，送苹果正好犯了忌讳。

江浙地区的男女青年，在热心人的介绍下互相认识，谈了几次，若双方都觉得有些意思，并有进一步交往的意愿，这时男方不妨争取主动，见面时给对方带点香蕉去，对方见了肯定会感到高兴的，因为香蕉谐音"相交"，这无疑是个好兆头。如果男方不谙世情，见面时带的是生梨，那么这种关系也许会就此告终了。至于夫妻之间忌讳以梨相送、分梨而吃的习俗，那是十分古老的了。据有关学者的考证，早在明朝时，江浙地区就有"男女不同凳、夫妻不分梨"的谚语在民间流传了。可见这种习俗的起源历史，至少已有五百余年。

在江浙一带，若有人欲出门远行，如外出经商、入城求学、调动工作等，亲邻好友往往要带上些礼品去送行。送行的礼品是极为讲究讨彩禁忌的。若是送人启程，带上一小袋苹果和橘子是比较合适的，对方一般是会喜欢的。这不仅因为这几种水果可供路途解饥止渴，而且它们还暗寓有"平安"、"吉利"的意思。同是水果，送行时却忌送生梨，因为在江浙方言中，"生梨"音如"生离"，生离之后便是死别，让人难以接受。

人们在交际中，所要避开的禁忌实际上不是语言符号本身，而是由此而引起的联想。由于种种社会原因，指同一客体的两个词，一个委婉高雅而冠冕堂皇被人使用而不会引起伤害，另一个则粗俗难耐而令人难以接受甚至引起争端。譬如，在中国，两个老朋友久别重逢也许就这样开始他们的话题："老张，多年不见，你胖多了"，"啊呀，你怎么瘦成这样，怎么搞的？"这里"胖"是健康、幸福的代名词。相比之下"瘦"则暗含生活坎坷、事业不顺之意。在古代，胖是一种美称，为富态。当然，我们的看法也正在改变，现在没人把胖看做是美了，很多人怕胖。不过，很多中国人并不忌讳别人说自己胖，但忌用"肥"字，因为"肥"字容易使人联想到猪，"你是肥猪"，就成了骂人之语。更多的中国人用"壮实"、"丰满"等代替胖的概念。但是在美国，你若当面说一个人胖就是失礼，他会非常尴尬，并生气地沉下脸来。即使诸如"你并没怎么胖"之类的话，虽在中国人看来不乏包容之意，但美国人同样感到很不愉快。于是，他们有些人用 mighty 一词委婉地代替 fat。

·民间禁忌·

图文珍藏版·

上述这些家庭成员之外的人际交往禁忌，实为人与人之间相处的道德规范。因为皆以约束自己、尊重别人为准则，所以有利于融洽交往气氛，对调节人际关系，和睦相处，起着积极的作用。

（五）行旅禁忌

出门远行，也是人们日常生活中常遇到的。旧时交通不便，在外困难诸多，最怕碰上不测的灾祸。因此，汉族民间素来有慎出行的惯习。

外出行旅，第一件重要的事情是选择一个出行的吉日，尤当注意的是，逢"七"的日子不可启程，宁可延期；逢"八"的日子不可到家，宁可在旅途中多逗留一天两天，俗谓"七不出门，八不归家"。十三日忌出远门，因为"十三"与"失散"谐音。正月十三与以后的每月递前二日为杨公忌或杨忌，百事禁忌，迷信的人不出门。忌黑道日出门，每月的初五、十五、二十五都不能出远门，更不能在外住宿。山东有些地方忌双日出门，说"要待走，三六九"。假如已经选定了一个启行的吉日，但临时忽然发生了不良的兆头，如，小孩跌了跤，大哭不止，失手打碎茶杯之类，则至少须延期一日，不然，很不吉利。前面提到的杨公忌，是专门避忌出行的日子。杨公忌应当为：农历正月十三、二月十一、三月初九、四月初七、五月初五、六月初三、七月初一、二十九、八月二十七、九月二十五、十月二十五、十一月二十一、十二月十九。相隔均为二十八天。这些日子都是禁忌出门离家的。至于杨公何许人也，考之不详。

出门在外吃饭，有许多禁忌，如不要先喝汤，不要端着碗喝汤，要用匙，不要泼了汤，不要失落了筷子，不要打破了碗。又"出门千里，不吃枸杞"。枸杞为补肾强壮药。这条禁忌谚语含蓄地告诫男子出门要注意控制自己，忌拈花惹草，寻花问柳。"落店"睡觉时，不要枕着鞋子睡觉，不然，会沉迷不醒。不要起床的时候站在床上，而且无论什么时候，不要站在或坐在人家的门槛上，主人家不高兴这样。

在山路上行走时，若有人叫自己的名字，不能答应，也不能回头看，俗以为这可能是鬼魅在试探。人名为人体的一部分，若答应了，灵魂便为鬼魅所逮，人将遭不测。行路时，还忌讳遇上殡葬的，俗以为不吉利；或将衣帽脱下，扑打数次，以为破解，谓之"散晦气"。在山里，旅行者最忌遇见瘴气。远看着山头有烟似的、雾似的东西蒸蒸而上，这是瘴气发生了。抽烟叶是一个避瘴气的法子，还有其他有强烈气味的东西，也可避瘴气。

农耕民族多有一种恋"家"的心理积淀，出行即意味着暂时离开自己的家宅，离开自己的安全归宿地，会有一种安全失落感。而这种失落感又是因对外地陌生的恐惧感引起的。如今，交通事业日益发达，现代化的交通工具已将原有的民间有关行旅的禁忌习俗抛弃得无影无踪。

行旅不与女人为伍，这是过去普遍遵守的禁忌。女人是世界的一半，没有女人就没有人类。然而中国古代由于男尊女卑的社会风气特盛,妇人往往被视为不洁之物,被看成是灾祸的象征,避女人成为辟邪的一个重要原则。

古有"军中不可有女,不可与女人同坐车船"的俗语。《左传》载,郑国伐陈,陈国君主出逃,碰到大臣贾获的妻子和母亲,国君让她们上了车,但贾获却把她们都赶了下去,对陈国君主说:与女子同坐一车是不吉利的。舟山群岛一带忌讳同女人同坐一船,有俗语曰:"妇女乘船船要翻,妇女下海海要荒。"当地渔民还特别忌讳七男一女共乘一船出海。意思是七男一女乘船出海,类似"八仙过海",恐惹恼了海龙王,会翻船的。行旅途中,男子绝对不可以在女子的胯下通过,即使是女子晾着的裤衩,也要尽量避开。若男子住楼下,妇人不得上楼,如一定要上楼,必须示意对方避开,否则对男人是很不吉利的。

行旅禁忌中女人的辟邪心理现象的出现,其原因大致有以下几个:第一,是中国古代女子地位低下的反映,使男子觉得不屑与女子为伍。第二,是对女性经血的恐惧,以为"不洁"、"晦气"。第三,是性诱惑禁忌,与女子同行,容易引起性冲动从而带来灾祸。所以为求旅途的吉顺就必须避女人。

在民间,人们出行,往往会被告知或自觉地谨记一些行旅禁忌方面的警句,并以这些警句作为旅途辟邪的指针。以为只要照着这些警句的要求去做,人在旅途便可避免灾祸。诸如:

"在家不敬月,出月招风雪。"这句警语要求出行的人们,要做好出行前的准备工作,要礼敬日神、月神、天神、路神等,以求得神灵的保佑。否则出门必定招致灾祸。

"爱走夜路,总要撞鬼。"这句警句告诫人们,出门者应尽量在头天赶路,这样才是安全的。如果总是夜间行路,总有一天要走上邪路,不是被鬼祟侵扰,就是被强人掠夺。

"一人不上路"。要求人们出门办事,应结伴同行,相互照应。如果孤身一人出远门,遇上困难就无法摆脱。

"穷家富路"。说的是出门在外要舍得花钱。因为外面不比家里,环境不适应,且又劳累奔波,相当辛苦,如舍不得花钱,很容易患上各种疾病。只有吃饱穿暖,才能抵御疾病。

"出门不露白,露白会失财"。告诫人们旅途之中,不要过于轻信于人,不要告诉别人自己所带的钱财,否则遇上坏人,就可能会有谋财害命的危险。

行旅警句,是中国禁忌文化的一个重要组成部分。它直接来源于人们的行旅实践,是长期以来人们行旅安全的经验总结,对行旅安全具有较大的实用价值。

二、言谈装扮禁忌

(一)对不吉利词语的禁忌

冯梦龙《古今谭概·迂腐部》记录了这样一则故事:明代某郡郡守,一天亲临御史台审核某一案件定案之事。定案文书中有"病故"二字,下属官员念到这个地方,不敢把它读出来而用手将它盖住。郡守见文义不连贯,于是用笔敲开下属的手指,忽然看到这两个字,勃然变色,就好像遇到了什么可怕的敌人,急急忙忙将文书绕着案桌的桌柱旋转数次,口中还不停念道:"乾元亨利贞。"("乾元亨利贞"是《周易》中的话,后来被迷信者用作避邪祛凶的咒语)。此郡守害怕说了或听了"病故"二字,灾难就真的会降临,即所谓"说曹操曹操就到"。

有则名为《土家族过年前后忌讲不吉利话》的故事:

有个向老万,腊月二十八打糍粑,小孙伢见大木粑槽摆在堂屋里,便说:"公公,你看。粑槽多像一副木头(棺材)。"向老万慌忙纠正:"这是粑槽!"孙伢说:"那以后就喊木头为粑槽,你死了睡在粑槽里。可惜没得盖盖。"向老万把他一巴掌打滚在堂屋角角里,说:"盖盖,小心你的脑壳盖盖。"

正月初一早晨"出行"(敬天王菩萨),向老万叫孙伢帮忙拿酒杯,孙伢在后面说:"公公! 我踩到一包屎(死)。"向老万说:"莫作声,不是的。"孙伢说:"当真啦,是屎,好臭哟。"向老万说:"是狗屎。"孙伢说:"不是狗屎,是人屎。"

开年不久,向老万的老婆死了,接来道士先生办丧事。晚上,向老万对道士说:"我晓得今年不好哟,去年我孙伢说了些不吉利的话。"道士说:"那怕么子,'讲破不准,道非不灵嘛'! 你孙伢到底讲了些么子呢?"向老万说:"去年出行,我叫他帮忙拿东西,他在后面说:'踩到一包屎(死)'我说是狗屎,他硬说是人屎,我晓得我老伴今年要死啊。"孙伢在旁边听到了,忙说:"公公,要早晓得婆婆要死嘛,那就该说是狗屎(死)啦。"

国人一向把个人的生死看得太重,把死亡看得太可怕,使整个社会充满了对死的恐惧、对人生的悲哀和生命的空无意识。为了躲避死,先人们在文化设计中花了许多精力,制定了种种有关死的禁忌与避讳,以求得一种鸵鸟式的安慰。

对"死"等凶字的言讳不仅盛行民间,上层社会更是谈"死"色变。《宋书·明帝纪》记载,六朝时的宋明帝,非常讲究凶讳,"言语文书有祸、败、凶、恶及疑似之言,应回避者数千百品",有犯必加罪戮。当时的著名文士江谧,在他所写的祭词中,用了"白门"一词(白门,宋都城金陵的某地名),宋明帝认为这个白字与丧事有关而很不吉利,于是大骂江谧说:"白汝家门!"意即"让你们家死人!"这个江谧吓得连忙叩头认罪。宋明帝见他认罪态度较好，才予以宽大处理。

　　禁忌语产生的一个主要原因是迷信思想，说出某种不吉、不祥的字眼，不吉不祥就会降临。于是，碰见了不吉利的词儿，怕把不吉利也沾上了，便改用另一词语代替。

　　代替的方法有数种。一种是用比喻，如在现代汉语里，军士打仗受伤叫"挂彩"，南方则"带花"，皆为受伤后扎了绷带的比喻。一种是用典故。如古代汉语把病到快死叫"弥留"，用的是《尚书·顾命》周成王之典，或叫"易箦"，用的是《礼记·檀弓》曾子临死换席子的典故。一种是用假托之辞。如古代汉语称帝王的死为"晏驾"，意为他不出朝，只是由于他的车驾出来晚了。称有封邑的人臣之死为"捐馆舍"，意为他不在，只是由于他抛弃了他的馆舍到别处去了。后称人死为"捐馆"，即由此而来。佛教僧尼之死为"圆寂"，意即他们完全沉浸于念经中去了。士大夫的死被称为"弃堂帐"，意即他放弃了自己的职业，到他处谋生去了。"西归"是死亡最常用的托辞。《说文》："西，鸟在巢上，象形，日在西方而鸟栖（接），故因以为东西之西。"日落西山，鸟栖于巢。西是栖息的引申义。西方是日落之地，自然也是黑暗之地，进而成为阴间之所在。至今仍将死亡称为"上西天"、"命归西天"、"西归"等等。如《诗·桧风·匪风》："谁将西归，怀之好音。"唐朝孟郊《感怀》诗之五："去去荒泽远，未有西归日。""西归"均用作死亡的委婉托辞。在中国古代墓葬中也是头朝西方者居多。一种是用其他相似物类的名称。如长沙方言忌说"虎"字，由于"府"、"腐"和"虎"同音，因此长沙的"府正街"被改称"猫正街"，"腐乳"也改称"猫乳"。

　　最普通的一种是改用反义词。如戏院中的"太平门"，原意是为了万一发生了失火的事故好让观众逃走的，说"太平"便是失火事故的反义。乘船的人，忌讳说"住"、"翻"，所以称"箸"为"筷"，称"帆布"为"抹布"。其他"沉"、"停"、"破"、"漏"之类的话语也都在禁言之列。在上海，平时人们忌说"眉毛倒了"，是忌讳"倒霉"之意。忌言"梨"、"伞"，而称"圆果"、"竖笠"，是避讳"离"、"散"的意思。忌说"苦瓜"而称"凉瓜"，是要避开苦难之"苦"字。忌说吃药，而称"吃好茶"，是忌讳"生病"之意。这一类避凶求吉的语言禁忌现象，民间称之为"讨口彩"。

　　对凶祸词语的忌讳跟人的思想意识有关。解放后，人民群众的科学知识日益丰富，封建迷信思想逐步破除，这方面的禁忌语越来越少。温州旧时称"老虎"为"大猫"，但晚近输入的"老虎钳"、"台虎钳"、"老虎灶"等均不再忌"虎"，并且"老虎"、"大猫"已并用了。上海郊县原称"伞"为"竖笠"，今天很少有人知道其为何物了。对于现在仍流行的禁忌语，我们不必刻意去加以更换。言语乃约定俗成，有些已通行而又不碍思想交流的词语，诸如"筷子"之类，倘若一定要加以"正名"，反而令人难以接受。

（二）对破财词语的禁忌

不能说出含有破财意的词语。在所有的凶语中,除死亡及疾病的字眼最为令恐惧、忌讳外,还有就是些破财词语。因为财运的好坏直接关系到人们的命运,生活的贫富,所以民间很看重此事,时时处处惦念着发财,也时时处处警防着破财。

春节期间,各家各户要祭财神。若有卖财神画像的童子挨门喊:"送财神爷来了。"一般人家,都赶紧出来,到门口回话:"好好,来,我们家请一张。"如不想买的,也不能说"不要",更不能撵送财神,只说"已有了"。有人来送柴(财神)时忌回答"不要",若不想买,可回答"已有"。春节为一年之首,民间以为得罪财神,神仙便整年都不临门。期间,如果小孩说了冒犯财神的话,大人即说:"童言无忌",以解除不祥。中国人见面打招呼,爱拱手说"恭喜发财,恭喜发财"。因为财运好坏直接关系到人们的切身利益,民间很看重此事,时时处处惦念着发财,也时时处处提防着破财。

广州话"舌"和"蚀本"的"蚀"同音,所以把"舌"叫做"利","猪舌"叫"猪口利",取其"利"字之音;"杠"和"降"同音。因而把"竹杠"称为"竹升","空"和"凶"同音,因而把"空"说成"吉",把"空屋出租"说成"吉屋出租"。方言广州话"书"和"赢输"的"输"同音,所以有人称"通书"为"通胜"。又因广东方言"丝"与"输"的读音相同,所以把"丝瓜"改称作"胜瓜"。又因为"干"犯了"输得干干净净"的忌讳,所以便把"干"改为"润","润"取时时润色之意,显得有油水,所以是发财的象征。于是"猪肝"被说成了"猪润","鸡肝"被说成了"鸡润";"豆腐干"被说成了"豆润"……广州旧时商行里为了发财,为了账目上多进少支,特别忌讳支出的"支"字。为此把长衣(长衫)的读音"长支"改称做"长进",以求只"进"不"支"。江浙一带,逢年过节,要书写"招财进宝"、"和气生财"等字样,贴在门首。因"财"字偏旁"贝"字与"背运"的"背"谐音,惟恐因此而"失财"、"败财",所以就把"财"的偏旁"贝"字有意写成"见"字,以表时时处处发财、见财的心愿。河南驻马店一带有一座山名叫确山,"确"在当地方言中含"坑"、"骗"、"糟糕"的意思,因此,生意人都忌讳称其为确山,而改称为"顺山",以求发财顺利。

做生意皆有冒险性,生意人最怕倒闭破产。旧社会人们生活动荡不安,货源及销路皆无保障,使他们不得不将自己的命运寄托于财神的护佑,此类有关财运衰败的语言禁忌很多,它们有一共同点,即不仅停留在避开不吉的词语不说这一点上,而且还要改凶为吉,力求通过语言上的变通、调整而在现实生活中得到一个最为吉祥的理想效果。

（三）对猥亵词语的禁忌

不能使用亵渎性质的词语。民间的荣辱观也促使一些带有亵渎意味的词语成为禁忌,通常以为涉及到性行为和性器官的词语是一种亵渎语,一般所谓有教养的或"正经"人都羞于启齿。

在现代生活中,"蛋"是常见于骂辞的一个字眼,如操蛋、倒蛋、浑蛋、刁蛋、坏蛋、滚蛋、黄巴蛋等等,于是,这个蛋字成了人们纷纷躲避的现象。李家瑞《北平风俗类征》谈到:"北人骂人之辞,辄有蛋字。曰'浑蛋'、曰'倒蛋'、曰'黄巴蛋'……故于肴馔之蛋字,辄避之。鸡蛋曰'鸡子儿',皮蛋曰'松花',炒蛋曰'摊黄菜',溜蛋曰'溜黄菜',煮整蛋使熟曰'沃果儿',蛋花汤曰'木樨汤'。"木樨即桂花,因烧熟的鸡蛋色如桂花,故以木樨代之。

在汉族民间,通常认为涉及到性行为及性器官的词语是一种亵渎语,说出来有伤大雅,有教养的人都羞于启齿。在不得不说到性器官时,要用"下部"、"阴部"等来代替。女性性器官不洁与男尊女卑等观念,使人们话语中的男女性器官避讳语,有时带有褒贬尊卑不同的色彩。如陆容《菽园杂记》说:"讳狼籍,故称榔头为兴哥。"榔头是古人称男性生殖器的一种说法,这里改称为"兴哥",明显带有一种亲昵的情感,既体现了男尊思想,也体现了部分男性的那种认为生殖器并无不洁的思想。

谈及性行为,更是忌讳直说的。其实,"食色,性也"。《诗经》中的十五国风描写的桑间陌上的男欢女爱是多么的天真无邪。"诗三百",精华在《国风》,其中不乏真情流露的情歌、深情执著的恋歌。如《周南·关雎》:"关关雎鸠,在河之洲。窈窕淑女,君子好逑。"诗中表现了对爱情的大胆追求,对可心人的热切相思。又如《郑风·溱洧》第一章则表现了在河水涣涣的春天里,青年男女群游嬉戏的欢乐。然而一到中古,独尊儒术,儒家伦理占了统治地位之后,性,成了邪恶和羞耻,成了只能在暗地里偷偷摸摸做的事。即使是极正常的两性关系,也要用"办事"、"房事"、"同床"、"夫妻生活"等素雅词语代替。至于不正常的两性关系避讳词语就更多了。常用的有"风流罪"、"风流债"、"有外心"、"有外遇"、"怀春"、"输身"、"走野路"、"采花"等。现代社会中较普遍的用法是"发生关系",而最时髦的说法莫过于"做爱"了。"做爱"一词是改革开放引进的产物。

我国古典文学作品中则常以"云雨"指称男女交合。《文选·宋玉〈高唐赋〉序》叙说楚襄王与宋玉游于云梦之坛,见有云气,楚襄王问宋玉:"这是什么气?"宋玉对答说:"这叫做朝云。"楚襄王又问:"为什么叫朝云呢?"宋玉回答说:"楚怀王曾游高唐,梦中与巫山神女相会,神女临去说自己'旦为朝云,暮为行雨。朝朝暮暮,阳台之下。'"此后就用"云雨"指男女欢会。《红楼梦》第六回:"说到云雨私情,羞得袭人掩面伏身而笑。"甚至连容易引起生殖部位联想的"拉屎",也在忌讳之列,人们在日常生活中改称"大便"、"大解"、"上厕所";现代女同志则更多的将厕所戏称为"一号",上不上厕所叫做"去不去一号"。至于为什么将厕所叫做"一号"，则无从考证，也许从某种意义上说大小便也是头等大事吧。此外，还有"方便一下"，"去卫生间"，"去洗手间"等等委婉说法，凡此种种，反映了人们避俗就雅的心理。

有关排泄的禁忌语，古已有之，文言称"出恭"、"净手"、"解手"等。相传汉代刘安死后升天，在天上"坐起不恭"，天上的"仙伯主者"向天帝奏了一本，说刘不敬，于是刘安被谪守三年，所以，才有"出恭"一词。据《辞源》解释：明代科举考试，设有出恭入敬牌。士子如要大便，先领此牌，后因称大便为出恭，并谓大便为大恭，小便为小恭。从元代起，科举考场中设有"出恭"、"入敬"牌，以防士子擅离座位。"出恭"一词最初是用于男性的，后则男女皆用。关汉卿《回春园》第三折："俺这里茶迎三岛客，汤送五湖宾，喝上七八盏，管情去出恭。"张天翼《儿女们》里教训儿女们说："你们还把人家的祖宗牌位扔到茅房里，拿《论语》、《孟子》撕碎了去出恭。"因大、小便后要洗手，所以又称"净手"。《金元散曲·红绣鞋》说："这场事怎干休，唬得我摸盆儿推净手。""净手"、"解溲"成了大小便的委婉说法。"解溲"亦称"解手"。"解手"是现代人用得较普遍的，其实早在宋元时代就有此说法，如《京本通俗小说·错斩崔宁》："叙了些寒温，魏生起身去解手。"又如明代戚继光《练兵实纪》："夜间不容许一人出营解手。"

还有妇女之月经，人们也不喜欢直说。在解放了的中国，妇女把这叫做"例假"——这个新词倒记录了社会生活的新变化，因为建国后我们的工厂实行劳动保护，妇女遇到月经来潮时，如有需要，允许请几天假，工资照发，所以称为"例假"。

汉族广大地区都禁忌以龟相称。龟俗称"王八"，若骂人为"龟儿子"、"王八"、"乌龟"，必引起对方恼怒而拳脚相加。乌龟者，老婆有外遇也。这对中国男子来说是莫大的耻辱。龟，在以前是与龙、凤、麟合称为"四灵"的神物，人多视为祥瑞，不但不讳龟，反而喜用"龟"字取名，象征长寿。如唐朝音乐家李龟年及文学家陆龟蒙等等。到了唐代，因当时乐户妓院里的人，头上都戴着绿头巾，而乌龟头也呈绿色，所以民间皆戏称乐户妓家之人为"龟"；而大凡妓院乐户之家的妻女皆为歌妓，因而后人就把放纵自己妻子卖淫者，称为"乌龟"。从此，"龟"便是男子最忌讳的字眼。元人陶宗仪在《辍耕录》里记载了一首当时戏谑破落子弟的诗，内有"宅眷多为赏月兔，舍人总作缩头龟"等语。民间俗谓兔望月而孕，比喻妇女未婚野合而有妊，因而"兔崽子"意同私生子。诗内的"缩头龟"，显然也含有明知老婆有外遇，而惧内的贬义。

除了以上与性器官、性行为有关的一些语言禁忌外，还有一些其他方面的带有羞辱性质的言语禁忌。例如通常人们都忌讳别人将自己和畜牲相提并论，有生理上的缺陷的人，也讳忌被人当面嘲笑。如"兔"、"狗"、"驴"、"牛"等畜类常常被用来咒骂人，因而平时便忌讳在人前说到这些动物，尤其不能和人相提并论，否则，会伤害别人,引起纠纷。《后汉书·马援传》有一句名言:"闻人过失如闻父母之名,耳可得闻,口不可得言也。"这种对人行为缺点的避讳,古今流行。在讲究面子的中国社会,身体有某种缺陷的人,往往有着数倍于人的自尊心,而对自己的身体缺陷有着强烈的忌讳人言的心理。从特定的意义来说,鲁迅笔下的阿Q便是一个典型的例子。由于他头上长有一个癞头疮,于"他讳说'癞'以及一切近于癞的音,后来推而广之,'光'也讳,'亮'也讳,再后来,连'灯'也讳了,一犯讳,不问有心与无心,阿Q便全疤通红的发起怒来"。一般对生理上的缺陷的表述,人们尽量用委婉词语。比如"耳朵聋"改说"耳朵背",或者说"耳朵有点不好","耳朵有点不便",古人则说"重听"。总的来说,凡属对人不尊重、不礼貌的亵渎话语皆是所忌讳的。

有些禁忌语从表面上难以理解其意义,它们的背后往往有一偶发事件或某一传说为之诠释。解放前和山东人交朋友,他们不喜欢人家称他"大哥",你若称他"二哥"方才高兴。为什么呢?因《水浒》故事在山东颇为流传,其中有武家两兄弟,大哥武大郎非但娇妻潘金莲被西门庆夺去,自己也被奸夫毒害而死;二弟武松乃景阳冈打虎英雄,后在狮子楼手刃西门庆为大哥报了仇。这两兄弟在山东家喻户晓,妇孺皆知。山东人所以忌讳喊"大哥",因为武大郎这个"大哥",其貌不扬,软弱无能,最后被奸夫毒死,故山东人皆忌讳做这种戴绿帽子的"大哥"。而"二哥"武松,义肝侠胆,武艺高强,这种二哥人人敬爱,他们认为你称他二哥是恭维他,将他比做打虎英雄,当然高兴了。

言语禁忌,涉及到许多风俗习惯、各个地域、各种社会集团,是民俗文化的一部分。不同地区、不同行业多有其独特的语言禁忌。若不了解这些现象,不仅会给人际交往带来障碍,有时甚至会伤害对方,影响团结。因此,适当掌握这方面的知识是必要的。

(四)对语言禁忌者的嘲笑

一则名为《不打官司》的笑话说,徽州人连年打官司,甚是怨恨。除夕,父子三人议曰:"明日新年,要各说一句吉利话,保佑来年行好运,不惹官司何如?"儿曰:"父先说。"父曰:"今年好。"长子曰:"晦气少。"次子曰:"不得打官司。"共三句十一字,写一长条贴中堂,令人念诵,以取吉利。清早,女婿来拜年,见此条贴在墙上,分为两句上五下六念云:"今年好晦气,少不得打官司。"这则笑话虽然在题目下提示说是"笑说晦气话的",实际是嘲笑了语言禁忌的信奉者。

主人好不容易而又满怀希望地营造了吉祥喜庆的新年气氛,却被一句不经意的念诵破坏殆尽;精心设计好的"讨口彩",被一句插科打诨式的话语搅得异常晦气。人们不得不为故事精妙的构思拍案叫绝。语言禁忌竟然提供了民间百姓施展语言才华的契机。倘若没有语言禁忌的文化传统,没有一部分人至今仍对语言禁忌的至诚信奉,那么,浓烈的喜剧性讽喻景象就不可能从故事的尾部喷泻而出。这种令人喷饭的讽刺艺术,在一则名为《不多说话》的故事中展示得更为淋漓尽致:

有一个人特别爱说话,亲友们对他这个毛病都很讨厌,因为他该说的说,不该说的也说,和他一块出门儿办事儿,不知丢了多少次人。因此,同族爷们儿谁家有了喜恼事都尽可能的不让他参加。

一次,他的堂妹生了个白胖小子,家里人要去庆贺一番,他是这个孩子的舅舅,理所当然的要去。可是,大伯怕他跟着再加些难堪的事,说些丢人的话,同族爷们都请了,惟独没有请他。他急了,找到大伯,千求百告,并发誓不多说一句话。大伯见他诚心诚意,也没办法不答应了。

那天,到了堂妹的婆家,他除了吸烟,便是拼命地吃菜、喝水,果真连一句话也不说,必要的寒暄也没有了。别看这样的失礼,但大伯和所有人都比较满意,心里暗暗夸奖着他。饭后离开堂妹婆家时,全家人急忙出来送客,他突然很亲热地又像是非常委屈地抓住妹夫的手大声说:"兄弟,今天我可没有多说话,你的小孩死了,可不能怪我啊!"闻之,在场的所有人都惊呆了。

这则笑话的所有意蕴凝结于"爱说话的人"惟一冒出的颠覆性反讽的快乐话语里。周围人在传统禁忌背景的基础上临时精心编织好的禁忌之网,就这样轻易地被戳了一个大窟窿。透过故事反讽调侃颠覆性的语言铺排和谐谑意味的叙述,我们可以断定这张破碎的语言禁忌之网是再也无法补缀的。

在中国民间故事中,往往把嘲弄传统习惯的"莽汉"描绘成大智若愚的形象。这样既可淡化对抗的火药味,又增添了故事的趣味性。如果说这位"爱说话的人"对浓郁的忌讳习俗的抗击仅是出于性格本能,而非自觉的思想意识的话,那么下面名为《避忌》故事中的少年则可称得上是反传统的文化英雄。这则故事用归谬的讽喻方法构思而成:一人多避忌,家有庆贺,一切尚红,客有乘白马者,不令入厩。有少年善谐谑,以朱涂面而往,主人讶之。生曰:"知翁恶素,不敢以白取罪也。"满座大笑,主人愧而改之。这则笑话在否定迷信禁忌的同时,还对民间善于讽喻、善于谐谑的人物进行直接褒扬。

有些故事则以人物的肆意违禁更为直接、痛快地对语言禁忌进行讨伐、鞭挞。有则《讨吉利》的笑话是这样的:

一财主盖了新房,为讨吉利,他让仆人请几个人来贺新居,说几句吉利话。来了四个人,一个姓赵,财主问:"莫非是'吉星高照'的照吗?""不是,是消灭的消字去了三点,再加上一个逃走的走字。"第二个姓常,"可是'源远流长'的长吗?""不是,是当铺的当字头,下边加个吊死鬼的吊字。"第三个姓屈,"先生可是'高歌一曲颂太平'的曲吗?""不是,我是尸字底下加一个出殡的出字。"第四个姓姜,"莫非是'万寿无疆'的疆吗?""不对,我姓姜,是王八两字倒着写,底下再加个男盗女娼的女字。"财主大骂仆人不该请这些人来,仆人却火上加油,撇着嘴说:"他们一个个都像死了爹娘奔丧一样,我能挡得住吗?"

在这则笑话里,由于讽刺的是迷信语言禁忌的财主,就不仅是对语言禁忌的否定,而且表达了阶级的憎恨感情。

(五)衣服颜色禁忌

汉族对颜色的区分好恶从来就不着重于审美角度,而是赋予其以明确的象征意义。按照正统礼教的观念,属于不同社会等级的人应该穿不同颜色的衣服,同一个人在不同场合服色亦应有别。由此确立起来的一套有关穿戴的规矩,就是所谓"礼服"制。董仲舒《春秋繁露·服制》载:"散民不敢服杂彩,百工商贾不敢服狐貉,刑余戮民不敢服丝元纁、乘马。"可见在汉武帝时已有关于服色的禁令。汉成帝永始四年(公元前13年)发布了一道整顿风俗的诏令,其中有"青、绿民所常服,且勿止",颜师古注:"然则禁红、紫之属。"也就是说,当时的老百姓已常穿青、绿而禁服红、紫了。

受上层"礼服"制的影响,汉族民间以黄色为贵色,而以白色、黑色等为凶色。《礼记·曲礼》云:"为人子者,父母存,冠衣不纯素。"父母在时子女忌穿白衣,忌戴白帽,这是因为丧服是纯素的,《礼记·郊特牲》云:"素服,以送终也。"现在民间,举办丧事,都戴黑纱,或穿白色孝服,佩戴白纸花等。在魏晋南北朝以及隋唐时代,忌素服的习俗曾一度中断。那时从皇帝到民间,平时都有穿白衣戴白帽的。只是在喜庆之月,如婚年寿节才忌白、尚红。大约到了宋朝,厌白尚彩的风习又普遍流行于民间了。宋高宗时,因杭州夏季炎热。士大夫都流行穿白色凉衫。"凉衫其制如紫衫,亦曰白衫。至孝宗乾道初礼部侍郎工严奏:"窃见近日士大夫皆服凉衫,甚非美观。而以交际居官,临民纯素,可憎有似凶服。'……于是禁服白衫。……自后凉衫只用为凶服矣。"(《宋史·舆服志》)又据《清稗类钞》云:"臣工召对,引见,皆服天青褂、蓝袍。杂色袍悉在禁止之列,羊皮亦不得服,恶其色白门,近丧服也。"宋朝以后,民间服饰忌白和以白色为凶色就成为官方制度确定下来了。

白衣之外,除了小儿妇人,也忌紫色外衣,因为紫衣是下吏皂隶所服之色。古人也有误以为紫色是朝廷官员极高的品服,京剧舞台上也有贵官穿紫袍的,其实大误。宋人袁文《瓮牖闲评》说:汉承秦之后,卿大夫尚服皂衣。故张敞议云"臣备皂衣二十余年"……以见当时尚服皂衣也。然夏侯胜云"取青紫如俯拾地芥"者,盖汉时丞相太尉,皆金印紫绶,御史大夫银印青绶,此三公极崇之官。颜师古注遂谓青紫为卿大夫之服,夫师古岂不知当时尚服皂衣而未有青紫也?何谬误乃尔耶!

迄至唐宋,紫色仍是用于官印绶带,不是官员的服色,是下吏厮仆服用。《瓮牖闲评》叙南宋服色混乱,有云:……既而金人南下,兵革扰攘,以冠带不甚轻便,士大夫亦服紫衫……迨绍兴末，有臣僚上言："今天下太平，而百官如扰攘时，常服紫衫，不称。"于是朝廷之上，郡县之间悉改服……

据《清史稿·舆服志》，官员也只有佩紫绶，而服色均无紫色的规定。紫色是贱色，所以连民间也忌讳穿紫，紫色衣服的忌讳带有政治的即等级观念的内容，不像忌讳白色那样主要是民俗的性质。

民间还有男子不戴绿头巾、绿帽子的习俗。元、明、清时只有妓、优伶等"贱业"中人才以绿色为服色。唐人李封做延陵（今江苏丹阳一带）县令时，下级有罪便叫裹上青绿色头巾以示处分。于是，江南一带对戴青绿色头巾就以为奇耻大辱。元明时，又规定娼家男子戴绿头巾。据《中国娼妓史》云："后代（元以后）人以龟头为绿色，遂曰着绿头巾为龟头。乐户妻女大半为妓，故又叫开设妓院以妻女卖淫的人为龟，或叫乌龟。又以官妓皆籍隶教坊，后人又呼妻女卖淫的人为戴绿头巾，或叫戴绿帽子。"明代也有此说，并且从制度上加以规定，如郎瑛《七类修稿》云："吴人称人妻有淫者为'绿头巾'，今乐人，朝制以碧绿之巾裹头……"可见，明代乐人、伶人必得"常服"绿头巾。清代亦如此，《清稗类钞》云："嘉庆时，优伶皆用青色倭缎、漳绒等绿衣边，以为美饰，如古深衣。"贱人着贱色，视为职业服，不察其辱，反以为美；而通常人则忌讳穿着青衣、绿衣，惟恐自己与贱业、贱民同路，沾上"不洁"、"污秽"之习气。

（六）穿衣款式的禁忌

西北地区的汉民在穿衣方面禁忌短小，上衣一般都要过膝，裤脚达到脚面。这可能是生活地区风沙大、气候冷而形成的穿衣禁忌习俗。大部分汉民族在服饰款式方面有"男不露脐，女不露皮"的禁忌原则，主要是出于"身体发肤，受之父母，不敢毁伤"的孝道观念。山东一带禁忌衣服的下摆有毛边，说那为丧服的样式，恐不吉利；又忌讳衣服的扣子为双数，俗说"四六不成材"，以为扣子双数会影响到穿衣人的事业成功。民间做寿衣时，款式方面也有禁忌，如衣服的袖子要长，须将手完全遮住；忌讳袖短露手，否则，据说将来儿孙会衣不遮体，要讨饭的。

我国的服饰，遵循的基本上是"宽袍大袖"的保守传统，从过去时代的褐衣蟒袍、长衫马褂到解放以后的中山服、"四开袋"，都无不如此。近二十多年来，虽然各种紧身衣、无袖衫、牛仔裤、超短裙等逐渐在青年人中流行起来，但人们总认为那是从西方传进来的东西。在许多外国人和中国人的眼里，"露"的确历来就是汉民族衣饰的一种"缺憾"。

我国民间妇女穿衣忌短小。上衣要盖住屁股，衣袖不露手腕；裤子裤脚要遮住脚面，这才显得文雅。否则，则是有伤风化。俗以为："娘们儿肉，不能露。露一露，十年臭。"旧时，一般平民良家妇女，从幼年起就深藏闺阁，所谓"大门不出，二门不迈",整天呆在家里。这意思不外是要将难以包裹的脸、手都隐藏起来,不让外人看到。因为女人任何部位的裸露都会产生"性引诱",都会引起男人的淫欲,从而招致祸患。在著名的孟姜女的传说故事中,万喜良为逃避修长城的苦役,跳进了孟姜女的家院,正巧看到孟姜女在玩水时裸露的胳膊。于是,孟姜女只得做了万喜良的妻子。从这里看,裸露禁忌的根由并不仅仅在于有失礼貌或者男女间的私情,而还有更深层的信仰根源。亦即,在别人看到自己裸露的肉体的同时,自己的灵魂也就被这人摄去了、占有了、控制了。因而,裸露者也就完全失去了自卫的能力,只有服就这人而去了。只不过,这种深层的根源在后世封建礼教的影响下变换了形貌而更加隐蔽罢了。

(七)穿戴禁忌

在穿戴上,旧时汉族忌反穿衣。因为丧礼中,寿衣给死者穿之前由孝男反穿,之后才脱下正穿在死者身上。河南沁阳一带有"反穿罗裙,另嫁男人"的说法。孀妇改嫁时才反穿罗裙,若平时女人反穿罗裙,自然是不吉祥的,所以忌讳。旧时,有人死后反戴帽子的习俗。据熊伯龙《无何集》云:"毋反悬冠,为似死人服。"可见反悬冠也是凶相,所以禁忌之。忌衣服晾干后未折好就直接穿着,否则,人会变成"竹篙鬼"。禁忌衣服穿在身上缝补或钉扣子,否则被误认为是小偷。浙江南方农村,男人忌穿女人的鞋,穿了女人的鞋会被鬼嬉笑,走路伤脚趾头;忌用拾到的帽子,戴了有坏运。

(八)放置衣服的禁忌

民间不仅在服饰的颜色、款式、穿戴上有许多禁忌,就连衣服的置放也有禁忌。旧时民间忌讳将妇女和小孩的衣物在夜间晾置在室外,恐冲犯到夜游神煞。小孩的衣服还忌搭在高处,俗称三尺以上有神仙,恐伤害着小儿。忌在竹竿尾晾挂衣服,因这与丧事所举旗幡相似。放衣服时忌男衣放在女衣下,恐坏男人福气。结婚时忌新娘鞋子放在男鞋之上,恐日后女压男。台湾新娘举行婚礼时所穿的新衣,忌有口袋。老式新娘上花轿时所穿的衣服上下连一个衣袋也没有。为啥?以免将娘家的财气及福分带走。"嫁出门的女儿泼出门的水,女儿本是赔钱货,再让她把财气福分带走,岂不太蚀本?因此想了绝招,没口袋,当然也就带不走财与福。新娘礼服还忌讳用两块布缝接,以免再婚。

当然,随着时代的发展,人们对服饰审美的要求基本上排斥了原有的吉凶祸害观念,不管是从颜色上或者是从款式上看,旧时的禁忌已被如今的时髦冲刷得荡然无存。

三、婚丧嫁娶禁忌

(一)议婚禁忌

议婚是指在可以选择婚姻配偶的范围内和民间习俗允许的方式下,对可择婚对象所作的具体交涉活动,它为男女定婚服务。在议婚阶段及其操作过程中,有一些禁忌规约需要遵行。

1.忌找多嘴媒婆说媒以避免酿成灾祸和悲剧

民间认为,媒婆说媒切忌事未成就四处张扬,开始时要尽量避人耳目,否则不但婚事不能说成,还要遭人唾骂。媒未说成时,远亲近邻都知道了,会坏了女方的名声;若是到最后还是未说成,女方会认为失了"名节",从而酿成灾祸和悲剧。在现实生活中,青年男女谈恋爱,不管是自己认识的,还是别人介绍的,开始时都很隐蔽保密,只有到了一定的程度才逐渐公开,因此是一个道理,是千百年来这种民间禁忌习俗的发展和衍化。

2.纳彩时忌用死的动物以辟邪

纳彩通俗地讲就是指男家请媒人到女家提亲。古时纳彩常用活雁作为提亲时的礼物,现在,许多地方还有提鸡、鹅等禽类作为纳彩礼的。但不论是雁,还是其他家禽,作为纳彩礼都要用活的,忌用死的。因为婚姻是人生大喜事,与死联系起来太不吉利了。据传说,雁一生只配偶一次,失去配偶,终身不再配对,民间纳彩送雁即取婚姻忠贞不贰之意。所以纳彩礼时送一只死雁(或鸡或鹅),让对方一开始就有让女儿过门去当寡妇的不妙感觉。死雁是邪兆,非避之不可。

3.婚龄与生肖冲克的忌讳

在结婚年龄上历朝历代都有自己的规定,各个民族也都有自己的忌讳。某些男女年龄不适合婚配的,如果仍为婚不禁,轻则婚后受难,重则犯刑、冲、克、害,为避免这些灾难,在婚龄上出现了诸多忌避。比如达斡尔族女子忌在母亲生自己的那个年龄结婚,忌在十六、十八、二十等偶数年龄结婚,男子无此忌。畲族忌在十八岁时结婚,以为婚后受"十八难"。基诺族则忌男十九岁、女十七岁结婚,汉族忌男比女大三、六、九岁,忌女大一。彝族忌女大三。汉族还有忌男女同年同月出生的,河南有俗谚云:"同岁不同月,同月子宫缺。"就是说同年同月出生的人结婚会影响下代子孙的繁衍。与婚龄有关,旧时傣族有男行三、女行四不能结婚的禁忌。据傣族的俗信,以为男行三女行四结婚是不能白头偕老的,或者会家运不盛,终无子嗣。乌兹别克族、景颇族以及汉族等有按兄弟姊妹长幼次序结婚的习俗,如果违反了长幼次序,就会犯忌招灾。

在婚龄禁忌习俗中,男女双方年龄相差不太大,婚嫁不宜过早过迟等是有一定的合理性和科学性的;按行次结婚也有一定道理,是符合人的生理以及心理的需要的,且隐含先民某种禁忌乱伦的俗信。至于什么偶数、奇数的忌避,男大三、六、九,女大一、大三的忌避以及男行三女行四的忌讳都是荒唐的。

生肖就是人的属相。一个人不管生于何年,他(或她)都有一个相对应的动物作为属相,有"子鼠、丑牛、寅虎、卯兔、辰龙、巳蛇、午马、未羊、申猴、酉鸡、戌狗、亥猪"十二属相。民间认为谁是哪一年出生的,属性就是什么动物,也就很像那种动物,并具有那种动物的禀性,或者至少在某些方面和这种动物是相似的。

在合婚时,民间有避女属虎、属羊之说。忌避女属虎的信俗大约是直接来源于民众"畏虎为患"的心理。由于夜间的虎常出来吃人,对于夜间生的属虎的女子更是忌之尤甚。清代翟灏《通俗编·直语补证》引有谚语说:"女子属羊守空房。"这是民间流行的"眼露四白,五夫守宅"的说法在作祟。因为羊的眼睛被认为是"露四白"的,于是属羊的女子就倒霉了,是男子婚娶时所要禁忌的。不过属虎属羊的女子为便于婚嫁,一般都会把年龄多报一岁或少报一岁以改变自己的属相,所以民间就有了"女命无真,男命无假"的俗谚。这种女子属虎属羊的禁忌纯属无稽之谈,没有一点科学的合理的成分。

(二)定婚禁忌

定婚俗称定亲,确定男女双方待婚配的关系,是嫁娶之前的重要事项。

定婚的第一项是纳吉。所谓纳吉是把问名后通过占卜得到的合婚消息告知女方的一种仪礼。男方通过占卜得到吉兆,准备礼物再去女家决定婚约,这是订婚阶段的主要仪式,俗称"送定"、"过定"、"定聘"等。在"定聘"中有许多忌讳,为的是辟邪和消灾去祸。

首先,定聘时的定金必须是偶数,忌单数,定礼也要成双成对,忌单数。如果出现单数,那就意味着结婚后会失去一方,造成丧偶的灾难,至少会使人产生"孤单"、"丧偶"的联想。其次,定聘时忌说"重"和"再"字,据说,若说了这两个字会导致"重婚"或"再嫁"的灾难。

定婚的第二项是纳征。纳征又称"纳币"、"大聘"、"过大礼"等。男女双方已达成婚姻协议,男家就正式将聘礼,俗称"彩礼"送往女家,这就是纳征的仪礼。纳征的仪礼也有许多忌讳,以避免不幸的事情发生。比如,聘礼数目忌单数;忌送女方鞋子,此含有避免女方穿上鞋子溜掉的心理。山东一带,订聘的礼盒忌用肉馅,认为用了它会使新媳妇过门后性子肉(即慢性子)。中原一带有女方收聘礼时忌留公鸡,并回送一只活蹦乱跳非白色的母鸡,有时回礼之后还发送陪嫁的嫁妆,在嫁妆中忌有剪子、镜子、茶壶一类的东西,认为这些东西会"妨舅",使得新娘的兄弟沾上晦气,甚至可能会带来厄运。

在定婚的过程中,有些地区和民族有卜婚的习俗。卜婚中,有时是以人们对某种物象的好恶感来决定婚姻的。由于某种物象被认为是灾祸、妖邪的征兆,所以凡是婚姻跟这种物象联系在一起,那就是要忌避的。譬如,布依族订婚那一天忌有响雷,对他们来说,响雷是恶兆,为防万一,只有自动解除婚约。哈尼族婚姻的缔结,要经过"踩路"仪式的考验。所谓"踩路"就是让男女双方家族的老人一同在村寨外林间崎岖小道上默默地走一段路,看是否有兔子或狼等野兽出现,若有则不吉,婚约只好取消。不过,这一习俗现在已改进,至于是否有野兽出现已不起决定作用,它只不过变成为一种例行的定婚仪式罢了。

上述各种禁忌规则无不渗透着人们避凶求吉的心理和对和平、幸福、美满婚姻的生活的向往。尽管如此,以今天的观点看,其中的科学性和合理因素是很少的,它反映的只不过是人类某种信仰观念和对某种物象的直观感受。

(三)请期禁忌

请期是所谓的"六礼"之一,旧时指男家择定婚期,备礼告女家,求其同意。婚期的择定因趋吉避凶而有了一些禁忌。据《中华全国风俗志》记载,旧时,南京一带"男家欲迎娶,先将男女八字送星家诹吉,必使无冲犯,无刑克之良辰,以全红柬上记新人沐浴何时,水倾何方,新人上轿何时,合卺何时,避忌何人,谓之送日子。"又据《白族社会历史调查》记载,白族"结婚要择吉日,举行婚礼时,看其是否有'白虎压房'或'白虎压床';若白虎压房、压床,便不能结婚,只有另择吉日。"可见,白族也有婚期择吉避凶的习俗。在婚期方面,对于年、月、日都有忌讳的规定。

首先是禁忌某些年份。民间对结婚安排在哪一年是有选择的,有些年份必须忌避,以祛凶辟邪。汉族许多地区忌无立春日的那一年结婚,认为这一年是"寡年",而"寡年结婚不养崽"。对于有两个立春日的那一年是否应忌避各地就很不一样,一些地方认为这一年结婚好,取"双春双喜"之意,一些地方认为这一年结婚不好,因为"双春喜冲喜"。中南一带汉族地区,有忌避一年内一家举办两次婚事的习俗,原因也是"喜冲喜"。白族忌避在自己的属相那一年结婚,以避免伤了自己的"本命",也就是说男女双方在二十四、三十六、四十八……年龄不能结婚。德宏傣族则有忌避"凶冲喜"的习俗,在直系亲属长辈去世一年中因服孝忌举办喜事。

其次是禁忌某些月份。汉族、佤族及其他一些少数民族忌避五月、七月、九月嫁娶,说这几个月是"恶月",鬼很多。由于恶鬼出没作祟,这期间嫁娶是不易成功的。傣族在傣历九月十五日以后的三个月忌婚,认为这期间结婚新郎新娘会像牛、马和狗一样,不知季节,更不知礼仪,死后会变成狗的,而且还会触犯寨鬼,将来寨子里会发生疾病或其他灾害。台湾民间忌避四至九月嫁娶,当地的俚语把为什么忌避这几个月嫁娶的原因说得很明白:"四月死日,五月差误,六月娶半年,七月娶鬼某,八月娶土地婆,九月狗头重,死某亦死夫。"这种忌避看似取决于人们的吉凶观,但实际上则是根据农忙农闲与气候变化的关系而约定俗成的。

再次是禁忌某些日子。汉族和许多少数民族都有忌避单日嫁娶的习俗,反映了民间"好事成双"的信俗。汉族某些地方尤忌七月七日嫁娶,反映了人们夫妻要长相伴随的心理,而不要像牛郎织女那样长期分离,只有在七月七日那一天相会。对于长期处于男耕女织、自给自足小农经济状况的古代中国人来说,夫妻长期分离既是夫妻间的不幸,更是家庭的灾难。

黎族人忌在虎、猴、牛日嫁娶,因为"虎猴牛,黎人以为恶兽,避之则吉"。白族忌避在男女任何一方"属相日"结婚,比如男女一方属马或属鼠,则属马日属鼠日不能结婚。哈尼族忌在日食或月食婚娶,认为若犯忌婚后必生六指儿、缺嘴儿等,造成不幸。

(四)接新娘禁忌

1. 迎亲过程中的忌避事项

白族迎亲日有些路段要忌避,怎么办呢?只有沿途敲锣打鼓,同时在经过的忌地铺毡或铺席,忌门和厨房,须把门和厨房遮住。朝鲜族迎亲时,新郎忌脚踩地。另在湖北神农架一带有半夜打鼓迎亲的风习。当夜深人静的时候,男家即遣迎亲者敲锣打鼓燃放鞭炮去女家迎娶新娘,这里的敲锣打鼓燃放鞭炮固然是为了喜庆热闹,但也有惊吓山中野兽而辟邪的作用。燃放鞭炮不独在半夜迎亲的习俗中才有,一般它在整个婚仪中都可能出现。婚礼中燃放鞭炮,是带有驱鬼避邪的含义的,民间有所谓"崩崩邪气"之说。因为在大喜的日子人们比平常更担心会有恶鬼来捣乱,所以要用爆竹声吓跑鬼神,亦壮壮行人之胆。

2. 送亲过程中的禁忌规定

送亲是指女方亲友送新娘出嫁。在中原一带送亲时有一些带有辟邪意义的习俗规定,如:送亲的人要"全活人",忌避寡妇、孕妇送亲。在渤海湾一带,有"送爹不送妈","姑不娶,姨不送,舅妈送,一场病"之俗谚。为了避病等邪气,只有禁止女人送亲了。这种习俗一方面根源于对女人的蔑视,另一方面源于女人所具有的特性:心肠软且感情脆弱,看见亲人出嫁会生出悲伤的情感而落泪,对嫁娶不吉。孕妇容易使人产生出新娘有未婚先孕的不贞洁的行为的想法;寡妇更使人有一种"守寡"的悲剧感觉。所以民间一种禁忌信俗往往来源于人们对某人某物的好恶感受或错误联想。

3. 新娘上轿、坐轿、下轿、入门过程中的禁忌行为

迎亲过程中,新娘始终是中心和焦点,举手投足都有忌避,从上轿到入门有诸

多禁忌事项。

按汉族的习俗,上轿前新娘要蒙上红盖头。红盖头即是一块两尺见方的红布,可蒙住新娘的头面脖肩,使其不能被人看清楚面目。过去,其他许多民族中都有相似的习俗。比如瑶族新娘就有用蜂蜡把头发染硬,盖上有眼的木板,加上红盖头的习俗。据说,这种习俗是很古老的,类似于女娲"以草为扇",是遮羞的,其红色象征火,可以防邪。在陕西一带流传着"盖头一掀,必生祸端"的俗谚,就说明红盖头在民间信俗中确有防邪避祸的功用。新娘上轿前还要带一串制钱、一面铜镜,据说这两种东西都是驱邪避煞的法物。还有新娘上轿时禁忌足踏土地,这一习俗在过去是很多民族都具有的。其原因据说是为了辟邪求吉;也有的说是怕新娘沾走了娘家的灰土,带走了娘家的福气;也有认为是解除新娘依恋娘家而不愿离去的需要;亦有说是为了表示高贵的身份。为了让新娘不踏地以达到辟邪等目的,上轿的办法有许多种,有的是把轿子退到房门口,由新娘的父兄或背或抱送进花轿;有的是让新娘在红缎绣鞋的外边再套上父兄的大鞋走着上轿,上轿后脱掉大鞋表示不沾娘家的泥土;有的是在地上铺上草席子或红毡子;有的民族干脆由娘家舅、兄等用红毯子裹住新娘,轮流背到新郎家。

中国民间有"一好百好,一顺百顺"的俗谚,人们总认为开始的时候怎么样往往便认为最终也会有相应的结果,任何事情的"始"总是被赋予带有某种征兆(兆头)意义的。在嫁娶中,一般把新娘子接上轿往新郎家抬去的途中看作是一对夫妇始合阴阳之"始"。所以,这一段路被认为是带有兆示意义的。如果一路平安无事,没有触犯什么应忌避的事或物体便大吉大利,反之则不是好兆头。故此,途中坐轿应该采取一些禁忌的形式以祛被凶患,确保平安无事。

在中原一带,汉族结婚行轿,有所谓"东来西走,不走重道"的习俗规约,即空轿来和迎坐着新娘的轿子回去的路不能一样,或许是怕走重道会重婚的缘故吧。在豫北民间有所谓"走回头路,夫妻不能白头到老"的说法,据说是因为怕一些恶鬼邪祟等在那轿来的道路上捣乱破坏,只有绕道走,那恶鬼邪祟的阴谋便落空了。很显然它是一种忌避的原则,是禁忌的需要使然。

据资料表明,在河南、山东、江西、湖南、台湾、云南等全国大部分地区都有"喜冲喜"的禁忌。所谓"喜冲喜"就是嫁娶途中两家迎亲队伍相遇,民间认为这不是好兆头,其缘由实基于人们头脑中的相克思想。所以必须尽量避免两家迎亲队伍在途中相遇。但是由于人们选择的吉日吉时往往是相同的,这就使得嫁娶相遇的事经常会碰到。为避凶求吉,双方比赛相争甚至大动干戈的事屡有发生。但也有一些文明的方法可以逢凶化吉,达到避祸去灾的效果。比如由双方的新娘互换随身佩戴的金戒指,或者由迎亲队伍双方互换手帕、新毛巾,达到皆大欢喜的目的。台湾民间嫁娶若遇上这种情况,双方新娘就互换头上的簪花,据说如果不"换花",

必然会有一方要遭遇灾难，所以，在这里"换花"是辟邪之举，它与前述换戒指、手帕、毛巾、腰带同出一辙。

据《中华全国风俗志·河南》中说，洛阳一带禁忌新娘在轿子上抛头露脸。"新娘轿前有两人先行，各持一红毡。每过庙宇或大石、大树，均遮掩之，以为恐有触犯神明。"这说明，民间信俗认为神灵鬼祟不但会在庙中享受祭拜，而且更会隐藏在大石后、大树中、破庙内探头探脑，伺机作恶。所以，只有用红毡把它们同新娘子隔开，以避免新娘子冲犯了神明。

畲族新娘坐轿到婆家的路上忌避遇到孕妇，认为孕妇的血灾之光会冲了新娘的喜，而且邪魔也会附在新娘身上跟到婆家作祟。遇到这种情况，为了辟邪，新娘必须从自己随身带着的一个装满桂圆的小包里，抓出一把桂圆，往外一撒，即可把邪魔化解掉。大概是这些甜香的桂圆引得邪魔去争吃，新娘才得以摆脱它们。

按照汉族旧时的传统，新娘下轿时是要燃放爆竹的，爆竹的噼里啪啦的声音不但是为了增加婚礼的喜庆，同时也是为了崩掉新娘子带来的煞气。藏族婚俗，新娘乘马到新郎家，新郎家的宾客迎接时，众人面对新娘要大吼一声，随之以五谷撒向新娘，使新娘惊恐受怕，此举被称为"吓魔"。这是一些民族认为新娘身上带有邪气煞气的缘故所致，此举亦旨在辟邪。

满族和裕固族新娘所坐的花轿至新郎家门前后，在下轿前必须使花轿从两堆旺火中通过，再平落院中；这时，新郎要以三支无镞的箭射轿门。民间认为，这是取"兴旺发达"、"驱邪避煞"之意。同禁忌新娘踏地相似，有些地方还不让新娘见天。为了不让新娘见天就用筛子或雨伞遮撑在新娘头顶上。禁忌新娘踏地见天，据说是为了避免新娘的煞气触怒了天地鬼神，其中也有不让天地鬼神伤着新娘子的意思。

汉族民间俗信人们的居处有许多神灵，其中门有门神，灶有灶神，床有床神，窗有窗神，甚至门坎也有门坎神。这些神灵各有各的用处和本领，一般人们是不敢怠慢它们的，要千般敬重万般礼待才是。一有触犯，这些神动起怒来，那就会兴风作浪，为邪行恶。所以，新娘子入门时是绝对不能用脚踏在门坎上以免触犯门坎神。加上新娘子一般被认为身上带有煞气和秽气，新娘若踩了门坎，便意味着煞气压倒了丈夫家的威风，甚至会妨死公婆。

（五）结婚典礼上的禁忌

这里的婚礼仪式是较为狭义上的，我们把它界定为新娘接回家后在男家举行的一些活动仪式。这段时间的活动及其仪式是婚姻的高潮，主要包括拜天地、婚宴和闹洞房。

1. 拜天地禁忌

·民间禁忌·

图文珍藏版

拜天地，又名拜堂，是汉族和其他一些少数民族中典型的婚礼仪式之一。一般是在男家中庭设一香案（俗称天地桌），新郎和新娘在唱礼官的唱导下行交拜礼。拜天地的程序是：一拜天地，二拜高堂（新郎的父母），三夫妻对拜。在拜天地仪式举行时，是忌小孩子、带孝的人和结婚多年无子女的人进入厅堂的，因为小孩子常常会哭，若在拜天地庄严而喜庆的气氛中小孩子又哭又闹，是令人败兴的；而戴孝的人易使人想到死人和丧事，也是不吉利的。鄂伦春族人在此仪式上特别忌避寡妇，忌避与新郎、新娘属相相同的人。河南方城一带有扶持新娘拜天地的"搀客"。为了避免"搀客"克新娘，是忌讳生肖与新娘相克的人作"搀客"的，比如说新娘属猪就不能用属虎的作搀客，而新娘属兔就不能用属狗的作搀客。土家族和畲族为了避灾去邪，有忌讳结婚仪式花烛熄灭的习俗。比如，鄂西土家族在拜天地仪式开始前，新郎家要请两个儿女双全、肯劳动、善理家的人在堂中同时点燃两支红蜡烛，插在神龛上，谓之"结烛"，若蜡烛燃得不旺或中途有一个熄灭，就认为新人有灾，不能白头偕老。

2. 婚宴禁忌

婚宴就是民间所说的"吃喜酒"，是新郎家大办宴席招待来宾，一来为了答谢众亲朋好友，二来也以此凑凑闹闹，增加婚礼的喜庆。

在婚宴过程中有许多禁忌。比如，办喜宴时，台湾忌吃葱，尤其是新郎更忌吃葱，据说有人理解为"葱"与"冲"同音，是不吉利的字眼；还有人认为葱象征着阳性，吃葱会造成"倒阳"。据查，台湾民间元宵节夜间有一种习俗，即未婚女子要潜入人家的菜地里偷拔葱，认为只有这样，此女子才能嫁得好丈夫。所以葱确乎具有男性的特征，在婚礼上它就象征着新郎本人了。婚宴上吃了葱就意味着吃了新郎，新郎会有灾厄降临之虞。为了辟邪去灾，只有禁止吃葱。又比如，婚宴上如果有客人不小心打碎了碗碟，也是冲犯了忌讳的。为了避凶求吉，只有将碎片全部收拾起来，放人石臼的圆心处，表示破了又圆。婚宴时气氛确实热闹，来往的人也很多，为增加婚仪喜庆之气，一般是人来得越多越好，但最忌有人上门要债、闹事，因为此等事将在新婚夫妇今后的生命进程中投下可怕的凶厄灾难的阴影，为给新郎新娘今后生活避凶去灾，只有禁绝有人上门要债、闹事。白族结婚喜宴时，按规矩由男女双方宗族头人公开宣布：今天是喜事，不准任何人要债、逼债或闹事。如违犯此禁，就会受到众人谴责或任由众人惩罚。

3. 洞房禁忌

洞房，就是所谓的"新房"，是特意为新婚夫妇准备的寝室。民间普遍有"闹新房"的习俗。闹洞房又称"逗媳妇"、"闹房"、"吵房"，是对新婚夫妇的一种祝贺方式。闹洞房的习俗产生的原因在于新房本身为禁忌之地，有一种说法认为洞房中有狐狸、鬼魅作祟，为了驱逐鬼魅，避开邪灵的阴气，增强人势之阳气，才有了闹洞房的活动,所谓"人不闹鬼闹"说的就是这个道理。对于其中的缘由,还有说是为了让新娘见见世面,通过打闹认识一下男家的亲友;也有说是亲友们担心新娘人生地不熟太寂寞的缘故,才到洞房和她开开玩笑,逗逗乐的。不过,在闹洞房的过程中,为了避免新婚夫妇日后不和睦,或避灾去祸,是不准寡妇、孕妇、产妇、戴孝者、婴儿和属虎的或生辰八字与新郎新娘相克的人参加闹洞房的。同此习俗有些相似,中原一带,有些地方还有所谓"听新房"的习俗,忌讳新房没有人来听,有所谓"人不听鬼听"的说法。有时新郎的父母发现没有人在"新房"的窗下门前屋后听房,有意用一把扫帚披上一件衣服放在"新房"门外,为的是让鬼魅见后以为有人在听房而远遁,不再来捣乱作祟了。

(六)婚后禁忌

一般人都以为婚姻的过程或结婚的程序至闹洞房后即告结束,其实不然,婚姻的程序应该包括回门等礼仪,甚至还包括对新娘在夫家最早几天的规束要求。我国民间男尊女卑影响深久,家人希望家庭和睦,发子旺孙,既寄希望于刚过门的新娘,又担心她带来不吉利,故形成一些俗规禁忌来束缚新媳妇的行动,以讨吉利。

广东雷州半岛一带新娘过门后吃第一顿饭,有只准吃半碗的俗规,即盛一碗饭只能吃半碗,留下半碗以象征日后勤俭持家,使家中丰足有余。若在第一顿饭时将一碗饭吃光,就将名誉大损,被满村上下议论。山东济南一带则有新娘婚后"三日不食夫家食"之俗。婚后第二天娘家即送面条到婿家给女儿食用,谓之"抬头面"。俗谓新娘过了门吃过"抬头面",才能在夫家抬起头来做人。此后娘家还须送面条一至二斤、肉馅饼数板、一罐稀饭,管够新娘的三日伙食。陕西乾县一带也兴娘家"送饭"之俗,一般都送挂面。在新娘夫家煮,第一碗挂面给新娘吃,第二碗由新娘先吃一口再转让给新郎吃,意示婚后新媳妇不能仅管自己吃饱,还要与丈夫同甘共苦,"我有你就有",和睦相处,当地俗称送"和气饭"。

在新婚的最初三天里,有些地方的新妇被禁止下炕、吃东西和大小便,否则就会被认为是有污神明,会招致灾难和凶祸发生。在过去,汉族许多地区流行"新妇三天不下厨"、"新娘三天不干活"的习俗,其意义并不像我们今天某些人理解的那样,是为了让新娘子轻松一下,休息三天,实际上主要还是恐惧新娘身上带有秽物煞气,为了消灾,只有不让她沾上任何东西。所以那种认为是为了照顾新娘子身体不适让她休息和新娘初来乍到不熟悉各种家什摆设的位置而不让她下厨、干活的说法,只是后来男女平等时期人们对这一习俗的解释,并不是原始的深层的民俗信仰。

民间还有禁止新娘子出门走动的习俗,如江宁一带就忌讳新娘子在最初一月内乱走动、乱串门。据《清稗类钞》说:"如有误犯,必责令斋百怪以祓除不祥。斋百怪者,须备香烛、纸马、牲牢、酒醴以往,且必男着女衣,女着男衣,夫妇双双顶礼,斋毕偕归。"由此可知,斋百怪的缘由实本于新娘身上有邪煞之气的观念。有些地区,把婚后四个月内都认为是新婚,这期间对新妇有一套禁忌,其中有忌看歌仔戏、布袋戏和傀儡戏等,以避免新婚夫妻中邪而生下有残疾的孩子。

回门是婚姻过程中最后一个重要的程序。回门的节目结束之后,婚姻仪礼才宣告完成,新夫妇的生活就正式开始了。

回门又称"归宁",也就是俗话所说的"回娘家"。回门过程中有许多禁忌。比如在回门的时日方面,规定新妇必须严格遵守往来之序,不该回门时一定不能回门,该回门时一定要回门,否则,不该回门而回,该回门而不回,都会有凶事发生。还有对所谓命犯"离窠"(夫妻离散)及"回头禄"(遭天灾)的新妇,都要在四个月后甚至是三年后才能回娘家。这里对新妇回娘家的时间规定也是为了辟邪祛灾。不过,回门仪式比之于迎娶仪式简单多了,其中除了某些禁忌,是没有什么具体的仪式的,这也说明了民间婚姻是重男家而不重女家的。

(七)安尸仪式禁忌

民间旧俗,极讲究寿终正寝,凡正常死亡的老人,尽量避免在病床上咽最后一口气。当病人生命垂危之际,一般要先为其沐浴更衣,然后再将其移到正屋明间的灵床上,在亲属的守护下,度过弥留的时刻,此谓之"挺丧",亦谓之"送终"。

穿寿衣时,一般由孝子一件一件穿在自己身上,然后一次性脱下,让死者正套上去;这时,禁忌孕妇近前,恐会被死者的亡灵"扑"着了胎儿。汉族俗以为死者的寿衣要单数,一般是五、七、九件不等,忌讳双数,惟恐死亡的凶祸再次降临。做寿衣时忌用缎子,因为"缎子"与"断子"谐音,惟恐因此会遭到断子绝孙的因果报应。有些地方在给死者穿好寿衣后,还要在死者衣袖里或手里放上几个用白面制成的小面饼及小棒子。这是因为俗传死后到阴间去的时候,要经过恶狗村,所以给死者备上打狗饼和打狗棒,以便能顺利到达目的地。

盛殓死人的棺材,汉族习尚以松柏制作,禁忌用柳木。松柏象征长寿。柳树不结籽,或以为导致绝嗣。有的地方用柏木做棺材要掺一些杉木,据说完全用柏木做的棺材会遭天打(触雷电)。寿材做好后,搁在那里不能移动。俗说随便移动,对本人不利。寿材要放到干燥处,越干燥越好,据说如此能使本人来世疾病稀少。否则,就会多病灾。寿材要早早漆好,不然的话,殓后再漆,死者要摸暗弄堂。布依族棺木多用梓木、杉树或红椿制作,禁忌使用松树和刺包树制作。俗以为,松树砍了,再不会发芽,若用松树做棺材,会使子孙断种;若用刺包树做棺材,会使子孙得麻风病。棺木外一般漆朱红色,禁忌其他颜色,外装金点,棺头写上金字,男为"福"字,女为"寿"字,边加蝙蝠等图案装饰,棺末画上香炉烛台,童男童女持幡接引西方的图案,也有写上死者名衔的。漆棺还有五彩绘画花鸟人物以求美观的。

入殓时,河南开封一带俗忌有与死者生肖相冲克者在场,惟恐受到凶厄的影响和冲犯。一般外人禁忌靠近棺材,尤其是盖棺时,除了死者最近的亲属外,其他人都要退开,因为人们认为如果人的影子被关进棺材,此人的健康将会受到危害,其魂魄将有被一同封入棺材之虞。河南一带在入殓时还要把此前为防止死者转生时会变成哑巴而放在其口中的一枚铜钱(俗称"噙口钱")取出,否则,以为死者会把家财带走。入殓前死者的双脚忌叉开,要用麻纸拴住(或用白纸裹住),为的是防止死者游魂乱跑,闯入阳宅,危害活人;但到入殓时又禁忌裹住死者的双脚,否则死者到了阴间不能走路,成为鬼中的跛子。

尸体、殉葬物放妥后,接着要钉棺盖,民间称为"镇钉"。镇钉要用七根钉子,俗称"子孙钉",据说能使后代子孙兴旺发达。盖棺时,河南一带,禁忌孝子进前,孝子要在门外候听。里边钉棺者敲击一声,外边孝子高呼一声"勿惊",俗谓之"躲钉"。山东一带,如出嫁之女在夫家病死,收殓盖棺必须由女家之父母兄弟亲自钉盖,名曰"引钉"。若女家亲人不到,其幺姑本夫俱不敢专主。虽中年以后,儿孙满堂者,亦必如此。有女家因此而妄行勒索者,是为习俗恶陋之处。白族入殓加盖时,须留下一颗钉子不钉死,要由其亲人加钉。若系女子或入赘男子,则由其娘家人或父家的人亲手加钉。彝族在加盖敲钉时,位于棺木中间的一颗"子孙钉"禁忌打紧。要在它上面拴上一条红线,由孝子用手拉着,木匠轻轻地敲一下就算了,意思是"留后"。禁忌将这颗钉钉死,否则,以为对后代不利。撒尼人认为"天下以舅公为大"。所以,其俗封棺时舅家必须来人才行,否则,棺木就不能起动。棺盖落钉后,棺缝用骨胶等物涂好,以防空气、水分和尘土渗入。为了防止妖魔惊扰亡魂,一只钵被放置在灵柩盖上,这是为了保证死者灵魂的安全。

入殓后,俗忌雨打棺。否则,以为后代子孙会遭贫寒。俗谚云:"雨打棺材盖,子孙没有被褥盖","雨打灵,辈辈穷。"故而停棺忌在院中。入殓前后,停棺在堂,直至出殡前这一段时间里,最忌猫近尸体、棺柩。俗以为猫或其他动物靠近尸体,会炸尸。尸体会跳起来,死死抱住活人或其他东西不放。又说猫是有虎性的动物,传说猫(尤其是白蹄猫、油蹄猫)若从尸体上跳过去或者触碰了尸体,猫会立即死去,尸体却会苏生而变成僵尸。据说这是因为猫的阳气移入尸体的缘故,尸体会直立而起,一直朝前走去,遇见什么就死死抱住不放。这时可用粪勺、粪扫帚将其推倒,或者抛掷扫帚、枕头等器物,让僵尸抱住,方能破解。否则,若被其捉住,必死无疑。这些传说,实属迷信,无非是要利用这一禁忌,提醒孝眷谨慎看守尸体、灵柩,精心尽孝,不得轻待死去的人。

(八)死亡时间、地点的禁忌

死亡,是每个人个人时间的终止。在所有的禁忌中,死亡是最令人恐惧的禁

·民间禁忌·

图文珍藏版

忌。因而人们害怕听说或接触到死亡的事情。安放好尸体之后,死人便成为禁忌的对象。由于人们认为死者能够危害或保护还活在世上的人们,因而人们对死人也有许多忌避。

首先,对死者遗物及发、须、爪的禁忌。死者的遗留物,原本是属于死者的,现在又不属于死者,处于模糊不确定的状态;亲人对之的感情亦是矛盾的。一方面是追恋,一方面是恐惧。死去父母生前住过的屋子,孩子不敢再住;死者用过的厕所要被填平,不能再用;死者生前用过的书籍、茶杯都不能再用;死者生前用过的东西一般都要随葬。现今,随着生活水平的日益提高,高档家具的日趋普及,家用电器的普遍使用,人们便以纸扎冰箱、彩电、录音机、洗衣机、电风扇、电脑,甚至组合柜等作为陪葬品,这实质上是实施禁忌的一种延伸。死者想用的东西,尽管只是想一想而已,但它已和死者发生了联系,随之,这些东西也成为"不洁"或"不祥"的。使用了死人生前用过的东西,总以为不洁,会经常不断地害病,出怪事,或家中经常不得安宁,常有事端、口舌发生。这种禁忌的原理,是由于"凡曾一度接触过的两物间仍有神秘的联系",被称之为接触律或传染律。所以,死者的遗物经由传递是会使人遭到灾祸的。

其次,人们对死亡征兆的禁忌。由于对死亡的恐惧,老年人一般忌避有人提到属于死亡征兆的东西。民间认为印堂发暗、脸色变黑是死亡的先兆,俗话说:"脸发黑,不过半月。"故而很忌讳有人说自己"脸黑",以为脸黑是死亡之兆。在河南一带,老年人最忌脸色突然发黑。"死"、"丧"等字是对死亡的定性,在语言中是有对死、丧等字的禁忌的。如果无意间有人说了这类字,似乎也预示相关联的人会有不幸的事情发生。故而人们一般是不敢戏言"死"、"丧"等字,更忌讳有意以死亡之事咒人。若有无意间说出者,要作喷嚏状或连唾几口唾液,以破解之,达到避凶就吉的目的。民间盛传小孩的眼睛"净"而"亮",可以看见鬼魅,所以老年人很忌讳在他打算抱某一个小孩时,这个小孩显得害怕而神情紧张,躲闪逃脱,民间认为这是不吉利的征兆,是老人的鬼魂出窍被小孩子看见了的缘故。

再次,对死亡地点和时辰的禁忌。汉族许多地方都禁忌人死在原来自己睡卧的床上。所以,河南一带,人快死时,有把他抬到外间的草铺上的习惯。同一道理,有些地方认为如果亡人是在原来的房间断了气,是很不吉利的,被叫做"隔梁断气"。对于这种地方故去的人,出殡时需买一只活公鸡随棺带出,方可禳除凶祸。中国古俗,忌死于偏房寝室,而要死于适室,即所谓正厅、正寝内。民间信俗以为如果亡者是死在偏房寝室里,那死者的灵魂就会留在偏房寝室的床架上,同时也不能马上获得转生,将来还会对家人有所困扰。有些地方在这种情况下,只好把亡者原来睡的床(包括铺盖)统统烧掉,以促使逝者的灵魂迅速升天;或者请僧侣念经禳解。当然,最好的办法是防患于未然,在亡者断气之前"搬铺"。"搬铺"是有很多讲究的,各地各民族有不同的规约。搬铺时,如果快要死的人还有长辈在世,一般不能搬进正厅,只能搬到其他偏房中去;但对家庭中有特殊功劳的长子和叔父伯父等人,虽然仍有长辈在世,也照样可以搬铺到正厅中。未成年的子女死亡时只能在偏房寝室的地上铺些稻草,移铺其上。台湾一带在搬铺时还必须把室内的神像、香炉等物转移到其他地方或遮盖起来,以免有所冲犯。满族以北炕为大,西炕为贵,认为在这两个方向的炕上死人是不吉利的,一般死人时要移铺到南炕上。有的地方要求移铺到专门的灵床上,以便亡灵超度。云南彝族,父母病危时,如果是住在楼上,要将其搬迁下楼,必须在主房的正寝室内断气。据说这样做的用意有两个:一是怕亡者断气于楼上,亡灵难以下楼;二是怕日后楼上有鬼魂活动,惊扰后代子孙。

死在外地也是普遍禁忌的。在陕北洛川县农村通行的做法,倘若是死在外边的人,即使是寿终而死的老人,尸体运回来后,也不能进村,要在村外停放才行。山东民间把死在外地叫做"客死",即使是城市居民,不经特许,也不准把客死者的灵柩运进城里,更不准进家门,只能在城外设置帐篷,举行治丧的各种仪式,然后埋进祖坟。我国南方,倘若老人死在外地,则遗体不准抬进堂屋(正常死于家中的老人,丧仪放在堂屋举行),一切仪式都在堂屋外面的露天地里举行。这是老人们极为忌讳的事情,故而在一般情况下,老人都往往在感觉不支的时候,主动要求停止治疗,决不在医院里继续留住,而是躺在自家屋里等待死亡的降临。从这里我们可以看出客死他乡,甚至客死家外的禁忌对人们的威慑力该有多大!病人宁肯停止求生的治疗,也要力争实现一个尽善尽终的死亡结果。中国人的不怕死是有地点条件的,那些行将就木的老人也只有守在家中,才能心安理得地从容赴死,一旦不是死在家中,人们就会有诸多忌讳。

关于死亡的时辰,民间也赋予其吉凶观,并且要行辟邪消灾之法。台湾民间有忌病人在晚饭后断气的习俗。其信俗以为人在清晨用早饭之前断气最佳,说是替子孙留下了三顿饭,俗称"留三顿",意思是将来后代人一日三餐都有饭吃。若在早饭后断气,则预示后代人将有断炊的厄运发生。最忌讳的是在晚饭后断气,好像死者将一日三餐全都带走了,预示着后代子孙将要沦为乞丐,必须很好地禳解一番才行。这种习俗的产生反映了古代生产力水平的低下,人们自给自足的低生活水准和古代中国"民以食为天"的思想观念。安徽一带对于幼丧早夭者,如遇春庚申日、夏甲子日则是大不吉利,会有僵尸之虞。在这种日子死去的少年,出殡时一定要请术士画符于棺材上,并以种种迷信的方式去"破解"它。

又次,哀悼死人也要遵守禁忌。对于什么时候可以哭、应该哭,什么时候不可以哭、不许哭在风俗惯例中是有规约的。旧时广西、云南交界地带有一些"赶尸者",据说使用一种神秘的力量可以把尸体从很远的地方运回来,有时运尸的时间很长，尸体也不会腐烂。但惟一的禁忌就是亲人的哭声。倘若亲人放声恸哭，那么尸体立刻就会化成一滩臭水，所以当亲人的尸体由这些赶尸者引回家的时候，家人必须含悲忍泪，一直要到成殓好后，才可哭出声来。这种传说是丝毫不足信的。满族人死后，晚辈可以放声大哭，但在出殡回来，就不准再哭，如再哭，就意味着又要死人了。旧时有俗语说"辰日不哭，哭有重丧"，都是以为在不适当的时候用哭泣来表示对死者的哀悼往往会使家庭又遭不幸。关于死丧禁哭之事，一是为故人考虑，恐惊尸、尸变、魂悲，是灵魂安息观念作用的结果；二是为生人考虑，恐重丧，恐不能节哀，是死亡恐惧的表现和节哀保身观念的体现。

四、出丧日期禁忌

把灵柩送到埋葬的地方下葬，叫出丧，又叫"出殡"，俗称"送葬"，清代称"发引"。按照历来的习惯，这一礼俗由择日、哭丧、启灵、送丧、下葬等仪式组成。停尸祭祀活动完毕便可出丧安葬。在许多民族中对出丧日期都要慎重选择。

据《论衡·讥日篇》云："葬历曰：葬避九空、地臽，及日之刚柔，月之奇偶。日吉无害，刚柔相得，奇偶相应，乃为吉良。不合此历，转为凶恶。"其中"九空"、"地臽"都是葬历上规定的忌日的名称。所谓日之刚柔，是指天干、地支。俗称甲、丙、戊、庚、壬等为刚日；乙、丁、己、辛、癸等日为柔日。按照迷信的说法，人在刚日死，应选在柔日下葬；柔日死，应选在刚日下葬，刚日、柔日要配合好才行。否则，不吉。所谓月之奇耦（偶），是指单月、双月而言。按照迷信的讲究，凡于奇月死者，应在偶月下葬，偶月死者，应选在奇月下葬。奇月、偶月也要配合好才行。否则，不吉。若不能及时葬埋，可先放入柩内。

河南沁阳一带，还有埋葬忌月的习俗，并且与姓氏有关。据说，张、王、李、赵四姓人，禁忌六、腊月动土葬埋。其余姓氏，三、九月禁忌动土葬埋。若在忌月有丧事者，要排至三七、五七殓葬，必得避开忌月才行。如特殊情况需及时出殡者，也只能先用青砖柩之，不得入土葬埋。台湾以及南方一些地区，俗忌七月出丧。因民间传说，七月为鬼月，七月十五日为鬼节，该月阴间的鬼魂要到人世上来讨食。为避鬼煞，故忌此月内殡葬。

旧时，民间还广泛流传着忌"重丧"的习俗。对此，任骋先生在《中国民间禁忌》一书中作了详细阐述：浙江一带，俗说"重丧"是指死者出生的年月日，与死者死时的时辰有干支重字。俗称"月不清"。遇上这类情况，要举行特殊的葬仪，往往是在三五更盖棺，抬至郊外。丧家不穿麻，不能哭，要等七日后，才呼号奔告亲朋，然后再补丧礼。但是在台湾一带，"重丧"却是指某种葬埋忌日而言。俗说在某日葬埋便会犯重丧，亦即丧家还会再死人。当地的重丧日为：一月甲日、二月乙日、三月戊日、四月丙日、五月丁日、六月己日、七月庚日、八月辛日、九月戊日、十月壬日、十一月癸日、十二月己日。如果因特殊事情不得不于重丧日安葬时，要采取一些禳解的仪式。如在一小纸盒内装上写有符咒字样的纸条，一起葬埋在圹穴中即可。符咒字，一般是正月、三月、六月、九月、十二月书"六庚天刑"；二月书"六卒天庭"；四月书"六壬天牢"；七月书"六甲天福"；八月书"六乙天德"；十月书"六丙天威"；十二月书"六丁天阴"。不过，每月书写字样的规定不甚严格，也有相互串写的现象，但大体上就是这类字而已。皆属术士们的玄言。

少数民族在殡葬择日的信仰方面与汉族也有相通之处。东北地区的朝鲜族、赫哲族、达斡尔族、满族均选择单日出殡，而不得在双日出殡。据说，双日意味着要死两个人。滇西的"勒墨人"忌在寅日、辰日出丧，也不能在死者的属命之日出丧，否则不吉利。云南陇南县景颇族认为选择出丧日期以十二属相中会进洞的动物之属相日最为吉利，比如属龙、蛇、鼠三天都是好日子，其余天日忌出殡。贵州黎平县侗族最忌"冲克"日出丧，台江县巫脚乡苗族出丧最忌"犯双日"，广西一些民族地区则忌讳犯"重丧"日期出丧。白族若犯重丧，须在中堂挂一匹红绸，或在棺木上倒吊一只鸡，将其致死，再用笋叶做一口小棺，把装着死鸡的小棺从门坎下挖的小洞中送出，然后埋在路上，以此破之。而西藏米林县的珞巴族，出丧的日期要由巫师行杀鸡看卦仪式来定，以鸡肝上纹路的走向显示吉凶。另外，在一些接近汉族的民族地区也有由"阴阳先生"的占卦仪式决定日期的。

还有一些民族和地区不但择日，还择时。彝族人家中有人去世，一般在家停尸很短，多是上午死，下午葬；下午死，翌晨葬。但忌讳正午出殡。民俗以为正午出殡会招致灾异，不吉。

云南金平县的苗族（黑苗）一般在早上出丧。而花苗和白苗则在午后或黄昏出殡。贵州望谟县苗族（白苗）是在天刚亮出丧。黑龙江省抚远县赫哲族多在晌午出殡。

出丧择日仪式甚是简单，有时只需翻翻皇历或问问"阴阳先生"即可。然而，此仪式所涉及的内容、牵扯的面极广，稍一不慎，便可能犯忌。因此，我国早在汉代就已经出现了专门记载选丧择日仪式的专著——《葬历》。此书上说："雨不克葬，庚寅中乃葬。"在古代，此仪式甚为盛行，王充在《论衡·辨祟篇》中说："世俗信祸祟，以为人之疾病死亡……皆有所犯。起功、移徙、祭祀、丧葬、行作、入官、嫁娶，不择吉日，不避岁月，触鬼逢神，忌日相害。故发病生祸。"

五、风水忌避的葬地

下葬是丧礼的最后环节，是死者享受哀荣的最后时刻，民间百姓极为郑重其事。汉族盛行土葬。风水术中和民间信俗以为葬地的坟墓安置得坏好能够直接关系到后代人的穷达寿夭、贫富吉凶。

为什么葬地风水的好坏会影响到一家子的吉凶,甚至后世子孙的荣枯呢?《青乌先生葬经》说:"百年幻化,离形归真。精神入门,骨髓反根。吉气感应,鬼福及人。"原来这种认识反映着人们"乞福于神灵"的信仰观念,希望"鬼福及人"。这样风水先生就利用人们为后代子孙祈求福禄的心理,骗取钱财。他们宣传的某些风水观念也深入民间,一些观念融合于民间的信仰,而被民间信俗所接纳和流传,成为葬地避凶就吉的参照标准。

首先,墓地周围环境的忌避。在风水术中,落葬墓穴周围的形势以东为青龙、西为白虎、南为朱雀、北为玄武。其中"虎蹲谓之衔尸,龙踞谓之嫉主,玄武不垂者拒尸,朱雀不舞者腾去",这些都对落葬的尸体不利,需要忌避。青乌先生提出童山、断山、石山、过山、独山、逼山、侧山等七种山脉不宜于安葬立墓,因为在此安葬立墓,不但死者家属要消除已有之福,并且还要生出新凶,当然是要忌避的。对于形、势,郭璞《葬书》中有:势如惊蛇,屈曲徐斜,灭国亡家;势如戈矛,兵死刑囚;势如流水,生人皆鬼;形如投算,百事昏乱;形如乱衣,妒女淫妻;形如灰囊,女舍焚仓;形如覆舟,病灾男囚;形如横几,子灭孙死;形如卧剑,诛夷逼偪;形如仰刀,四祸伏逃。这些在葬地风水选择时都是要忌避的。关于墓周围的砂有尖射的、破透顶的、探出头的、身反向的、顺水走的、高压穴的,皆凶相;又有相斗的、破碎的、直狭的、狭逼的、低陷的、乱斜的、粗大的、疲弱的、短缩的、昂头的、背面的、断腰的,皆砂中祸也。这些砂都是要忌避的。关于墓周的水忌冲射,因水直流,难留生气,水法云:"水深处民多富,水浅处民多贫;水聚处民多稠,水散处民多离。"对于明堂又有所谓的"十二堂杀"之说,即有"冲、射、崩、漏、缺、分、倾、泻、斜、侧、逼、狭"等十二种形状的明堂,凶,需要忌避。

其次,择穴忌避。风水忌避在所谓的"龙角、龙目、龙唇、龙腰、龙肋、龙背、龙颈、龙肘、龙爪等处点穴落葬,而且忌避以下种种"穴病"。关于这些穴病的名称,大致有贯顶、破面、绷面、漏腮、折臂、坠足、割脚、饱肚,以及龙踞虎蹲、朱雀腾去、玄武拒尸、前花后假、左右诡落等等。

从上述对葬地凶相的判断来看,其中的标准多是来自于人们对山水环境及风景的好坏感受,一个总的规律就是地理环境形貌崎岖古怪、歪斜险峻为凶,是要忌避的。过去民间流传有一首"十不葬"的民谣。就是:"一不葬粗顽块石,二不葬急水滩头,三不葬沟源绝境,四不葬孤独山头,五不葬神前庙后,六不葬左右休囚,七不葬山冈缭乱,八不葬风水悲愁,九不葬坐下低小,十不葬龙虎尖头。"又有"龙怕四顽,穴怕枯寒","砂怕反背,水怕反跳,穴怕风吹"等说法。

六、居丧和祭扫禁忌

居丧，或称丁忧、守丧、值丧，是人们为了表达对死者的哀悼之情而产生的一种习俗。从考古和文献资料来看，这种习俗大约出现于氏族社会前期。在那时，人类对死者有无灵魂识还比较含糊，认为死者灵魂不灭，能福祸生人，出于这种观念，于是产生了居丧习俗。在此期间，氏族成员，尤其是死者的亲属要遵守一系列非常严格的禁忌。

祭扫，或称墓祭，是人们为表达对死者的哀悼和思念之情而举行的一种纪念活动。它产生的时代相当久远，至汉代时已极为流行，沿袭至今，已成为民间盛行不变的习俗。世俗认为："墓者，鬼神所在，祭祀之处。"可以看出这种活动的产生同样是出于人死了要变鬼，鬼可以作祟于生者，亦可以保佑生者的观念。

（一）居丧期间的禁约

丧眷要居丧，丧眷在很长一段时间内与丧事有着直接的关系。由于民间常把丧事视为凶事，所以丧眷也常常被看做是带有凶兆意义的，是晦气的，丧眷也成为异常的人，因而居丧期间就有了许多禁约。

首先，中国各民族中，居丧期间都或多或少、或繁或简地存在着禁忌生产活动的习俗。其中的原因，一是因为人们视丧事为凶事，视丧眷为凶兆。如果丧眷在丧期内参与生产劳动，就会危害庄稼，使谷子只开花不结粒，或虽打苞但颗粒干瘪不满。总之，会使庄稼歉收或者坏死甚至颗粒不收。二是出于对亡灵的敬畏。为了祭奠亡灵，丧眷要停止生产活动。这是古代先民崇天敬鬼观念在人们头脑中积淀的结果。由于古人认为人死后灵魂不灭，如果不安顿好亡灵，就会有凶祸降临，如山上会滚下石头砸死人或者家里还要再死人。汉族、黎族等民族中还有忌日不下田的习俗，这是丧眷居丧禁忌生产劳动习俗的延续。封建时代逐渐形成的"三年居丧不为官"的规定，也是这种禁忌的衍化形态。因为对于封建统治者来说，做官就是他们所从事的"生产劳动"了。

其次，丧眷在居丧期间衣饰穿戴中的禁忌要求。在山东中部一带，民间忌讳孕妇腰系孝带，以避免损伤婴儿。这种禁约纯粹来源于生活的真实要求，是很有科学道理的。鄂伦春族人父母死时，众多兄弟中尽管都处于居丧期间，但不必都戴孝，其中有一个人戴孝就可以了。俗以为戴孝时人的运气不好，会打不到野兽的。这样，不戴孝的兄弟们还可以照常出去打猎。可见这一习俗是从生产生活需要出发而制定的。众多兄弟中只让一人戴孝，反映出鄂伦春族长期处于生产力水平低下的状态，一天没有人出去打猎或很少人出去打猎都会影响到人们的生活需要。哈尼族老人死后，全寨男女老少都要在衣服或帽子上系一块姜，以防止死者的阴魂来缠身。

　　一般民间在居丧期间禁忌丧眷穿红戴绿，而要着素衣，不过个别地方的风俗有异。据《清稗类钞》中"昆人为母丧服红裤"一篇记载："昆山乡女之居母丧也，必以红色布为裤，服三年乃除。谓母育己身时，恶露甚多，有血污之秽，死后必入血污地狱，服红裤者，为其被除不祥也。男子亦间有之。"真是"千里不同风，百里不同俗"。尽管风俗各异，但其道理是一致的，都是孝眷为尽孝心而为，着红裤是为死去的母亲辟邪。许多地区孝服的穿戴规定得很严，比如河南一带只有死者的儿子、儿媳、女儿、女婿、孙子、孙媳可以全身穿孝衣，头勒孝布七天；而侄儿、侄媳、侄女等禁忌穿孝衣，只穿孝裤，头顶五尺孝布；初订婚的女儿、女婿孝服禁用白色，可用蓝色；孝帽也分大、中、小三种，分别按关系的远近戴用；重孙、重外甥孝帽上的两角处要插戴红缨。此俗与今天佩戴黑纱时男左女右，孙子辈或重孙子辈的黑纱上要戴小红布条的意思相近，俗称为"隔辈"。现今江西、湖北交接相邻地区还流行不同辈分的人孝帽有白、红、黄、绿之分，也是为了"隔辈"，以防止亡灵的阴魂损伤冲害着幼辈子孙。当然，从封建的伦理道德观来看，它反映的是长幼有序的观念。

　　再次，丧眷饮食中的禁忌规矩。丧眷在居丧期间饮食方面有许多忌避，其中隐含着深层的祛凶意蕴。傈僳族人家如有小孩不幸夭折，丧眷是忌食羊肉和葱蒜的，若有违犯，则被认为是冲犯了鬼神，将导致更加严重的灾祸发生。生活在云南、广西、贵州一些地区的布依族人有以牛肉款待前来吊唁的亲朋好友的习俗，他们认为杀丧牛以举行"牛祭"是丧眷对死去先辈的崇敬，但所杀丧牛的肉，同宗、同姓、同房的人是一定禁忌吃的。因为在他们看来，牛代替了死去的老人被宰割，俗以为只有这样，老人在阴间会少受罪、少受折磨，过上幸福的"生活"。可见宰牛待客的习俗含有为死去的老人纳吉去凶的目的。中原一些地方，丧眷在七数以内，忌吃面条，俗以为面条形似铁链、绳索，会使人发生联想，惟恐死者到阴间受缚而吃苦受累。云南佤族在丧葬期间，要吃净米饭和肉，忌吃杂粮和蔬菜，否则，死者的灵魂知道了会不高兴，会让活人的庄稼长不好，造成歉收；也让活人过上苦日子，专吃杂粮和蔬菜。

　　最后，丧眷在殡葬或守孝期间的社交禁忌。一般来说，丧眷在殡葬期间以至以后一个较长的时期内要尽量减少社交活动。因为家有丧事，服孝在身，是不幸之兆，运低之分，与别人交往，恐怕会给别人带来晦气和不幸。所以，一般丧眷在守孝期间禁止参加一切娱乐活动，禁忌和别人打骂吵架，不能到别家去串门，尤其禁忌到病人家中去串门。民间特别忌讳服孝的人观看建井、建庙、安炊、婚嫁、产妇和婴儿，以免身上的"凶气"，冲犯了神圣、喜庆的事情，并招致被看的人家和个人发生凶祸之事。而且对于丧眷的某些禁约，如丧眷不自觉执行，外人还要进行干预，强制其执行。可见对丧眷的某些禁约信俗不光是关系到丧眷本人，更重要的是关系到他们周围邻居和自己所处的氏族或宗族这个群体的吉凶祸福。汉族、白族等民族中，即使是来报丧的，也绝不能让他进入自家的门里，否则，认为自家会有不幸的凶祸事情降临。

（二）祭扫过程的禁忌

祭扫是与丧葬直接相关联的一种祭扫活动，可以说是丧葬习俗的一种延续。在祭扫活动中，许多行为和禁约体现的是人们的报恩、孝顺的思想和邀宠、祈福的愿望，从而达到心理的平衡和满足，不过，祭扫活动自身也有一些禁忌要求。

首先，在祭扫的人员上有些禁规，一般孕妇不能参加丧礼，也不能去祭扫坟墓。否则，死者的亡灵恐怕会"扑"着胎儿，使孕妇难产。不仅如此，民间许多地区的风俗中，甚至一般妇女都不准上坟祭扫。这种禁忌看起来似乎是为了避免死者的亡灵"扑"着了孕妇腹中的胎儿，其实它反映的是古代中国子孙观念，因为女人上坟，意味着家中无男子，死者无后代子孙。古时，禁忌刑徒参加祭扫，因为那时人们认为墓室是先人的阴宅，灵魂凭依所在，受过刑的人去祭墓，会有损祖先之德。

其次，祭扫时忌遇上佛僧、道士。如果不巧遇上佛僧、道士，俗以为一定要供斋饭与之饮食。只有这样，才会减轻死者的罪孽，便于死者的亡灵早日超度，使之升入天堂。否则，对亡灵不利，将使他入地狱受苦受累。

再次，祭扫时的行为禁忌。上坟祭扫时，一般要烧纸钱，但忌用棍棒挑动纸钱，恐将纸钱挑碎，不好使用。如果有的纸钱烧去一半，剩下的一半未燃尽，也不能重新丢到火里去烧。民俗以为，这留下的一半会变成钱财，是亡灵专门留给活人用的，意思是祖上想着子孙们。又说这一半叫"孙子板"，只能留下，不能再烧，否则，要断子绝孙。

山东、河南一带，俗有所谓"犯土"之说，说的是逢七祭之日，正好赶上农历初七、十七、二十七等明七或者赶上十四、二十一、二十八等暗七的日子，是不吉利的。逢这些日子祭扫坟墓，必须在祭扫时往坟上（或用一瓦盘盛土、沙）插小白旗，以驱赶邪恶，避开讳忌。河南、江苏一带，还有七七祭扫时禁忌以面条上供的习俗，民间以为面条象征绳索、铁链，死者亡灵看到会胆战心惊，六神不安，以为后代子孙对他有不良动机，而亡灵不安则会作祟于子孙的。

河南一带在葬坟后的第二天就上坟祭扫一次，叫做"复二"。但这天孝子上坟祭扫后，要从其他小道返回家中，禁忌走来时的路，俗称"迷路"。据说这样做是为了防止死者亡灵跟着孝子一同返回家中，日后会在家里吓人或作祟，造成生人的不幸和灾难。为防止死魂从墓中跑出来，跟着回家，人们在掩埋尸体之后，要"绕墓三周，（使）鬼不追"。在回家途中严禁回头看视。怕看见死魂在阴间的行影，对双方都不吉利。实则也是一种节哀的措施。否则，亲人往返于途中，总舍不得离去，是很不好劝说的。青海蒙古族实行天葬时也是如此，送葬者将尸体送到天葬场后，立即返身跨过点起的火堆，急速回家，不能回头。驮尸的牛马一年之内，禁忌使役。青海土族实行土葬。葬埋后，人们一起向坟墓跪拜，然后把铁锹等葬具抱在地上拉着走，不能扛着走。入家门时要洗手，并燃起一堆火后方能进家门。葬后洗手是必须的，有的还要用酒来洗手。一方面讨吉利，表示今后再不干这类事了，即不再死人了；另一方面也有去秽气的用意。

居丧也好、祭扫也好，无不积淀着古代中国人所具有的祖先崇拜意识和灵魂不灭观念。

七、非正常死亡禁忌

人死分正常死亡和非正常死亡两种。正常死亡一般是指老死。对于寿终正寝，民众无所畏惧，反倒当作喜庆之事。凶死、夭折、无子女者死亡皆为非正常死亡。对于这类死亡，民众却一反从容的态度，既十分惧怕，又十分厌恶，惟恐避之不及。这些被人所禁忌的死才是真正的、彻底的死、永久的死，也就是凶死。人为或意外事故造成的死亡，皆为此类。

在民间的观念里，凡是"凶死"的人，其灵魂也是恶的，他的尸体不能同本族人的尸体埋在一起，往往另埋葬在一处，可见民间对凶死者的鬼魂是非常恐惧的。贵州的水族，人们称非正常死亡的人为"反面死"者。例如，被雷击死、上吊死、刀砍死、枪打死、滚坡死、溺水死、火烧死、蛇咬死、难产死等等，都谓反面死者。人们认为，凡反面死的人，都是"前世有罪"的因果报应。因而对反面死者，禁忌把尸体运回家，不梳洗净身，就地给死者穿上白色衣服，以木匣装尸后抬到适当的地方停放待葬。对反面死者不举行任何葬礼。只择吉日进行"火化"之后，收其骨灰、择地埋葬，但不能葬入集体坟地，以示区别。

贵定县苗族称非正常死亡的为野鬼。非正常死亡指意外致死。死者不能停灵于堂屋，也不能土葬，只能火化之后拣骨埋掉。他们认为非正常死亡是因为恶鬼缠身而死，如果将尸体埋在地下，以后亡人的魂魄会出来害人，故必须将尸体烧掉，把缠身的恶鬼烧死之后方可埋葬。在侗族，对因犯罪而上吊或割颈自杀的人实行火葬。火葬场地一般都在比较偏僻的河边沙滩上，用二十余担干柴架成方形柴堆，把尸体以背朝天扑放在柴堆上面，柴堆周围撒一圈硫磺和朱砂粉，然后点火焚尸。当尸体开始着火时，包围火场的人们形成圆圈，轮番朝火尾腾起的上空射箭、放枪、撒硫磺与朱砂粉，其意是将其鬼魂圈在火堆里，射箭、放枪则是不让其鬼魂随烟火逃逸。最后人们又用石头猛砸火灰中的遗骨，直至砸成灰粉。

在俗信中,由凶死者所变之厉鬼、恶鬼,以整个人类为祟害对象,并不因其与被祟者关系亲疏而有任何差异。因此,这类鬼魂引发的恐惧情感尤为强烈。如汉族对溺死过人的池、河、溪、塘,就非常忌讳,绝对不允许人尤其是孩子到那里去游泳,据说溺死在那里的人变成了凶猛的水鬼,要拖人下水溺死他才能获得解脱。有些地方说得更具体,说凶死的鬼都要到阴间去站岗值勤,只有等到有新鬼来才能被替代,从而解脱出来。明清小说、民间传说中,鬼找到替身后复活(再生)的事情比比皆是。对老年凶死者来说,其孝子要通过"上刀山"、"下火海"的特别葬仪,为他们的转世开拓道路。

非正常死亡者,因是被迫而死的,死之过程便有尽力挣扎的行为,一般都是极为痛苦的,其面目及表情自然也是狰狞可怕的。死后又会遭众人鄙视,得不到应有的安葬礼遇。更重要的是不能顺利转世,需寻找替身,让另一个人也死于非命,被人称为厉鬼、恶鬼、野鬼。因此,不怕死的中国人对于这种凶死是十分禁忌的。

另一种真正的死亡是夭折。在湘北地区,如果死者是未成年者,一般不会通知亲友来参加葬礼,只求邻人帮忙,草草入殓上山。在宁夏中卫平原的丧俗中,葬礼分为七日葬、五日葬、三日葬和当日葬几种不同等级。其中,死者为二十岁以下未婚即未成年者,大都为当日葬和三日葬。至于婴儿夭折,根本不在葬礼之列,只是简单用草席一卷,扔在荒野了事。

在山东民间,未成年者死亡叫做"童丧"。童丧大体分为三种情况:一是五到七岁的幼童,在上半月夭折的,要葬在村宅的西南方向,下半月夭折的,要葬在村宅的东南方向。葬时可用一木匣盛殓,尸体上要放置一根桑根和一块生铁,镇住幼童的灵魂,不让他回到家中。二是十到十五岁的儿童,死后也只能用匣子盛殓,一般在地头埋葬,坟堆作椭圆形。三是十五到二十岁的青少年,凡是没结过婚的死者,也都算作童丧,一般用棺材盛殓,葬在地头或祖坟后的不远之处,堆一个小坟头,俗称"小丧"。童丧一律不许葬入祖坟,不举行任何丧葬仪礼,葬后也不举行祭祀。实际上,童丧者只能成为永无出头之日的孤魂野鬼。至于婴儿死亡则连鬼也做不成,或被扔于荒野喂狗,或随便挖个坑掩埋,不留坟头标记。

这些死亡是令人恐惧的死亡,是禁忌的死亡,是死亡的禁忌。对于非正常死亡的人而言,入土也难以为安。

八、行业禁忌

(一)耕作时日禁忌

旧时,农业生产力低下,主要是"靠天吃饭",顺从自然,一方面得不误农时;另一方面要定期祭祀,以求助神灵的护佑。祭祀期间,不得从事农事活动,否则,神灵以为祭祀者不专心和少虔诚。"禁日"的时间,各地不一,且有长有短。

汉族春节是祭祀拜神活动最频繁的时期,因而其间许多民族都有禁忌生产劳动的惯例。汉族农历正月初一至十五为"过年",忌耕作,以为耕作冲犯神灵,一年百事不顺。汉族及一些以农耕为主的民族,都敬奉雷神,有闻雷辍耕的习俗。忌雷期间,不能犁田、耕地、播种,如果违犯,以为雨水不宜,庄稼歉收。忌雷主要是针对每年头次雷声而言。这种忌雷的生产民俗形成的原因,可能一是由于敬畏雷神,俗以为雷声表明天神又开始光顾下界,大地又将生机勃勃。农夫必须若干天禁忌耕作,以示迎接雷神的庄重。二是以每年第一次响雷为信息标志,确定春耕春种的起始时间。因为头几次春雷常在正月下旬,二月上中旬,这时尚属早春,寒潮未止,所以禁忌过早翻地下种,以免春苗受到寒冻。

藏历四月十五日和六月四日是门巴族忌耕日。这天,戒杀生,禁下地耕作,以为有犯则冲犯天神,招致冰雹等灾异。裕固族以为六月和腊月动土不吉。湘西苗族在阴历每月初一、十五忌挑粪,逢"戊日"不动土、不下田。土家族每月初五、十五、二十五日忌下田。逢"五"而耕作谓之破五,破则不吉,是以为忌。黎族人家有人去世,其亲属在三年内逢忌日均不得下田耕作,忌日即死者去世之日。黎族以十二属相计日月,因此每十二天即有一个忌日。这对农业生产极为不利。随着迷信观念的逐步破除,现已基本革除。贵州布依族于农历正月初一至初三和每月的初四、十四日不许耕种。广西大瑶山的盘村瑶族,居住在山区,深受风灾之害。瑶族人就于每年正月初十和二十日"禁风"。在这两天不许下地锄耕,以为这样就可以在一年内免受风灾。又山区野猪多,糟蹋庄稼很严重,盘村瑶族每年就于"大暑"这一天"禁山猪",规定这一天不下地干活,以为这样就可以防止兽害。山区老鼠为害严重,盘瑶人就在"小暑"这一天不下田,不入菜园。诸如此类的"禁日",过去执行得都很认真。农业互助合作以后,在生产队安排劳动时,就很少再考虑这些"禁日"的忌讳了。

现在保存在盘村瑶族中带有迷信起源的节日只有一个,那就是"分龙"。一般在阳历六七月间,原来是为了祈求风调雨顺,认为只要分龙这一天下了雨,这一年就有足够的雨水。这对于靠天吃饭的刀耕火种的山民来说,显然十分重要。为了不打扰神灵的安宁,"分龙"便成为"禁日"。直到上世纪八十年代初,这一习俗仍在承袭。是日不许上山砍柴,不许用锄挖土,不许挑尿桶,以防天旱。实际上,他们主要是利用这一天包粽粑、宰鸡、磨豆腐,去县城买卖东西,过一个有丰盛菜肴并稍事休息的日子。使得分龙与春节、七月十四一样,成为盘村瑶族一年中所过的几个节日之一。

彝族、羌族、苗族及湖南、贵州部分地区的汉族都广为流行"戊日忌动土"的习俗。戊为天干的第五位，古代以天干（甲、乙、丙……）地支（子、丑、寅……）循环相配，表示年月的次序。干支再与五行（金木水火土）对应，则可推算出戊属土。每月有三个戊日，四月十六、十月十八两日为"大戊日"，全年大小戊日共三十八天，均不事耕作。汉族在立春后禁五戊，禁戊前一天，各村鸣锣通知戊日不准动土。俗谓这日动土会触怒土神，使农作物遭灾。苗族传说，戊日是该族历史上大迁徙中不幸的一天，故视为忌日。

忌"戊"习俗的辐射面很广，可能与道教有关。道教特别禁忌戊日，有"戊不烧香"之说。在甲乙丙丁戊己庚辛壬癸的"十天干"中，每逢戊日就不烧香诵经。关于"戊"忌之肇因，有这样一则神话故事：

据载，汉武帝刘彻继位后，既崇尚儒术，又笃信神仙。他常祈祷于名山五岳。在元封元年（公元前110年）正月，武帝以至诚之心登嵩山起道场。有一日，武帝正在与东方朔、董仲舒等议事，忽见一女子身穿青衣，飘然而至，美丽无比，武帝大为愕然，乃问："汝为何人？"其女答曰："我乃墉宫玉女，名叫王子登，一向为王母侍使，从昆仑山来。闻汝轻四海之禄，寻求长生之道，且屡祷于山岳，看来还可教化。"玉女接着说："从今日起，你可每日斋戒沐浴，虔诚祈祷，到七月七日王母自会亲临也。"待帝下座拜谢，玉女已倏然不见。

帝于是登延灵之台，盛斋存道，朝中之事暂委于宰臣，至七月七日，乃设座于大殿，以紫罗铺地，烧百和之香，张云锦之帏，燃九光之灯，列玉门之枣。帝乃盛服立于阶下。严令端门之内，不得有妄窥者。内外寂谧，以候王母驾到。直至夜二更之后，忽见西南白云起，直来宫廷，须臾转近，闻云中箫鼓之乐，人马之声，顷刻之间，王母已至。随从设天厨，但见上品仙果，芬芳无比；甘醇美酒，香气扑鼻。在盛宴期间，王母授道于武帝，解答武帝所提之疑问。当武帝问到世人何以会有这么多虫、蝗、水、旱之灾时，王母说道："世人皆迷而不知'禁忌'，四时之内有六戊日，翻锄田地会惊动土神，冒犯五阴五阳；春六戊触犯上帝，夏六戊冒犯日、月、星、辰，秋六戊冒犯五岳四渎，冬六戊会冲犯社稷后土，以致风雨不调，五谷少收，民多饥馑之灾。武帝曰："用什么办法可以禳解其厄难呢？"王母曰："戊忌最重，无法可禳。其实，不只是虫蝗水旱之厄，就是犯春六戊，则令人短寿；犯夏六戊，则令人耳目不明，遭其横祸；犯秋六戊，则有瘟疫侵身；犯冬六戊，则令人多口舌是非、六畜灾殃。若世人能知，敬畏不犯，自然衣食丰足，物丰民安。"所以后来东晋小葛仙翁葛洪就特别注重戊日禁忌，且云："六戊者：戊戌、戊子、戊申、戊午、戊辰、戊寅。"此六戊者，是为天地造化之期，天逢戊则迁，蛇逢戊不进，燕逢戊不衔，戊日不可申文进表。为此，《女青律》云："法官道士焚香诵经、不禁六戊，钟鼓齐鸣，进表上章奏天曹者，罪加一等。禁戊不犯者功德无量。"有诗云：

戊不朝真不诵经，燕不衔泥蛇不行。

犯者灾殃祸即至,王母当年示国君。

道教于我国民间盛行,其"禁戊"观念和习俗必然对民众影响甚大,戊日不耕作等"戊"忌习俗之所以得到广大乡民的普遍认同和传播,无疑得益于道教的推波助澜。当然,也有更广泛的原因:一方面是由于对大自然灵力的崇拜和迷信,对自然灾害的畏惧;人们宁愿以不劳作的自行"惩罚"来博得大自然灵力的同情;一方面寄托着人们对丰收的祈望,又让人们在生产过程中的各个阶段,都有一两天的休息时间,客观上松弛了人们劳动中的紧张情绪。

按传统的农民观念,遵守农时禁忌就是不误农时,实际上是以"误"农时来求得不误农时。这表明在一个不发达的封闭的农业系统里,禁忌是征服自然过程中所必然作出的妥协和让步,也是人与自然连接的一条脆弱的纽带。

(二)生产过程中的禁忌

在农业生产过程中,要做到不"误"农时,除了误农时外,还需要恪守一些其他禁忌。

汉族民间过去十分重视开秧门和关秧门。每年开秧门时。必备荤腥酒菜、纸钱、香烛,在田边祭烧,并燃放鞭炮,祈求田公田婆消灾保佑丰收。浙江嘉兴地区十分重视拔秧开秧门,过去开秧门时有多种禁忌:插第一行田时忌开口,认为开了口以后手要伤筋,而且讲究扎秧把时把秧合拢处忌不留缺口,也谓之"秧门",若扎秧把无秧门,则被认为不吉利。开化县农村在开始拔秧时,要先左脚下田,拔两三株秧苗,以其根须擦洗手指,否则会发"秧风",或手指屈伸不灵,或要发痒。湖州农村开秧门那天,挑第一担秧苗下大田前,必先喊一声"老田公!"意请保佑。长兴一带开秧门插的第一株秧,必先倒插,接着拔起,再顺插,俗谓这样可以避免秧痂病。

在插秧中也有许多俗规。嘉兴一带在插秧时,人与人之间禁忌随便传递秧把,俗谓这样做会使两个人成为冤家,必须把秧丢在水田中再拣起。潮州一带在"打秧"甩秧时,忌甩在种田人身上,若被甩中,俗称"中秧",即为遭秧。解忌的办法是,中秧者不开口,打秧者高喊讨彩话,同田干活的人也跟着说些吉利话。

水稻生长期长,期间禁忌丛生。沈氏《农书》曰:"稻田最忌稗子(稗草)。"其实江南稻区最忌三种草:稗草、三坨根草、夜含滕草。这三种野草水旱不怕、繁殖迅猛、再生力极强。传说这三种草原是三个干尽坏事的恶人,百姓骂他们败子、贼子、浪荡子。玉皇听到百姓的骂声后,便罚三个恶人变做三棵草,要他们改过后才能再投胎变人。可是他们不但不思悔改,反而展开报复。一夜过去了,夜含滕草说:"我报复大,一夜串(繁殖)了一浜兜";三坨根草说:"我报复大,一夜串了三坨头";稗草说:"我报复大,农民见我叩个头。"(稗稻形似,农民们须躬身低头查看才能认出,叩头指低头)"三草"要报复,农民要斩草除根。从此结下深仇大怨,于是民间流传了"骂三草"习俗。即在下田耘耥(荡)时骂道:"三草精、害世人,斩你头、除你根,父不了,有儿孙。嘘!嘘!嘘!"据说,骂三草后,耘耥时能除尽野草。

傈僳族、彝族,在稻子、谷子扬花时,禁在其旁洗衣、剥麻。有犯,则会使其花受惊而导致减产。他们把砍伐、洗衣、剥物都当作可以使玉米、稻谷减产的行为,应该绝对禁止。弗洛伊德在《图腾与禁忌》中记述了这样的事情,在爪哇的某些地方,当稻谷即将开花的时候,农夫们带着妻子在夜晚到达他们的田园,借着发生性关系来企图勾起稻米的效法,希求以人的生殖力互渗到庄稼身上,从而提高水稻产量。爪哇人虽和中原少数民族的做法不同,但体现出来的观念却是一致的。

在我国南部山区,野猪、黄皮麂等野兽常来嚼稻穗。为了水稻不受侵害,保护丰收,乡民们习惯组织狩猎队除害。在狩猎中,有一祭二择三鼓四忌的风俗。一祭:狩猎户打猎前,先立祖师坛,杀鸡买肉,点香烛,请道士祭祖师爷;二择:狩猎要择红沙日或大破日,择雪天或晴天;三鼓:捉住猎物,四脚未缚好时,见者都分一份猎肉,第一枪打中猎物的人分双股,猎犬同人一样分一股,这样鼓励人人诛兽害;四忌:一忌出门打猎碰见妇女,二忌妇女摸兽头,三忌说笑话,四忌放空枪。传说狩猎师祖在打猎中,裤子被荆棘撕破,赤身露体,羞见妇女和乱笑乱说。所以在狩猎时,要注意四忌。另外,驱兽,赶麻雀,农民们习惯用一个竹筒、一把槌,安在流水处,利用水力,使击梆槌,整夜梆声,惊得野兽不敢来嚼稻穗。有些在田头搭棚,人们守在棚中,隔间地燃放鞭炮,所谓一惊野兽麻雀,二惊鬼神。

在浙江西南广大乡村,刈谷时,忌女人坐稻桶歇力,说是亵渎五谷神,来年要歉收;忌用镰刀敲稻桶,说是惊动五谷神,罚你刈谷时割破手指。田间劳动喝生水,忌立即入口,要先吐一口唾沫在水中,见唾沫未化散的,表示鬼未投过毒,此水可以喝;如唾沫在水中化散开,说明鬼已在水中放了毒,喝了会肚疼、生病。去山间田里劳动,忌路上唱山歌,忌吹口哨,忌呼同伴姓名,说是被鬼听到,会有祸事。粮食收到场上,忌讳别人打听亩产多少斤,忌讳别人估计总产量是多少,也不能说"粮食收完了吧"之类的话。俗以为这是不吉利的。旧时严禁妇女进打粮场。俗以为妇女进场会带进邪气或怪物,以致给打粮带来不利。甚至还有这样一种必然的情况出现,已拉到场里的粮食也会因妇女的进场,不翼而飞,无影无踪。这显然是把妇女作为禁忌对象的,把妇女视为"不洁"、"不祥",已进场的粮食会因这种"不洁"、"不祥"的作用不翼而飞。

(三)生产工具禁忌

扁担神一般没有庙殿,也没有固定的塑像和神形。民间老人们说,扁担神就在扁担中,其神俗称扁担大人。扁担不能乱放、乱插,更不允许女人跨过扁担。如有女人跨过了扁担,不但用扁担的人要大骂她,连家里人也会齐声训斥她。据说被女人跨过的扁担再去挑，用者的肩上要生毒肩疮；而跨扁担的女人，说也要生阴毒。在江浙一带，女人若无意中跨了扁担，得赶快回家烧糖茶来洗净，还要作一番深刻的检讨，要说"扁担大人息怒，小女子不小心冒渎了神灵，罪该万死。小女子已追悔不及，今用糖茶水净过了神体，请扁担大人宽恕小女子一次"。说罢，把扁担亲手交给用扁担的农民，又要说自己许多不是。一般地说，用扁担之人会向女子提出一个月限包期，即在一个月内如用扁担者肩上生疮生毒或生病，一切费用与误工要由女子承担。

民间称谷箩神为箩伯，也有地区称箩伯师。忌两人抬一箩谷入仓，说两人抬一箩谷是减年成之兆，要两箩一担地挑着入仓，说是满担进会有好年成。到了大年三十夜，一般农家要在箩边贴上黄纸黑字写的"黄龙吉庆"字样，也有人家贴"百无禁忌"的黄纸黑字。说箩伯在明年会有更多的谷龙被送入仓，并且无禁忌。

粮场上的石磨是绝对不能坐的。民间将石磨奉为"青龙"，坐石碾则为"压青龙头"，必会触犯神灵，对夏收不利。俗谚还有"坐石碾，烂裤裆，少打粮"。"烂裤裆"是对坐石碾者的惩罚；"少打粮"是对使用这个被坐石碾的人的惩罚。究其所以，必为石头崇拜所致。

犁神民间称"犁公公"。浙江东部地区定农历二月初二为犁公公生日。这一日，旧犁可修理，可换犁椿犁把和犁头。家中要焚香祭天，祈祷新年耕种顺利、无虫灾、无水灾、无旱灾、万事如意。其他日子，民间一般不修理犁，不装配新犁。若是在耕田时落了犁头，需重新安装，一般要拣牛日。如拣其他日子，说犁头又会断的。同时，犁在耕田时要一行一行犁，不能乌龟犁（即兜圈犁），说是兜圈犁田，丈夫会做乌龟，妻子会与人相好。如田犁完了，犁不能放在厕所间，说要冒渎公公，下次去犁田，不但犁头要断落，连收成也会不好。因此，农家忌犁与污秽物放一起，也不准让小孩屎尿布挂在犁椿上和犁把上，说会生大病。

农事禁忌多出现在生产的农忙阶段，既表明了农民们对生产规律的认识和把握，也提醒人们在这些"关键"时期要有良好的劳动态度和精神。然而，农事禁忌又无一不是迷信思想的产物，有碍于积极地、科学地去解决生产中所遇到的问题。随着生产力的提高和科学知识的普及，这些禁忌将会失去其生存的土壤。

（四）动物毛色禁忌

有给人相面的，竟也有给牲畜相面的，说不定前者是后者的延伸。

牛是农耕地区最宝贵的牲畜，元代农学家王祯在《农书》中就说："牛为农本"，"有功于世"。农家买牛，如同家中添了一个成员，十分慎重；如同选女婿娶媳妇一样，要进行精细的挑选。民间根据牛旋生长在额头、耳朵、背部、脚部等不同的部件，分为蓑衣旋、落耳旋、打鼓旋、晒谷旋、望山旋、扯皮旋、锁富旋、锁仓旋、丁字旋、穿棕旋、拖尸旋、落塘旋、蜈蚣旋等，并将旋分为好旋、不好不坏的旋、不好的旋三类。后三种旋是养殖中最忌讳的。"拖尸旋"是指长在牛脊梁的正中间位置的旋；"落塘旋"是指旋长在牛肚子的正中间位置；"蜈蚣旋"是指从牛头到牛屁股的这条直线上长有两个旋转着的圆圈。这几种旋被人们认为是大不吉利的，必妨其主人家运衰败。

对马也像牛一样要求，忌饲养白额拦盖的马；否则，必妨其主。这种习俗也是自古即有的。《全图绣像三国志演义》第三十四及三十五回，描述了这样一个故事：刘备到荆州依附刘表，平江夏张武、陈孙，得其英骏之马。刘表称赞不已，刘备遂将此马送于刘表。刘表大喜，骑回城中，遇蒯越。蒯越说："昔先兄蒯良，最善相马，越亦颇晓。此马眼下有泪槽，额边生白点，名为'的卢'，骑则妨主。张武为此马而亡，主公不可乘之。"刘表遂将马还给刘备。刘备往新野，方出城门，只见伊籍在马前长揖说："公所骑马，不可乘也。"刘备问起原因，伊籍说："昨闻蒯异度对刘荆州云：'此马名的卢，乘则妨主'，因此还公。公岂可复乘之？"刘备说："深感先生见爱。但凡人死生有命，岂马所能妨哉！"刘备从东吴逃出，跃马过檀溪之后，遇单福。单福说："适使君所乘之马，再乞一观。"刘备命去鞍牵马于堂下。单福说："此非的卢马乎？虽是千里马，却要妨主，不可乘也。"刘备说："已应之矣。"遂具言跃檀溪之事。单福又说："此乃救主，非妨主也；终必妨一主。某有一法可禳。……公意中有仇怨之人，可将此马赐之；待妨过了此人，然后乘上，自然无事。"很显然，这是相信"的卢"马会妨其主人的观念的反映。

牲畜相面的禁忌主要在毛色。中原人多忌养青牛，以为青牛是凶牛，易克主家。忌养前额有白色斑块的黑牛，俗称"带孝牛"，又说是"孝帽子牛"。饲养了这种牛，多主主人不利。豫东一带对于门额拉盖的其他颜色的牛也禁忌饲养，一概称之为"孝帽子牛"。后来，随着牲畜成批成群的饲养，其毛色越来越多、越来越杂，对毛色的要求已难以全面顾及，旧的习俗已渐有所改。

旧时有"猪相图"。猪头上的毛也有讲究，通常忌买"破头猪"（即黑猪头上有一线白毛或白猪头上有一线黑毛）和"带孝猪"（黑猪白头或黑猪白尾），俗以为这样的猪活不长，不吉利，买到家里难得顺畅。头上生"旋"的猪也忌买，俗说这样的猪"盖水淋头，十人见了九人愁"。猪嘴忌长、忌尖。俗说猪嘴过长，喜拱壁撬栏，是不安栏的吵栏猪；尖嘴猪光吃不长。俗话说，"尖嘴石鞍头，吃潲如牛；要它长，磕响头。"细耳猪也不肯长。耳朵又小又尖像片叶子的猪是"铁砣猪"，更不肯长。俗话说"栀木子耳朵麂子脚，三十六斤上屠桌"。猪鬃毛忌生得浅，俗说这样的猪也不肯长。忌白猪身上有黑绒毛，黑猪身上有白绒毛。忌猪全身的毛倒状。俗以为这样的猪会背时倒运。养猪还忌养五爪猪。北方俗说五爪猪是神龙变化的。民间不敢饲养，说是养之会遭凶祸。灵官猪也被说成是神猪，不得饲养。灵官猪的种类颇多,有三爪、五爪、绣花、马蹄、黑脚、黑脸、白脸、花脸、三眼、铁嘴、蛇舌等等。

然对此种猪的种类和区别说法不一,但总起来讲都是不同于一般猪的畸形。这也是畸形恐惧心理和迷信心理的某种结合,才产生了如此的禁忌习俗。由于民间认为神猪是无上的神灵变来的,均视为"倒运猪"或"背时猪",赔本减价没人要,自己家养又怕遭不吉,故一般人家见生下"神猪"就溺死,以免不测。

(五)饲养行为禁忌

除了要遵守"相面"禁忌外,饲养活动的全过程都有禁忌。

先说牛。由于敬牛、爱牛、视牛为农耕之宝,连出牛栏粪也有禁忌俗规。一般出牛栏粪忌讳即有即出,要择吉日。若牛粪积得太多,等不及吉日到来,农家就要到牛栏屋前,右脚跪地,左手掐掌,口里念咒,右手拿锄挖地三下,谓之"掐无期掌"。俗信这样做以后不会因出牛粪而犯"地煞"。有的是在牛栏屋里挂一杆钩子长秤,秤上挂一秤砣,俗谓"秤砣虽小压千斤",此法也可压邪避煞,保护耕牛安然无恙。有的地方则在牛栏门前挂一牛蓑衣,据说也有避邪作用。

汉族一般人家禁忌杀牛,南北朝时仍有明文规定,严禁宰杀耕牛,违者严惩。元朝以后渐食牛肉,但至今在广大农村仍多不食牛肉。即使是杀残牛,也多请老单身汉为之。牛主一般都回避,围观的人须把手放背后,以免被牛责怪见死不救。旧俗有的地方牛老死后,主家要焚香烧纸钱,悼唁说:"你这一世在凡间受了苦,打发你盘缠钱,下世莫再变牛,变人到诸子贵人家去享清福。"并烧香请神,求玉皇大帝保佑它下世转人身。

牛如果有什么异常现象,则常常被视为禁忌。鄂温克族在两头牛顶架时,如果牛角别在一起拉不开,便认为是不祥之兆。哈尼族忌讳黄牛与水牛交配,认为是不祥之兆,必须举行驱邪仪式;彝族忌放牛时,牛顶上带回草圈或树杈,以为是不祥之兆,必须将牛杀死或卖掉。若犁地时,牛把犁耙脱落到另一牛身上,也犯忌,要杀掉。牛尾巴夹在树枝上,说是有鬼勾引,不吉利,要杀掉。牛肚子发胀,也说有鬼作祟,亦必宰之。汉族安徽一带,忌讳早起听到牛鸣,俗以为有人侵害。佤族、苗族等民族,还有杀牛以占验吉凶的习俗。这些习俗都反映出牛在人们心目中地位之突出。

许多民族有悠久的养羊历史。羊,对于一些民族来说,是主要的经济来源。因而,有关羊的禁忌也很多。塔吉克族禁忌用脚踢羊;不得骑马穿过羊群或接近羊圈;当母畜产羔时,牧民多在门口设立门标,严禁外人入内观看,否则看的人会倒血霉,对牲口也很大不利。因为人的眼中含有某种毒气,母畜幼羔血气不足,身体虚弱,在外人"毒眼"的注视下,将有很大的危险。彝族禁忌杀过人或打死过狗的人剪羊毛,以为这样的人剪羊毛后,羊不易长。其俗还视母羊未下羔儿时生殖器流血为怪异现象，必将母羊杀死；第二年母羊下羔儿时，如第一年生的小羊还吃奶，也为怪异现象，要母仔齐杀，至少要卖掉；在放牧时，羊如脖颈上带回树杈或草圈，便认为不吉利，必将此羊宰杀或出卖。鄂温克族禁忌杀吃种羊。种羊具有更大的神秘性。如种羊在冬天用角往圈外顶，就表示羊群要扩大。脖子上带有绳子的羊，也禁忌宰杀。如一定要杀时，须先解掉绳子。羊的迷信还常与人间社会的动乱相联系。湖北一带，相信有独角羊出现，是招致匪寇兵乱的征兆。

养鹿的禁忌颇有一些意思。鹿，在古代就被人们敬奉为"四灵"（即四神）之首。《礼记·礼运》说："麟凤龟龙，谓之四灵。"麒麟就是以鹿为原形经过人们幻想而成的。过去，人们不仅在母鹿产崽、公鹿锯茸时，要烧香上供、磕头祈祷，而且还要遵守一些禁忌。吉林省东丰县的养鹿人，在鹿圈里干活时，不准说笑喧哗。人们互相配合劳动，只能依靠手势、眼神和暗号。妇女们不准靠近鹿圈，哪怕远远地眺望，也会受到训斥，说妇女是祸水，看鹿犯忌讳，不吉利。这些禁忌反映了鹿怕惊动的习性和人们对鹿的神秘感、敬重心，但歧视、轻蔑妇女则是没有道理的。

养猪方面的避忌更多。建猪栏特别慎重，旧俗要请风水先生择位避"煞"，择吉日破土动工，招待工匠如同招待"上亲"。俗规给工匠泡茶、递酒、送食和给红包时，都不能做声。

特别是红包两头不能封口，包要放在猪栏杆上，不能直接交给工匠。工匠收红包时，也不能做声。据说这样做就可以安栏，猪就肯长。有的地方平好了栏基，请木匠建栏时，点心要在栏里吃，不得推辞，并且要吃完，以示以后饲猪时餐餐吃完。要是有的工匠斯文吃不完，有的工匠讲究客气不吃完，主家怕这样子以后猪不爱吃睡，便只有当场自己把剩下的点心吃光。

最有戏剧场面的是有的主家的老太婆认为这是犯了禁忌，往往会跑上去一把把点心抢过去，睡卧在猪栏地上，大口大口地吃，吃完后无论怎样也拉不起她来；她以为如此，以后栏里的猪不仅爱吃食，还会抢食，吃了就睡，睡完又吃，长得最快。故此，工匠建猪栏都非常谨慎，与建牛栏一样，动工前有的地方喷"神水"，使"天煞归天，地煞归地"；有的地方是在地基上画"井"字压"煞"，以保平安。有的地方装猪栏的材料也有讲究，一般要选用枫树木，俗谓装了枫树栏杆，猪就会"风吹夜长"。装栏时，无论何人都不能从栏杆上跨越，都要躬腰往栏杆下钻，否则以后关的猪也会跨栏而不吉。

（六）买卖牲畜禁忌

猪栏建好后要买猪崽。买猪崽时，要选好日子。俗以为"耳日"、"尾日"是好日子，说是"耳尾风吹长"；而"口日"、"舌日"买猪就不利，说是"口舌必遭亡"。买猪要选吉庆日，喜双忌单。买猪崽忌头太大的猪，俗说这样的猪不肯长。

买猪成交的禁忌甚是有趣。卖主绝不把猪送到买主家,忌被人笑说是"嫁女送亲"。但有的买主买的多或体弱年老,需要卖主送回家,则可按俗规请卖主帮忙。卖主将猪送到家后,买主要办酒饭接待,除猪款外,"脚力钱"以红包形式支付,以示办喜事。湖南农民买小猪成交后,卖主常常要说"喂猪娘子不用糠,一盆清水兑米汤","恭喜风吹夜夜长,猪财年年滚进来"等好话。买主听后连忙道谢说:"难为主家贵言"。等到买主挑起猪笼走到快要看不见的地方,卖主要大呼"落——落落落",象征性地把猪"招"回来,俗谓此可使卖主家喂猪兴旺。浙江农民买小猪时,卖主要赠少量稻草给买主,谓之"娘家草",以示小猪同在娘家一样健康成长。回家路上,忌用石块作沉头,以避"石头不化,猪养不大",到家后,有的要用吹火筒扛猪篓,以示小猪快长大。旧俗进栏时,要点香祭猪栏神,打开猪栅门,任其入内,不可抓起从栏上面放入。赶猪时,主人要左手拿两个石头,右手端碗茶。左手先把一块石头掷到要它睡觉的干燥处,并说:"这是你睡觉的地方。"再把一块石头掷到涵眼处,再说:"这是你屙屎屙尿的地方。"据说有灵性的猪就会照此指点睡觉、大小便。接着主人连喝三口茶,马上转身走,不能回头看。若是猪赶不进栏,千万不能骂,而要耐心地慢慢赶栏。猪买回来后若有客人来或邻居来看,主家要冲糖水给他们喝、客人或邻居要一饮而尽,以讨主人"一盆清水长千斤"之喜。

农谚说:"喂猪有巧,栏杆潲饱。"喂肉猪要栏杆,猪栏粪要出得勤。不少地方在出栏粪时,要挂一件棕蓑衣,据迷信说法,这样可以避"地煞"。要潲饱,农家多要煮猪潲,并常常采摘带有凉性的野草掺入猪潲,给猪降"火性"。后来发酵生饲料虽已有推广,但煮猪潲还是许多农家传统的喂猪方法。小猪养了一个月后,要阉猪,主户要烧鸡蛋、面条请阉猪师傅吃。取出睾丸或卵巢后,要叫声"快高快大",然后扔到屋瓦背上,切忌掉在地上,否则户主会认为这只猪兆头不好、养不大,要卖掉再买。

(七)宰杀禁忌

饲母猪的农户一般都忌杀母猪,人们多忌吃母猪肉,认为母猪肉有"毒",吃了要生病。有的人家在母猪老了后,请阉猪师傅来阉割,待喂壮了再杀,俗谓"猪婆到老一刀阉"。

养猪要吃肉,猪壮要宰杀。民间杀猪亦有所禁忌。最流行的是杀年猪。杀猪忌说"杀",称"出栏"。出栏以丑日为宜,忌子日杀猪,以避来日养猪小如鼠,而望其大如牛。出栏时要祭拜"猪栏神",祝其今世为猪,下世变人。杀年猪时,最忌没有抓牢,猪跑到别人家里去了。因为有的人家俗信"猪来穷",再好的邻居也要骂个狗血淋头,主家只好"挂红"放炮道歉,才能把猪领回。杀猪进刀时,屠工要说一句"出世人身"。小孩和妇女禁忌观看。有的地方要由养猪妇在门口叫"猪归罗!"

以示猪不走，年年有猪可杀。主家都希望年猪一刀即死，涌流出来的血鲜红又有泡沫，据说此兆"血财好"，喂猪猪兴。宰杀猪时，忌讳一刀杀不死。如果杀了一刀，出了血，摔倒地上猪没有死，甚至跑了，要补一刀；或血呈黑红色，泡沫红不红、白不白；或刮猪毛时猪嘴里还冒气和有轻微的叫声，谓之猪在叹气，均为不吉利之兆，主家既担心来年养猪难兴，又担心人丁不旺。

如果是灵官猪，一般是不杀的。真要杀时，因其为"神物"，必须避防不测。杀时要"化身"（化装），用锅底灰、墨汁等涂个大花脸，衣衫罩头，戴斗笠壳，倒背褰衣倒穿鞋，杀一刀转身就跑。灵官猪禁忌在室内杀，要到大路口杀。血不能敬神，人也不吃，让其流走。杀死后至少要过半个时辰才能运回屋里来。但也有养猪家不信这一套的，照样杀了过年。

（八）商人的辟邪宜忌

商业交易方法有多种，以行商和坐商两种为主。行商，俗称"行贩"，亦叫"游动行贩"。商人以坐商居多，尤以店铺商为最，多以行业聚集。这两种经商者都有其宜忌。

先说行商。行商种类不一，禁忌有差异。一般来说，挑担出门经商的人，忌"月忌日"（初三、十四、二十三）出行，出门忌见乌鸦，更忌遇见尼姑、和尚。行商的扁担忌别人从上面跨过，尤忌女人跨过。有的地方遇见赶马车做生意的人，忌说豺狼虎豹等字句，否则外出不吉。商人赶街忌讳说不吉利的话，不能踩别人的脚后跟。否则，总落人后，晦气，赚不到钱。

坐商禁忌更多。店主忌早上第一个客人不成交而去，恐带来一天的倒运。在店堂忌伸懒腰，打呵欠，坐门槛，敲击账桌，手把门枋，背脊朝外，玩弄算盘和反搁算盘等等，俗以为这些举动皆是对财神菩萨不恭的表现，对经商不利。扫店堂，忌往外扫，须往里扫，意即扫进金银财宝。

买卖过程中也讲究禁忌。卖猪头要说卖"利市"，顾客买结婚用品，若失手敲碎，要说"先开花，后结子"；卖乌贼，要吆喝墨鱼；卖棺材忌问谁死了，并称棺为"长寿席"；卖药忌嗅，以为嗅过的药失效，递给买主时应说"送补药"。药店、棺材店的经营者，送客时忌讳说"再来坐"、"欢迎再来"之类的话。否则，顾客以为是在诅咒人家"再得病"、"再死人"，就事与愿违了。

商行种类不一，禁忌有差异。卖布匹的忌敲量具；卖酒的忌摇晃酒瓶，否则，酒喝下要头晕。酒馆里，娘舅在席上忌毛蟹（河蟹）上桌，因宁波等地贬称娘舅为毛蟹；女婿在桌上忌上甲鱼。药店年初进货，须进胖大海和大连子，取大发大利之义。在江苏南京的茶社饭铺，三人一桌，如空一位不坐，谓之"关门座"，为铺主最忌。香港酒家食业的伙计最忌首名顾客选"炒饭"，因"炒"在广东话中是解雇的意思。

开炉闻"炒"音，被认为不吉；店员不准在店内看书，虽工余亦不例外。老板但图一本万利，岂可"输"掉老本？所以忌讳。过去汉族一些地方，有卖猪不卖绳的禁忌。卖猪必用绳捆缚牵出，但出卖时，必须要回绳索，以为连绳索一起出卖，如同连运气一同带走，以后养猪不吉利。

各种商店中以药铺的禁忌最严。学徒进店，先拣"万金枝"、"金银花"和"金斗"，取黄金银子之意，或拣"柏子仁"，因"柏子仁"似米粒，以育徒工细心办事之风。平常说话常以药名讨彩头。如"连翘"称"彩合"，"贝母"称"元宝贝"，"桔络"称"福禄"，"陈皮"称"头红"，"桔红"称"大红袍"，切药称"老虎尾巴"，药凳称"青龙"；春以"冬木"开刀，冬以"丹皮"收刀。扎药包，要扎得形如金印，正月还须用红线扎结。伙计忌嗅药。送药忌转手，否则，认为是触其霉头。外出行医的"游方"也有行为规矩，如民间过年时医药行忌讳出诊，怕"触霉头"，除非给双份诊费破灾才行。平时出诊，也忌讳敲患者的门，俗有"医不叩门，有请才行"的说法。为了保守职业技能的秘密，民间又有医生郎中"施药不施方"的说法。医药行旧时敬华佗、孙思邈等为祖师爷，不敢稍有不恭，如今这些习俗仍可以见到。

一般而言，民间经商有十八宜忌，据说是范蠡弃官经商，在山东定陶定居，改名陶朱公后传下来的。现录于下：

生意要勤快，切忌懒惰，懒惰则百事废。

价格要订明，切忌含糊，含糊则争执多。

用度要节俭，切忌奢华，奢华则钱财竭。

赊账要认人，切忌滥出，滥出则血本亏。

货物要面验，切忌滥入，滥入则质价减。

出入要谨慎，切忌潦草，潦草则错误多。

用人要方正，切忌歪邪，歪邪则托体难。

优劣要细分，切忌混淆，混淆则耗用大。

货物要修整，切忌散漫，散漫则查点难。

期限要约定，切忌马虎，马虎则失信用。

买卖要适时，切忌托误，托误则失良机。

钱财要明慎，切忌糊涂，糊涂则弊窦生。

临事要尽责，切忌妄托，妄托则受大害。

账目要稽查，切忌懒怠，懒怠则资本滞。

接纳要谦和，切忌暴躁，暴躁则交易少。

立心要安静，切忌妄动，妄动则误事多。

工作要精细，切忌粗糙，粗糙则出品劣。

说话要规矩，切忌浮躁，浮躁则失事多。

（九）商贸活动中的约束规范

商业贸易的成败往往难以预料，因为偶然的因素很多，而谙熟商业禁忌并适当运用它们，有时也是赢利的关键之一。例如我国新疆的塔吉克族，每逢星期三和星期日不出售牲畜，不偿还欠下别人的债务，别人也不来买牲畜和还债。如果你不懂这一习俗而登门做买卖，那就会从此失去与他们的商业联系。前几年香港房地产商盖了一栋"伊利沙白"大厦，据说差点无法出售。因为当地另有一家有名的伊莉莎白医院，住进大厦有如在医院养病。如果是欧洲人，则根本不存在这种心理，但粤语群落却视为严重的禁忌。

国内外这类禁忌风俗还很多，诸如动物、植物、色彩等等，每一个国家和民族都有自己的爱憎观念，因此，在商品的商标和图案设计、着色方面，都应注意这方面的民俗知识。否则，违犯这些俗规，买卖交易就会受阻。如中国民间崇拜的现实中的凤凰——孔雀，在印度却认为是"淫荡"的象征。人有好恶，国有禁忌，如果经营的商品的商标或包装违背了这些风俗习尚，就会失去其竞争能力，买卖必然以惨败而告终。

1985年3月30日，一贯与我国人民友好的埃及政府突然查抄了我国出口的布鞋。这一事件，使中外人士莫不感到震惊。后来，追查其原因，原来是我国出口布鞋后跟上的防滑图案花纹，与阿拉伯文中的"真主"字样十分相似，严重触犯了他们的禁忌，造成了极大的误会。

此外，如我国出口的芬芳爽身粉，汉语拼音恰巧是英文"毒蛇的牙齿"，出口销售给使用英语的国家，使人一看即毛骨悚然，谁还敢用？白象牌电池的商标，拼音意思为"累赘"，其在国际市场上的命运也就可想而知了。

这些问题，不仅仅是出口商品的图案设计、商品商标等问题，更重要的是设计者没有"出国问禁"，缺乏应有的商业禁忌知识。

由于传统信仰的缘故，有些事物会被认为是不吉祥的。这些事物显然不宜制成商品出售或作为商标图案，否则，同样会招致不幸。1983年11月9日，《人民日报》上曾报道了这样一则新闻：山西省土畜产公司运城地区外贸局，在1981年底收购了老鼠皮一万一千余张，其中一半已制成了鼠皮褥子。当地外贸领导还高兴地说："真是好东西，是咱们省裘皮业务上一个拳头产品。"但是，却一直打不开销路，加上工艺落后，连削价都卖不出去。结果，堆在仓库里，损坏变质，白白损失了二百多万元。事后，山西省对外经济贸易厅负责人在总结中认为，最大的教训是对国内外裘皮市场的动向未摸清楚，没有获得充足的经济情报信息，就贸然行动。其实，从传统文化的角度看，主要还是缺乏应有的商业禁忌的民俗知识，忽视了国内外民间对老鼠的厌恶、鄙视，才造成了这种不应有的损失。

我国各民族往往因宗教信仰和迷信观念而限制或禁止某些与信仰观念相悖的消费现象，诸如食物、服饰、颜色禁忌等等，并以此规范人们的信仰行为，从而在人们的日常消费方面形成了大体稳定的禁忌惯例或规约。商人了解了这些惯例或规约，在经商活动中就不会因触犯当地的消费禁忌而碰壁。

禁忌在饮食消费方面有许多表现。我国信仰伊斯兰教的诸民族对于猪肉等的禁食即为一例。禁食猪肉的还有锡伯族、蒙古族、拉祜族、满族、普米族、土族、裕固族、藏族等民族，其中土族、裕固族、藏族等民族还忌食马肉、驴肉、骡肉等奇蹄类兽肉。仫佬族、毛南族忌食蛇肉。鄂伦春族忌食熊头，小孩忌食鱼子，俗信以为鱼子数不清，年幼的孩子吃了会糊涂，不聪明。汉族不少地区未生育妇女及孕妇忌食狗肉或乌龟肉，以为会导致难产或胎儿病残。食物之所忌，往往与民族和地区民众的信仰习尚有关。壮族自古以农为生，重视耕牛在耕作中的地位，传统不食牛肉，以示爱惜。据史载，汉族至南北朝仍有规定，严禁宰杀耕牛，违者重惩，自元游牧民族入主中原，遂兴食牛肉之风。

维吾尔族在服饰方面禁忌短小，上衣一般都要过膝，裤腿达至脚面。住宅的大门禁朝西开，因为伊斯兰教的圣地在西方。云南普米族忌讳向少女赠送手镯和腰带，结婚时新娘忌穿白色衣服。汉族旧时也有类似颜色禁忌。父母给女儿送嫁妆要细细挑选，针线可送，但不能送刀、剪，以免误解为"一刀两断"。

俗话说："不懂天文地理不足为将，不谙风土人情亦不可行商。"商人经营的成败，消费禁忌习俗有一定影响，在特殊情况下甚至会起举足轻重的作用。不言而喻，对这类消费禁忌习俗了解得越多、越详细，经商者就越能立于不败之地。

（十）商业禁忌语

从广义来讲，民间禁忌语亦可视为一种忌讳，其回避特定集团或群落之外的人听懂其言语交际的秘密，亦即"忌讳"关系内部利害的秘密外泄，进而给行业内部带来不必要的损失或灾祸，为此便制出一些特殊的言语符号来作关键语汇或语句的替代语码。

旧时商业界也流行一套大体相同的禁忌语，称作"八大块"或"十八块"。这些词语说出口，一定要按着规矩改成其他说词，否则会带来厄运，并受到同行人的惩罚。如：凡店铺门市悉总称朝阳，典当为兴朝阳，盐店为信朝阳，衣店为皮子朝阳，布店为稀朝阳，药店为燠火朝阳，南货店为回生朝阳，杂货店为推恳朝阳，蜡烛店为红耀朝阳，鞋店为踢土朝阳，染坊店为浸润朝阳，袜店为签筒朝阳，靴铺为鱼皮朝阳，肉店为流官朝阳，面店为千条朝阳，米店为碾朝阳，伞店为隔津朝阳，书店为册子朝阳，扇店为半月朝阳，线店为方皮朝阳，帽店为顶么朝阳，砖瓦店为火上朝阳，点心店为充燠朝阳，秤店为把朝阳，绸缎店为光亮朝阳，笔店为毛锥朝阳，墨店为玄壤朝阳,砚店为受墨朝阳,带店为束朝阳;行商为乍山,水客(水上贩运客商)为萍儿,山客为鹿儿,等等,可见分行有巨细并且应有尽有。

同时,除各行有各自当行禁忌语之外,至清末民初又形成若干商人通用切口。例如:店东为老板,店东的儿子为小开,经理为阿大,协理为阿二,好买主为糯米户头,坏买主为馊饭户头,主人为点王,账房为龙头,交易的中间介绍人为掮客,伙计为猢狲,店员倚柜台而立为石狮子,学徒为三壶,学徒遭辞退又经调停留用为还场,洋行买办为康白大,洋行收账者为式老夫,店中杂役为出店,店主为伙计加薪为串头,店主不满伙计欲辞之为待帮,账房作弊为桂龙,账外作弊为飞过海,店员优惠熟人亲友为卖小蛇,不收钱支货为丢飞包,托人檐下交易为廊檐五圣,代人交易而无牙帖的商家为白拉,硬索回扣为除帽子,盘账为点元宝,以恶劣的物品卖高价为卖野人头,等等。凡此,使用当行禁忌语,成为一种颇具民族民间文化特征的商业习俗。这些语汇中存储了大量工商业的历史文化信息及消长兴衰的演化轨迹。

当然,不同地区商界禁忌语是有差异的。就以常见的一至十这十个数字来说,上海的商界为:旦底、挖工、横川、侧目、缺丑、断大、皂底、公头、未丸、田心;台湾的商界为:正、元、斗、罗、吾、立、化、分、旭、士;北京的粮行、当铺为:由、中、人、工、大、天、主、井、羊、非;江苏东台的粮行为:舟、关、市、镇、乡、街、桥、井、店,等等。

以上的例子是所谓"大块",除"大块"外,还有许多"小块",亦即许多要求的严格性次一等级的禁忌词语。江湖上有"八大块七十二小块"的说法。可知大块和小块的比数,相差是很大的。因为小块太多,防不胜防,所以禁之不甚严格。"犯块"又称"放块",最忌于一天之清晨。如果早晨"犯块",说了禁忌语中的词语,要主动在祖师爷牌位前"跪香"请罪,认罚香钱。本人一天不出门,不做生意,而且,凡是听到"犯块"的人都有权要求"犯块"者赔偿一天的工钱。如果犯了小块,则可用拧耳朵、连吐三口唾沫、撕破衣角、摘掉衣扣等方法来自行破解。否则,也会遭遇灾祸的。

(十一)矿工禁忌

在所有的行业中,采矿是最危险的行业之一。矿工在矿井中进行采矿生产,安全系数相对较小,特别是在过去古老的年月,安全措施差,因而有较重的生命危机感。故此,矿工在井上、井下时,忌说"死"、"憋死"、"砸死"之类的话,忌用脏话骂人。工人自己不能说,也不许别人说,夫妻吵架时都不许说。矿工觉着心里烦闷,或与人吵了架,这一天就不下井了。在行为上,矿工禁忌别人打他的帽斗(安全帽),不许把帽子扔到地上。因为帽子是保护头部的,也就是头的象征或同体。头是忌人敲打或玩摸的,更不能掉在地上。在饮食方面,矿工下井忌喝酒,闻着酒味也不行。下井忌带火柴,这大概是怕引起井下瓦斯爆炸。任何人在井口烧纸是忌讳的,因为只有死了人才烧纸。

矿井里有动物是吉祥的象征,东北煤矿工人忌讳在矿井中捕捉老鼠。"老鼠过街,人人喊打",这本是家喻户晓的一句俗语,但矿工在井下,却敬鼠如神,哪怕再穷,一日三餐杂粮菜皮填不饱肚子,可老少矿工在井下吃饭时,总要分一点饭菜喂老鼠,吃不下的剩饭也从不带回家,倒在井下宴请鼠先生鼠太太。这崇尚老鼠的习俗是如何形成的呢? 因井下有瓦斯、沼气和煤气,这三种气对人极有危害,老鼠和矿工一同生活在井下,它们也受到毒气的威胁,但鼠类对这三种气体极为敏感,只有在没有毒气的地方,这种小精灵才出现,所以矿工见了老鼠就有一种安全感;若看不到鼠儿在矿井下蹿来蹿去,即产生恐惧心理。

矿工最忌讳老鼠搬家,看起来这是一种迷信,其实也不尽然。矿下时常会发生大冒顶推倒掌子面的不幸事故,这种人不易发现的周期压力冒顶,老鼠特别敏感,发现鼠群集体迁徙,即是事故的预兆。祖祖辈辈生活在井下的矿工,摸出鼠的生活规律后,代代相传,这样就形成了矿中有关鼠的忌讳。井下有动物生存,这就向矿工们发出了安全的信息,因此这一忌避具有一定科学道理。

(十二) 工匠禁忌

石匠信奉"石头神"。中原民间以正月初一为"石头神"的生日。这一天,无论如何对石头都不能有所奈何,无论有什么样的特殊情况,都禁忌敲打石头;否则,会得罪"石头神","石头神"则会降灾难于匠人,使你不出成品,毁坏材料,甚至会长期卧病在床,不能痊愈。山东境内的石匠们则以三月十七为"石头神"生日。这一天,人们绝对不允许和石头有任何接触;否则,都会遭受灾难。农历二月初二俗以为是"龙抬头"的日子,因此,匠人这一天也是绝对禁忌做一切与石有联系的活。否则,会压了龙头,震坏龙体,伤损龙目,龙王也会降灾于石匠或有与石头接触之行为的人。

石匠凿得最多的莫过于水磨。旧时水磨房供奉老君、河神及财神,每年正月初二三日都要点灯、烧香、上供,祈求神灵保平安,多磨粮。因为所供奉的老君骑的是青牛,所以石匠在刻凿水磨时,凡人是不能手持鞭子在一旁观看的,否则,会惊跑了老君的坐骑,水磨无法完工。石匠打钻眼忌打空锤,否则不吉。凿石时,任何人不准开口讲话,认为开口讲话容易出工伤事故,俗规谁开口讲话出了事故就由谁负责。有的地方则不许大声说话。有些地方还不许女人到石洞中和石洞口上去,俗谓女人去了山神会发怒。放炮后,若有的石头似倒非倒,出了险情,也要请山神土地,祈求保佑。不少地方都忌将碗倒扣,俗谓此兆石矿洞要塌方。讲话的忌讳就更多了,如果采的是厕所用的石板"茅厕梁"。忌说出"茅厕梁"等相关话语,恐因此冲撞了山神,于采石不利。石匠为人刻完碑石之后,在立碑之日的早晨,忌说不吉利的话;在开始把碑竖稳的那个时刻,更忌人胡言乱语。另外,方言不同则俗规各异。诸如浙江青田忌"洞"字,进矿洞叫"进财";忌"回家"一词,回家俗称"拔草鞋";忌"洗"字,因为"洗"与"死"谐音,故石匠连锅碗都不洗,一般用布揩净。温岭不能把未开成块的石头石尾说成"石圾",而要叫"梭"。

窑工皆须"禁窑"。旧历年终至翌年三月的停工称"禁春窑"。以前,江西景德镇的瓷业生产,分为做窑户和烧窑户两大类,向例"做者不烧,烧者不做"。前者系中小资产,大部分以家庭手工业作坊为生产单位,他们资金少,无力建窑烧瓷,做成的瓷坯均须搭烧窑户的窑位烧成。而烧窑户则系富绅大户,具有较雄厚的资本及生产工具(柴窑),他们在景德镇是居于垄断地位的资产阶级,禁春窑期间,全镇瓷窑皆停止烧窑,这就苦了做坯户,他们"一日不做,一日无食",做好了坯无处搭烧,成不了瓷器,自然无法去换取生活资料。除"禁窑"外,攸县陶匠烧窑时不能随意讲话,更不能开玩笑。据陶匠们说,这时讲不正经话就会招煞引鬼,触怒窑神,烧窑就不吉利。烧的货不是开坼,就是歪嘴瘪肚。

浙江奉欧冶子为祖师的剑匠炼剑时,不论师徒,如遇家中妻嫂作产,开头三天不能回家,否则便认为会将秽气带进剑铺,触犯祖师爷,将会带来不吉利。

(十三)裁缝禁忌

古代把裁衣看作神圣之事,汉王充《论衡·谶日》云:"九锡之礼,一曰车马,二曰裁衣,作车不求良辰,裁衣独求吉日。"可见,在中古时期,就有"裁衣求吉"的民俗观。古代对哪些日子不能裁衣有明确规定。据敦煌文献载:春三月中的申日不裁衣,夏三月中的酉日裁衣凶,秋裁衣大忌,血忌日不裁衣,凡八月六日、十六日、二十二日不裁衣,凶。以十月十日裁衣,大忌,晦三月裁衣,被虎食,大凶。

古代以为不宜见血的日子为血忌日,不准裁衣。何为血忌日,现难以考明,但血忌日似与下面的禁条有关。

"以十月十日裁衣,大忌。"这是因为这天为唐代皇帝文宗李昂的生日,此日动剪裁衣便认为是不忠举动,象征着"动刀"谋反,故裁衣便列入禁忌。其次也可见,君王生日这天必为"血忌"日,这天动刀杀牲畜,便预示要开杀戒,是对王朝的反叛之嫌,故血忌日不得裁衣。"凡八月六日、十六日、二十二日不裁衣,凶。"八月六日不动剪刀裁衣,是因为这天为南北朝武帝萧衍的生日。八月十六日为观音显圣,故不得动剪刀裁衣。佛经云:八月十六日南无清净宝扬惠德观世音菩萨示现。八月二十二日由于神仙下凡亦不得动剪刀。《道书》云:八月二十二昭灵李真人降于方丈台。

裁衣有禁忌,缝衣也不例外,民间至今还兴"正月不动针"的习俗。

俗谚云:

初一不忌针,当年国库空;

初二不忌针，天下百姓穷；

初三不忌针，三孤三寡兴；

初四不忌针，朝中轶事生；

初五不忌针，五月五雷轰……

从初一到三十，都有犯禁的劫数。相传此俗起于北宋末年，为张天师解救刺绣宫娥而倡导的。可见帝诞、佛降、仙人下凡之日均为裁缝的休息日，加上正月及其他每月固定的忌日，快要赶上现在的双休日。

（十四）其他禁忌

屠夫的禁忌是逢亥日不杀猪。在宰杀牲畜时，要一刀杀死，忌杀两刀。否则，为不祥之兆，预示来年养猪不旺。刺穿猪喉后，扔刀于地时，刀尖忌朝主人家的大门，否则，该家将有凶事。开膛时，不能把猪挂在正对神位的地方，以免得罪神灵。屠户不吃猪血，但可吃新鲜猪肉。杀猪后要先割一块一二斤重的方块肉，供献"养育大神"，然后才能自己吃。否则，来年主家养猪不顺当。

手工业的门类很多，各部门都有自己的禁忌。这些禁忌和各行业的生产内容及形式结合在一起，共同构成了行业特征。行业中人并不以为禁忌是迷信，而视其为应该恪守的法则。这些禁忌随着技艺一道，一代代流传下来。由于手工业是一种"流动"行业，多处于小生产状态之中，同行业中人很少能常聚一处，使得他们行业自身的习俗很少系统性和凝固性，其禁忌习俗也多附和于当地的其他习俗，迎合了民间普遍的心理要求。

第十九章 人文传说

一、盘古开天

盘古是中国古代传说中开天辟地的神。传说太古时候，天地不分，整个宇宙像个大鸡蛋，里面混沌一团，漆黑一片，分不清上下左右，东南西北。但鸡蛋中孕育着一个伟大的英雄，这就是开天辟地的盘古。盘古在鸡蛋中足足孕育了一万八千年，终于从沉睡中醒来了。他睁开眼睛，只觉得黑糊糊的一片，浑身酷热难当，也透不过气来。他想站起来，但鸡蛋壳紧紧地包着他的身体，连舒展一下手脚也办不到。盘古发起怒来，抓起一把与生俱来的大斧，用力一挥，只听得一声巨响，震耳欲聋，大鸡蛋骤然破裂，其中轻而清的东西向上不断飘升，变成了天；另一些重而浊的东西，渐渐下沉，变成了地。

盘古开辟了天地，高兴极了，但他害怕天地重新合拢在一块，就用头顶着天，用脚踏住地，显起神通，一日九变。他每天增高一丈，天也随之升高一丈，地也随之增厚一丈。这样过了一万八千年，盘古这时已经成为一个顶天立地的巨人，身子足足有九万里长。就这样不知道又经历了多少万年，终于天稳地固，不会重新复合了，这时盘古才放下心来。但这位开天辟地的英雄已经筋疲力尽，再也没有力气支撑自己，他巨大的身躯轰然倒地了。

盘古临死前，他嘴里呼出的气变成了春风和天空的云雾；声音变成了天空的雷霆；盘古的左眼变成太阳，照耀大地；右眼变成月亮，给夜晚带来光明；千万缕头发变成颗颗星星，点缀美丽的夜空；鲜血变成江河湖海，奔腾不息；肌肉变成千里沃野，供万物生存；骨骼变成树木花草，供人们欣赏；筋脉变成了道路供人们行走；牙齿变成石头和金属，供人们使用；精髓变成明亮的珍珠，供人们收藏；汗水变成雨露，滋润禾苗；呼出的空气变成轻风和白云，汇成美丽的人间风光；盘古倒下时，他的头化作了东岳泰山（在山东），他的脚化作了西岳华山（在陕西），他的左臂化作南岳衡山（在湖南），他的右臂化作北岳恒山（在山西），他的腹部化作了中岳嵩山（在河南）。传说盘古的精灵魂魄也在他死后变成了人类。所以，都说人类是世上的万物之灵。

盘古生前完成开天辟地的伟大业绩，死后留给后人无穷无尽的宝藏，成为整个中华民族崇拜的英雄。

二、女娲补天

我国古代神话传说中,有一位女神,叫女娲,传说她是人首蛇身。女娲是一位善良的神,她为人类做过许多好事。比如说她曾教给人们婚姻,还给人类造了一种叫笙簧的乐器。而使人们最为感动的,是女娲补天的故事。

传说当人类繁衍起来后,忽然水神共工和火神祝融打起仗来,他们从天上一直打到地下,闹得到处不宁,结果祝融打胜了,但败了的共工不服,一怒之下,把头撞向不周山。不周山崩裂了,支撑天地之间的大柱断折了,天倒下了半边,出现了一个大窟窿,地也陷成一道道大裂纹,山林烧起了大火,洪水从地底下喷涌出来,龙蛇猛兽也出来吞食人类。人类面临着空前大灾难。

女娲目睹人类遭到如此奇祸,感到无比痛苦,于是决心补天,以终止这场灾难。她选用各种各样的五色石子,架起火将它们熔化成浆,用这种石浆将残缺的天窟窿填好,随后又斩下一只大龟的四脚,当作四根柱子把倒塌的半边天支起来。女娲还擒杀了残害人类的黑龙,刹住了龙蛇的嚣张气焰。最后为了堵住洪水不再漫流,女娲还收集了大量芦草,把它们烧成灰,堵塞向四处铺开的洪流。

经过女娲一番辛劳整治,苍天总算补上了,地填平了,水止住了,龙蛇猛兽绝迹了,人类又重新过着安乐的生活。但是这场特大的灾祸毕竟留下了痕迹。从此天还是有些向西北倾斜,因此太阳、月亮和众星辰都很自然地归向西方,又因为地向东南倾斜,所以一切江河都往那里汇流。

三、嫦娥奔月

嫦娥是月亮神,她的丈夫后羿是一位勇猛善战的战神,他的神弓和神箭百发百中。当时人间出现了许多猛禽野兽,残害人民。天帝得知这一情况后就派后羿下凡去消灭这些害人的东西。

后羿奉天帝之命,携同美丽的妻子嫦娥来到人间。因为勇猛无比,后羿轻松就消灭了陆地上许多害人的动物。当任务就要完成时,天空中却同时出现了十个太阳。他们都是天帝的儿子,仅仅为了恶作剧就同时出现在天空中——大地的温度骤然升高,森林、庄稼着火了,河流干涸了,被烤死的人们横尸遍野。

后羿看到太阳兄弟为非作歹,多次劝告都没有效果,人类已经死伤无数,实在无法忍耐了,便弯起他的神弓,搭上神箭,向太阳射去,一口气射下了九个太阳,最后一个太阳认罪讨饶,后羿才息怒收弓。

国学经典文库

中华历书大全

·人文传说·

图文珍藏版

后羿为人间除了大害,却得罪了天帝,天帝因为他射杀自己九个儿子而大发雷霆,不许他们夫妇再回到天上。

嫦娥日渐对充满苦难的人间生活感到不满,非常想回到天上,便责怪后羿糊里糊涂地射杀了天帝的儿子们。

后羿听说昆仑山上住着一位神仙西王母,她那里有神药,吃了这种药就可以升天,于是他跋山涉水,历经千辛万苦,爬上昆仑山,向西王母讨神药,遗憾的是,西王母的神药只够一个人使用。后羿既舍不得抛下自己心爱的妻子自己一个人上天,也不愿妻子一个人上天而把自己留在人间。所以他把神药带回家后就悄悄藏了起来。

嫦娥还是发现了可以升天的神药,尽管她非常爱自己的丈夫,但还是禁不住天上极乐世界的诱惑。在八月十五月亮最明的时候,趁后羿不在家,嫦娥偷偷吃下神药,缓缓向天上飘去,最后来到月亮上,住进了广寒宫。正好后羿回来了他知道妻子离开自己独自升天很伤心,但又不想用神箭伤害她,只好跟她告别。

再说嫦娥虽然到了月亮上,但这里十分冷清,只有一个捣药的小兔子和一位砍树的老头,所以她整天闷闷不乐地呆在月宫里,特别是每年八月十五月光最美好的时候,嫦娥就想起与丈夫后羿从前的幸福生活。

四、后羿射日

传说远古时,天空曾一齐出现十个太阳。他们的母亲是东方天帝的妻子。她常把十个孩子放在世界最东边的东海洗澡。洗完澡后,他们像小鸟那样栖息在一棵大树上,因为每个太阳的中心是只鸟。九个太阳栖息在长得较矮的树枝上,另一个太阳则栖息在树梢上,每夜一换。

当黎明预示晨光来临时,栖息在树梢的太阳便坐着两轮车穿越天空。十个太阳每天一换,轮流穿越天空,给大地万物带去光明和热量。

那时候,人们在大地上生活得非常幸福和睦。人和动物像邻居和朋友那样生活在一起。动物将它们的后代放在窝里,不必担心人会伤害它们。农民把谷物堆在田野里,不必担心动物会把它们劫走。人们按时作息,日出而耕,日落而息,生活美满。人和动物彼此以诚相见,互相尊重对方。那时候,人们感恩于太阳给他们带来了时辰、光明和欢乐。

可是,有一天,这十个太阳想到要是他们一起周游天空,肯定很有趣。于是,当黎明来临时,十个太阳一起爬上车,踏上了穿越天空的征程。这一下,大地上的人们和万物就遭殃了。十个太阳像十个火团,他们一起放出的热量烤焦了大地。

森林着火,烧成了灰烬,烧死了许多动物。那些在大火中没有烧死的动物流窜于人群之中,发疯似的寻找食物。

河流干涸了,大海也干涸了。所有的鱼都死了,水中的怪物便爬上岸偷窃食物。许多人和动物渴死了。农作物和果园枯萎了,供给人和家畜的食物也断绝了。一些人出门觅食,被太阳的高温活活烧死;另外一些人成了野兽的食物。人们在火海里挣扎着生存。

这时,有个年轻英俊的英雄,他是被天帝派下来的战神,叫后羿,他是个神箭手,箭法超群,百发百中。他看到人们生活在苦难中,便决心帮助人们脱离苦海,射掉那可怕的太阳。

于是,后羿爬过了九十九座高山,迈过了九十九条大河,穿过了九十九处峡谷,来到了东海边。他登上了一座大山,山脚下就是茫茫的大海。后羿拉开了万斤力弓弩,搭上千斤重利箭,瞄准天上的太阳,"嗖"地一箭射去,第一个太阳被射落了。后羿又拉开弓弩,搭上利箭,"嗡"地一声射去,同时射落了两个太阳。这下,天上还有七个太阳瞪着红彤彤的眼睛。后羿感到这些太阳仍很焦热,又狠狠地射出了第三支箭。这一箭射得很有力,一箭射落了四个太阳。其他的太阳吓得全身打颤,团团旋转。就这样,后羿一支接一支地把箭射向太阳,无一虚发,射掉了九个太阳。中了箭的九个太阳无法生存下去,一个接一个地死去。他们的羽毛纷纷落在地上,他们的光和热一个接一个地消失了。大地越来越暗,直到最后只剩下一个太阳的光。

从此,这个太阳每天从东方的海边升起,挂在天上,温暖着人间,禾苗得生长,万物得生存。

五、伏羲画卦

相传八卦是伏羲画的。在人类的蒙昧时代,生活艰难困苦,就在这时渭水上游的氏族部落诞生了一位划时代的伟大人物——伏羲。他领导部族辛勤劳作,"断竹、续竹、飞土、逐肉",却依旧食不果腹,饥寒交迫。

他十分茫然,不知所措。在闲暇之余,时常盘坐卦台山巅,苦思宇宙的奥秘。仰观日月星辰的变化,俯察山川风物的法则,不断地反省自己,追年逐月,风雨无阻。

也许是他的精诚感动了天地,有一天,他的眼前出现了一派美妙的幻境,一声炸响之后,渭河对岸的龙马山豁然中开,但见龙马振翼飞出,悠悠然顺河而下,直落河心分心石上,通体卦分明,闪闪发光。这时分心石亦幻化成为立体太极,阴阳缠绕,光辉四射。此情此景骤然震撼了伏羲的心胸,太极神图深切映入他的意识之中,他顿时目光如炬,彻底洞穿了天人合一的密码;原来天地竟是如此的简单明了——惟阴阳而已。为了让人们世世代代享受大自然的恩泽，他便将神圣的思想化作最为简单的符号，以"—"表示阳，以"——"表示阴，按四面八方排列而成了八卦。伏羲一画开天，打开了人们理性思维的闸门，将困苦中挣扎的人们送上了幸福的彼岸，从而博得了人们永生永世的怀念和尊崇。

卦台山、伏羲庙、先天殿和天水伏羲庙先天殿、伏羲圣像侧，一面是振翼龙马，一面是河图洛书，天花板上是六十四卦图，这些都是伏羲画卦传说的形象化写照。原卦台山上还留存石刀、石斧等生产工具，以表示对伏羲领导部族艰苦奋斗的纪念。

六、仓颉造字

仓颉，又称苍颉，姓侯刚，号史皇氏，黄帝时史官，曾把流传于先民中的文字加以搜集、整理和使用，在汉字创造的过程中起了重要作用，为中华民族的繁衍和昌盛做出了不朽的功绩。但普遍认为汉字由仓颉一人创造只是传说，不过他可能是汉字的整理者，被后人尊为"造字圣人"。今南乐县城西北35华里吴村有仓颉陵、仓颉庙和造书台，史学家认为仓颉生于斯，葬于斯。

传说中仓颉生有"双瞳四目"。目有重瞳者，中国史书上记载只有三个人，虞舜、仓颉、项羽。虞舜是禅让的圣人，孝顺的圣人；而仓颉是文圣人；项羽则是武圣人。

相传仓颉在黄帝手下当官。那时，当官的可并不显威风，和平常人一样，只是分工不同。黄帝分派他专门管理圈里牲口的数目、屯里食物的多少。仓颉不仅聪明，做事还尽力尽心，很快熟悉了所管的牲口和食物，心里都有了谱，很少出差错。可慢慢的，牲口、食物的储藏在逐渐增加、变化，光凭脑袋记不住了。当时又没有文字，更没有纸和笔。怎么办呢？仓颉犯难了。

仓颉整日整夜地想办法，先是在绳子上打结，用各种不同颜色的绳子，表示各种不同的牲口、食物，用绳子打的结代表每个数目。但时间一长久，就不奏效了。这增加的数目在绳子上打个结很方便，而减少数目时，在绳子上解个结就麻烦了。仓颉又想到了在绳子上打圈圈，在圈子里挂上各式各样的贝壳，来代替他所管的东西。增加了就添一个贝壳，减少了就去掉一个贝壳。这法子顶管用，一连用了好几年。

黄帝见仓颉这样能干，叫他管的事情愈来愈多，年年祭祀的次数，回回狩猎的分配，部落人丁的增减，也统统叫仓颉管。仓颉又犯愁了，凭着添绳子、挂贝壳已不抵事了。怎么才能不出差错呢？

这天，他参加集体狩猎，走到一个三岔路口时，几个老人为往哪条路走争辩起来。一个老人坚持要往东,说有羚羊;一个老人要往北,说前面不远可以追到鹿群;一个老人偏要往西,说有两只老虎,不及时打死,就会错过了机会。仓颉一问,原来他们都是看着地上野兽的脚印才认定的。仓颉心中猛然一喜:既然一个脚印代表一种野兽,我为什么不能用一种符号来表示我所管的东西呢?

仓颉日思夜想,到处观察,看尽了天上星宿的分布情况、地上山川脉络的样子、鸟兽虫鱼的痕迹、草木器具的形状,描摹绘写,造出种种不同的符号,并且定下了每个符号所代表的意义。他按自己的心意用符号拼凑成几段,拿给人看,经他解说,倒也看得明白。仓颉把这种符号叫做"字"。

黄帝知道后,大加赞赏,命令仓颉到各个部落去传授这种方法。渐渐的,这些符号的用法,全推广开了。于是文字就逐渐被人们所使用和传播。

仓颉造了字,黄帝十分器重他,人人都称赞他,他的名声越来越大。仓颉头脑就有点发热了,眼睛慢慢向上移,移到头顶心里去了,什么人也看不起,造的字也马虎起来。

这话传到黄帝耳朵里,黄帝很恼火。他眼里容不得一个臣子变坏。怎样叫仓颉认识到自己的错误呢?黄帝召来了身边最年长的老人商量。这老人长长的胡子上打了一百二十多个结,表示他已是一百二十多岁的人了。老人沉吟了一会,独自去找仓颉了。

仓颉正在教各个部落的人识字,老人默默地坐在最后,和别人一样认真地听着。仓颉讲完,别人都散去了,惟独这老人不走,还坐在老地方。仓颉有点好奇,上前问他为什么不走。

老人说:"仓颉啊,你造的字已经家喻户晓,可我人老眼花,有几个字至今还糊涂着呢,你肯不肯再教教我?"

仓颉看这么大年纪的老人都这样尊重他,很高兴,催他快说。

老人说:"你造的'马'字,'驴'字,'骡'字,都有四条腿吧?而牛也有四条腿,你造出来的'牛'字怎么没有四条腿,只剩下一条尾巴呢?"

仓颉一听,心里有点慌了。自己原先造"鱼"字时,是写成"牛"样的,造"牛"字时,是写成"鱼"样的。都怪自己粗心大意,竟然教颠倒了。

老人接着又说:"你造的'重'字,是说有千里之远,应该念出远门的'出'字,而你却教人念成重量的'重'字。反过来,两座山合在一起的'出'字,本该为重量的'重'字,你倒教成了出远门的'出'字。这几个字真叫我难以琢磨,只好来请教你了。"

这时仓颉羞得无地自容,深知自己因为骄傲铸成了大错。这些字已经教给各个部落,传遍了天下,改都改不了。他连忙跪下,痛哭流涕地表示忏悔。

老人拉着仓颉的手,诚挚地说:"仓颉啊,你创造了字,使我们老一代的经验能记录下来,传下去,你做了件大好事,世世代代的人都会记住你的。你可不能骄傲自大啊!"

从此以后,仓颉每造一个字,总要将字意反复推敲,还拿去征求人们的意见,一点也不敢粗心。大家都说好,才定下来,然后逐渐传到每个部落去。

还有相传说仓颉造字成功,发生了怪事,那一天白日竟然下粟如雨,晚上听到鬼哭魂嚎。为什么下粟如雨呢,因为仓颉造成了文字,可用来传达心意、记载事情,自然值得庆贺。但鬼为什么要哭呢,有人说,因为有了文字,民智日开,民德日离,欺伪狡诈、争夺杀戮由此而生,天下从此永无太平日子,连鬼也不得安宁,所以鬼要哭了。

七、轩辕造车

相传,4600 年前,在今天的河北省涿鹿附近,有个部落的首领姓姬,号轩辕氏。传说他有很多创造发明,深受人们爱戴,大家推举他当部落联盟的首领,尊称他为"黄帝"。出于纪念黄帝的功绩,后人称他为"轩辕黄帝"。

那时候,人们要出远门,都靠步行;要运东西,也只能靠人背着走,十分辛苦。有一年夏天,黄帝戴着草帽干活,忽然刮起一阵大风,把他头上的草帽吹掉了。因为草帽是圆的,掉到地上像轮子一样滚出老远,他急忙追上去把草帽捡了起来。这件事给了他启发。他想,如果我们做一个架子,再装上能滚动的轮子,不是可以用来装运东西了吗? 回去以后,他就找来木料和工具,根据自己的设想反复试验和改进,最后,终于做成功了。这就是我国最早的车,样子很像现在的独轮手推车。人们在使用过程中又把它改成了双轮车。后来,人们又驯服了牛,用它来代替人拉车。从此,人们出远门就有车子了,搬运东西也能用车了。

轩,古人对直木之称;辕,对横木之谓,直木、横木架在轮子上,成了一辆雏形车。传说黄帝与另一个部落九黎族的首领蚩尤在"逐鹿之战"中就用到了"车"。虽然蚩尤以金作兵器,并能"呼风唤雨",但在拥有"车"的黄帝面前,还是被杀得大败,丢了性命,从此黄帝统一了华夏各族,成就了中华民族的前身。黄帝战蚩尤因此也成为了影响中国历史的第一件大事。

八、大禹治水

尧在位的时候,黄河流域发生了很大的水灾,庄稼被淹了,房子被毁了,老百姓只好往高处搬。尧召开部落联盟会议,商量治水的问题。他征求四方部落首领的意见:派谁去治理洪水呢? 首领们都推荐鲧。

尧对鲧并不大信任,但又找不到比鲧更强的人才,尧只能勉强同意。

鲧花了九年时间治水,没有把洪水制服。因为他只懂得水来土掩,造堤筑坝,结果洪水冲塌了堤坝,水灾反而闹得更凶了。

舜接替尧当部落联盟首领以后,亲自到治水的地方去考察。他发现鲧办事不力,就把鲧杀了,又让鲧的儿子禹去治水。

禹改变了他父亲的做法,用开渠排水、疏通河道的办法,把洪水引到大海中去。他和老百姓一起劳动,戴着箬帽,拿着锹子,带头挖土、挑土,累得磨光了小腿上的毛。

当时,黄河中游有一座大山,叫龙门山(在今山西河津县西北)。它堵塞了河水的去路,把河水挤得十分狭窄。奔腾东下的河水受到龙门山的阻挡,常常溢出河道,闹起水灾来。禹到了那里,观察好地形,带领人们开凿龙门,把这座大山凿开了一个大水道。这样,河水就畅通无阻了。

经过十三年的努力,洪水终于被引到大海里去,地面上又可以供人种庄稼了。

禹新婚不久,为了治水,到处奔波,三次经过自己的家门,都没有进去。第一次,妻子生了病,没进家去看望。第二次,妻子怀孕了,没进家去看望。第三次,他妻子涂山氏生下了儿子启,婴儿正在哇哇地哭,禹在门外经过,听见哭声,也强忍着没进去探望。

大禹治理黄河时有三件宝,一是河图;二是开山斧;三是定海神针。传说河图是黄河水神河伯授给大禹的。

九、老子出关

老子看到周王朝越来越衰败,于是决定离开周王朝,到秦国去。

老子要到秦国、西域去,这就得经过函谷关,另外一种说法是大散关。函谷关大概在今天的河南灵宝县,后来关口移到了今天的河南新安县。这里两山对峙,中间一条小路,因为路在山谷中,又深又险要,好像在函子里一样,所以取名为函谷关。

守关的长官是尹喜,称关令尹喜。这一天他正站在城关上瞭望,只见关谷中有一团紫气从东方冉冉飘移过来。关令尹喜是一个修养与学识极其高深的人。他一看到这种气象,心里一顿:只有圣人来才会有这样的云气,今天一定圣人要经过我的城关了,不知是哪一位。不多一会儿,就见到一个仙风道骨的人,骑着一头青牛慢慢向关口行来。竟然是老子!关令尹喜知道他要远走高飞了,定要让这位当代最著名的思想家留下他的智慧来。于是缠着他,要他写一点著作,作为放他出关的条件。

老子当然是不太愿意的,但是不答应关令尹喜,他不给你护照签证! 老子没办法,只得答应条件。另外,老子答应他还有一个原因。《史记集解》有材料说,关令尹喜"善内学星宿",所以他能看天象,看星宿,看云气,看到一团紫气飘来便知是圣人来了。据说关令尹喜自己也有著作,名《关令子》。老子也佩服这位"服精华,隐德行仁"的大智者,"亦知其奇怪",所以有一种得遇知音的感觉,这就为他著书了。

那时老子沉思默想,将他的智慧一个字一个字地写在了简牍上,先写了上篇,又接着写了下篇,据说写了几天。写完了一数,共有五千来字,取名为《道德经》,上篇叫《道经》,下篇叫《德经》,又分成八十一章。于是一部"五千言"的惊天动地的伟大著作诞生了! 据说,关令尹喜读到这样美妙的著作,深深地陶醉了。他对老子说:"读了您的著作,我再也不想当这个边境官了,我要跟您一起出走。"老子莞尔一笑,同意了。据说,关令尹喜真的跟着老子出走了,后来还有人看到他们两人一起在西域流沙一带,而且两人都活了很大的岁数。

老子出关一直被人们津津乐道地传说着,演绎着。鲁迅先生也对此产生过兴趣,还专门创作了故事新编《老子出关》。另外,老子出关中的"紫气东来"也成了中国文化中的一个象征,"紫气"代表吉祥、祥瑞。先民还认为,哪个地方有宝物,哪个地方就会在上空出现紫气。

有趣的是老子骑坐的"青牛"也成了道教文化中的一个著名的意象,青牛后来成了神仙道士的坐骑了。到后来,"青牛"也成了老子的代名词了,老子又被称为"青牛师"、"青牛翁"等。

十、孔子周游列国

孔子率众弟子周游列国,辗转于卫、曹、宋、郑、陈、蔡、叶、楚等地。孔子年轻的时候,读书很用功。他十分崇拜周朝初年那位制礼作乐的周公,对古礼特别熟悉。当时读书人应当学的"六艺",也就是礼节、音乐、射箭、驾车、书写、计算,孔子都比较精通,而且他办事认真。最开始他当过管理仓库的小吏,物资从来没有缺少;后来又当管理牧业的小吏,牛羊就繁殖得很多。没到三十岁,名声就已经大了起来。

有些人愿意拜他做老师,他就索性办了个私塾,收起学来。鲁国的大夫孟僖子临死时,嘱咐他的两个儿子孟懿子和南宫敬叔到孔子那儿去学礼。靠南宫敬叔的推荐,鲁昭公还让孔子到周朝的都城洛邑去考察周朝的礼乐。

孔子35岁那年,鲁昭公被鲁国掌权的三家大夫——季孙氏、孟孙氏、叔孙氏轰走了。孔子就到齐国去,求见齐景公,跟齐景公谈了他的政治主张。齐景公待他很客气,还想用他。但是相国晏婴认为孔子的主张不切实际,结果齐景公接纳了相国的意见,就未启用孔子。孔子再回到鲁国,仍旧教他的书。跟随孔子学习的学生越来越多了。

到了公元前 501 年,鲁定公派孔子做中都(今山东汶上县)宰,第二年,做了司空(管理工程的长官),又从司空调做了司寇。

这一回,鲁定公把准备到夹谷跟齐国会盟的事告诉了孔子,孔子说:"齐国屡次侵犯我边境,这次约我们会盟,我们也得有兵马防备着。希望把左右司马都带去。"鲁定公同意孔子的主张,又派了两员大将带了一些人马,随同他上夹谷去。

在夹谷会议上,由于孔子的相礼,鲁国取得了外交上的胜利。会后,齐景公决定把从鲁国侵占过来的汶阳(今山东泰安西南)地方的三处土地还给了鲁国。齐国的大夫黎鉏认为孔子留在鲁国做官对齐国不利,劝齐景公给鲁定公送一班女乐去。齐景公同意了,就挑选了八十名歌女送到鲁国去。

鲁定公接受了这班女乐,天天吃喝玩乐,不管国家政事。孔子想劝说他,他躲着孔子。这件事使孔子感到很失望。孔子的学生说:"鲁君不办正事,咱们走吧。"

打那以后,孔子离开鲁国,带着一批学生周游列国,希望找个机会实行他的政治主张。可是,那个时候,大国都忙于争霸的战争,小国都面临着被并吞的危险,整个社会正在发生变革。孔子宣传的一套恢复周朝初年礼乐制度的主张,当然没有人接受。

他先后到过卫国、曹国、宋国、郑国、陈国、蔡国、楚国。这些国家的国君都没有用他。有一回,孔子在陈、蔡一带,楚昭王打发人请他。陈、蔡的大夫怕孔子到了楚国,对他们不利,发兵在半路上把孔子截住。孔子被围困在那里,断了粮,几天都没吃上饭。后来,楚国派了兵来,才给他解了围。

孔子在列国奔波了七八年,碰了许多钉子,年纪也老了。最后,他还是回到鲁国,把精力放到整理古代文化典籍和教育学生上面。孔子在晚年还整理了几种重要的古代文化典籍,像《诗经》、《尚书》、《春秋》等。公元前 479 年,孔子去世。他死后,他的弟子继续传授他的学说,形成了一个儒家学派,孔子成了儒家学派的创始人。孔子的学术思想在后世影响很大,他被公认为我国古代伟大的思想家、教育家。

十一、孙武兵法

孙武,字长卿,后人尊称其为孙子、孙武子(兵圣)。他出生于公元前 535 年左右的齐国乐安(今山东广饶花官乡),具体的生卒年月日不可考。孙武的祖先叫妫完,被周朝天子册封为陈国国君(陈国在今河南东部和安徽一部分,建都宛丘,今河南淮阳)。后来由于陈国内部发生政变,孙武的直系远祖妫完便携家带口,逃到齐国,投奔齐桓公。齐桓公早就了解妫完年轻有为,就任命他为负责管理百工之事的工正。妫完在齐国定居以后,由姓妫改姓田,故他又被称为田完。一百多年后,田氏家族成为齐国国内后起的一大家族,地位越来越显赫,在齐国的领地也越来越大。田完的五世孙田书,做了齐国的大夫,很有军事才干,因为领兵伐莒(今山东莒县)有功,齐景公在乐安封给他一块采地,并赐姓孙氏。因此,田书又被称为孙书。孙书的儿子孙凭,做了齐国的卿,成为齐国君主以下的最高一级官员。孙凭就是孙武的父亲。

由于贵族家庭给孙武提供了优越的学习环境,孙武得以阅读古代军事典籍《军政》,加上当时战乱频繁,兼并激烈,他从小也耳闻目睹了一些战争,这对少年孙武在军事方面的培养非常重要。但孙武生活的齐国,内部矛盾重重,危机四伏,四大家族相互之间争权夺利的斗争,愈演愈烈。孙武对这种内部斗争极其反感,不愿纠缠其中,萌发了远奔他乡、另谋出路去施展自己才能的念头。当时南方的吴国自寿梦称王以来,联伐楚,国势强盛,很有新兴气象。孙武认定吴国是他理想的施展才能和实现抱负的地方。大约在齐景公三十一年(公元前517年)左右,孙武正值18岁的青春年华,他毅然离开乐安,告别齐国,长途跋涉,投奔吴国而来,孙武一生事业就在吴国展开。

孙武来到吴国后,便在吴都(今苏州市)郊外结识了从楚国而来的伍子胥。孙武结识伍子胥后,十分投机,结为密友。吴王阖闾继位三年,即公元前512年,吴国国内稳定,仓廪充足,军队精悍,向西进兵征伐楚国的准备工作已经基本就绪。伍子胥向阖闾提出,这样的长途远征,一定要有一位深通韬略的军事家筹划指挥,方能取胜。他向吴王阖闾推荐了正在隐居的孙武,称赞孙武是个文能安邦、武能定国的盖世奇才。吴王终于答应接见孙武。

孙武带着他刚写就的兵法进见吴王。吴王将兵法一篇一篇看罢,啧啧称好,但还想给孙武出个难题,便要求其用宫女来演练队伍。孙武把180名宫女分为左右两队,指定吴王最为宠爱的两位美姬为左右队长,让他们带领宫女进行操练,同时指派自己的驾车人和陪乘担任军吏,负责执行军法。但宫女们不听号令,捧腹大笑,队形大乱。孙武便召集军吏,根据兵法,斩两位队长。吴王见孙武要杀掉自己的爱姬,马上派人传命说:"寡人已经知道将军能用兵了。没有这两个美人侍候,寡人吃饭也没有味道。请将军赦免她们。"孙武毫不留情地说:"臣既然受命为将,将在军中,君命有所不受。"孙武执意杀掉了两位队长,任命两队的排头充当队长,继续练兵。当孙武再次击鼓发令时,众宫女前后左右,进退回旋,跪爬滚起,全都合乎规矩,阵形十分齐整。孙武传人请阖闾检阅,阖闾因为失去爱姬,心中不快,便托辞不来,孙武便亲见阖闾。他说:"令行禁止,赏罚分明,这是兵家的常法,为将治军的通则。对士卒一定要威严,只有这样,他们才会听从号令,打仗才能克敌制胜。"听了孙武的一番解释,吴王阖闾怒气消散,便拜孙武为将军。

《汉书·艺文志》记载:"兵权谋家吴孙子兵法八十二篇,图九卷"。八十二篇中的十三篇著于见吴王前;见吴王后又著问答多篇。晚至唐代,流传的孙子兵法共三卷,其中十三篇为上卷,还有中下二卷。目前认为《孙子兵法》由孙武草创,后来经其弟子整理成书。

《孙子兵法》全书共十三篇。《计》讲的是庙算,即出兵前在庙堂上比较敌我的各种条件,估算战事胜负的可能性,并制订作战计划。这是全书的纲领。《作战》主要是庙算后的战争动员。《谋攻》是以智谋攻城,即不专用武力,而是采用各种手段使守敌投降。《形》、《势》讲决定战争胜负的两种基本因素:"形"指具有客观、稳定、易见等性质的因素,如战斗力的强弱、战争的物质准备;"势"指主观、易变、带有偶然性的因素,如兵力的配置、士气的勇怯。《虚实》讲的是如何通过分散集结、包围迂回,造成预定会战地点上的我强敌劣,最后以多胜少。《军争》讲的是如何"以迂为直"、"以患为利",夺取会战的先机之利。《九变》讲的是将军根据不同情况采取不同的战略战术。《行军》讲的是如何在行军中宿营和观察敌情。《地形》讲的是六种不同的作战地形及相应的战术要求。《九地》讲的是依"主客"形势和深入敌方的程度等划分的九种作战环境及相应的战术要求。《火攻》讲的是以火助攻。《用间》讲的是五种间谍的配合使用。书中的语言叙述简洁,内容也很有哲理性,后来的很多将领用兵都受到了该书的影响。

十二、孟母三迁

孟母三迁讲的是孟母为了教育儿子成才,选择良好的环境,为孟子创造学习条件的故事。早年,孟子一家居住在城北的乡下,他家附近有一块墓地。墓地里,送葬的人忙忙碌碌,每天都有人在这里挖坑掘土。死者的亲人披麻戴孝,哭哭啼啼,吹鼓手吹吹打打,颇为热闹。年幼的孟子,模仿性很强,对这些事情感到很新奇,他看到这些情景,也学着他们的样子,一会儿假装孝子贤孙,哭哭啼啼,一会儿装着吹鼓手的样子。他和邻居的孩子嬉游时,也模仿出殡、送葬时的情景,拿着小铁锹挖土刨坑。

孟母一心想使孟子成为好读书、有学问的人,看到儿子的这些怪模样,心里很不好受。感到这个环境实在不利于孩子的成长,认为"此非所以居吾子也",就决定搬家。

不久,孟母把家搬到城里。战国初期,商业已经相当发达,在一些较大的城市里,既有坐商的店铺,也有远来做生意的行商。孟子居住的那条街十分热闹,有卖杂货的,有做陶器的,还有榨油的油坊。孟子住家的西邻是打铁的,东邻是杀猪的。

闹市上人来人往,络绎不绝。行商坐贾,高声叫卖,好不热闹。孟子天天在集市上闲逛,对商人的叫卖声最感兴趣,每天都学着他们的样子喊叫喧闹,模仿商人做买卖。孟母觉得家居闹市对孩子更没有好影响,于是又搬家。这次搬到城东的学宫对面。

学宫是国家兴办的教育机构,聚集着许多既有学问又懂礼仪的读书人。学宫里书声朗朗,可把孟子吸引住了。他时常跑到学宫门前张望,有时还看到老师带领学生演习周礼。周礼,就是周朝的一套祭祀、朝拜、来往的礼节仪式。在这种气氛的熏陶下,孟子也和邻居的孩子们做着演习周礼的游戏。"设俎豆,揖让进退。"不久,孟子就进这所学宫学习礼乐、射御、书数。孟母非常高兴,就定居下来了。

孤儿寡母,搬一次家绝非易事,而孟母为了儿子的成长,竟然接连三次搬迁,可见孟母深知客观环境对于儿童成长的重要性。常言说:"近朱者赤,近墨者黑",这一点在少年儿童身上体现得更为明显。因此,创造良好的客观环境虽然不是一个人成才的惟一条件,但也是其中必不可少的条件之一。孟子以后既没有选择墨学、道学等曾经显赫一时的学说,又没有像苏秦等纵横家那样,从个人的权利思想出发,图得个人平生的快意,而是偏偏选择儒家学说作为他毕生奋斗的事业,终于成为一位在现实的人生中,不为一己之身而谋,舍生取义,只为忧世忧人而谋国、谋天下的"圣人",这与孟母早期的影响是分不开的。

十三、鲁班发明

鲁班是中国当之无愧的科技发明之父。他被现在的人们尊称为建筑业的鼻祖,其实不光在建筑业,在航天业,他发明飞鸢,是人类征服太空的第一人;在军事科学上,鲁班发明云梯(重武器)、钩钜(人们现在还在使用)及其他攻城的武器,是一位伟大的军事科学家;在机械方面,鲁班很早就被称为机械圣人。此外,在民用、工艺等方面,他也有很多成就。鲁班对人类的贡献可以说是前无古人,后无来者。

有一年夏天,鲁国国王要鲁班监工营造一座宫殿,期限为三年。但是这座宫殿所需的木料,恐怕所有的木匠一起砍上三年都不够。

这真是急坏了鲁班,因为国王的话就是圣旨,是没办法随便更改的,如果真的耽误了工程进度,就是杀头大祸。

为了加快砍伐木料的进度,鲁班每天都要提前上山选择好要砍的树木。有一天,天色初亮,鲁班便迎着晨曦,踏着夜露,提前出发了。为了节省时间,鲁班走上一条小路,可是捷径虽然近,但是坡陡路滑,而且横七竖八地长满了小树、杂草,行走非常不便。

鲁班挽着树木、拽着茅草艰难地往上爬。忽然,脚底一滑,身体便顺着山坡往下滚去,鲁班急忙抓住一把茅草,由于没有抓牢,手从茅草上滑脱开,他感到手掌心疼痛无比。

滑到山脚,鲁班狼狈地爬了起来,伸开手掌一看,掌心已是鲜血淋漓。鲁班非常惊奇,为何一把茅草能够划破人的手掌。

鲁班沿着滑下来的山坡,爬上去观察那些可以伤人的茅草,但这丛茅草与别的草初看上去没有两样。鲁班揪下一根,发现这草的叶子边缘很怪:不是平滑的,叶片两侧都长着锋利的小细齿,人手握紧它一拽,手掌就会被划破。鲁班又试着用茅草在他的手指上拉了一下,果然又划开一道血口。

鲁班正想俯身探究其中的道理,忽然看到近处有一只蝗虫,两枚大板牙一开一合,快速的咀嚼草叶。鲁班把蝗虫捉住细看,发现蝗虫的大板牙上也排列着许多小细齿。

鲁班从这两件事中得到启发,发现了锋利工具的秘密:如果仿照茅草和蝗虫的细齿,来做一件边缘带有细齿的工具,用它来锯树,岂不比斧砍更省时省力吗?

鲁班忘记疼痛,转身下山,做起试验来。在金属工匠的帮助下,鲁班做了一把带有许多细齿的铁条。鲁班将这件工具拿去锯树,果然又快又省力。锯子就这样发明了。这个故事虽然是传说,但是,我们从中却可以得到这样的启发:实践出真知,钻研出智慧。

十四、孟姜女哭长城

孟姜女的故事,作为中国古代四大爱情传奇之一(其他三个是《牛郎织女》、《梁山伯与祝英台》和《白蛇传》),千百年来一直广为流传。孟姜女的传说一直是以口头传承的方式流传的,直到 20 世纪初,在"五四"精神的推动下,她才被纳入到研究者的视野中。

现在流传的故事核心在唐朝的时候已经成型。按照一般传说,她是秦始皇时期的一名女子,在新婚之夜,丈夫范喜良被抓去修长城。孟姜女不远万里为丈夫送去御寒的衣物,花了很长时间才到长城,然而最后却被告知丈夫已经死了,尸体也被埋在长城之下。"孟姜女放声大哭,最终哭倒长城八百里",并在长城下找到了丈夫的尸体。秦始皇因此召见孟姜女,因她的美貌而惊为天人,欲纳孟姜女为妾,孟姜女要求秦始皇需至秦皇岛为范杞良披麻戴孝,秦始皇答应;在秦始皇祭拜完范杞良后,孟姜女捧夫尸骨在今孟姜女庙庙址所在,当场投海自尽。

有人认为孟姜女的原型是《左传·襄公二十三年》中的齐国武将杞梁的妻子(无名无姓,称为杞梁妻)。"齐侯归,遇杞梁之妻于郊,使吊之。辞曰:'殖之有罪,何辱命焉?若免于罪,犹有先人之敝庐在,下妾不得与郊吊。'齐侯吊诸其室。"即杞梁之妻要求齐侯在宗室正式吊唁杞梁。其中既没有哭，也没有长城或者城墙。汉代刘向的《列女传》给这个故事增加了哭的内容："杞梁之妻无子，内外皆无五属之亲。既无所归，乃就其夫之尸于城下而哭之，内诚动人，道路过者，莫不为之挥涕，十日而城为之崩。"这里指出了哭泣造成了齐国城墙的崩塌。三国时曹植在《黄初六年令》中说"杞妻哭梁，山为之崩"。隋唐乐府中有"送衣之曲"，增加了送寒衣的内容。唐代贯休的诗作《杞梁妻》："秦之无道兮四海枯，筑长城兮遮北胡。筑人筑土一万里，杞梁贞妇啼呜呜。上无父兮中无夫，下无子兮孤复孤。一号城崩塞色苦，再号杞梁骨出土。疲魂饥魄相逐归，陌上少年莫相非。"这时的内容和后来的故事已经差不多了。杞梁后来讹化成万喜良或范喜良，其妻成为孟姜女。

后人为了纪念孟姜女，特地在孟姜女投海的附近建造了庙，据说庙东南4公里处两块露出海面的礁石便是孟姜女的坟与碑，而庙后巨石上的小坑，为孟姜女望夫所踏足迹。所以石上刻有"望夫石"三个大字。庙内殿门两侧还有一副非常有名的对联"海水朝朝朝朝朝朝朝朝落，浮云长长长长长长长消。""朝"、"长"两字按汉字不同读音能读出几种不同的意义。

十五、沉鱼、落雁、闭月、羞花

"沉鱼、落雁、闭月、羞花"是形容中国古代四大美女的。到了现在，人们也这样形容十分美貌的女子。

"闭月"，是貂蝉的代称。她是三国时汉献帝的大臣司徒王允的歌妓，能歌善舞，很受王允的宠爱。当时，董卓专权，挟天子以令诸侯，大臣们敢怒而敢言。王允每天闷闷不乐，茶不饮，饭不进。貂蝉很为主人忧愁。在一个月明星稀的夜晚，她在后花园烧香跪地，为主人祈祷，"月亮啊月亮，你虽清白如洗，可哪知我们老爷心中的烦恼！苍天啊苍天，你虽那样深邃，却难容我们老爷如火如焚的心情。我是老爷的婢女，愿为国为民，万死不辞。"赶巧，王允也来花园散心。顿时，他感情激动，赶忙走上前去将貂蝉扶起。王允说："你能为我分忧，我忧在何处，你知道吗？""知道，大人。""那你可以帮我讨国贼，杀董卓吗？""只要大人信得过奴婢，奴婢肝脑涂地。"王允听罢，两手一合，当即给貂蝉一拜。从此，王允便和貂蝉以父女相称。一年多以后，王允先将其女许给董卓，后又许给吕布。董、吕二人争风吃醋，发生战争，董卓被杀。这就是王允巧使连环计，一女二聘杀国贼。貂蝉在后花园拜月时，忽然轻风吹来，一块浮云将那皎洁的明月遮住。这时王允看在眼里。王允为宣扬他的女儿长得如何漂亮，逢人就说，我的女儿和月亮比美，月亮比不过，赶紧躲在云彩后面，因此，貂蝉也就被人们称为"闭月"了。

"羞花"，说的是杨贵妃。唐朝开元年间，唐明皇骄奢淫逸，派出人马，四处搜寻美女。当时有一美女叫杨玉环,被选进宫来。杨玉环进宫后,思念家乡。一天,她到花园赏花散心,看见盛开的牡丹、月季……想自己被关在宫内,虚度青春,不胜叹息,对着盛开的花声泪俱下:"花呀,花呀! 你年年岁岁还有盛开之时,我什么时候才有出头之日?"她刚一摸花,花瓣立即收缩,绿叶卷起低下。哪想到,她摸的是含羞草。这时,被一宫娥看见。宫娥到处说,杨玉环和花比美,花儿都含羞低下了头。这件事传到明皇耳朵里,便喜出望外,当即选杨玉环来见驾,杨玉环浓妆艳抹,梳洗打扮后进见,明皇一见,果然美貌无比,便将杨玉环留在身旁侍候。由于杨善于献媚取宠,深得明皇欢心,不久就升为贵妃。杨贵妃得势后,与其兄杨国忠串通一气,玩弄权术,陷害忠良。安史之乱发生以后,明皇携着贵妃和文武大臣西逃,安禄山率兵追赶,不仅要唐朝的江山,还要美女杨贵妃。西逃路上,大臣们质问明皇,国破家亡,社稷难存,你要江山还是要贵妃,贵妃不死,我们各奔西东。万般无奈,明皇赐贵妃一死,自缢于梨园的梨花树下。后来,大诗人白居易写了一首《长恨歌》,记叙的就是这段历史。

"沉鱼",讲的是西施的故事。春秋战国时期,吴越相争,吴国兵强马壮,很快打败越国,把越王勾践和宰相范蠡押作人质。越王为报灭国之仇,暂栖于吴王膝下,装得十分老实忠诚。一次吴王肚子疼,请来郎中也没有看出啥病。越王勾践得知后就当着吴王夫差的面,亲口尝了他的粪便,说:"大王没什么病,是着了凉喝点热酒暖暖就会好的。"吴王照勾践说的,喝了点热酒,果然好了。吴王看到勾践这样忠心,就将他放回越国。勾践回国后接受了范蠡献的复国三计;一是屯兵,加紧练武,二是屯田,发展农业,三是选美女送给吴王,作为内线。当时,有一个叫西施的,是个浣纱的女子,五官端正,粉面桃花,相貌过人。她在河边浣纱时,清澈的河水映照她俊俏的身影,使他显得更加美丽,这时,鱼儿看见她的倒影,忘记了游水,渐渐地沉到河底。从此,西施这个"沉鱼"的代称,在附近流传开来。西施被选送到吴国后,吴王一看西施长得如此漂亮,对西施百依百顺,终日沉溺于游乐,不理国事,国力耗费殆尽。越王勾践乘虚而入,出兵攻打吴国,达到了复国报仇的目的,这里边有西施的很大功劳。

至于"落雁",是指昭君出塞的那段故事。汉元帝在位期间,南北交兵,边界不得安静。汉元帝为安抚北匈奴,选昭君与单于结成姻缘,以保两国永远合好。在一个秋高气爽的日子里,昭君告别了故土,登程北去。一路上,马嘶雁鸣,撕裂她的心肝;悲切之感,使她心绪难平。她在坐骑之上,拨动琴弦,奏起悲壮的离别之曲。南飞的大雁听到这悦耳的琴声,看到骑在马上的这个美丽女子,忘记摆动翅膀,跌落地下。从此,昭君就得来"落雁"的代称。

十六、武圣关云长

关羽（160—219年），字云长，本字长生，东汉时河东郡解县常平里人。中国著名的军事家、著名将领。被后来的统治者崇为"武圣"。关羽是以忠贞、守义、勇猛和武艺高强称著于世。历代封建统治者都需要这样的典型人物来作为维护其统治的守护神，因而无比地夸张、渲染其忠、义、勇、武的品格操守，希望有更多的文臣武将能像关羽那样尽忠义于君王，献勇武于社稷。

关羽生平：

188年，关羽与刘备、张飞桃园三结义，在涿县组织起了一支地方武装，加入东汉王朝镇压黄巾起义的战争。

200年，刘备集团被曹操集团击败，关羽投降曹操，曹操为了留关羽为己用，待以厚礼，任命关羽为偏将军，封汉寿亭侯。同年7月，关羽获悉刘备的音信后，离开曹操重新追随刘备。

刘备集团进攻四川时，关羽留任襄阳太守，封荡寇将军，负责守卫蜀国的东南门户荆州，与盟国吴国一起多次击退来自曹操集团的攻击。

215年，蜀汉与吴国因边境地盘的纠纷导致关系恶化，两国的同盟关系破裂。

219年，刘备称汉中王后，封关羽为前将军，假节钺。

219年10月，吴国趁关羽率军与魏军激战之际，偷袭其后方。关羽腹背受敌，在向四川撤退的途中遭魏、吴军队的追截袭击，全军覆灭。

同年12月，关羽与其长子关平被吴国将领马忠擒获后遇害。

关羽生前除曹操奏请汉献帝封其为汉寿亭侯外，正式官职为襄阳太守、都督荆州事务。刘备封赐的爵位先为荡寇将军，后为前将军，列蜀汉"五虎上将"之首。在其殁后的41年，即三国蜀景耀三年（正好是其诞辰100周年），后主刘禅追谥为壮穆侯。然而，从南北朝开始，直到清朝末年，关羽受历代封建帝王的崇封有增无减，"侯而王，王而帝，帝而圣，圣而天"，襄封不尽，庙祀无垠，关羽名扬海内外，成为历史上最受崇拜的神圣偶像之一，以致与孔夫子齐名，并称"文武二圣"。

十七、牛郎织女

七夕节始终和牛郎织女的传说相连。这是一个美丽的，千古流传的爱情故事，成为我国四大民间爱情传说之一。

相传在很早以前，南阳城西牛家庄里有个聪明、忠厚的小伙子，父母早亡，只好跟着哥哥嫂子度日，嫂子马氏为人狠毒，经常虐待他，逼他干很多的活。一年秋天，嫂子逼他去放牛,给他九头牛,却让他等有了十头牛时才能回家,牛郎无奈只好赶着牛出了村。

牛郎独自一人赶着牛进了山,在草深林密的山上,他坐在树下伤心,不知道何时才能赶着十头牛回家,这时,有位须发皆白的老人出现在他的面前,问他为何伤心,当得知他的遭遇后,笑着对他说:"别难过,在伏牛山里有一头病倒的老牛,你去好好喂养它,等老牛病好以后,你就可以赶着它回家了。"

牛郎翻山越岭,走了很远的路,终于找到了那头有病的老牛,他看到老牛病得厉害,就去给老牛打来一捆捆草,一连喂了三天,老牛吃饱了,才抬起头告诉他,自己本是天上的灰牛大仙,因触犯了天规被贬下天来,摔坏了腿,无法动弹。自己的伤需要用百花的露水洗一个月才能好,牛郎不畏辛苦,细心地照料了老牛一个月,白天为老牛采花接露水治伤,晚上依偎在老年身边睡觉,到老牛病好后,牛郎高高兴兴赶着十头牛回了家。

回家后,嫂子对他仍旧不好,曾几次要加害他,都被老牛设法相救,嫂子最后恼羞成怒把牛郎赶出家门,牛郎只要了那头老牛相随。

一天,天上的织女和诸仙女一起下凡游戏,在河里洗澡,牛郎在老牛的帮助下认识了织女,二人互生情意,后来织女便偷偷下凡,来到人间,做了牛郎的妻子。织女还把从天上带来的天蚕分给大家,并教大家养蚕,抽丝,织出又光又亮的绸缎。

牛郎和织女结婚后,男耕女织,情深意重,他们生了一男一女两个孩子,一家人生活得很幸福。但是好景不长,这事很快便让天帝知道,王母娘娘亲自下凡来,强行把织女带回天上,恩爱夫妻就这样被拆散。

牛郎上天无路,还是老牛告诉牛郎,在它死后,可以用它的皮做成鞋,穿着就可以上天。牛郎按照老牛的话做了,穿上牛皮做的鞋,拉着自己的儿女,一起腾云驾雾上天去追织女,眼见就要追到了,岂知王母娘娘拔下头上的金簪一挥,一道波涛汹涌的天河就出现了,牛郎和织女被隔在两岸,只能相对哭泣流泪。他们的忠贞爱情感动了喜鹊,千万只喜鹊飞来,搭成鹊桥,让牛郎织女走上鹊桥相会,王母娘娘对此也无奈,只好允许两人在每年七月七日于鹊桥相会。

后来,每到农历七月初七,相传牛郎织女鹊桥相会的日子,姑娘们就会来到花前月下,抬头仰望星空,寻找银河两边的牛郎星和织女星,希望能看到他们一年一度的相会;同时乞求上天能让自己能像织女那样心灵手巧,祈祷自己能有如意称心的美满婚姻,由此形成了七夕节。

十八、孝感动天

三皇五帝的虞朝,帝王舜本是个普通平民;父亲瞽叟(瞽:音"鼓",意为"盲眼")是个瞎子,且品性固执、不懂礼仪。舜母早逝,瞽叟就再娶了一个女人,但这个后母刁顽不善,常对舜口出恶言,并总唆使舜的父亲杀舜。后母的亲生儿子名象,为人傲慢,也仇视舜。但是舜仍然对父母很孝顺,对弟弟很友爱;只是自己想方设法避免祸害,但却毫不怨恨,并承担全家的劳动工作,常在历山耕种。舜的孝行如此难得,连上天都被感动了,致使他耕种的时候,有大象出来协助;有小鸟帮他锄草。

　　舜二十岁的时候,他的事迹已传播到很远的地方了。到他三十岁的时候,当时的领袖帝尧为找寻替任的接班人而问计于四岳(四时之官),四岳一齐推荐了舜。于是帝尧决定深入对舜进行考察,便把两个女儿娥皇和女英嫁给舜,又命九个儿子和舜一起工作,观察他对内对外的为人。

　　舜成亲后,要求妻子孝敬公婆,尽媳妇之道,关照弟弟,尽嫂嫂的本分.不可以因妻子的高贵出身而破坏家庭的规矩。舜对尧的九个儿子要求也很严格,一点也不迁就,使他们为人更敦厚谨慎、事事心存尊敬的态度。

　　舜在历山耕作,由于和气谦让,同他一起开荒种地的人受到感染,变得能够互让、和洽相处,田界也不计较。舜去雷泽钓鱼,那里的人也慢慢都能放下争执,互敬互让了。舜在河边造陶器,仔细认真,不合格就重做,那些马虎的人见了感到惭愧,渐渐也就做得精致了。舜的品德在众人中间产生了很大的感召力,人们都愿意亲近他。他住的地方本来很偏僻,但一年后就变成村落,两年成了邑,三年成了都。

　　帝尧知道这些情况后,也很赏识舜,奖赏给了他高级衣料做的衣服、一架名贵的琴、一群牛羊、又为他修建了粮仓。舜的父亲、后母和弟弟象看到,很为妒忌,一心想暗害他,把那些财产占为己有。瞽叟叫舜去清洁粮仓那高高的上盖,然后暗中纵火,要烧死他,幸得娥皇、女英预先给舜准备了竹笠,一边一个张开如鸟的翅膀,乘风飘下而不死。瞽叟又与象计划让舜修井,然后推下沙泥土块活埋他,得手之后三个人好瓜分舜的财产,象要琴和舜的两个妻子,而牛羊衣物粮仓归瞽叟及后母。幸亏舜在两个妻子的安排下,预先在井旁凿开一洞,下井后即藏身而得不死。他出来的时候,象正占据舜的房子抚弄那架名贵的琴,见到舜而终感到惭愧不已。舜心中明知瞽叟、后母和象合计害他,但仍然和过去一样,孝敬父母,友爱弟弟,并没有一丝埋怨。

　　帝尧对舜经过长时间的考察,又分派工作让舜去做,终于认为舜的品德确实非常好,而且能干,能凝聚天下有能之士,使更多能人愿意出来辅助政事,治理地方;父有义、母有慈、子女孝顺、兄长爱护弟妹、弟妹恭敬兄长,远近的部族都对舜异常尊敬。

　　尧便将帝位传给这贤人,这就是历史上的所谓禅让。舜以一介平民,一跃而为虞朝的帝王,纯是孝与忠所致。

十九、梁祝化蝶

"梁山伯与祝英台"是中国古代著名的爱情传说之一。其中,梁祝传说是我国最具辐射力的口头传承艺术,也是惟一在世界上产生广泛影响的中国民间传说。常有人把"梁山伯与祝英台"称作东方的"罗密欧与朱丽叶"。

东晋时期,浙江上虞县祝家庄,玉水河边,有个祝员外之女英台,美丽聪颖,自幼随兄习诗文,慕班昭、蔡文姬的才学,恨家无良师,一心想往杭州访师求学。祝员外拒绝了女儿的请求,祝英台求学心切,伪装卖卜者,对祝员外说:"按卦而断,还是让令爱出门的好。"祝父见女儿乔扮男装,一无破绽,为了不忍使她失望,只得勉强应允。

英台女扮男装,远去杭州求学。途中,邂逅了赴杭求学的会稽(今绍兴)书生梁山伯,一见如故,相读甚欢,在草桥亭上撮土为香,义结金兰。

不一日,二人来到杭州城的万松书院,拜师入学。从此,同窗共读,形影不离。梁祝同学三年,情深似海。英台深爱山伯,但山伯却始终不知她是女子,只念兄弟之情,并没有特别的感受。

祝父思女,催归甚急,英台只得仓促回乡。梁祝分手,依依不舍。在十八里相送途中,英台不断借物抚意,暗示爱情。山伯忠厚淳朴,不解其故。英台无奈,谎称家中九妹,品貌与己酷似,愿替山伯做媒,可是梁山伯家贫,未能如期而至,待山伯去祝家求婚时,岂知祝父已将英台许配给家住鄮城(今鄞县)的太守之子马文才。美满姻缘,已成泡影。二人楼台相会,泪眼相向,凄然而别。临别时,立下誓言:生不能同衾,死也要同穴!

后梁山伯被朝廷招为鄞县(今奉化县)令。然山伯忧郁成疾,不久身亡。英台闻山伯噩耗,誓以身殉。

英台被迫出嫁时,绕道去梁山伯墓前祭奠,在祝英台哀恸感应下,风雨雷电大作,坟墓爆裂,英台翩然跃入坟中,墓复合拢,风停雨霁,彩虹高悬,梁祝化为蝴蝶,在人间蹁跹飞舞。

在朝廷做宰相的上虞名人谢安听说这一奇事,就奏请皇帝,敕封为这座化蝶的坟墓为"义妇冢"。

二十、白蛇传

《白蛇传》是中国古代四大民间爱情传说之一,又名《许仙与白娘子》。故事成于南宋或更早,在清代成熟盛行,是中国民间集体创作的典范。描述的是一个修炼成人形的白蛇精与凡人的曲折爱情故事。故事中有不少的佛教传说、封建礼教的影子。

峨眉山中，有条白蛇经过千年修炼，成了美丽女子，名叫白素贞。一年清明时节，她和由青蛇修炼成人的侍女小青，同游杭州西湖。天下雨了，白素贞和小青在断桥搭乘西湖船，与同船回城的年轻药店倌许仙相识。船到涌金门，白素贞上岸故意借许仙的雨伞用。还伞时，她向许仙表明爱慕之情，和他结为夫妻，人称白娘子。

白娘子为了生活，施法术盗取官库银两，不料被查获，许仙吃官司发配苏州府，获释后夫妻俩在当地开保和堂药店，又迁居镇江府，仍开药店为生。

端午节这天，江南风俗家家男女老少喝雄黄药酒辟邪，许仙也买菜置酒，要白娘子饮用。白素贞勉强喝下一杯药酒，药性发作后赶紧回房睡下，却已现出蛇身原形。许仙回房见到，吓得昏死过去。

白娘子冒险上昆仑山盗灵芝仙草救丈夫，和守护仙草的鹤、鹿两童子相斗。她救夫情切，感动了昆仑山主南极仙翁。仙翁破例将仙草送给白素贞，许仙终于得以还魂复活。

七月初七是英烈龙王生日，许仙到金山寺进香。和尚法海见到他就说他身上有妖气，连劝带逼要许仙出家消灾，强迫他留在寺里。许仙因见过白娘子蛇身，半信半疑没有回家。

白娘子闻讯，赶到金山寺讨丈夫。法海不肯放人，还恶言相加。白娘子大怒，施法术调集虾兵蟹将，搅动江海波涛，水漫金山寺。但她已有孕在身，斗不过法海，只得与小青回到杭州。

白娘子与小青重到断桥，正在含悲发愁，与逃出金山寺来杭州寻妻的许仙相遇。小青恨许仙轻信法海，举剑就砍。白娘子对丈夫又怨又爱，竭力劝阻。许仙悔恨辜负白娘子深情厚爱，连连赔罪。夫妻俩言归于好。

法海却不肯善罢甘休，竟从镇江赶到杭州，趁白娘子生了儿子身体虚弱，用金钵罩住她，又把她镇压到雷峰塔底，扬言：白娘子若想脱身，除非"雷峰塔倒，西湖水干"。

小青只身逃回峨眉山中刻苦修炼，武功法力大有长进，重来西湖营救白娘子。白素贞的儿子许梦蛟在许仙抚养下长大成人，赴京应考高中状元，到雷峰塔前向母亲报捷。

小青和许梦蛟、许仙在雷峰塔下重逢，同又来作恶的法海展开殊死搏斗，终于打败法海，救出白娘子，合家团圆。法海走投无路，只好躲进西湖一只大螃蟹的壳里，成了丑陋的"蟹和尚"。

二十一、西天取经

唐僧,俗家姓陈,法号玄奘,是唐太宗李世民时的高僧,又被人们称为"三藏法师"。玄奘是洛州缑氏人,13岁在洛阳出家。

唐三藏出家多年后,他深感佛法异说纷纭,无从获解。特别是当时摄论、地论两家关于法相之说各异,遂产生去印度求《瑜迦师地论》以会通一切的念头。贞观元年(公元627年)玄奘结侣陈表,请允西行求法。但未获唐太宗批准。然而玄奘决心已定,乃"冒越宪章,私往天竺"。始自长安神邑,终于王舍新城,长途跋涉五万余里。

贞观二年正月玄奘到达高昌王城(今新疆吐鲁番县境),受到高昌王麴文泰的礼遇。后经屈支(今新疆库车)、凌山(耶木素尔岭)、素叶城、迦毕试国、赤建国(今前苏联塔什干)、飒秣建国(今撒马尔罕城之东)、葱岭、铁门。到达货罗国故地(今葱岭西、乌浒河南一带)。南下经缚喝国(今阿富汗北境巴尔赫)、揭职国(今阿富汗加兹地方)、大雪山、梵衍那国(今阿富汗之巴米扬)、犍双罗国(今巴基斯坦白沙瓦及其毗连的阿富汗东部一带)、乌伏那国(巴基斯坦之斯瓦特地区),到达迦湿弥罗国。在此从僧称(或作僧胜)学《俱舍论》、《顺正理论》及因明、声明等学,与毗戌陀僧诃(净师子)、僧苏伽蜜多罗(如来友)、婆苏蜜多罗(世友)、苏利耶提婆(日天)、辰那罗多(最胜救)等讨信纸佛学,前后共2年。以后,到磔迦国(今巴基斯坦旁遮普)从一老婆罗门学《经百论》、《广百论》;到至那仆底国(今印度北部之菲罗兹布尔地方)从毗腻多钵腊婆(调伏光)学《对法论》、《显宗论》;到阇烂达罗国(今印度北部贾朗达尔)从旃达罗伐摩(月胄)受《众事分毗婆沙》;到窣禄勤那国(今印度北部罗塔克北)从阇那多学《经部毗婆沙》;到秣底补罗国(今印度北部门达沃尔)从蜜多犀纳受《辩真论》、《随发智论》;到曲女城(今印度恒河西岸之勒克)从累缡耶犀纳学《佛使毗婆沙》、《日胄毗婆沙》。贞观五年,抵摩揭陀国的那烂陀寺受学于戒贤。

玄奘在那烂陀寺历时5年,备受优遇,并被选为通晓三藏的十德之一。前后听戒贤讲《瑜伽师地论》、《顺正理论》及《显扬圣教论》、《对法论》、《集量论》、《中论》、《百论》以及因明、声明等学,同时又兼学各种婆罗门书。

贞观十年玄奘离开那烂陀寺,先后到伊烂钵伐多国(今印度北部蒙吉尔)、萨罗国、安达罗国、驮那羯磔迦国(今印度东海岸克里希纳河口处)、达罗毗荼国(今印度马德拉斯市以南地区)、狼揭罗国(今印度河西莫克兰东部一带)、钵伐多国(约今克什米尔的查谟),访师参学。他在钵伐多国停留两年,悉心研习《正量部根本阿毗达磨论》及《摄正法论》、《成实论》等,然后重返那烂陀寺。不久,又到低罗择迦寺向般若跋陀罗探讨说一切有疗三藏及因明、声明等学，又到杖林山访胜军研习唯识抉择、意义理、成无畏、无住涅槃、十二因缘、庄严经等论，切磋质疑，两年后仍返回那烂陀寺。此时，戒贤嘱玄奘为那烂陀寺僧众开讲摄论、唯识抉择论。适逢中观清辨（婆毗吠伽）一系大师师子光也在那里讲《中论》、《百论》，反对法相唯识之说。于是玄奘著《会宗论》三千颂（已佚），以调和大乘中观、瑜伽两派的学说。同时参与了与正量部学者般若多的辩论，又著《制恶见论》一千六百颂（已佚）。还应东印迦摩缕波国（今印度阿萨姆地区）国王鸠摩罗的邀请讲经说法，并著《三身论》（已佚）。

接着与戒日王会晤，并得到优渥礼遇。戒日王决定以玄奘为论主，在曲女城召开佛学辩论大会，有五印 18 个国王、3000 个大小乘佛教学者和外道 2000 人参加。当时玄奘讲论，任人问难，但无一人能予诘难。一时名震五印，并被大乘尊为"大乘天"，被小乘尊为"解脱天"。戒日王又坚请玄奘参加 5 年一度、历时 75 天的无遮大会。

三藏会后归国。贞观十九年正月二十五日，玄奘返抵长安。史载当时"道俗奔迎，倾都罢市"。不久，唐太宗接见并劝其还俗出仕，玄奘婉言辞谢。尔后留长安弘福寺译经，由朝廷供给所需，并召各地名僧 20 余人助译，分任证义、缀文、正字、证梵等职，组成了完备的译场。同年五月创译《大菩萨藏经》20 卷，九月完成。

二十二、精忠报国

岳飞（1103—1142），南宋军事家，民族英雄，字鹏举，相州汤阴（今属河南）人。少时勤奋好学，并练就一身好武艺。岳飞父岳和，母姚氏，世代务农，但却深明大义。岳飞青少年时先后向周同、陈广学习射箭、枪技，成为全县武艺最高强的人，但因家境贫困，后到相州（今安阳），"为韩魏公（琦）家庄客，耕种为生"。19 岁时投军抗辽。不久因父亲去世，岳飞退伍还乡守孝。1126 年金兵大举入侵中原，岳飞再次投军，开始了他抗击金军，保家卫国的戎马生涯。在岳飞临走时，他的妈妈姚氏在他的背上刺了"精忠报国"四个大字，这成为岳飞终生遵奉的信条。

岳飞投军后，很快因作战勇敢升秉义郎。这时宋都开封被金军围困，岳飞随副元帅宗泽前去救援，多次打败金军，受到宗泽的赏识，称赞他"智勇才艺，古良将不能过"。同年，金军攻破开封，俘获了徽、钦二帝，北宋王朝灭亡。靖康二年五月，康王赵构登基，是为高宗，迁都临安，建立南宋。岳飞上书高宗，要求收复失地，被革职。岳飞遂改投河北都统张所，任中军统领，在太行山一带抗击金军，屡建战功。后复归东京留守宗泽，以战功转武功郎。宗泽死后，从继任东京留守杜充守开封。

建炎三年（1129 年），金将兀术率金军再次南侵，杜充率军弃开封南逃，岳飞无奈随之南下。是年秋，兀术继续南侵，改任建康（今江苏南京）留守的杜充不战而降。金军得以渡过长江天险，很快就攻下临安、越州（今绍兴）、明州等地，高宗被迫流亡海上。岳飞率孤军坚持敌后作战。他先在广德攻击金军后卫，六战六捷；又在金军进攻常州时，率部驰援，四战四胜。次年，岳飞在牛头山设伏，大破金兀术，收复建康，金军被迫北撤。从此，岳飞威名传遍大江南北，声震河朔。七月，岳飞升任通州镇抚使兼知泰州，拥有人马万余，建立起一支纪律严明、作战骁勇的抗金劲旅"岳家军"。

绍兴三年，岳飞因剿灭李成、张用等"军贼游寇"，得高宗奖"精忠岳飞"的锦旗。次年四月，岳飞挥师北上，击破金傀儡伪齐军，收复襄阳、信阳等六郡。岳飞也因功升任清远军节度使。同年十二月，岳飞又败金兵于庐州（今安徽合肥），金兵被迫北还。绍兴五年（1135年），岳飞率军镇压了杨么起义军，从中收编了五、六万精兵，使"岳家军"实力大增。

绍兴六年，岳飞再次出师北伐，攻占了伊阳、洛阳、商州和虢州，继而围攻陈、蔡地区。但岳飞很快发现自己是孤军深入，既无援兵，又无粮草，不得不撤回鄂州（今湖北武昌）。此次北伐，岳飞壮志未酬，写下了千古绝唱的名词《满江红》。

绍兴七年，岳飞升为太尉。他屡次建议高宗兴师北伐，一举收复中原，但都为高宗拒绝。

绍兴九年（1119年），高宗和秦桧与金议和，南宋向金称臣纳贡。这使岳飞不胜愤懑，上表要求"解罢兵务，退处林泉"，以示抗议。次年，兀术撕毁和约，再次大举南侵。岳飞奉命出兵反击。相继收复郑州、洛阳等地，在郾城大破金军精锐铁骑兵"铁浮图"和"拐子马"，乘胜进占朱仙镇，距开封仅四十五里。兀术被迫退守开封，金军士气沮丧，发出"撼山易，撼岳家军难"的哀叹，不敢出战。

在朱仙镇，岳飞招兵买马，联络河北义军，积极准备渡过黄河收复失地，直捣黄龙府。他激动地对诸将说"直捣黄龙府，与诸君痛饮耳！"这时高宗和秦桧却一心求和，连发十二道金字牌班师诏，命令岳飞退兵。岳飞抑制不住内心的悲奋，仰天长叹："十年之功，毁于一旦！所得州郡，一朝全休！社稷江山，难以中兴！乾坤世界，无由再复！"他壮志难酬，只好挥泪班师。

岳飞回临安后，即被解除兵权，任枢密副使。绍兴十一年八月，高宗和秦桧派人向金求和，金兀术要求"必杀飞，始可和"。秦桧乃诬岳飞谋反，将其下狱。绍兴十一年（1142年）十二月二十九日，秦桧以"莫须有"的罪名将岳飞毒死于临安风波亭，是年岳飞仅三十九岁。其子岳云及部将张宪也同时被害。岳飞遇害后，临安义士隗顺，负尸越城，草草将其埋葬于九曲丛祠旁。

岳飞死后二十年（1162年），宋孝宗赵昚为岳飞平反昭雪。隗顺的后代看到寻找岳飞遗体的告示后，即将九曲丛祠旁的岳飞初瘗地报告了临安府。南宋朝廷于同年十月十六日,正式恢复岳飞少保,武胜定国军节度使、武昌郡开国公的官爵,同年十二月十八日,按隆重的一品葬礼将岳飞遗体迁葬于西湖边的栖霞岭下,即今日游客们瞻观的杭州西湖岳飞庙内岳飞墓所在地,墓前树碑"宋岳鄂王墓"。

岳飞善于谋略,治军严明,其军以"冻死不拆屋,饿死不掳掠"著称。在其戎马生涯中,他亲自参与指挥了126仗,未尝一败,是名副其实的常胜将军。岳飞无专门军事著作遗留,其军事思想、治军方略,散见于书启、奏章、诗词等。岳飞善诗词书法,留下了《满江红·怒发冲冠》等充满爱国激情的佳作和《前出师表》、《还我河山》等名帖。后人将岳飞的文章、诗词编成《岳武穆遗文》,又名《岳忠武王文集》。岳飞精神已成为中华民族的巨大精神财富,"岳母刺字"、"尽忠报国"的千古佳话,代代传颂。

第二十章　生肖星座

　　生肖星座是人类社会的一种奇特现象,古历法的诞生、阴阳五行哲学观念的产生都包蕴其中。

　　生肖作为久传不衰的民俗文化之一,在中国民间有着广泛的延伸空间,其中包含着中国人丰富的文化心理内涵。在西方,不同月份出生的人有不同的"生肖",不同的是,所对应的不是十二种动物,而是十二个"星座",这与中国的生肖文化有许多相似之处。纵使它们的起源有许多的神话色彩,但将出生年份(月份)和动物(星座)一一对应,却都不会混淆,更便于记忆。这便是人类的智慧!

一、生肖相生相克之说

　　在我国民间,有着十二生肖相生相克之说。十二生肖就是由十二种动物组成,它们又分别有着各自的天命优缺,从而构成了相生相克、互补互冲的关系,生肖传说中的角色依照十二生肖的特性而定,自然也会有一些与现实中相应的关联存在。"寅木也,其禽虎也;戌土也,其禽犬也;丑未亦土也,其禽蛇也;子亦水也,其禽鼠也;午亦火也,其禽马也;水胜火,故食蛇。火为水所害,故马食鼠屎而腹胀。"

　　在我国民间,与生肖关系更为密切的是男婚女嫁,而男女十二生肖配对,也是民间使用广为流行的一种合婚办法,它是以男女生肖冲、害或所属的五行生合刑克来判断婚姻的吉凶好坏的。有诗为证:"鼠猴相配满堂红,牛蛇聚会必腾达,黄虎黄狗上等婚,龙凤相配好鸳鸯,羊马成群财谷丰,猪与兔合占贵人。"这是指男女生肖相生的,如果他们相结合则会幸福长久;但也有相克的生肖,如"从来白马怕青牛,羊鼠相逢一旦休,蛇见猛虎如刀断,猪遇猿猴不到头,龙逢兔儿云端去,金鸡见犬泪交流。"如果相克的男女结合在一起,则被认为是"如刀切"、"不到头"……的"断头婚"。简单的一句话说:就是夫妻两个人必须生肖相配结婚才会美满,否则婚后会夫妻相克或妨碍家运。正是由于此理论简单易学,所以流传面甚广。那么,生肖之间的相生相克之说真的存在吗? 有没有理论根据呢?

(一)生肖的相生相克与五行

　　在中国人的理念中,一直存在着宇宙万物是由金、木、水、火、土这五种元素所构成的观念,而且这五种元素有着相生相克的关系。我们首先看一下这五行本身所具有的特征：

　　木：具有生发、条达的特征；

　　火：具有炎热、向上的特征；

　　土：具有长养、化育的特征；

　　金：具有清静、收杀的特征；

　　水：具有寒冷、向下的特征。

　　而所谓五行的相生就是相互有益、促进、帮助的意思，就好比母生子，有相亲相爱之情，意味着畅顺、吉祥。如，木生火，火要依靠柴薪来维持燃烧；火生土，土要依靠太阳来普照；土生金，金要依靠山岩来储存；金生水，水要依靠铁器来开导疏通；水生木，木要依靠雨露来灌溉。

　　而五行相克则是相互损害、不利的意思，就好比战争，彼此敌对。关于五行相害相克之原因，有天地之性一说法。众胜寡，故水胜火也；精胜坚，故火胜金；刚胜柔，故金胜木；专胜散，故木胜土；实胜虚，故土胜水也。如，木克土，树木可以入土；土克水，土可以覆水；水克火，水可以灭火；火克金，烈火可以熔金；金克木，金可以伐木。根据阴阳学说，方家术士们将五行相生相克之道与生肖属相联系起来，即在十二生肖中，属木的为虎兔；属火的为马蛇；属水的为鼠猪；属金的为猴鸡；属土的为牛龙羊狗。至此便演变成了简单易懂的生肖属相之间的相生相克。

（二）生肖相生相克与婚姻

　　青兔黄狗古来有，红马黄羊寿命长，

　　黑鼠黄牛两头旺，龙鸡相配更久长，

　　婚配难得蛇盘兔，家中必定年年富。

　　婚姻是家庭的起点，社会的细胞。社会的安定团结、和谐美满无不联系到婚姻，然而属相的相生相克与婚姻的幸福与否也早就被人们联系在了一起。旧时的婚姻是据媒妁之言，父母之命，各种不合更为多见，人们对婚姻的合顺与否，便谋求一种预知的办法。现代社会，婚姻大事虽然很多时候都由自己做主，伴侣由自己选择，但通过生肖来选择自己的终生伴侣已逐渐成为人们的习惯。那么，各个属相的人，到底哪个属相才是最佳人生伴侣呢？千百年来民间有各种属相的婚配习俗，大致内容为：

各种生肖婚配宜忌

生肖	宜配	忌配
鼠	龙、猴、牛大吉,心心相印,富贵幸福,万事易成功,享福终身。其他属相次之	马、兔、羊,不能富家,灾害并至,凶煞重重,甚至骨肉分离,不得安宁
牛	鼠、蛇、鸡大吉,天做良缘,家道昌隆,财盛家宁	马、羊、狗,吉凶各有,甘苦共存,无进取心,内心多忧疑苦惨
虎	马、狗大吉,配属猪的吉凶各半,同心永结,德高望重,家业终成,富贵荣华,子孙昌盛	蛇、猴,夫妻不和,忧愁不断,无成功之望,有破财之兆,空虚寂寞
兔	羊、狗、猪,功业成就,安居乐业,专利兴家	龙、鼠,家庭难有幸福,逆境之象,事业不成,灾祸之致,历尽痛苦
龙	鼠、猴、鸡大吉,缔结良缘,勤俭发家,日见昌盛,富贵成功,子孙继世	狗、兔,不能和睦终世,破坏离别,不得心安
蛇	牛、鸡大吉,与此两种属相相配为福禄鸳鸯,智勇双全,功业垂成,足立宝地,名利双收,一生幸福	猪、虎,家境虽无大的困苦和失败,但夫妻离心离德,子息缺少,灾厄百端,晚景不祥
马	虎、羊、狗大吉,夫妻相敬,紫气东来,福乐安详,家道昌隆	鼠、牛,中年运气尚可,病弱短寿,难望幸福,重生凶兆,一生辛苦,配偶早丧,子女别离
羊	兔、马、猪大吉,天赐良缘,家道谐和,大业成而有德望	牛、狗,夫妻一生难得幸福,多灾多难,一生劳碌,早失配偶或子孙
猴	鼠、蛇、龙,与此三种属相相配为珠联璧合,一帆风顺,富贵成功,子孙兴旺	虎、猪,灾害多起,晚景尚可,但恐寿不到永,疾病困难
鸡	牛、龙、蛇,与此三种属相相配祥开白事,有天赐之福,并有名望,功利荣达,家事亨通	狗,金鸡玉犬难逃避,合婚双份不可迁,多灾多难

生肖	宜配	忌配
狗	虎、兔、马大吉,天做之合,处处成功,福禄永久,家运昌隆	龙、鸡、牛,灾害累起,钱财散败,一生艰辛,事与愿违
猪	羊、兔、虎大吉,五事其昌,安富尊荣,子孙健壮,积财多福	猴、蛇,猪猴不到头,朝朝日日泪交流,比能共长久,终生难于幸福

　　婚姻乃是终生的大事,如果遇到不可调和的矛盾,更为父母及亲人关切。所以能够找到相合生肖做恋人、夫妻,两人感情浓厚,相互融洽,相亲相爱,互相关怀,从而白头到老,那将是一件人生之大事。

　　也许有人会说,一般人短期相处,都会有种种不可调和的矛盾、冲突,父母与子女、兄弟姐妹之间也会如此,更何况是夫妇?确实,但上述的属相婚姻搭配方法操作方便、简单,虽毫无道理,但盛行几千年,至今仍有不少的人相信。

二、十二生肖溯源

　　十二生肖是记录人的生年属相的,亦称十二属相,用以纪年、纪月、纪日或纪时。广泛流行于亚洲诸民族及东欧和北非的某些国家之中,几乎是一个具有世界性的民俗事象。作为一种古老的民俗文化事象,它在人们的日常生活中占有重要的地位,对我国的民俗产生了很大影响,甚至关系到人们的婚姻、生育等大事。由此发展,十二生肖在我国已逐渐演变成了一种生肖文化,吸引着广大学者的眼球。

　　关于十二生肖,我国流传着许多神奇的传说。据说在远古时期仓颉造字后,轩辕黄帝发明了天干地支历法,即黄历。由于天干地支历法抽象难记,黄帝为了让各部落民众都能看清、记牢,故拟挑选十二种动物与十二地支相匹配,以便于记忆。于是黄帝传令天下,在正月初一清晨于宫门前候选,先到的十二种动物将以先后到达顺序来排列。老牛自知腿脚慢,隔夜起程,赶到门口,排了头名。老虎晓宿夜行,凌晨赶到,抢了第二,老鼠来得最迟,没有挤尽前十二名,于是便钻进了库中,看到一对大红蜡烛,张口就咬。天亮了,黄帝命点烛上香,开门挑选动物。就在这时,黄帝发现被老鼠咬过的蜡烛里装着炸药,方知蚩尤借送烛为名暗藏杀机。老鼠意外地成了功臣,黄帝便把它列为第一。原来排在第十二的是猫,如此猫就被老鼠挤掉了。从此,猫专门捕食老鼠,以便自己能补入十二生肖之列。

　　当然,传说毕竟是传说,不可取信。那么,十二生肖到底由何而来呢?为什么将其与十二地支相结合呢,它们之间有着怎样的联系?历代学者众说纷纭。

(一)地支同源说

　　十二生肖之说,究竟产生于何时?关于十二生肖的记载最早出于《诗经》,如

《诗经·小雅·吉日》中有"吉日庚午,既差我马",以午对马;《左传·僖公五年》有"龙尾伏辰",以辰对龙。这都是与现在通行的对应关系完全相同的。有史料云:它最晚应形成于汉代。有明确记载的是东汉王充所写《论衡》中的《言毒篇》,他提到了十二种动物的名称。用十二生肖来计年,也起于东汉。

话及"生肖",辞书上多说:旧时用十二种动物配十二地支来记人的生年。这种解释似乎认为生肖离不开地支,两者总是相配。所以,有很多学者认为生肖是与地支同源的,最早可以追溯到史前的传说时代,起源于天干地支学说。天干地支在古代被人们用在很多地方,人们用天干和地支的组合来计年,由于十天干和十二地支的最小公倍数是六十,所以天干地支计年每六十年一个轮回,称为六十花甲子。《史记》中所载黄帝"建造甲子以命岁","大挠作甲子"就是这类说法的反映,学者们认为这里所说的甲子就是指的十二生肖。

十二地支最早出现在商代,在那时,人们就把黄道(即古人想象中的太阳周年运行的轨道)附近的天空分成十二等份(即十二宫),用子丑寅卯等十二个汉字来命名,这就是后来的十二地支。殷商时期发明了甲、乙、丙、丁等十个计算与记载数目的文字,后来研究命理的人把它称为天干,并使之与地支结合运用,如甲子、乙丑等,用于计年、月、日、时。在西周春秋时期,人们开始将十二种动物与地支相对应,于是十二属相应运而生。

但是为什么将其与十二地支相联系呢?

东汉许慎《说文解字》中即讲到"巳"字为蛇的象形,同样的还有"亥"、"豕"。许多学者经研究发现,现在的甲骨文与金文中有许多与生肖字有相近之处,于是就有了十二支是十二生肖动物象形字的说法。由于十二支子丑寅卯容易记混,民间便用十二种动物代替,以动物来借代序数符号,与地支相配,成为纪年的符号系统。

还有一种说法是因为人们受了动物图腾的影响,所以总是习惯于把各种自然现象与动物联系起来。在古代天文学上,就有孔雀、巨蛇、狐狸、狮子、天猫、蝎虎、飞马等星座名称。所以,在同样思想的影响下,人们就用动物来标识抽象的十二地支,从而形成了十二地支与动物的对应关系。

不管这两种说法哪种是正确的,不可否认的是,生肖的由来与天干地支学说的产生有着密不可分的关系。因此,这种地支与生肖的学说有着其科学性。

(二)动物崇拜说

还有一部分学者认为,用动物作为生肖是源于原始时代的动物崇拜的思想。在原始社会生产力低下、认识自然能力极其有限的情况下,原始人对与自己生活息息相关的动物产生一种依赖感(如十二生肖中的动物,大多和农牧、狩猎生活息息相关,如牛、马、羊、兔、鸡、狗等),对危害自身安全的动物产生一种恐惧感(如虎、蛇），对一些超过人类的动物器官功能产生崇敬感（如狗的嗅觉等），导致产生对动物的崇拜。当然，对动物崇拜不仅是崇拜，也有着其他意图。比如利用动物崇拜来试图通过祭祀活动，建庙宇，把某种动物敬奉为神，用来乞福，表达消灾的愿望等。十二种生肖动物便是人们在动物崇拜的原始信仰影响下产生的用来纪年、纪月的兽历。

此外，原始社会人们对动物的崇拜还表现在原始的祭祀舞蹈——傩舞上面。傩大约产生于周代前后，大傩仪式中的主角是方相氏和十二神兽。在这个舞蹈当中选中了十二年兽与一年的十二个月份相对应，以求月月平安，驱除四方疫鬼。而所照应的十二个方位也就因此牵扯到十二地支，于是与十二生肖就有了直接的联系，也可以说，十二生肖在傩舞中也起着举足轻重的作用，在驱傩仪式中的十二属相被派上逢凶化吉的用场。由此可以看出十二神兽、十二生肖是一脉相承的，它们共同的来源都是对原始动物的崇拜。

（三）源于纪时说

也有人认为，十二生肖首先出现于纪时。一昼夜是二十四小时，古代天文学家将昼夜分为十二时辰。同时他们在观天象时，依照十二种动物的生活习惯和活动的时辰，确定十二生肖。十二地支的划分时段如下：夜间十一点至次日凌晨一点，属子时；凌晨一点至三点，属丑时；凌晨三点至五点，属寅时；清晨五点至七点，属卯时；早晨七点至九点，属辰时；上午九点至十一点，属巳时；中午十一点至一点，属午时；午后一点至三点，属未时；下午三点至五点，属申时；下午五点至七点，属酉时；傍晚七点至九点，属戌时；夜间九点至十一点，属亥时。

根据十二地支的时段划分，一天的时辰和动物搭配就排列了下来：子鼠、丑牛、寅虎、卯兔、辰龙、巳蛇、午马、未羊、申猴、酉鸡、戌狗、亥猪。后来人们把这种纪时法用于纪年，就出现了十二生肖。

正如清代刘献《广阳杂记》中的一段记载："子何以属鼠也？曰：天开于子，不耗则其气不开。鼠，耗虫也。于是夜尚未央，正鼠得令之候，故子属鼠。地辟于丑，而牛则开地之物也，故丑属牛。人生于寅，有生则有杀。杀人者，虎也，又寅者，畏也。可畏莫若虎，故寅属虎。犯者，日出之候。日本离体，而中含太阴玉兔之精，故犯属兔。辰者，三月之卦，正群龙行雨之时，故辰属龙。巳者，四月之卦，于时草茂，而蛇得其所。又，巳时蛇不上道，故属蛇。午者，阳极而一阴甫生。马者，至健而不离地，阴类也，故午属马。羊啮未时之草而苗，故未属羊。申时，日落而猿啼，且伸臂也，譬之气数，将乱则狂作横行，故申属猴。月出之时，月本坎体，中含金鸡之精，故本属鸡。亥时，猪则饮食之外无一所知，故亥属猪。"这是对十二生肖纪时说的最好解释。

除此之外,对于十二生肖的起源还有许多的观点,如外来传人说、奇偶趾数说……总之,十二生肖的起源之谜留给我们无尽的思考,也带来了无尽的乐趣。而且在中国这个多民族国家里,生肖不是汉民族的专利,许多少数民族都使用十二生肖纪年,而且动物各异。比如:桂西彝族的十二兽即是:龙、凤、马、蚁、人、鸡、狗、猪、雀、牛、虎、蛇;哀牢山彝族的十二兽为:虎、兔、穿山甲、蛇、马、羊、猴、鸡、狗、猪、鼠、牛;海南黎族的十二兽是:鸡、狗、猪、鼠、牛、虫、兔、龙、蛇、马、羊、猴;云南傣族的十二兽:鼠、黄牛、虎、兔、大蛇、蛇、马、山羊、猴、鸡、狗、象……

经过千百年的历史演变,十二生肖早已被剔去了自然的内核,已不再单是纪年纪岁的工具,而是传统民俗文化中流传最广、影响最大的精华部分,派生出了许多的寓意与人文特性。鼠的机警、牛的踏实、虎的威武、兔的伶俐、龙的神奇、蛇的灵秀、马的奔放、羊的乖巧、猴的敏捷、鸡的高昂、狗的忠诚、猪的朴实,象征着人类的一种普遍而美好的精神。人们将十二生肖广泛应用于经籍、书法、绘画、装饰、雕刻、陶艺、建筑等诸多领域,成为美好与吉祥如意的象征。总之,十二生肖早已成为我国民族文化的重要组成部分。

三、我国古代的二十八星宿

中国的祖先们在公元四五千年之前,就开始了对天文现象的观测。那时,古人把世界的一切看做是一个整体,认为星空的变化关系着地上人们的吉凶祸福,而且人们能从对天象的观察中预知人事变迁、灾害和天气。其中二十八星宿就是古人推论日时吉凶的一个重要理论依据。

(一)二十八宿的作用及全称

二十八宿又称二十八舍或二十八星,它是中国古代所创星区划分体系的主要组成部分。古时候,中国人为了比较日、月、金、木、水、火、土的运动而选择二十八个星官,作为观测时的标记,这也就是二十八星宿。

自古以来,人们都是依据二十八星宿的出没和中天时刻来定一年四季二十四节气的,而黄道和赤道则是二十八星宿划分的根据,人们将它们附近的天区划分为二十八个区域,月球每天经过一区,二十八天环天一周。二十八区域又被古人归纳为四个大星区,并与东西南北四个方位相连,冠以名:东方青龙、北方玄武、西方白虎、南方朱雀,每一个方位星区七宿。它们的全称及对应关系如下:

东方青龙,青色,角、亢、氐、房、心、尾、箕。

北方玄武,黑色,斗、牛、女、虚、危、室、壁。

西方白虎,白色,奎、娄、胃、昴、毕、觜、参。

南方朱雀,红色,井、鬼、柳、星、张、翼、轸。

关于二十八星宿的作用,可以从以下几个主要的方面来说:

首先,二十八星宿环绕在天体大气里面,周而复始的运转不停,分别掌握着东西南北四个方向的天象,以区分昼夜的变化以及与阴阳气数的变化。

其次,二十八星宿的创设既是古代天文学史上的一大进步,又是中国古代天文学的重大创造。古人在实践中逐渐醒悟到:季节的变化和太阳所处的位置有关,星象在四季中出没早晚的变化,反映着太阳在天空上的运动。但在当时的条件下没有办法测定太阳的位置,于是,聪明的古人们想出了根据月球所处的星象位置去推算太阳所处的位置的办法。英国李约瑟博士在《中国科学技术史》曾这样评价二十八宿:"二十八宿的界限一经划定,不论星群离开赤道的远近如何,中国人都能够知道它们的准确位置。甚至当星群在地平线以下时,只要观测和它们联系在一起的正在头顶的拱极星,就可知道了。"

二十八星宿对中国的历史进程也起到了不可估量的作用。它不仅在观象授时,制定历法方面发挥了重要作用,而且在现代天体测量学形成之前,在推算、测定太阳、月亮、五大行星以及流星、彗星、新星乃至满天星辰的位置等方面,无不起着不可替代的作用。

(二)二十八星宿中的四象

古人将全天二十八星宿按东、北、西、南四个方位划分为四部分,每一部分包含七个星宿,并根据各部分中的七个星宿组成的形状,用四种与之相像的动物命名这四个部分,即苍龙、玄武、白虎、朱雀,统称为四象或者四陆。

它们是根据天象的变化、特色而命名的。如东方七宿如同飞舞在春末夏初夜空的巨龙,故称为东官苍龙;北方七宿似夏末秋初夜空的蛇、龟,故称北官玄武;西方七宿犹猛虎越出深秋初冬,称西官白虎;南方七宿像寒冬早春出现在天空中的朱雀,故称南官朱雀。

在古代堪舆学中,更以二十八星宿分成四个方向"左苍龙、右白虎、前朱雀、后玄武的四象线"来定分野。如张衡在《灵宪》中生动地叙述道:"苍龙连蜷于左,白虎猛据于右,朱在奋翼于前,灵龟圈首于后"。《史记·天官书》的记载与《灵宪》所载基本相同,即:苍龙、朱雀、白虎、玄武分别代表着四季星象。中国天文学家高鲁以《史记·天官书》为依据,设计了二十八宿与四象的关系图,堪为精彩。

对于四象,中国的不少典籍多有叙述。在易经中,四象是老阳、老阴、少阳、少阴,在风水学的四象学,就是"左苍龙、右白虎、前朱雀、后玄武"。经曰:"夫玄武拱北,朱雀峙南,苍龙蟠东,白虎踞西,四势本应四方之气,而穴居位乎中央,故得其柔顺之气则吉,反此则凶"。这四象之位,就是风水"前后左右"的地理位置。前后左

国学经典文库

中华历书大全

·生肖星座·

图文珍藏版

右都是彼此平衡和谐，柔顺而有生旺的气氛，才有好地理。

（三）我国古代的二十八宿的分组

二十八宿分成四组，并与东、南、西、北四官及用动物命名的四象相配，而每宿又以宿名以及按照木、金、土、日、月、火、水的顺序与一动物相配。即：

二十八宿分组

四象	东方苍龙	北方玄武	西方白虎	南方朱雀
二十八宿	角宿	斗宿	奎宿	井宿
	亢宿	牛宿	娄宿	鬼宿
	氐宿	女宿	胃宿	柳宿
	房宿	虚宿	昴宿	星宿
	心宿	危宿	毕宿	张宿
	尾宿	室宿	觜宿	翼宿
	箕宿	壁宿	参宿	轸宿
对应动物	角木蛟	斗木獬	奎木狼	井木犴
	亢金龙	牛金牛	娄金狗	鬼金羊
	氐土貉	女土蝠	胃土雉	柳土獐
	房日兔	虚日鼠	昴日鸡	星日马
	心月狐	危月燕	毕月乌	张月鹿
	尾火虎	室火猪	觜火猴	翼火蛇
	箕水豹	壁水貐	参水猿	轸水蚓

二十八宿在我国古代占有重要地位，它主要用来纪日并标定日、月、五星的位置，但有时也用来纪年、纪月、纪时，是研究中国历史不可多得的资料。

二十八宿的体系除了中国外，印度、巴比伦与阿拉伯也有二十八宿的类似体系，而且均能一一对应（虽不是全部严格相等）。在中国，关于二十八宿及四象历史方面有很多记载，最早见于《史记》。1978年考古学家在湖北随州的战国曾侯乙墓的墓葬中，出土了绘有二十八宿图像的漆箱盖，这是迄今为止发现的最早的关于二十八宿的实物例证。

四、十二生肖年份对照表

如果知道了一个人的年龄，你能说出他的属相吗？知道了他的属相，你又能推算出他的年龄吗？

（一）十二生肖年份对照表

十二生肖年对照表

子鼠	丑牛	寅虎	卯兔	辰龙	巳蛇	午马	未羊	申猴	酉鸡	戌狗	亥猪
1900	1901	1902	1903	1904	1905	1906	1907	1908	1909	1910	1911
1912	1913	1914	1915	1916	1917	1918	1919	1920	1921	1922	1923
1924	1925	1926	1927	1928	1929	1930	1931	1932	1933	1934	1935
1936	1937	1938	1939	1940	1941	1942	1943	1944	1945	1946	1947
1948	1949	1950	1951	1952	1953	1954	1955	1956	1957	1958	1959
1960	1961	1962	1963	1964	1965	1966	1967	1968	1969	1970	1971
1972	1973	1974	1975	1976	1977	1978	1979	1980	1981	1982	1983
1984	1985	1986	1987	1988	1989	1990	1991	1992	1993	1994	1995
1996	1997	1998	1999	2000	2001	2002	2003	2004	2005	2006	2007
2008	2009	2010	2011	2012	2013	2014	2015	2016	2017	2018	2019
2020	2021	2022	2023	2024	2025	2026	2027	2028	2029	2030	2031
2032	2033	2034	2035	2036	2037	2038	2039	2040	2041	2042	2043
2044	2045	2046	2047	2048	2049	2050	2051	2052	2053	2054	2055
2056	2057	2058	2059	2060	2061	2062	2063	2064	2065	2066	2067
2068	2069	2070	2071	2072	2073	2074	2075	2076	2077	2078	2079
2080	2081	2082	2083	2084	2085	2086	2087	2088	2089	2090	2091
2092	2093	2094	2095	2096	2097	2098	2099	2100	2101	2102	2103
子鼠	丑牛	寅虎	卯兔	辰龙	巳蛇	午马	未羊	申猴	酉鸡	戌狗	亥猪

按照上面的生肖年份对照表你就可很快地算出你想知道的年龄和生肖了。12个生肖，12年一轮回。特别需要注意的是，生肖是按阴历排序的，年龄却是按阳历算的（即周岁）。按年龄算生肖大致没错，但可能会出现一岁的偏差。比如2005年2月8日出生的人，这一天，正好是阴历大年三十，所以这个人是属猴；但如果是2005年2月9日出生就属鸡了，因为这一天是正月初一，是新的一年的开始。

如果知道一个人的属相，我们怎么推算他的出生年份呢？如一个属牛的人，2009年是他的本命年。这里我们用2009减去12的倍数，所得到的年份都是牛年：……1901年、1913年、1925年、1937年、1949年、1961年、1973年、1985年、1997年、2009年、2021年……

五、十二生肖常识

生肖是中国人特有的一种表示出生年的方式。如寅年出生的人属虎，卯年出生的人属兔……生肖又是中国人民的重要信仰，里面包含着中国人非常重视的本命年的观念。

（一）十二生肖排序

十二生肖排序：鼠、牛、虎、兔、龙、蛇、马、羊、猴、鸡、狗、猪。每十二年轮回一次，每一个生肖代表一年。

（二）十二星座与十二生肖的关系

在西方国家，十二星座是根据出生时间行星在黄道面排列这一规则来运算的，十二星座是按公历月日推算的。其中十二星座的具体划分如下：双鱼座（2月19日~3月19日）、白羊座（3月20日~4月19日）、金牛座（4月20日~5月20日）、双子座（5月21日~6月21日）、巨蟹座（6月22日~7月22日）、狮子座（7月23日~8月22日）、处女座（8月23日~9月22日）、天秤座（9月23日~10月22日）、天蝎座（10月23日~11月22日）、人马座（11月23日~12月21日）、摩羯座（12月22日~1月19日）、水瓶座（1月20日~2月18日）。例如，生日在6月22日~7月22日，属巨蟹座，而巨蟹座正落入黄道位置上。

十二生肖则是根据岁星在年初在黄道面的出现位置，是两个不同的体系。但两者又不是毫无关系的。比如，如果在测算星座时，灵活参照中国十二生肖的属性，肯定会使预测结论更加详尽、准确与辩证。

（三）在生肖的排位上，鼠排在第一位的原因

在十二生肖的排序上，对于人人喊打的鼠排在第一位，让人类的先哲和当今的智者百思不得其解。不论是在体型、蛮力、品质还是在智慧方面，其他动物可以说都在鼠之上。即使是比狠毒，鼠也在蛇后面。对于小小的老鼠排行于十二生肖的老大这个问题自古以来都是个悬案。

传说老鼠和牛、马、羊等当选十二属相后，玉皇大帝就离开了，十二生肖却为了谁排在第一个位置而闹成了一锅粥。老鼠说它应该排在第一位，但牛、马、羊都不服气，说："你凭什么排第一位？"这时，鼠慢悠悠地说："我大，所以我要排在第一。"听它这么说，牛、马等忍俊不禁地笑道："你有我们大吗？"老鼠说："我们几个在这里争来争去，也争不出个头绪来，不如出去让人来说吧！"牛、马、羊等都同意它的说法，于是它们商量了办法：由牛领头，马、羊、鼠先后一个接一个从大街上走过，看人们怎么评议。马走过来了，人们说："这匹马真高。"羊走过来的时候，人们说："这只羊很肥。"……这时，老鼠大摇大摆地挺着肚子走过来，人们看见大街上突然走出一只大老鼠，都追着它喊打："天啊！好大一只老鼠呀，好大的一只老鼠呀！"这样一来，牛、马、羊也无话可说了，让老鼠排在了第一位。

（四）十二生肖与十二地支的对应

十二地支是子、丑、寅、卯、辰、巳、午、未、申、酉、戌、亥的总称，中国古代用十二地支纪时、纪月。纪时就是把一日分为 12 个时段，分别以十二地支表示，子时为现在的 23～1 时，丑时为 1～3 时……又称十二时辰。地支纪月就是把冬至所在的月称为子月，下一个月称为丑月。

而古代人们又把十二生肖和十二地支的一一对应起来，用来纪年。它们的对应关系如下：子鼠、丑牛、寅虎、卯兔、辰龙、巳蛇、午马、未羊、申猴、酉鸡、戌狗、亥猪。

对十二时辰与十二生肖相结合，人们还给予了它们合理的解释。下面仅列举几个以示说明：

子时（23～1 时），是鼠类出没频繁的时刻。于是，子时便与鼠联系在一起，成了"子鼠"，并按一天的起始，排在属相的第一位。

丑时（1～3 时），是喂牛的大好时机，俗话说："马无夜草不肥"，对于耕田的牛，同样如此。

寅时（3～5 时），昼伏夜行的虎此时最凶猛，农家常常会在此时听到不远处传来虎啸声。于是，虎与寅时相联系，有了"寅虎"。

卯时（5～7 时），天亮时，兔子跑出窝，去吃带着露水的青草。于是，兔子与卯时相联系，便有了"卯兔"。

辰时（7～9 时），正是容易起雾的时刻。据说龙能腾云驾雾，大雾之中才会"神龙见尾不见首"。如此，龙才会在辰时的雾中"出现"，龙和辰时相联系，便有了"辰龙"。

巳时（9～11 时），这是正是艳阳当空，体温不恒定的蛇从洞穴中爬出来晒太阳，便是"巳时"。

午时（11～13 时），红鬃烈马是良驹，但它的性子就像午时的太阳一样火烈。马与午时相联系，就有了"午马"。

十二生肖是我们先人智慧的结晶，是在历史的发展过程中逐渐完善的。生肖本是用于纪年的一套符号，是古代天文历法的一部分，后来成为被人们普遍认同的生肖历法。自从生肖观念在民间流行后，便被人们列为阴阳两类，与五行相对应，生成了一套生肖决定命运的算命术。同时，民间还认为生肖属相与人的性格也有着某种关系，即使同一属相的人，由于出生的时辰不同，性格、命运也会各异。

六、生肖运程

（一）属羊的时运

1. 属羊逐年吉凶福禄详解

羊人见鼠年，其年正走偏财，生意兴隆，花前月下会佳期，行酒讨杏时欲乐，小病小耗难免。

羊人见牛年，其年丑未比肩，诸事欠利，月空大耗破财，是非口舌常有，官讼牢灾代见。

羊人见虎年，其年走正官，事得其权，禄食为先，一品之尊，欺凌枉冤悉是对头人，琴瑟和鸣，家门雍目，卒有暴败，必得晦气，天难人怨，不在其意。

羊人见兔年，其年走正偏财，财路亨通，事业顺遂，诸凡小顺，惟中有波折，破财伤害，浮沉不定也。并见脓血之灾，有生意外之不幸。

羊人见龙年，其年正是劫财，忙来忙去一场空，东奔西跑，代会无味是非，口舌叠取，跃马沿途，事得其正，披麻执孝，凡凶来，福星即临。

羊人见蛇年，其年正走正印，事得其权，不是拳之印人，驿马坐命，必出方为事，闻丧远吊，诸事如意，凡谋必就，应到成功之目的。

羊人见马年，其年正走偏印，午来有合，虽事不得正权，其副职高与一切，病灾重来，喜事当见，诸凡皆吉，百事可通，一帆风顺，诸事大吉。

羊人见羊年，其年未与未之比肩，应见深造之机，文留大进，但身心不遂，晕若病况，药石无效，缺乏娱乐精神，用思过深，反见其害。

羊人见猴年，其年正走正印，非挂帅主权，必是经理大客，太阳星高照，四方有利也，红鸾喜照命，必见门庭之喜气，凡事大通。

羊人见鸡年，其年正是食神，坐吃空空，外无多财，反见词讼牢灾，披麻执孝，不吉不利之事多多。

羊人见狗年，其年劫财流年，生意欠隆，财空食空，诸事不旺，麻烦贯索，丝丝不断。

羊人见猪年，其年正走伤官，小人官鬼多，交友不利，反成背敌，其权位职掌，树头难立，摇摇摆摆，一旦欠慎则必落台下。

2. 属羊逐月吉凶福禄详解

羊人生于正月，新春之时，三阳开泰，活跃聪敏，虽衣食不全，然事业高尚，喜气盈门，词讼官非难免，天难地变常遇，晦气决多。

羊人生于二月，惊蛰之时，秉性温和，处事有方，衣食高尚，四路皆通，宜事多利。

羊人生于三月，清明之时，聪敏出众，敏捷过人，高尚爽直，万事吉祥，威严声旺，财源利达，衣食必鲜，富贵健康，享自然之幸福，名利双全，逍遥快乐，能成大事大业，能奏厥功，福祉祯祥无比。

羊人生于四月，立夏之时，灾害常有，晚福必来，变迁异常，能排除万难，直到成功之目的，或有挫折，英雄无异，天性颖司，义心侠胆，自我心强，争取精神，一生衣禄决丰，子孙贤贵。

羊人生于五月，芒种之时，财丰利足，权力心高，中外闻名，志性刚强，智谋权力必集，受人之难，亦受人敬仰，所谋如意，出言有章，有才能智慧，意志坚锐，足立实地，能统率众人，手腕至高，确收成效。

羊人生于六月，小暑之时，热心忠直，受人崇拜，受天之福，胆量智才过人，能处世和平，合谋志同道合，名利荣达，进退无难，言而有信，无欺五诈，清闲优秀，家运隆昌，荣华一世，晚享子福。

羊人生于七月，立秋之时，显耀清高，智勇双全，意志坚锐，不屈不挠，足立实地，时运必至，万事如意，能成大事业，俊杰才子，英杰才人，享天赐之福，享自然之福，发祥发福，再兴复兴，败而后成也。

羊人生于八月，白露之时，学问如倒啖甘遮，渐入佳境，爵位升迁，风云有机会之期，同僚和协，乌沙终不脱，然诽谤之多招，灾殃之不免，有天之保，受主之力，何畏官鬼小人，自行独正，自为有道，心正不怕邪。

羊人生于九月，寒露之时，作事有成，根基浅弱，总清高，当是寒儒，创业艰难，衣食不足，小人心常多，疾病缠绵，辛劳艰苦，俗尘之辈，奔波南阡北陌，野外之士，虽有出将入相之人，终是荒凉不堪也。

羊人生于十月，立冬之时，小阳春暖，应是出头之天，青云有路，文艺惊人，可图侥幸，亦添科，青钱中选，金榜题名，友得良朋，四面皆亲，虽粗食淡饮，其人之命运高，添官晋职，增俸加粮，雨露之恩特深，天赐之权决尚，安享福禄，全世幸矣。

羊人生于十一月，大雪之时，虽安食天赐之禄，近出无路，精神困居，受天之难，四处皆白，望洋兴叹，一生很少出头天，谋事难成，财力艰难，百事不遂心，千头万绪，浑浑噩噩，一事无成也。

羊人生于十二月，小寒之时，四处皆冰，寸步难行，自有之食不久，前途渺茫，享年欠长，经身可行性命而亡，灾难多多，灾祸重重，时受人严守，行动无自由，白食白死，一少名利。

3.属羊逐日吉凶福禄详解

羊人生于子日，小破财，兼时犯小病，月德在命，临危有救，命坐会桃花，多在月前花下，酒色之春。

羊人生于丑日，必大破财，谁成家空手空，是非口舌常有，词讼官灾不免，宜谨慎小心。

羊人生于寅日，命在紫微星，诸事皆吉，喜气重重，虽时有官非口舌，逢凶化吉也。

羊人生在卯日，白虎临命，财库动摇，生理求谋注意小心，浮沉之病难免，职官高尚，必挂将星。

羊人生于辰日，福星高照，出外营谋，统率人群，权柄特高，是非口舌当见，孝服多有，阴气累累。

羊人生于巳日，驿马坐命，一发如山，求名求利者，必是异乡贵客，出外之人。

羊人生于午日，一生喜事多有，凡事顺利，小病累是，一生平坦乐道，前途光明。

羊人生于未日，显贵聪敏，文章盖世，鳌头独占，虎榜留名，时有刺激之心，头晕目眩，用功过甚。

羊人生于申日，一生尽是红鸾喜，太阳星高照，四路皆通，谋事高就，生意普通，无聊之象，能成天空地空，万事空之感。

羊人生于酉日，词讼，口舌，官符，牢难重重，大小孝服特多，灾害难免，破财损身。

羊人生于戌日，太阴星照命，婚姻重取，阴贵人必多，遇事不遂，及事不利。

羊人生于亥日，官符叠起，小人特多，交友多犯指背星，灾难累重，位列三台，卸如流水。

4. 属羊逐时吉凶福禄详解

羊人生于子时，未土克置子水，每有乐欲，花街柳巷常留，小耗破财必有，月德照临，凡事遇难即解也。

羊人生于丑时，未土丑土比肩，普通行运，偶有破财，官非口舌，词讼牢灾，但人才高尚，凡事处理，有序无乱。

羊人生于寅时，寅木克置未土，紫微星高照，事业高就有企，天星赐福，虽有官非晦气，天难暴败，终是有救也。

羊人生于卯时，卯木克置未土，命将带星，势力高强，浮沉不稳固，白虎破败凶，一发如雷，一败如灰。

羊人生于辰时，辰土未土比肩，福星照命，远出他方为事，必定顺利，虽多小口舌，恐是桃色之争，披麻执孝只见单身只影漂流。

羊人生于巳日，巳火生持未土，驿马坐命，离乡遮祖，东去西行，南谋北就，早日可归。求名求利，外出一生，天狗星坐命，盼能早归。

羊人生于午时，午火生持未土，一身喜气，玉堂常宜，花花家园，乐意无边，虽有小病，宿夜即除矣。

羊人生于未时,未土之比肩,华盖坐命,聪敏贤能,岁犯之,时见刺撒晕沉之疾。

羊人生于申时,未土生持申金,太阳星高照,喜事重重,凡谋有利,虽孤单只影,生意无聊,但少困难之境。

羊人生于酉时,未土生持酉金,水难火灾,丧事重重,是非口舌,官符牢灾,聊于常事。

羊人生于戌时,未土戌土比肩,婚姻不利,有时桃色之纷,困扰不利,勾绞贯索事较多。

羊人生于亥时,未土克置亥水,交友不利,小人官鬼频繁,官符是非不断,然有权位,可能权位,即能克除也。

5.属羊六亲生克和目反逆分析

羊人生于子月子日子时,及亥月亥日亥时,父母兄弟姊妹夫妻子孙,均被免置,自称王侯;生于丑月丑日丑时,辰月辰日辰时,未月未日未时,及戌月戌日戌时,父母兄弟姊妹夫妻子孙,和睦相亲相气;生于寅月寅日寅时,及卯月卯日卯时,父母兄弟姊妹夫妻子孙,均能管理,自难自由;生于巳月巳日巳时,及午月午日午时,父母兄弟姊妹夫妻子孙,均能生持,自身安享其福;生于申月申日申时,及酉月酉日酉,父母兄弟姊妹夫妻子孙,均赖一人维持,自力有余矣。

(二)属猴的时运

1.属猴逐年吉凶福禄详解

猴人见鼠年,其年经营兴隆,利达三江,财丰利足,指时官鬼,带来是非口舌,词讼牢灾,职位高尚,必得将星,遇考必就,诸事皆吉。

猴人见牛年,其年天喜星临照,作福做寿,添丁人口,也外营谋,月德照临,一帆风顺,应见小病,小耗财。

猴人见虎年,共年运带驿马,营谋求利与四方,浮沉不定,事得其正,必见破财,婚姻困难。

猴人见兔年,其年紫微星高照,营谋必利,喜色常开。满常福气,受天之职,承主之禄,凡事多利,虽有天难之事,暴败难免。

猴人见龙年,其年白虎破财,财库动摇,华盖坐命,文思大贵,飞来之祸难免。

猴人见蛇年,其年福星高照,贵人得力,然口舌是非难免,必见披麻执孝。

猴人见马年,其年词讼牢灾,官符常见,命犯天狗,灾害必至,凡事不利,诸谋不吉矣。

猴人见羊年,其年疾病悠悠,单身只囊,流落异梓,岁杀天杀,家运不合,自运欠通。

猴人见猴年,其年杠鸾发动,满门喜色,交友多犯指背星,陌越晕沉头疼,披麻见伏尸,偶有小疾。

猴人见鸡年,其年太阳星高照,晦气重重,运气桃花,花街柳巷为家,凡事不利,诸谋不吉。

猴人见猪年,其年太阴星高照,官符代见,破败当有,麻烦心疼之疾难免,单身只影,诸多外游。

2. 属猴逐月吉凶福禄详解

猴人生于正月,新春之时,五谷不熟,果子未成,食不得时,饱食残粮,活跃力甚佳,精神爽快,事业出外,稍有破财生灾,浮沉小病难免。

猴人生于二月,惊蛰之时,剥官削职,减俸除薪,多忧惊怪,难化愚顽,难有雨露之恩,官居不久,而囊箧空虚,衙门冷落,利源不竭,鬼多小人生,耗折无聊,借者失望,博者必输,破祖不宁,生灾不已。

猴人生于三月,清明之时,才能智技过人,江湖有伴,乡里有田,婚姻美满,终生是幸,稼穑难成,经营可企,清闲自在,优游快乐,凡事顺来逆去,改祸呈样,前途光明,衣冠过人,食之不美,温饱足馀。

猴人生于四月,准夏之时,忙忙碌碌,辛勤劳苦,知识才能,远近闻名,一生荣华,事从心欲,吉凶兼半,互助有人,身体矍铄,衣食得以饱暖,是非口舌较多,挫折亏虚空也。

猴人生于五月,芒种之时,东跑西奔,赴汤蹈火,一时不能休息,奋斗有企,摇头张尔,衣禄轻淡,待人接物,恭敬有栖,进退自由,诸谋可成,是非口舌常起,灾难杀害小有,一生承享自力自食,自求自谋也。

猴人生于六月,小暑之时,清和日炎,风调气温,身居得利,爽气满身,无乐无忧,疾病全无,惟粗衣淡食不缺,鲜菜美肴难得,吉凶祸福平均,官讼牢灾少有,婚姻自由美满,子孙贤贵兼能。

猴人生于七月,立秋之时,五谷丰登,野果尽熟,食有盈馀,一倍工夫一倍熟,及时耕种及时收,一生不畏饥,自有天赐之禄,逍遥快乐,不须流血汗,凡事无愁,命有天定,前人作福,后人享受,安然自在度平生。

猴人生于八月,白露之时,财利茂盛,事业亨通,享自然之幸福,名利双全,能成大事业,前途荣进,福祉无穷,能开厥祥,发祥其长,不能富贵亦贤望,天赋美德,秉性聪敏,精力充沛,家门和合,耀子贤孙。

猴人生于九月,寒露之时,才能功成,有不平之待遇,手强心高,争取精神,但半途受挫,多为财利,而致失败,是非兼半,吉凶并行,奈无权力,文艺技术,时能发展成功,事欲大,而胆嫌小,事如愿违,一生平凡。

猴人生于十月,立冬之时,粗饭淡饮,衣禄平常,文学技艺,上进有企,博古通今,寂寞悲哀,意志不坚,事不遂心,暗淡幸福,若承祖业之庇荫,有自然之福,运兆吉多,若不安份,不得如愿。

猴人生于十一月,大雪之时忧闷多起,时有凶兆。终生困苦,衣食不周,精神萎顺,寿元欠高,能倾家荡产,残废之疾,性情乖忤,兄弟妻子离散,意志薄弱,浮沉无定,祸不单行,少进取之象。

猴人生于十二月,小寒之时,大雪封门,出走不能,无家可归,东居西楼,冷冷冰冰,外无援助,内缺餐粮,身淡弱家衰,动摇不安,无谋浅虑,失败苦恼,刑罚疾病惨。

3. 属猴逐日吉凶福禄详解

猴人生于子日,命带将星,官高一品,职跃虎门,奸臣小人四起,官符纠纷常有,家有金匮,财库自足。

猴人生于丑日,月德照命,凡事一帆风顺,出马离乡,远奔于四野,时见阴杀小病,并有小损财,天赐之喜气不断。

猴人生于寅日,命带驿马,远离他乡,终日无法归家,婚姻重来,偶有大破不幸,浮沉不定。

猴人生于卯日,紫微星高照命,权位职阶至上,每遇天难,奸党小人暗害,能致败而后取。

猴人生于辰日,白虎坐命,一生破败重重,有天之祸,受人之害,文才兼优,聪敏玲珑,灵机应变力至足。

猴人生于巳日,天德福星照命,凡有是非口舌,当能逢凶化吉,贵人临之,事无困境,一生时有孝服。

猴人生于午日,词讼牢灾,官符重叠,天灾人祸,接二连三不断,凡事不吉,每多逆境。

猴人生于未日,单身只影,孤苦伶仃,灾难常起,灾害重重,身体欠康,疾病缠绵。

猴人生于申日,红鸾喜事满门,作福作寿,添子添孙,每每不断,交友不利,损之而已,披麻执孝重来,头疼小吉不少。

猴人生于酉日,桃花坐命,迎新送旧,情感纷纷,偶有重情,必受晦气难脱,致能破碎其财,空空如也。

猴人生于戌日,死丧破败,杀害灾难,窀岁沉,不能安静,忧愁苦闷不堪,哭泪汪汪似海。

猴人生于亥日,太阳星照命,一身悉是女贵人,虽多勾绞不明之麻烦,口舌官符,则无大困矣。

4. 属猴逐时吉凶福禄详解

猴人生于子时,申金生持子水,事业必旺,财利更高,官鬼小人之乱,取权克置难起。

猴人生于丑时,丑土生持申金,跃马沿涂,威声凛凛。月德照命,四路可行,一帆风顺。

猴人生于寅时,申金克置寅木,虽能出官为事,恰似水浮萍,有名无实,婚姻不利,财库不稳,大破小耗。

猴人生于卯时,申金克制卯木,灾害重重,天虽暴败。牢灾困境,但晨卯紫微星照临,逢凶化吉,转为大喜。

猴人生于辰时,辰土生持申金,才能过人,应是诸凡皆吉,但是辰属天罗,白虎临之破败凶。

猴人生于巳时,巳火克置申金,大小孝服多,口舌是非烦,生意劫杀无聊,但事业职位,遇得贵人协助,福星天德高照,有利无害。

猴人生于午时,午火克置申金,一身尽是灾难,灾害很多,有凶无吉,此命欠祥。

猴人生于未时,未土生持申金,阴盖与阳疾痼难免,杀害小有,单身只影,不得人和。

猴人生于申时,申金之比肩,喜气洋洋,背人过河,反嫌脊骨太硬,不利之友,自感伤神。

猴人生于酉时,酉金申金比肩,喜游与花街柳巷,见色滴涎,敢成晦气破碎而后己。

猴人生于戌时,戌土生持申金,理是多顺少吉,但丧事重重,哭天,哭地,月杀灾害,闷心苦恼。

猴人生于亥时,申金生持亥水,太阴星照命,虽见官符暴败,多后女贵人协和调理,凡事得顺矣。

5.属猴六亲生克和目反逆分析

猴人生于子月子日子时,及亥月亥日亥时,父母兄弟姊妹夫妻子孙,均赖生持;生于丑月丑日丑时,辰月辰日辰时,未月未日未时,及戌月戌日戌时,父母兄弟姊妹夫妻子孙,均能生之,自享其安;生于寅月寅日寅时,及卯月卯日卯时,父母兄弟姊妹夫妻子孙,均被克置;生于巳月巳日巳时,及午月午日午时,父母兄弟姊妹夫妻子孙,均严克之;生于申月申日申时,及酉月酉日酉时,父母兄弟姊妹夫妻子孙,均能互助合作,和睦相亲。

(三)属鸡的时运

1.属鸡逐年吉凶福禄详解

鸡人见鼠年,其年正是食神,财库须动,用在喜色者多也,接朋接友,不利其财,耗之损之,但非大破,及天大奇祸。

鸡人见牛年,其年正走偏印,当得其副权,位列三公,有力带领一切,应见官鬼一乱,反浮沉不定,可得天解主救,脓血灾难须见。

鸡人见虎年,其年运行正财,生意兴隆,财源茂盛,凡经营求谋,势有千倍之利,决无亏破之忧,虽有小病小耗,不在其数字,大吉大利。

鸡人见兔年,其年运行偏财,凡经营、合股、放债、投机、买彩,无不可求,惟财不归,东来西去,或见破败灾杀,官非牢难,致成不幸,而遭失败。

鸡人见龙年,其年运走正印,大权可握,统领众人,耀武扬威,一鸣惊人,必登台拜相,处公名烦,神经难免刺激,能成小患也。

鸡人见蛇年,其年正走正官,职位高尚,鳌头独占,而惜白虎破财。有名无利,其意外之事,累累不计其数。

鸡人见马年,其年是行七煞之运,善能保守其旧权,然有相当手腕,稍有一失其意,剥官削职,馀俸减薪,其口舌是非特多,喜事连连不绝。

鸡人见羊年,其年转运正印,青云有路,事业进步,大有权柄,但丧事即来。

鸡人见猴年,其年真是劫财,经营无利,求谋必败,并见官符不幸之灾,病若流水,身心欠安,错乱无章,千头万绪,不吉不利矣。

鸡人见鸡年,其年亦属劫财,经营求谋不遂,惟事业有基,权柄可握,官非意外无犯。

鸡人见狗年,其年顺行正印,步步高升,主人主权,指东指西,仍君为作,出马他乡,当有闷心不乐之事。

鸡人见猪年,其年伤官,难有驿马,领权出外大职,欠慎有削之危,凡事欠吉,意外之事多生于天难。

2. 属鸡遥月吉凶福禄详解

鸡人生于正月,新春之时,虽万象之回春,雪地将开,冰天始放,新粮未出,残粮悉毁,处处少食,然精神康泰,寿元特高,进退自由。

鸡人生于二月,惊蛰之时,万物始生,所食悉是鲜莱鲜饭,出入自由,精神矍铄,气满腔足,终身作事有成,心平义仁,到老求谋顺利,清高实儒,鄙俗富客。

鸡人生于三月,清时之时,秉性敏慧,灵机应变,文成掷地金声,家报泥金喜捷,连科及第,一举成名,加冠晋级,增俸添薪,天赐之禄,承祖之荫,一生荣华,衣食丰满,光门耀祖,显子荣孙。

鸡人生于四月,立夏之时,少统率才干,志气虽高,权力少有,对文学技艺,如月之恒,如日之升,然性情多骄傲,为人仇视,好冒险投机,破财有期,暗淡清闲,事不遂心,能博名利于一时,晚运凶多吉少,每有挫折,一生波浪。

鸡人生于五月,芒种之时,东跑西奔,工能忘食,夺门有企,摇头张尔,灵机应变,不失良机,能成富室,一生不怕凄凉,不畏艰难,可独立成家,有成万众崇拜,可作人之模范,老来自福,始终无难。

鸡人生于六月，小暑之时，知识才能，令闻令能，半世热苦，逍遥快乐，不大忙碌，奈无权力，文艺技术多发展，因气当凉，东来紫气，运时必至，事业如意，吉多凶少，不慌不忙，往来有助，家振克振，阴阳新复，忍事柔性，享自然之幸福，走自由大路，天赋之美德，吉庆终日，旭日东升，西天有天利矣。

鸡人生于七月，立秋之时，五谷丰登，卧粮仅食，不须劳碌，须防小人陷害，不可糊涂，待人接物，宽度可望，虽有失败，但赐之禄，人粮送仓，不怕天灾人祸，一生衣禄自余，决不求乞与他人。

鸡人生于八月，白露之时，年终岁毕，家中空空，衣禄轻淡，处处遇难，灾难重重，四方皆贼，交友不慎，恐遭暗箭，一生大祸多取，不是伤子伤孙，就是伤父伤母，抑或兄弟姊妹夫妻，被人谋害，幸日多凶，苦恼一世尔。

鸡人生于九月，寒露之时，万事如意，智谋权力必集，衣食住行，自有一新，就是出身微贱，有志竟成，谋事如愿，长发其祥，逢凶化吉，即无外御，复少内忧，勇往直进，时运平和，排除万难，一生幸福也。

鸡人生于十月，立冬之时，粗饭淡饮，衣禄平常，文学技艺，上进有企，博古通今，寂寞悲哀，意志不坚，事不遂心，暗淡幸福，平凡成家，若承祖业之庇荫，有自然之福，运兆吉多，若不安份，不得如愿。

鸡人生于十一月，大雪之时，虽身风霜，无衣食足食，思慰计划，独裁自如，事业进步，金钱充裕，光前裕后，负芨有师，有旭日东升之势；如月之恒矣。

鸡人生于十二月，小寒之时，学问如倒啖甘蔗，渐入佳境，爵位升迁，风云有际会之期，同僚和协，乌沙终不脱，然诽谤之多招，灾殃之不免，有天之保，受主之为，何畏官鬼小人，自行独正，自为有道，心正不怕邪。

3.属鸡逐日吉凶福禄详解

鸡人生于子日，夫妻贤美得助，紫星高照，诸事顺遂，虽有官符，示暴败天厄，逢凶化吉尔。

鸡人生于丑时，命将带星，官居极品，不是文官宰相就是武官挂马，官带俸禄，金匮如山。

鸡人生于寅日，岁犯天官符，是非口舌，一生难免，疾病难常见，男女不吉，破财离乱。

鸡人生于卯日，聪敏多才，时受刺激，岁君逢劫杀，一年生意无聊，文章盖世，逢伤必泪。

鸡人生于辰日，华盖坐命，学艺聪敏，技巧高人，并精能古今，有犯太岁，时有郁闷不开，头痛眼花也。

鸡人生于巳日，巳火生之辰土，百事可取，虽有灾害，无大凶难，男女不是填房过祭，定有两家之春。

鸡人生于午日，身体欠强，药草不离门，中耗财难免，幸有月德，虽死有生也。

　　鸡人生于未日，紫微星临命，虽有些天灾不增，暴败之苦，终是逢凶化吉，龙恩施德尔。

　　鸡人生于申日，一生是非口舌，词讼招繁，贵人得力，往往暴败，流沛颠倒，失败困苦之境也。

　　鸡人生于酉日，太阴星高照，红鸾喜事多多，婚姻必重，烦恼事多起是非，卒时暴败。

　　鸡人生于戌日，紫微星照命，顺多逆少，事在人上，名登金榜，天赐职权，败而后取。

　　鸡人生于亥日，重财轻义，反不积财，驿马坐命，发如猛虎，败如浪沙。承藐视他，常存他人不如己之心。

　　4. 属鸡逐时吉凶福禄详解

　　鸡人生于子时，酉金生持子水，子孙繁荣，满堂喜事，主人儒弱不任大事，反造成小人官鬼祟积，致成暴败。

　　鸡人生于丑时，丑土生持申金，有众人恭敬，多有小人暗算，能变性情凶暴，胆大勇敢。

　　鸡人生于寅时，酉金克置寅木，身体肥大忠厚诚实，五官端正，幼时缺乳，性情无准，好坏反复。

　　鸡人生于卯时，酉金克置卯木，性情聪敏而怪独，反成破财及大耗，是非，口舌，词讼，官灾，牢难，一生频繁。

　　鸡人生于辰时，辰土生持酉金，性情敦厚，待人以诚，言行相顾，固执不化，诚实有礼，职权至高，终途暴败。

　　鸡人生于巳时，巳火克置酉金，遇火锻炼，则成钟鼎之才，扬眉吐气，精神发越，施威逞才，白虎破财库，一生灾难频繁。

　　鸡人生于午时，午火克置酉金，聪敏多能，风流酒色，闻一知十，或能因奸遭凶，风波，口舌，多起，事业一帆风顺。

　　鸡人生于未时，未土生持酉金，凶暴之时，其势更强，夺财滋祸，单身只影，披麻孝服时生。

　　鸡人生于申时，酉金申金比肩，身强财弱，夺财逢讼，牢灾，口舌，有生，身体不健，凡事少利。

　　鸡人生于酉时，酉金比肩，官禄至贵，中和之气福，官星得位，财丰利达，灾殃少至，浮沉小疾难免。

　　鸡人生于戌时，戌土生持酉金，驿马加鞭，终身出事，爱情多祸，晦气重来。

　　鸡人生于亥时，酉金生持亥水，离乡背井，孤单只影，盼能早归，免死于他乡，此

国学经典文库

中华历书大全

·生肖星座·

图文珍藏版

命此时,财利金达,但终身可畏。

5.属鸡六亲生克和目反逆分析

鸡人生于子月子日子时,及亥月亥日亥时,父母兄弟姊妹庆妻子孙,均赖维持;生于丑月丑日丑时,辰月辰日辰时,未月未日未时,及戌月戌日戌时,父母兄弟姊妹夫妻子孙,均互助拥之;生于寅月寅日寅时,及卯月卯日卯时,父母兄弟姊妹夫妻子孙,均破克置,家权大握;生于巳月巳日巳时,及午月午日午时,父母兄弟姊妹子孙,均克置管束,进退维谷;生于申月申日申时,及酉月酉日酉时,父母兄弟姊妹夫妻子孙,互助合作,和睦相处。

(四)属狗的时运

1.属狗逐年吉凶福禄详解

犬人见鼠年,其年行正运财,经营求谋,凡事多利,夺财滋祸,不时有之,婚姻不睦,浮沉不定,灾祸重重,身主既健,财星多美,有福有祸,吉凶平平。

犬人见牛年,其年运走劫财,财薄利淡,经营不顺,阴气不开,为人清秀雅俊,岁运每遭困境,欠果断,精神不定,临事举步不明,言之有错,受人非难。

犬人见虎年,其年走七煞之运,理是凡事不取,经营不利,交友遇贼,官鬼小人特多,惟有寅卯戌三合,有凶难,无灾害,事职供称,为人忠心诚直。

犬人见兔年,其年运行正官,职位权力不高他人,则必日进正轨,虽有贼盗受其危害,月德照临,正气浩然,忠信之尊名,治国齐家之有道,居仁由义,不敢放为逸非。

犬人见龙年,其年正走比肩,争夺异财利,又能盗泄,词讼,是非,口舌官符牢灾多起。

犬人见蛇年,其年行运偏印,一官半职,则必清廉,不拘文武,皆掌印信,人所公识,左有紫微高照,右有龙德保身,虽词讼官符,遭成暴败,终得其利,一年喜气洋洋,笑颜常开。

犬人见马年,其年正近正印,加官晋级,增俸添薪,必得主权,财利大吉,当见白虎小破,披麻执孝。

犬人见羊年,其年转动劫财,经营不利,生意多涩,财滞银空,口舌常起,单身只影,身心有损,福星高照,事业得其稳,天德之恩,虽难困,而少奇灾。

犬人见猴年,其年行运食神,养命有源,宽裕不缺,事为泄气,则东西南北奔波。

犬人见鸡年,其年是犯伤官,相有聪敏干练,官星则必欲克伤之,头上乌纱冠别人,削官剥职,除俸减薪,则必病患起来,药医不离门,大灾大难也。

犬人见狗年,其戌土之比肩,华盖坐位,文思大进,必有考试造究之机,鳌头有占,虎榜可居,每思用功,伤神有重,而身心受其刺,则必小患同来。

犬人见猪年，其年正走偏财，凡经营谋合，放债买奖，摇会，必有良机，天日有喜，太阳高照，仍君到处行之无难，天南地北，绝是零丁单影。

2. 属犬逐月吉凶福禄详解

犬人生于正月，新春之时，食禄最好，每日餐鱼肉不绝，吃得晕头晕脑，相貌敦厚，体能丰满，遇事不省，呱呱乱叫，铸成大错，伤害其人，反而卒小人官鬼齐来，疼打一顿，心闷无言。

犬人生于二月，惊蛰之时，性情欠和，胆大勇敢，招风惹祸，精神自由，肆无忌惮，喜主奉承，藐视他人，常存他人不如己之心，强硬不遇大事，好坏反复。

犬人生于三月，清明之时，清秀聪敏多能，风流酒色，性情而怪独，精神面貌，爽气逍遥，恋爱吉利，衣食自馀，进出自在，四处可行，脑筋清楚，凡事多利矣。

犬人生于四月，立夏之时，虽非富贵，一生少险恶风波，得稳冰之妙，运途平平，心神安顿，衣食清淡无忧，事从心欲，吉凶互换，安生立命也，喜气洋洋，满门吉庆，紫微高照，及事任君行为。

犬人生于五月，芒种之时，破坏离别，家运多蹇，复杂之命，淡薄之家兆，终生少幸，意外招灾惹祸，病患常起，少得安心，食粮不足，然行动精神绝对自由。

犬人生于六月，小暑之时，烈日炎炎，性情异常，利去功空，没落穷迫，运年多舛，恶疼时有，虽有志气，性情始起，虑思大成，求利少得，遭财散人离，无衣少食，终生平常，受天之禄。

犬人生于七月，立秋之时，谋事不达目的，徒劳罔功，瓷瓷了立，救护无人，中有不测之灾，家属无缘，有丧亲亡子，骨肉离散之苦，浮沉不定，临事不如意，烦恼苦闷，终身缺食。

犬人生于八月，白露之时，秉性聪敏，出言有章，地位权柄当有，亦有不平之嫌，有些小困难，不致为害，经身大功劳，惟性情偏重，时缺平和，慎成任意作事，能成大事，晚景幸福更高，而食禄不丰。

犬人生于九月，寒露之时，为人稳重，万事如意，衣食住行，自有一新，谋事如意，长发其祥，逢凶化吉，时运平和，一生幸福。

犬人生于十月，立冬之时，波浪重重，名利多难，辛勤劳苦，不得其愿，侠义心肠，赤胆忠心，有成人之美德，无成功之机会，虽有一时之尊，困难颇多，致三餐不饱，衣食不全。

犬人生于十一月，大雪之时，沐雨栉风，披星戴月，一身惊寒，劳禄之苦，作事少成，终受不平之待遇，成败利钝极大，忧闷频繁，终身困苦，精神异补，受人之用，少进取之机，食不满腹。

犬人生于十二月，小寒之时，年终岁末，饱食终日，坚财库，严似猛虎，一生无困难，承主之禄，清亲悠久，家运隆昌，福寿绵长，名成功就，受主之宠爱，万事呈样。

3. 属犬逐日吉凶福禄详解

犬人生于子日,浮沉不定,事若水上之舟,婚姻不遂,恋爱多烦恼,灾难常见,凡事欠顺,每多逆境。

犬人生于丑日,求谋不利,家庭之纠纷,丝丝不断,幸多有女贵人,偶有暴败,即有女贵人化解之。

犬人生于寅日,时犯小人,好心为人,背后反遭人骂,晦气重重,凡事不遂心愿,诸事不吉。

犬人生于卯日,异性多起争夺,口舌破财,恋爱而结婚,夫妇又外遇,风流成性,只为桃花坐命,每不幸,月德照顾。

犬人生于辰日,大耗破碎,灾难重重,是非口舌不止,词讼牢灾难免,遭伤害破,多险恶风波。

犬人生于午日,家有财库,外有白虎,守之不慎,必有大败,但事业权位,必得简任之伴,称人之上。

犬人生于未日,口舌一生多,身体欠健康,单身只影,祸患频生,有福星高照,天德在命,遇难多救也。

犬人生于申日,身骑天马,趄趄徒奔于东西南北,离乡背井,远方作吊,哭不闻声,始难归家。

犬人生于西日,一生病患重重,晕沉不省,眉目不开,愁心不展,伤害难尽,此命吉之则吉,凶之更凶。

犬人生于戌日,聪敏主贵,技艺超人,文章盖世,凡谋有利矣,专心思神,难免头晕目眩之刺激。

犬人生于亥日,生意无聊,木去利空,孤身只影,流浪与四方,太阳高照,进退自由,日日喜笑颜开。

4. 属犬逐时吉凶福禄详解

犬人生于子时,戌土克置子水,不顺其时,诸谋不利,漂流不定,灾祸不幸,狼籍不堪。

犬人生于丑时,戌土丑土比肩,小破小灾当有,烦恼意外之事特多,尚多女贵人在命,保解其一半,稍有平安。

犬人生于寅时,寅木克置戌土,身前身后,尽是小人官符之口,时应小心,晦气不开,每遇挫折。

犬人生于卯时,卯木克置戌土,当有病患小耗财,卯与戌合,尚有月德在命,绝无大难,而花街柳巷,多有迹足。

犬人生于辰时,辰土戌土比肩,财库须动,月空破碎,词讼是非口舌牢难,卒有性暴。

犬人生于巳时，巳火生持戌土，虽有天难官符，龙德尘恩保释，不致会暴败，红鸾喜事常有。

犬人生于午时，午火生持戌土，职阶将星，细柄在握，威镇一方，名扬四海，白虎临命，金匮必破。

犬人生于未时，未土戌土比肩，口舌是非频繁，孤单只身有时，福皇天德临命，遇事无难，诸谋大吉。

犬人生于申时，戌土生持申金，跃马千里之客，离乡避祖有期，事从心愿，吊客远方。

犬人生于酉时，戌土生持酉金，然酉戌相穿，身体欠健康，病患累累，伤害重重。

犬人生于戌时，文思广进，技艺聪敏，临犯太岁，时必头疼，刺激心强，入学拜圣，身感不安。

犬人生于亥时，戌土克置亥水，单身流浪异乡，生意无聊，太阳星高照，前途光明，喜事重重。

5.属犬六亲生克和目反逆分析

犬人生于子月子日子时，及亥月亥日亥时，父母兄弟姊妹夫妻子孙，均被克置；生于丑月丑日丑时，辰月辰日辰时，未月末日未时，及戌月戌日戌时，父母兄弟姊妹夫妻子孙，志同道合，互助合作，生于寅月寅日寅时，及卯月卯日卯时，父母兄弟姊妹夫妻子孙，均来克置，进出管束；生于巳月巳日巳时，及午月午日午时，父母兄弟姊妹夫妻子孙，均能生扶，自得其安；生于申月申日申时，及酉月酉日酉时，父母兄弟姊妹夫妻子孙，均赖生之，自多辛勤劳碌。

(五)属猪的时运

1.属猪逐年吉凶福禄详解

猪人见鼠年，其年是走劫财，经营谋利，财来多难，生意无聊，工作可做，尚有太阳星高照，遇难有救也，桃花之年，问酒讨欢，每欲床头之乐，乐后晦气频来。

猪人见牛年，其年行运正财，生意兴隆，财源茂盛，争财夺利有机，非用精神心力，时逢女贵人，合谋大展，虽小见丧门，小耗财，不在其一日之劳，大吉大利。

猪人见虎年，其年食神临运，则财泄气，并犯官符，消耗难免，排难纠纷，意外之事更多，单身只影，从事与四野，卒有暴败之苦恼，凡事不利矣。

猪人见兔年，其年也是食神，而食神得生，则转为财，而是财源足矣，职权更高，增官晋职，游刃有余，时防官鬼小人，免遭牢灾，而后可也。

猪人见龙年，其年运行正官，必得其主权，出马他方，转镇众人，赫赫有威，勃勃有气，红鸾喜临，凡事无忧无愁，常有小病小耗财，岁逢月德，肆无忌惮。

猪人见蛇年，其年正走偏财，驿马奔财乡，发如猛虎，凡合作，摇奖，抽彩，投机取巧,终不空虚,而后防之大耗其财,披麻孝服当见。

猪人见马年,其年行正财运,经营通四海,谋利达三江,财丰利厚,虽有天难伤害,尚有龙德紫微二星保驾,遇难有救也。

猪人见羊年,其年走正官,造就有机,晋级得时,文思大进,必得其权,官兴破财,奈有白虎冲动,天灾人祸多起。

猪人见猴年,其年走偏运,岁动孝服,披麻哭声当见,是非口舌发生,财利欠足,生意无聊,职权事业,一帆风顺。

猪人见鸡年,其年走正犯,运必当幅转正,权柄有掌,势力必高,但须见牢狱之难,灾祸稍生,财库必破,利路欠通,凡经营谋利,徒劳其功。

猪人见狗年,其年乃是七煞运,一年事业无聊,诸多不顺,陌越浮沉,似病非病,爱单身清游,天杀,岁杀,刺激脑海,必有天喜右临,转眠大醒矣。

猪年见猪年,其年比肩之运,年犯太岁,交友不利,事业不定,并见脓血之灾,伏尸当见,不吉不兆,经营不利,求谋不遂,凡事平常。

2. 属猪逐月吉凶福禄详解

猪人生于正月,新春之时,长生在望,日之恒,月之升,聪敏至贵,活泼玲珑,威尊望重,利路亨通,有自然之幸福,名利双全,能成大事大业,荣进有望,福祉无穷,寿元高老彭。

猪人生于二月,惊蛰之时,能成大功,人杰地灵,再兴再望,家声克振,富家门弟,秉心聆惠,有天赋之美德,独裁专权,尊严态度,精力充沛,吉庆终世矣。

猪人生于三月,清明之时,身体最发达,性质刚强,以致与人不知,志气高尚,欲谋重用,虽少外助,赖有才能,勇往直前,权力势焰,造福桑梓,受人敬仰。

猪人生于四月,立夏之时,秉性聪敏,职位权贵高尚,虽出言有章,岂无有点小困难,足立实地,可成大志,事业如意,热诚忠厚,无上吉祥。

猪人生于五月,芒种之时,性质温良,有些少才能,奈无权力,但对文艺技术方面,时能发展成功,欲从大事,奈无胆略,才谋,一生保守,晚景渐佳矣。

猪人生于六月,小暑之时,才储八斗,学富五车,怠惰成性,缺乏实力,凡事优柔寡断,作事无成,无进取之精神,祸福无常,浮沉不定。

猪人生于七月,立秋之时,衣食丰盈,一生不力自享,不就他人之事,自专独裁,凡事一帆风顺,势力强盛,进退自由,安富尊荣,吉神重临,养柔德慎行,定然成功。

猪人生于八月,白露之时,自成权威,能为领袖,功业成就,受人敬仰,安乐自尊,但须苦难渐进,犹如拾级登塔,虎榜独居也,威风凛凛。

猪人生于九月,寒露之时,食必丰厚,体态敦胖,天赐之禄,攸攸不断,优游与家中,逍遥自乐,长发其祥,忍事耐性,致得富贵荣华。

猪人生于十月,立冬之时,营养渐加,安享其食,品貌端厚,受人称赞,天赋之幸福,虽出身微贱,自立可企,富贵成功,晚景更加昌盛。

猪人生于十一月,大雪之时,面貌舒展,五官均配,体态丰厚,忠恕礼义,固执不化,食足不尽,自尊自福,定发其身,名利两全,一世无忧无愁。

猪人生于十二月,小寒之时,虽有天赐食禄,奈无权力,身体胖大,行动不便,有受天难,凶多吉少,寿元欠长,不能御内外之患,空有才能,辜负平生。

3.属猪逐日吉凶福禄详解

猪人生于子日,太阳星高照,凡事逢凶化吉,命坐桃花,风流可卜,争风吃醋,有感晦气闷心。

猪人生于丑日,太阴星高照,一生尽遇女贵人,虽有不祥之兆,得贵人救之,丧事何多。

猪人生于寅日,一生词讼,口舌、是非官符,丝丝不断,只影单身,偶为常事,卒有暴败,麻烦临身难脱。

猪人生于卯日,职业高尚,必挂将星,财利如山,一生富裕,孝服时有,小人造成官符,时而难免。

猪人生于辰日,月德临命,必有出力为事,喜事重重,偶有小病患,须防小破财。

猪人生于巳日,驿马坐命,朝东暮西,当有一发之时,破败大耗难免。

猪人生于午日,紫微星高照,龙德临命,诸事皆吉,求谋多利,时有天难,逢凶化吉。

猪人生于未日,命带白虎,一生破败几重,文艺技术才能过人,温雅淑惠,聪敏出众。

猪人生于申日,口舌较多,生意无聊,披麻执孝,一生多之,福星天德二星保命,终身平坦乐道。

猪人生于酉日,官非口舌破碎,令人费解,灾难频来,天狗星坐命,尸骨早埋,免散死魂。

猪人生于戌日,单身只影居时多,病患常有,天灾人难不断,满堂喜气洋洋。

猪人生于亥日,浮沉不定,事业漂零,命犯太岁,脓血灾难多起自意外,交友不利。

4.属猪逐时吉凶福禄详解

猪人生于子时,亥水子水比肩,为人面貌清秀,聪敏多能,风流酒色,招蜂引蝶。

猪人生于丑时,丑土克置子水,言行不正,为人悭吝,重财轻义,又不积财,阴雾一生。

猪人生于寅时,亥水生持寅木,性情凶暴,胆大勇敢,藐视他人,常存他人不如己之心,懦弱,大事难为。

猪人生于卯时,亥水生持卯木,可为大事,财源发达聚首,终身富贵,耀子显孙。

猪人生于辰时，辰土克置亥水，名旺贵重，财耗酒色，人喜奉承，爱虚荣，好豪华，慷慨好施。

猪人生于巳时，亥水克置巳火，驿马坐命，发如猛虎，则大成，一败如灰，必大败，高低不准，晚景平常。

猪人生于午时，亥水克置午火，官星得位，事业如倒吃甘蔗，渐入佳境，财利普通，人旺财衰。

猪人生于未时，未土克置亥水，白虎破财，遇险很多，虽聪敏能干。脑筋清楚，天难奇祸难避。

猪人生于申时，申金生持亥水，花巧多计，多艺多能，口舌是非，辩论他人，独占虎榜，名扬四海矣。

猪人生于酉时，酉金生持亥水，本属大旺，因酉亥相刑，反遭牢灾，破碎，灾杀，及不思议，意外之事。

猪人生于戌时，戌土克制亥水，病患重重，孤单只影常游，春风满堂，喜事频繁。

猪人生于亥时，亥水比肩，命犯太岁，事业浮沉不定，身须残害，交友多犯指背星。

5.屠猪六亲生克和目反逆分析

猪人生于子月子日子时，及亥月亥日亥时，父母兄弟姊妹夫妻子孙，互助合作，精诚团结；生于丑月丑日丑时，辰月辰日辰时，未月未日未时，及戌月戌日戌时，父母兄弟姊妹夫妻子孙，均是克置；生于寅月寅日寅时，及卯月卯日卯时，父母兄弟姊妹夫妻子孙，均赖生之；生于巳月巳日巳时时，及午月午时午时，父母兄弟姊妹夫妻子孙，均赖生之；生于申月申日申时，及酉月酉日酉时，父母兄弟姊妹夫妻子孙，均能扶持生助，自安其荣。

（六）属鼠的时运

1.属鼠逐年吉凶福禄详解

鼠人见鼠年，其年财力正旺，事业高就，有一鸣惊人之势，必见死尸，后有小病，卒有刺激之事。

鼠人见牛年，其年自己不能见喜，必遇人们之喜，光明欣然，必见阴人扫荡，终成晦气。

鼠人见虎年，其年跃马沿途，必作他乡之客，孤单只影，丧门要见。

鼠人见兔年，其年有喜盈门，添人进门，可有夫妻反目之象，每事烦难，家内家外，成为一团茅草乱蓬蓬，不是男扫女，就是女扫男，厄运不通，终成暴性，不忍可见牢灾，口舌是非皆因此。

鼠人见龙年，其年财利顺风，事得其新，应有鳌头独占，金榜题名，当遇小孝，更防官符,交友注意,不慎反为小人所累,时见头眼花。

鼠人见蛇年,其年必遭大病,及破财,幸有月德照临,否则一命呜呼。

鼠人见马年,其年必常居花街柳巷,门外纷纷多作风流子弟,床前都是歌舞佳人,无关男女,都得破财,大则牢狱有门,小则拘留所可进,珠泪不干。

鼠人见羊年,其年事业成就,凡谋皆吉,偶有不平之事,卒有暴败,小见天难,杀耗终有。

鼠人见猴年,其年交友重情,切不可断情,免得他方指背,破财事小,致感情破劣,双双苦恼。

鼠人见鸡年,其年瑞霭盈门,满堂吉庆,不是多福多寿必是多子多孙,可作高户之婿,于归富家之媳,宏图大展,乐而忘忧,小见吊丧,脓血之灾,不见大害。

鼠人见狗年,其年少利,灾祸重重,当防疯犬,高险勿近,漂零远方,闻报丧门,伤心苦恼之至。

鼠年见猪年,其年身体不佳,注意小心,免遭大病。

2. 属鼠逐月吉凶福禄详解

鼠人生于正月,新春之时,万户穷富家家均是嗅荤,富食之间,而老鼠嗅荤必喜,一生口福不轻,每食必荤,但是荤太多,往往必有糊涂,自强心高,依命为是,目不识丁,终能好吃懒做,晕头晕脑。

鼠人生于二月,惊蛰之时,此人胆大怕惊,终是小胆,一生令人可爱,文雅温和,只是自己晦气,可能多贵人,处世大方,虽不能挂帅挂将,文印可保,脑海聪敏,风吹草动,细雨暗丝,了如指掌,在千辛万苦,大惊大吓之下,乐登彼岸。

鼠人生于三月,清明之时,一生常见丧门,到处碰枯骨,虽有酒肉之食禄,赖是泪汪痛心之事,忍心赴聚,此人心软,每遇伤心,终于丧心晦气,垂头不起,有百事成空之感,大财不平之事,致能死于非命,小则不平之事,可能出家,作为今世道姑,次之必成庸愚之人也。

鼠人生于四月,立夏之时,一生衣禄轻淡,劳碌、奔波不得贵人,处处遇难,不是小人捣乱,就是惊险重重,乞丐无路,依人为生,不得良夫贤妻扶助,致能成从众人藐视,少得机会,很难出头。

鼠人生于五月,芒种之时,东跑西奔,工能忘食,夺门有企,摇头张尔,灵机应变,不失良机,能成富室,一生不怕凄凉,不畏艰难,可独立成家,能成万人崇拜,可作人之模范,老来自福,始终无难。

鼠人生于六月,小暑之时,热气阳阳,光明乐道,遍地皆春,但防烈日逼来,身遭其疾,虽是干渴,宜卜居于江河湖海之畔,多寻水源,一生出头人上。

鼠人生于七月,立秋之时,五谷丰登,卧粮仅食,不须劳禄,须防小人陷害,不可糊涂,待人接物,宽度大方,可大谋望,虽有失败,但金天赐之禄;人粮送仓,不怕天灾人祸,一生衣禄自余,决不求乞与他人。

鼠人生于八月,白露之时,不但衣食盈余,并得多重美贤之夫妻,胜如明皇游月宫,享尽人间之乐,相貌清白,聪敏出众,举笔成章,定作尚客,并常赴约喜筵,早有福星照命,任君行去,百事可成,总有小不平之事,得多贵人扶持,终有成功之日,切草自绥,必成大器矣。

鼠人生于九月,寒露之时,为人稳重,怕出头做事,畏寒畏冷,可能衣食保暖,绝难成大将之材,总得美能之夫妻,难免口舌,口才表情不多,听天由命,自强心小,不善交友,不宜外交,宜官住自宅,听人维持。

鼠人生于十月,立冬之时,五谷归仓处处粮立,四出寻吃,多有困难,依人为生,虽有冲天之志,总少机会,不得其愿,时遇不平,虽得其贵,饱一餐,饿一餐,很少盈余,不做不饱,做之少路,困难最多。

鼠人生于十一月,大雪之时,必得登家,日吃山崩,待时出洞,衣食赖祖,自创在晚,但能成功,不遇小人,不遭恶险,不讨气,不晦气,逍遥自在。

鼠人生于十二月,小寒之时,岁在年末,不但有吃,五谷糙粮,都作熟粮,储酒腌肉,以待除夕,应是好吃,安然康泰,饱暖一生。

3.属鼠逐日吉凶福禄详解

鼠人生于子日,命带将星,当有机出众做事,不能超过祖上,绝有比背之象,应是光门耀祖,承气子孙。

鼠人生于丑日,子与丑合,亲子合睦,家和人和,处处可栖。

鼠人生于寅日,是为驿马,必须终日奔走四方,虽有归家,多作异乡之客。

鼠人生于卯日,必得祖荫,并承夫妻之助,一生安享福禄。

鼠人生于辰日,华盖坐命,聪明敏捷过人,必能名登金榜,鳌头独占。

鼠人生于巳日,子水克之,一生小病跟从,宜在衣食住行方面,多加注意。

鼠人生于午日,子午正冲,每遇凶难,不得其利,有财当散。

鼠人生于未日,未土克制子水,自我心强,不服人管。

鼠人生于申日,申金生子水,当为人间孝子,思亲甚切。

鼠人生于酉日,命坐桃花,每欲花前月下,时暮歌舞佳人,风流才子。

鼠人生于戌日,一生孤苦伶仃,时欲单身匹马。

鼠人生于亥日,多见脓血之灾,晦气多来,奄奄不乐。

4.属鼠逐时吉凶福禄详解

鼠人生于子时,宜早完婚,免致后嗣空虚,事业一帆风顺。

鼠人生于丑时,多招美貌佳人,常代女子扫财,宜女不宜男。

鼠人生于寅时,多招风流才子,常代男子扫财,宜男不宜女。

鼠人生于卯时,飞天胆大,有张飞之勇,虽不能登台拜将,亦成人间直人。

鼠人生于辰时,始成而终败,恨难始终如一。

鼠人生于巳时,当代破碎,并有重婚之象,一生无聊。

鼠人生于午时,每遭口舌,大则牢狱之灾,一生少顺。

鼠人生于未时,必成必败,一反一覆,形似水浪。

鼠人生于申时,一生清吉,虽有小破财,不在其害。

鼠人生于酉时,子女必多,满堂喜庆。

鼠人生于戌时,不见其利,多在其危,宜善守之。

鼠人生于亥时,寒热多病,谨防身体。

5. 属鼠六亲生克和目反逆分析

鼠人生于子月子日子时,及亥月亥日亥时,父母兄弟姊妹夫妻子孙和睦相亲;生于申月申日申时,及酉月酉日酉时,必得父母兄弟姊妹夫妻子孙之大力;生于寅月寅日寅时,及卯月卯日卯时,父母兄弟姊妹夫妻子孙,全赖之衣食,自有家权大握;生于戌月戌日戌时,及未月未日未时,必遭父母兄弟姊妹夫妻子孙之反目;生于午月午日午时,及巳月巳日巳时,必常骂父母兄弟姊妹夫妻子孙,全家人口,不顺其眼;生于丑月丑日丑时,全家和合;生于辰月辰日辰时见申,可得申子辰三金,如若不见亦不利矣。

(七)属牛的时运

1. 属牛逐年吉凶福禄详解

牛人见鼠年,其年诸事皆吉,喜上门眉,虽见浮沉之病,不药自愈,悉赖子与丑合,逢凶化吉也。

牛人见牛年,其年不利,卒有应试之机,恐成泡影,伤心之处难免,一年事业无聊。

牛人见虎年,其年迎亲嫁娶,添子添孙,终稍有晦之感,单身外也岂,谋成他终,思归有期。

牛人见兔年,其年杀害牢灾,不是近亲孝动,二是远亲丧门,凡事不顺,子卯刑之。

牛人遇龙年,其年不吉,一心似托于猿梦,身入刺科,欲动不得,终是无功而绊住,凡谋不遂,事与心违。

牛人见蛇年,其年财来就之,似取囊中之物,小盆小惩争长觅短,捉打官符,为非交奋勇当先慎,是犯指背星,欲哭难明。

牛人见马年,其年桃花出献,迎良探花,不得栖迟,当招恶病之人,死生至大,破财代药,虽遇凶,云退月出也。

牛人见羊年,其年多财破库,偏得小人心,司马氏骨肉相残,唐明皇失去安禄山,啼必无声也。

牛人见猴年,其年大吉,必是贵人门下之高客,事从新尚,每式必中,不是作福作寿,定能迎亲嫁娶,添子添孙,天赐之喜,须防喜忘形,而致小人作乱,后来奔北,能形暴败,善维可也。

牛人见鸡年,其年大凶,有天穴奇祸,浮沉不乐,药石连订阅,破败倒闭,交友遇贼,凡事不利。

牛人见狗年,其年事业顺利,出马他乡,孤单离影,财不聚守,只因欲望探花,时有口舌,公事何谓如私,丑戌刑之,绝感头疼眼花,吉多凶少,尚称快乐。

牛人见猪年,其年不利,往返奔波,作事无成,进退不利,求谋多泪,破败无常,骨肉相残,父代型冲,生儿不肖,妻贤辱贼,狼子野心,鲜见功劳,怨气难情尔。

2.属牛逐月吉凶福禄详解

牛人生于正月,新春之时,待时出力,虽目前运滞,后日当有工作,尽管吃成饭,休养身体,自有大用,食禄丰盈,应感苦闷,心烦之家。

牛人生于二月,惊蛰之时,此人闻惊迫急,心猿意马,时欲出头并干,不得其权,由自我心强,一生胆大,有射虎之威,无人不能自往,晦气重重,一生苦闷不乐。

牛人生于三月,清明之时,翻新气象,逍遥快乐,自由自在,吃尽天下,不食宿饭,到处可居无难,不受他人管束,聪敏至贵,不食自力,虽有些险阻风波,得能达彼岸,他日自有盈余,独立自强。

牛人生于四月,小满之时,忙忙碌碌,东走西奔,劳苦不堪,日无休息,多受人指挥,依人管束,行动不自由,财利毫无,名不得时所谋不能从心,无专主之才,精神非常,寿不永长,艰难困苦,进退不能,命运不祥,有至乱离,寂寞悲哀之象。

牛人生于五月,芒种之时,身弱身衰,不威不重,破坏别离,家运无道,灾厄叠至,艰难重重,穷迫滞塞,苦忙终有何益,枉费精神一生,快乐穷迫各半,徒食由崩,灾厄辛苦繁多,不宜苟且行事,招致失败,凡事忍耐慎重为之,免遭苦肉之难,千辛万苦,终少出头之天。

牛人生于六月,小暑之时,知识才能,令闻令望,半世幸福,半世困苦,逍遥快乐,不大忙碌,奈无权力,文艺技术多发展,热气当凉,东来紫气,运时必至,事业如意,吉多凶少,不慌不忙,往来有助,家声克振,阴阳新复,忍事柔性,享自然之幸福,走自由之大路,天赋之美德,吉庆终日,旭日东升,西天有大利矣。

牛人生于七月,立秋之时,丰隆命运高,动力自旺,龙子清高,衣食必新,家门雍目,进退得时,寒热平均,一生少困难,凡事皆吉,四路亨通,利达三江,早有福星照命,晚有孝子孝孙。

牛人生于八月,白露之时,自享祖福,工作时有困难,遇事不适,丧心晦气,谋事在人,成事在天,资生之计,谋不遂,虽不宝贵,一生少险恶风波,名利平衡,子孙兴旺,财苦颠倒,四海流通,有成功之日,进退自如,威望隆重,才能发达,技艺精通,健康而身厚重也。

牛人生于九月,寒露之时,万事如意,智谋权力必集,表食住行,自有一新,就是出身微贱,有志竟成,谋事如愿,长发其祥,逢凶化吉,既无外御,复少内忧,勇往直前,时运平和,排除万难,一生幸福也。

牛人生于十月,立冬之时,虽身风霜,丰衣足食,思想计划,独裁自如,事业进步,金钱充裕,光前裕后,负芨有师,有旭日东升之势,如月之恒矣。

牛人生于十一月,大雪之时,身寒意冷,有歹命运,有祖墓之厚培,终身应有外灾,落落难合,事事愿违,衣破料缕,食宿不新,凡谋事不顺利,瑟瑟少和鸣,朝上少人官无名,待之人用,无法用人,一生平安无灾无难,盖幸乎哉。

牛人生于十二月,小寒之时,青钱难重,金榜少名,每食生疏而不熟,功名恍惚以难成,有李广之威力,终是无封,安寝乐室,应子传孙,自身寒薄,通俗一世。

3.属牛逐日吉凶福禄详解

牛人生于子日,子与丑合,红罗帐里有戏,鸳鸯枫上双栖,虽有些小微病,终是不药而痊。

牛人生于丑日,求造有期,每考不升,文成掷地金声,家报泥金喜捷,鹏程万里,须明症候,思神过虑,不免头疼眼花。

牛人生于寅日,太阴高照,五心不开,明有烦恼,空中悬人之象,每思万空之感,男有登科遇美,女有于归之才,琴瑟调和,夫妻幸福也。

牛人生于卯日,卯木克丑土,小忿小惩必至,争长竞短大亏,不是早发大孝,就是每岁吊丧,此日生人,一生小幸。

牛人生于辰日,太阴高照,每有女贵人,多忧萦绊,少得安静,不是天灾人祸,即是遇事不平,阳逆阴和之兆尔。

牛人生于巳日,巳火生之丑土,并有巳丑酉三合会局,虽是官符每多,财路亨通,交友多指背,当而是贵人。

牛人生于午日,幸有月德照临,死里偷生,时欲花街柳巷,每睡无情不眠,骨疲如柴,只为探化很早。

牛人生于未日,虽有万贯之根基,一败如灰,每事不详,凡谋少利,有冲天之志,无善德后果,一世多难,宜守之也。

牛人生于申日,紫微高照,求婚多遂,虽有不意之事,贵人照临,鳌头独占,青钱得中,事在人上,财利更通。

牛人生于酉日,巳酉丑三合,命将带星,治民之本,一品之尊,虽诽谤多招,灾殃不免,虎威旺重,克制鬼贼,成之大矣。

牛人生于戌日,天德福星常照,跃马沿途,单身宿多,四方求名利,有日不归定,口舌因公起,刑克也公门。

牛人生于亥日,丑土克亥水,终日功在沙场,命犯天狗星,日日作吊人,命中虽强。宜早归宁。

4.属牛逐时吉凶福禄详解

牛人生于子时,花堂早拜,身体多病,事业无悉,凡谋必成,子嗣旺相,一生逍遥,晚景甚佳。

牛人生于丑时,聪敏多才,时受刺激,岁君逢劫杀,一年生意无聊,文章盖世,逢伤必泪。

牛人生于寅时,花烛迎人,很少自由,怨天尤人,太阳高照,遇难有救,时欲单身为事。

牛人生于卯时,死丧破败,灾难重重,牢灾余代,凡事小心,并早冲亲。

牛人生于辰时,诸事欠吉,流连烦繁,阴气重叠,不是男破女,就是女破男。

牛人生于巳时,官符常见,交友指背,财库甚足,名旺他人。

牛人生于午时,桃花坐命,常欲迎情,不是重婚,就是填房过祭,入赘之象。

牛人生于未时,丑未一冲,破碎牢灾,厄运多走,一生少幸福。

牛人生于申时,天地赐福,顺水行舟,如月之恒,如日之升,贵人得力,不谋自取,紫微高照,不怕天灾水患,一生泰矣。

牛人生于酉时,白虎破财,浮沉多病,应防跌灾,脓血之苦,流浪生涯。

牛人生于戌时,每多口舌,流落异梓,驿马为人,福星高照,到处可成。

牛人生于亥时,飞天入地之能,多外少家,远乡作吊,死见天狗,不见乡亲。

5.属牛六亲生克和目反逆分析

牛人生于子月子日子时,及亥月亥日亥时,必是自持当权,克服六亲,以致全家为王;生于丑月丑日丑时,戌月戌日戌时,辰月辰日辰时,未月未日未时者,父母兄弟姊妹夫妻子孙,亲爱团结;生于寅月寅日寅时,及卯月卯日卯时,必受父母兄弟姊妹夫妻子孙管制苛薄;生于巳月巳日巳时,及午月午日午时,父母兄弟姊妹夫妻子孙,全力支持;生于申月申日申时,及酉月酉日酉时,父母兄弟姊妹夫妻子孙少能,独牢维生六亲之大累。

(八)属虎的时运

1.属虎逐年吉凶福禄详解

虎人见鼠年,其年不利,终身犯天狗,多见丧门,灾难多取,利去功空,逆来悲疼,多见怙惨。

虎人见牛年,其年大吉,红鸾喜临,秉心淑焉,吉庆终世,虽有头疼之病,天赐平安,不药而愈也。

虎人见虎年，其年披麻执孝，守尸待思，天晕地暗，伤祖财散，浮沉不定，临事不如意，烦闷苦恼。

虎人见兔年，其年大凶，龙虎争斗，孟宗器竹，丧事重重，男女代破，财利欠佳，百事不幸矣。

虎人见蛇年，其年主刑，太阴高照，有才有能，建业无功，多陷疾病，孤苦伶仃，交友谋旺诸受挫折。

虎人见马年，其年万事亨通，有机高升，脚踩楼梯，财进如水，位列三公，谨防小人，飞来官符，求财问名处处通，凡事如意，庆吉大利也。

虎人见羊年，其年出马他乡，月德照临，有些小耗财并有些微病，衣食住行，各自小心。

虎人见猴年，其年寅申相冲，浮沉涩滞，牢获官刹，常至破碎，宵难必有，出外有机，凡事可就也。

虎人见鸡年，其年紫微星高照，虽有天厄，逢凶化吉，凡事可救也，龙德照临，虎榜可居。

虎人见狗年，其年寅午戌三合，财喜并致，出走四方，口舌多起，寡宿单身，只为名利，求谋如意，必进必成。

虎人见猪年，其年欠吉，当心疯犬伤身，吊客之人，驿马常来，龙飞凤舞，花开花谢。

2. 属虎逐月吉凶福禄详解

虎人生于正月，新春之时，万象更新，虎跃虎威，名扬四海，吼声振天，家运隆昌，贵客之造，意志坚固，名利兼全，不就他人，富贵吉祥，子孝孙贤。

虎人生于二月，惊蛰之时，正是出力之时，用武之基有掀天揭地之奇才，建大业，奏奇功，克尽克忠，能统率众人，智略权谋，势如破竹。

虎人生于三月，清明之时，更是出头之天，自成权威，受人敬仰，冲天之势，立大功劳，位列三公，官登黄甲，青云有路，当际风云之会，心承雨露之恩，门庭新气象，堂宇旧规模。

虎人生于四月，立夏之时，清和气暖，遨游四海，门庭热闹，家道兴隆，出将入相之人，家庭和睦，骨肉相亲，丹桂五枝芳，紫荆三木茂，育子皆贡，养乞成贵，一生无烦恼，处处亨通矣。

虎人生于五月，芒种之时，有机可为，凡谋皆就，自食其力，有尊严态度，进退能自由，文武兼能，胆略过人，建立基业，雅量敦厚，性质刚强，以致与人不和，勇往直前，竟到成功之地，权力势焰，受人为难，白手成家，富贵成功。

虎人生于六月，小暑之时，饮水无源，渴来真渴，到处有难，气冲斗牛，呱呱乱叫，处处少人，财力不足，气力有余，受天之难，所谋不遂，每多困难，丧气配偶，虽有才能,不得其志,侠义心肠,少成人之美德,一生少得良机。

虎人生于七月,立秋之时,秋天老虎,格外厉害,脾气刚强,意志坚锐,跋山涉水之苦,如折枝之易,赴汤蹈火之难,在所不辞,能克服万难,凡事可成矣。

虎人生于八月,白露之时,亦正荣耀之时,先知先觉之才能,贯彻始终,利达四海,一木撑住天下,为众人敬,威镇人群,万事如意,天赐之福,聪敏活泼,文章盖世,不屈不挠,足立实地,名扬四海,声震山河。

虎人生于九月,寒露之时,渐减其势也,自立心欠强,依人吃穿,处处不通,所谋不遂,丧心闷气,有力不出,坐吃山崩,工作松懈,绝俗离尘,野外之人,总清高亦是寒儒,负重不得,担草不起,满腹经纶,生不逢辰,只思平安为守,不想宏图大展,留待子孙尔。

虎人生于十月,立冬之时,禄马分乡,劳碌奔波,求谋多戾,创立维艰,独立难持,因人创立,秉性聪敏,义气温和,可做可为,顺时听命,成都自成也,无道培之功,举器不凡庸,奈非是也。

虎人生于十一月,大雪之时,四方皆敌,出行艰难,忧悉不绝,致有杀伤疾病刑罚短命之苦,农运复杂,命途多舛,意外招灾惹祸,灾厄叠至,险哉危矣,凡事小心可也。

虎人生于十二月,小寒之时,忧闷频繁,凶多吉少,遇贼暗箭,避之不及,饱餐饿餐,衣食不周,时防不意杀身之祸,步上惨苦之境,万事挫折,行动不便,为宜安分守己,居家勿出慎之祥也。

3.属虎逐日吉凶福禄详解

虎人生于子日,命犯天狗星,死后骨尸当埋,早年披孝哭吟悲哀,并有灾杀,狼狈不堪。

虎人生于丑日,红鸾星高照,瑞霭盈门,但须出外寡宿之时,并代小病,自有天医,不药而瘥。

虎人生于寅日,是犯太岁,时有头疼眼花之病,不能见伏尸,见之则必乍冷乍热,身体不宁也。

虎人生于卯日,太阴星高照,新鲜蓬勃,但经酒色混乱,时有空虑之感,率然致使丧心晦气尔。

虎人生于辰日,寅木克制辰土,不是早哭父母,定是远亲吊客,虎头蛇尾,月杀不宁。

虎人生于巳日,太阴星临门,寅巳相克,其欲感太深,时有麻烦之事,孤神独伴,反时人仇视,并见价害矣。

虎人生于午日,命带将星,官位不小,位列三公,出将入相,往来无白丁,明有官鬼小人,捣乱纷纷,逼成是非,大则官符牢灾,飞来之天祸,一失败下,令人可惜。

虎人生于未日，月德照临，万事可行，时来天喜星至，不是嫁娶，抑务见子见孙，鱼门三汲浪，跃马四方，令人敬仰，虽有小耗财，只是为前途而化用。

虎人生于申日，寅申一冲，虽有名旺，困难颇多，浮求涩滞不免，破财小耗常有，时防脓血之灾，铁窗小心当进，此日生人，百事小尔。

虎人生于酉日，紫微星高照，东来紫气，任君行做，百事可成，虽有小破碎，不在其意，并龙德贵人扶助，致败终能成功。

虎人生于戌日，福星照命，应享祖基之福，得父母之恩，不食自力，并承天德之爱，理是骑马敬朝，多有口舌，悉是为国增光，为民喊福，单身漂零时多。

虎人生于亥日，破坏失败，一马千里，奔走四方，无可归也，客死他乡，天狗口御骨，闻丧远吊而已。

4.属虎逐时吉凶福禄详解

虎人生于子时，诸事不吉，正丧破财，灾害重重，一生不堪收拾，狼狈致至。

虎人生于丑时，红鸾喜星，为人善言聪敏，喜悦一方，老少合欢，虽有些小病魔，笑笑了之。

虎人生于寅时，聪敏至贵，学富五车，光射斗生，好英杰才人，就怕不得父母之力，难得祖荫。

虎人生于卯时，桃花坐命，花前月下常留影，言笑春风意多情，为人乐游，一生少苦恼。

虎人生于辰时，才储八斗，无用武之地，平生空虚，理早避亲，怨天尤人，少得贵人。

虎人生于巳时，阴雾不开，闷气沉沉，急杀贯索，缠身脱，凶来则凶，诸事不通也。

虎人生于午时，胆量天才过人，为国栋臣，建大业奏奇功，史上德旺，有福白天来，进退如愿尔。

虎人生于未时，天遂之喜，挂马之名，虽有风波险境，月德照临，逢凶化吉，百事可成也。

虎人生于申时，命坐驿马，离乡避祖之命，武官是忠心报国，身经刀砍，血体进朝，而谢君恩民意。

虎人生于酉时，胸藏万卷，必占鳌头，路达青云，必为众人所敬仰，仅防小破碎，天厄之小病尔。

虎人生于戌时，华盖坐命，临机应变，奇巧才能，他日光门耀祖，车马往来，文武客也。

虎人生于亥时，体囚受制，衰弱枝叶薄，虽有才能，一时荣华，终日有败也。

5.属虎六亲生克和目反逆分析

虎人生于子月子日子时，及亥月亥日亥时，父母兄弟姊妹夫妻子孙，必是能干能为，吃六亲之平安饭；生于丑月丑日丑时，未月未日未时，戌月戌日戌时及辰月辰日辰时，全家六亲依赖生活，自身专持家权，一家之主；生于寅月寅日寅时，及卯月卯日卯时，父母兄弟姊妹夫妻子孙，和睦相亲相爱，互相合作；生于巳月巳日巳时及午月午日午时，必是一人生扶六亲；生于申月申日申时及酉月酉日酉时，必受全家父母兄弟姊妹夫妻子孙之管事。

(九)属兔的时运

1. 属兔逐年吉凶福禄详解

兔人见鼠年，其年喜气满门，福星临命，并有天德之恩，虽子卯刑之，家庭稍有口舌，过时即泰矣。

兔人见牛年，其年万事不吉，披麻戴孝，岁君劫杀，生意无聊，流浪四方，当心身体，一旦不测，能有不治之患。

兔人见虎年，其年身体多病，官符常见，是非重重，男女各自扫财，凡事小心可也。

兔人见兔年，其年必高迁，逢考登场，榜落头名，凡谋成就，百事顺通，求财广进，生意兴隆，名利双全，虽是有头疼之小疾，及虽丧，不在其害矣。

兔人见龙年，其年太阳星高照，必挂马东跑西行，时有晦气之感，混混空中之象。

兔人见蛇年，其年东征西战，驿马外奔，必至远方做事，孤单只影，思亲不逢，丧门常见，小破财，不吉之意外事，事业一帆风顺。

兔人见马年，其年天喜星至，男女贵人常见，闹闹门庭开心乐意，难免小麻烦。

兔人见羊年，其年有造究之机，学业广进，浮沉不定，思虑前心切，位列三公，时犯官鬼小人，评解无事尔。

兔人见猴年，其年困病重重，死里偷生，幸而月德照临，岁君逢劫杀，一年不顺矣。

兔人见鸡年，其年必有一破，灾难理，官符牢灾常见，凡事不吉也。

兔人见狗年，其年紫微星高照，凡谋成之，天赐之福，龙恩之德，天厄天杀，时有责罚难以免，暴败小有。

兔人见猪年，其年白虎临门，不破大财，必破小财，天灾地祸，仅慎一防。

2. 属兔逐月吉凶福禄详解

兔人生于正月，新春之时，荒年粮欠，衣不充身，食不充饥，求乞于四方，奔波枉用功，忙忙碌碌，终日无休息，若得祖荫，尚称命运高。

兔人生于二月，惊蛰之时，时受狂风暴雨之惊险，兴高采烈，光前裕后，前途有企。

兔人生于三月,清明之时,跃武扬威,聪敏活泼,有冲天之势,俨然新气象,欣欣向荣,如月之恒,如日之升,智略权谋,势如破竹,时运必至,凡谋必遂,能成大业,束手成家,一生幸福,长发其祥,大启尔宇。

兔人生于四月,立夏之时,足衣足食,文质彬彬,威望隆重,大将之材,名利兼旺,夫妻荣华,子孙显贵,一帆风顺,技艺精通,快乐逍遥,精神爽爽,不费心神,所谋如欲,富贵吉祥。

兔人生于五月,芒种之时,事业顺序发达,事业高人,经营风顺,受人重视,中运晚运均吉,食禄丰厚,绸缎身穿,有宇宙之大精神,互相合作,处世有情,待人接物,恭恭有礼,一生显荣,大吉大利也。

兔人生于六月,小暑之时,万象更新,威尊名望,利路亨通,健康富贵,事业顺时,有专士之才,荣华子息,贤妻能夫,人杰地灵,福寿康宁,家势盛大,态度尊严,竞能成功,谋职如愿也。

兔人生于七月,立秋之时,巧期佳节,男女聪敏显耀,琴瑟和鸣,逍遥自在,清高显耀,财丰禄足,文成掷地有声,兴隆家报泥金喜捷,青钱中选,金榜题名,青云之志,白屋之人,不难求望,诸凡遂心。

兔人生于八月,白露之时,心柔性和,善养德行,无欺无诈,交友无手足,非受人难,自有官居之时,秉性聪敏,顺进逆退之灵机应变力特强,能扶助众人,手腕必高,忠以侠义,处世有方,家道昌隆,富贵荣华也。

兔人生于九月,寒露之时,事业顺进,衣食欠周,时感丧心霉气,怠情下力,不愿积蓄,自强心不坚,怨天尤命,不时头疼眼花,听天由命,一旦龙恩发事赴任欠时,恐又天难暴败,不争取,不立志,终身幸尔。

兔人生于十月,立科之时,青青地中禾,不力自食足,无须奔波,静居养性,永保万寿,虽有些惊险.忍之无事,不愿作恶,不愿处世交友,安享荣华,不谋不就,清高平均,一生顺利成矣。

兔人生于十一月,大雪之时,遍地皆白,万物收尽,三餐不饱,四路无门,谋事不取,经营缺力,贵人不得,亲友不来,有志无机,活动不能,苦闷烦恼,险灾穷困,一世顺利少有,困难辛苦,事与心违。

兔人生于十二月,小寒之时,年终岁毕,家中空空,衣禄轻淡,处处遇难,灾难重重,四方皆贼,交友不慎,恐遭暗箭,一生大祸多取,不是伤子伤孙,就是伤父伤母,抑或兄弟姊妹夫妻,被人谋害,幸日凶多,苦恼一世尔。

3.属兔逐日吉凶福禄详解

兔人生于子日,子卯相刑,问酒讨杏,口舌叠取,应见红鸾之喜,并有添子应孙之吉兆。

兔人生于丑日,卯木克制丑土,应早披麻执孝,祖业破空,单身零丁,人人轻视,凡事不遂矣。

兔人生于寅日,岁犯天官符,是非口舌,一生难免,疾病灾难常见,男女不吉,破败离乱。

兔人生于卯日,命带将星,官居极品,不是文官宰相,就是武官挂马,官带俸禄,金匮如山。

兔人生于辰日,太阳星坐命,出事可成,到处皆通,必是出外之客,更有阴人见之,丧心晦气也。

兔人生于巳日,命带驿马,离乡避井,孤苦零丁,事业尚称顺利,不免小破财。

兔人生于午日,太阳星高照,时有女贵人,抑或得贤妻之助,虽有不测之事,尚无大害矣。

兔人生于未日,智慧玲珑,文艺精通,时有官鬼小人,造成浮沉不定,并见脓血之灾。

兔人生于申日,身体欠强,药草不离门,中耗财难免,幸有月德,虽死有生也。

兔人生于酉日,月空岁破大耗,灾祸叠来,口舌承端,词讼牢狱常有,夫妻反目不幸矣。

兔人生于戌日,紫微星照命,顺多逆少,事在人上,名登金榜,天赐职权,败而后取。

兔人生于亥日,白虎临命,经营破败,天灾地祸,水灾兵灾,流连少短,不幸大成矣。

4. 属兔逐时吉凶福禄详解

兔人生于子时,命带桃花,迎新送旧,多情多欲,一片风流气象,终日不安于室。

兔人生于丑时,必是远乡之客,孤身漂零,时有不脱不明不解之事,或入赘与他家。

兔人生于寅时,不见其利,多见其害,疾极官符绵绵,性燥心乱,必有亡神之处境。

兔人生于卯时,挂马征乱,势有薛仁贵之名,官拜将星,大材大用,如猛虎下山,行里威声,名扬四海。

兔人生于辰时,晦气重重,只有征或不胜,每遭失败,阴雾不晴,一时不得出头天。

兔人生于巳时,命带驿马,终朝奔走四方,求名求利者,孤单只影常时,闲丧远吊难归。

兔人生于午时,夫妻贤美,天喜星照命,贵人颇多,有难得救,临危无事尔。

兔人生于未时,亥卯未三台,聪敏出众,文才兼能,时有小人,飞来不测之事,宜慎重可也。

兔人生于申时，申金克制卯木，时远沉不乐之病，一有小破财，有月德照临，幸无大害矣。

兔人生于酉时，酉金克制卯木，时有灾杀词讼破碎之难，造成空虚，牢狱之苦。

兔人生于戌时，紫微星临命，虽有些天灾不幸，暴败之苦，终是逢凶化吉，龙恩施德尔。

兔人生于亥时，亥戌未三合，白虎星坐命，必有不意之祸，困苦之境地，宜慎重为事尔。

5. 属兔六亲生克和目反逆分析

兔人生于子月子日子时，及亥月亥日亥时，父母兄弟姊妹夫妻子孙，必得其助；生于丑月丑日丑时，未月未日未时，辰月辰日辰时，及戌日戌日戌时，必是克制六亲，百事不愿矣；生于寅月寅日寅时，及卯月卯日卯时，父母兄弟姊妹夫妻子孙，精诚团结，互助合作；生于巳月巳日巳时，或午月午日午时，父母兄弟姊妹夫妻子孙，必是赖君一人生扶之；生于申月申日申时，及酉月酉日酉时，父母兄弟姊妹夫妻子孙，必是克制管束，进退不自由。

（十）属龙的时运

1. 属龙逐年吉凶福禄详解

龙人见鼠年，其年财利正旺，经营顺利，广进财源，终有破财一次，事得其正，必能挂帅立将。

龙人见牛年，其龙福星高照，诸事皆吉，凡谋皆利，福德正神临命，虽有阴人小口舌，过时即安矣。

龙人见虎年，真的龙虎争斗，驿马沙场，南征北伐，远离他乡，必是求名求利者，马奔财乡，发如猛虎，丧服哭泣损远亲。

龙人见兔年，其年不吉，小病常多，浮沉不涩滞，流离颠沛，精神欠爽。

龙人见龙年，其年深造有机，华盖重重动，学艺聪敏，刺激事多，头疼眼花。

龙人见蛇年，其年太阳星高照，天喜星保驾，凡事由君行，时有晦气，男主他乡死，女主产后亡。

龙人见马年，其年不利，灾害重取，远亲有伤，浮沉不定，诸事不吉也。

龙人见羊年，其年岁运逢之勾绞，主灾滞伤身退财，并防词讼牢狱之苦。

龙人见猴年，其年大孝发动，官符当见，交友不利，并犯指背星，男女似有守空房。

龙人见鸡年，其年辰与酉合，风流一世，满门吉庆，月德照临，有微病，小破财。

龙人见狗年，其年辰戌一冲，必有破财，口舌是非难免，岁君带败，凡谋欠利矣。

龙人见猪年,其年紫微星高照,红鸾喜发动,诸凡顺利,万事如意尔。

2.属龙逐月吉凶福禄详解

龙人生于正月,新春之时,潜龙勿用,有大将之才能,无用武之余地,生不逢辰,不得良机,身落海底,无劳无功,苦闷不乐,虽有志气,不能成功,救护少人,六亲无缘,淡薄成家,万事挫折也。

龙人生于二月,惊蛰之时,飞龙在天,利见大人,利路亨通,作事大与,有机可乘,正是出头之时,威尊望重,声闻在上,德望成功,终成大业,富贵荣誉,建立基业,威镇山河。

龙人生于三月,清明之时,清秀聪敏,有重用之才能,功利荣达,有大志,立大功,英雄豪杰,能得众信,意志坚锐,不屈不挠,鳌头占先。虎榜独居,旭日东升,青云有路,连科及第,一品之尊。

龙人生于四月,立夏之时,一发行时,势发破竹,有移山填海之大志,掀天揭地之奇才,安平天下,扫北征东,跃马沿途,威风秉秉,拿妖捉怪,杀贼除奸,挂帅挂将,人杰地灵,名利双全,家势盛大,精力充沛,天赐之禄,飞龙在上,身高名望,智谋权力必集。

龙人生于五月,芒种之时,蛟龙下海,正活动之时,用武之地,能奏厥功,天赋之美德,独断之权力,权力势焰,利路亨通,自成权威,万世精巧,时也命也,盖世奇才,能统领众人,建下世之奇功,有补天之功劳,性情刚直,脾气暴燥,排除万难,功到架前,中外闻名也。

龙人生于六月,小暑之时,天气大势,水源不足,蛟龙困岸,凡谋不遂,病弱身衰,困难辛苦,处事多难,凶气重来,忧闷频来,灾厄之身,浮沉不定,事业多失败,家世普通,灾难重重,行走不便,进退维谷,难得幸福,穷迫滞塞,有破财之苦,衣食水足,虽贵极大才,命下逢时,徒食山崩,精神动摇,不临时也。

龙人生于七月,立秋之时,秋雨绵绵,应有活动力,到处将通,代龙将起,事事成就,福禄悠久,名望兼隆,智慧周详,有发明之机能,勤勉力行,胆力才谋过人,健而有德望,技艺精通,不能为害,进退自如,功利荣达。

龙人生于八月,白露之时,英杰才人,风流雅气,云游四海,乐于交友,运气冲斗牛,绝有凌云志,风阁功名选,龙楼把名扬,连科及第,一举成名,一身是胆,凡事顺利,享自然之幸福,阴阳新复,领导统治得力。

龙人生于九月,寒露之时,为人稳重,秉心淑焉,吉庆平安,谋事如愿,忍事柔性,雅量敦厚,惟不能受人欺骗,偶有燥性,性情乖僻,固执刚强,不服人管,富贵荣誉,好除暴安良,勇往直前,不枉己志。

龙人生于十月,立冬之时,精神萎顿,人困之时,不能多苦,听天由命,自强力不够,有大志才能,不愿发展前途,遇事怕难,凡事不就,浑浑噩噩,愚不愚,聪敏至贵,安享一生,平安代静也。

　　龙人生于十一月,大雪之时,伏龙难起,四出无路走,冰天雪地,江湖河海,凝结冰石,有力难行,虽有志气,不能成功,徒劳罔功,遇事寡断,身苦难免,受天之难。

　　龙人生于十二月,小寒之时,困龙勿用,生不逢时,名旺志高,忠心除奸,有一股仙气,总无成功之地也,因是岁寒年末,遍身皆冷,阴雾迷空,天寒地冻,滴水成冰,胡尔何行,一生不得,辛劳困闷也。

　　3.属龙逐日吉凶福禄详解

　　龙人生于子日,命带将星,事业一帆风顺,必有青云之路,官高事顺,治国泰则民乐,财丰利厚。

　　龙人生于丑日,口舌多见,必须出外,阴女扫败,多有福星高照,天赐福德,一生荣华。

　　龙人生于寅日,必出远方为事,驿马命代,应留意天狗星,天哭地泪,异乡吊客。

　　龙人生于卯日,病灾多多,浑沉不乐,颠头颠脑,事无头绪,没越六害,及事不利矣。

　　龙人生于辰日,华盖坐命,学艺聪敏,技巧高人,并精能古今,有犯太岁,时有郁闷不开,头痛眼花也。

　　龙人生于巳日,太阳星高照,谋事诸般吉,贵人常临,一生喜事重重,晦所益多,财利普见,时见脓血之灾,常有百事空之感也。

　　龙人生于午日,大不吉利,诸事逆境,谋事不成,灾害叠来,浮沉不定,海中行舟,危灾险矣。

　　龙人生于未日,太阴星高照,常见女官符,须防牢狱灾难,烦恼之事,丝丝不断。

　　龙人生于申日,申子辰三合会成水局,应位列三公,凡谋必就,时有官鬼小人作祟,披麻孝服多。

　　龙人生于酉日,花街托迹,柳巷安身,往来悉是情人,晨昏幸尔盘桓,虽多小病,月德照临,幸己哉。

　　龙人生于戌日,辰戌相冲,财库欠稳,岁破大耗,牢灾风波,噩耗多来,凡事不利矣。

　　龙人生于亥日,夫妻贤美得助,紫微星高照,诸事顺遂,虽有官符,暴败天厄,逢凶化吉尔。

　　4.属龙逐时吉凶福禄详解

　　龙人生于子时,申酉卯三合,事业顺利,大展鸿图,诸事皆吉,然有时大破一次,终可成功也。

　　龙人生于丑时,吉星高照,求谋大吉,喜笑美满,口舌虽有,不伤精神,顺时退之,而忍性做事终日善矣。

龙人生于寅时,驿马坐命,必远离他乡,天南地北,终日少时归家,命犯天狗星,凡事小心矣。

龙人生于卯时,病人无药主浑沉,有力为事,无力可做,才能空有,体不见全。

龙人生于辰时,聪敏主贵,女美男才,夫妇和合,衣食丰足,凡谋得意,乡里和合,亲友称道。

龙人生于巳时,巳火生之辰土,百事要取,虽有灾害,无大凶难,男女不是填房过祭,定有两家之春。

龙人生于午时,性暴狼籍,浮沉漂泊,时见铣蹼流血之灾,夫妻口舌多来,凡事宜慎重,则家远可顺矣。

龙人生于未时,一生口舌重重,冤牢多取,太阴星高照,流沛麻烦之事特多,卒有破败,亦有成功尔。

龙人生于申时,辰土生之申金,财丰利足,生意兴隆,四方皆利,交友指背,官鬼频繁,孝服必多,官符常见,宜谨慎从事,而后可也。

龙人生于酉时,桃花坐命,钱树子慎防倾倒,探花郎那得栖迟,闲是闲非闲挠舌,有财有利有惊忧。

龙人生于戌时,岁破月杀,狼狈时有,阑干牢难,月空大耗,凡事不吉尔。

龙人生于亥时,大吉大利,紫微龙德星高照,有难化吉尔,一生少苦恼,凡事多利矣。

5. 属龙六亲生克和目反逆分析

龙人生于子月子日子时,及亥月亥日亥时,父母兄弟姊妹夫妻子孙,均受克制;生丑月丑日丑时,辰月辰日辰时,未月未日未时,戌月戌日戌时,父母兄弟姊妹夫妻子孙,和睦相亲相爱;生于寅月寅日寅时,及卯月卯日卯时,父母兄弟姊妹夫妻子孙,都来制尔身;生于巳月巳日巳时,及午月午日午时,父母兄弟姊妹夫妻子孙,均克生扶持;生于申月申日申时,及酉月酉日酉时,父母兄弟姊妹夫妻子孙,必全赖之度生也,而自一人生之六亲也。

(十一)属蛇的时运

1. 属蛇逐年吉凶福禄详解

蛇人见鼠年,其年满门吉庆,喜事盈门,发动婚姻,事业高贵,必跳龙门,晋升晋职,俨然新气象,日有大难大害,遇得天恩解释,时有暴败破财,后有发起之时。

蛇人见牛年,其年白虎破财,弥天大祸,多来意料之事,聪敏精巧,仍难防之,宜小心注意谨慎为妙。

蛇人见虎年,其年寅巳相刑,口舌多起,是非连至,生意无聊,幸有福星照临,万恶消除,福禄临驾,化解凶气,逢险转吉,临死遇救也。

蛇人见兔年，其年东跑西奔，无日归家，晦气重重，并犯天狗星，异乡作吊客，狼籍不利也。

蛇人见龙年，其年爱游花街柳巷，每有床上之乐，是非口舌皆因此，动出生身不利公，牢难词讼，岁杀病符，幸有天喜星化容，逢凶化吉也。

蛇人见蛇年，其年交友注意，多犯指背星，年犯太岁，头晕不乐，浮沉不定，应有失败之不利也。

蛇人见马年，其年晦气重重，天空地空，精神不定，男主他乡危，女主产后疾，桃花之年，应防不测。

蛇人见羊年，其丧事多起，羊刃之年，应有婚变，铁扫狼籍，凡事欠吉也。

蛇人见猴年，其年多犯天官符，岁逢太阳星，时见女贵人，除一切意料之事，刑之克之，诸多反逆。

蛇人见鸡年，其年必挂将星，位居三公，事业顺遂，赐丰利足，小人官鬼特大，阳气腾腾，光明待时。

蛇人见狗年，其年红鸾喜动，时机把握，虽有小病及小耗财，尚有月德照临成吉，必有离家远出之机也。

蛇人见猪年，其年马奔财乡，发如猛虎，求名求利者。

2.属蛇逐月吉凶福禄详解

蛇人生于正月，新春之时，阳气将盛，活跃起来，四出有路，但经风霜之苦，难免有热头晕脑，忙忙休休事事如麻，每欲一步登天，时机未到。

蛇人生于二月，惊蛰之时，眠中惊醒，浑浑噩噩，不知天向，性情不高，志气萎顿，阴阳化育，作事懒成，衰弱根基，独立难持，总清高，亦是寒儒，禄薄福轻东西道路，南北人家，烦事缠绵，心头乱绪。

蛇人生于三月，清明之时，聪敏巧能，要图侥幸，亦有科名，青云之志，白屋之人，连科及第，一举成名，为国之贤，为民之干，功在四方，利在三江，能成大事大业，多劳功，精神爽快，谋事诸遂，能奏厥功，福祉祯祥元比。

蛇人生于四月，立夏之时，伴福之臣，保驾之将，精气浩大，鼓声镇四方，雅量敦厚，秉性聪敏，地位权贵至高，有大志大能，权力必集，侠义心肠，众人敬仰，受天之福，凶压四寇，技艺精通，一帆风顺，有大志中竞成也。

蛇人生于五月，芒种之时，胆力才谋过人，能克服万难，功利荣达，能察时世，有先智先能，哲人之头脑，一生平安，贵格之造，福禄攸久，家运隆昌，进退自愿，不就他之事，独裁专主，势力强盛，吉祥重临，幸庆特多之贵也。

蛇人生于六月，小暑之时，万事如算，有天赐之福，达成功之日，合谋共作，互助有力，夫妻相荣，子孙显观，德量才能兼备，奇动奇功，意志坚锐，权势高大，热诚忠厚，慈祥有德，善发挥才能，吉祥至尚，贵福名旺，贤能聪敏，处处可事，健全而有德望,名利成就也。

蛇人生于七月,立秋之时,代功还朝,安享天禄,逍遥自在,建国必成,立业可朝,凡事如愿,智勇双全,文武两相,每试中选,名列其茅,敏捷聪明过人,经营有道,财恒足矣,性情温柔,道德高尚,功业成就,受人敬仰,外国旅行,荣是嘉宾,白手起家也。

蛇人生于八月,白露之时,忠厚传家,孝友门第,和邻睦戚,爱亲敬长,兄友弟恭,乡里称道,美德美善,显门耀祖,忍事柔性,雅气敦厚,赖有才能,建立基业,家属有缘,事业顺利,享自然之福。

蛇人生于九月,寒露之时,智力欠足,一倍工夫一倍熟,及时耕种及时收,水旱不调,七坎八坑,损耗难凭,思困而不清,以和为贵,惟静惟佳,曾经落地之关,自有登天之日,狼子野心,锦心绣口,秋霜意气和。

蛇人生于十月,立冬之时,肉粗骨硬,夫妻贤明,身体不健,行动不便,虽有不俗之志,绝无忠心之感,乐于助人,善于人交,家空财薄,待修有期,而游丝漫野,而阳雾迷空,阴雨连绵,狂风累日。

蛇人生于十一月,大雪之时,八方咸仰晴光,四处悉是雪白,进出无路,衣食欠周,闷坐家中,一事无取,贫居闹世无人问,清闲淡薄,含苦茹辛,一生少有出头天,凡谋不得,贵在何在。

蛇人生于十二月,小寒之时,岁寒冰冻,雪花六出,不能出洞,更少出头天,绝俗离尘,修德有功,衣不遮身,食不足饥,灾害并至,万事难发达,救护无人,烦闷苦恼,难享幸福,命运不祥也。

3. 属蛇逐日吉凶福禄详解

蛇人生于子日,紫微星高照,诸事皆吉,一生喜事重重,虽时有天厄卒暴,命有龙德正神保之,尚无大难矣。

蛇人生于丑日,华盖坐命,聪敏贤能,技术高尚,一生难免白虎破财,婚姻反目,凡事宜慎之。

蛇人生于寅日,是非口舌频繁,交友不利,生意可做,财利见旺,谋事大吉,身强力壮也。

蛇人生于卯日,愁闷苦恼,晦气重重,命带天狗星,诸事小难,狼狈有时,孝服特多。

蛇人生于辰日,命犯红艳杀,风流贤能,往往风花带来词讼口舌是非,及牢狱灾难,一生喜事特多,晕沉之病难免,美满家庭,不安于内,喜在外居寡宿。

蛇人生于巳日,交友犯指背,时而头疼,并见血灾,浮沉不定,失败多次,而后可成也。

蛇人生于午日,桃花坐命,喜色多情,时感闷气,有太阳星照,逢灾化祥矣。

蛇人生于未日，一生丧事多多，婚姻叠次风波，家庭不安，破劣不堪矣，凡事不顺，前途多难。

蛇人生于申日，一生是非口舌，词讼特繁，贵人得力，往往暴败，流沛颠倒，失败困苦之境地。

蛇人生于酉日，命带将星，地位权力皆尚，财力丰厚，生意有门，官鬼小人必多，阴气不开，凡事有利也。

蛇人生于戌日，日日东西，时难归家，遍身悉是红鸾喜，月德高照，虽多病灾难有救，小耗财，人平安也。

蛇人生于亥日，驿马之命，异乡之客，千里之人，时有一破失败，披麻执孝，口舌词讼，及事多劳也。

4. 属蛇逐时吉凶福禄详解

蛇人生于子时，子水克制巳火，必见天厄地灾，身体多病，并有龙德保驾，虽危天大不害之事。

蛇人生于丑时，巳火生持丑土，凡谋必成，每试必中，虽在破败，飞来竟然之事，终成成功之日也。

蛇人生于寅时，寅木生持巳火，虽刑有化口舌多来，生意平常，谋事在人，成事在天，福星高照，前途光明也。

蛇人生于卯时，卯木生持巳火，不冲不克不刑，天狗星临命，尸不泥封应小心，东跑西跑，无日不归家，晦气重重。

蛇人生于辰时，巳火生持辰土，一帆风顺，快乐自在，喜事重叠，不恋自爱，头雅清尚，交友得益。

蛇人生于巳时，比肩平等，交友多犯指背星，浮沉不定，脑筋多受刺激，太岁临命，时而头晕。

蛇人生于午时，午火巳火比肩，桃花坐命，交友益广，逢人多情，太阳星高照，虽感晦气，近日即除矣。

蛇人生于未时，巳火生持未土，虽多见丧门月杀，自身健全可康，婚姻纠纷特多，凡事欠利矣。

蛇人生于申时，巳火克制申金，贵人坐命，处处可行，但难免不平之事，往往暴败，麻烦不断，词讼常起也。

蛇人生于酉时，巳火克制酉金，官鬼小人时有，有官符阴人常乱，事登将星，财积如山。

蛇人生于戌时，巳火生持戌土，月德照临，红鸾喜事颇繁，跃马千里，时见小病及破财。

蛇人生于亥时，亥水克制巳火，破败重重，是非口舌常有，驿马坐命，日日远走

国学经典文库

中华历书大全

·生肖星座·

图文珍藏版

异乡,奔波四野。

5. 属蛇六亲生克和目反逆分析

蛇人生于子月子日子时,及亥月亥日亥时,父母兄弟姊妹夫妻子孙,均是克之多辱多苦;生于丑月丑日丑时,辰月辰日辰时,未月未日未时,及戌月戌日戌时,父母兄弟姊妹夫妻子孙,均是少能自必生持之;生于寅月寅日寅时,及卯月卯日卯时,父母兄弟姊妹夫妻子孙均是生持,自享其福也;生于巳月巳日巳时,及午月午日午时,父母兄弟姊妹夫妻子孙,全家和合,清吉平安;生于申月申日申时,及酉月酉日酉时,父母兄弟姊妹夫妻子孙,均被克制,自立权盛。

(十二) 属马的时运

1. 属马逐年吉凶福禄详解

马人见鼠年,其年灾连连,破碎重重,年空月空,丧事必来,口舌是非常有,词讼牢难必见。

马人见牛年,其年紫微星高照,谋事如愿,龙德在身,逢凶化吉,时有暴败,晦气克子,天难地变,家运欠通,应宜小心从事,切勿自骄自傲,引起不幸也。

马人见虎年,其年白虎造晦,财利不顺,多有破财之苦,灾难重重,交友注意,多犯指背星,凡事不顺,事业无就,浮沉不定,浑浑噩噩。

马人见兔年,其年天喜星驾临,事顺财足,时欲床上之乐,惹花问柳,披麻执孝,口舌重重,凡事小心,福星照临,四方可行,百事可了也。

马人见龙年,其年浮沉不定,单身只影,月杀大耗,漂流四海,应犯天狗星,吉少逆多。

马人见蛇年,其年病患常有,阴雾重重,东跑西奔,不得其安,五日休息,并犯官符,交友,放债,合作,均不宜就,凡谋不利,事不能取。

马人见马年,其年事业风顺,必有晋升高就之机,财丰利厚,生意兴隆,有犯太岁,逼得伏尸,后必精神不爽。

马人见羊年,其年太阳星高照,然有遇事不顺,有晦气,必抛离家园。

马人见猴年,其年流年代驿马,发如猛虎,势力高尚,凡谋顺遂矣,虽只身单影,难免远丧悲疼之事。

马人见鸡年,其年喜气重叠,瑞霭盈门,时有阴人访拜,并见勾绞小害之难,卒有暴败破碎。

马人见狗年,其年华盖坐年,考试必取,聪明伶俐,官符不免,披麻执孝当见。

马人见猪年,其年诸事不吉,凡谋难取,病灾小耗常见,幸有月德照临,遇困得开也。

3. 属马逐月吉凶福禄详解

马人生于正月，新春之时，精神爽快，生龙活虎，浩浩荡荡，欣欣向荣，但雪地将开，冰天将放，食得祖业陈宿之粮，一生少得尝新之机，为人表里如一，品德性正，缄默寡言，喜而交友，欢乐人群尔。

马人生于二月，惊蛰之时，为人清楚干净，衣冠必新，所食均是鲜粮嫩菜，陈宿之谷，不得其口，但难免狂风雨之灾害，时防惊吓，有存正得，谅无大害，秉性聪敏过人，四处皆通，不受拘束，自由自在也。

马人生于三月，清明之时，云开雨散，势有千里之途，跃武扬威，文冲斗牛，志气凌云，无困难灾害，英豪人杰，胆才过人，令人敬仰，邻里称美，远悦近和，谋事大成，凡话必取头名，虎榜必定先登。

马人生于四月，立夏之时，必有赴汤蹈火之焚，负担很重，依人为生，日受人欺，走东到西，五日休息也，随行随吃，钱来钱去，忙忙碌碌，苦恼一世，不得人怜，忧愁不绝，无成功之日，终生少幸矣。

马人生于五月，芒种之时，门庭新气象，堂宇旧规模，创基立业，千辛万苦，家道兴隆，福禄得长生，生灾不已，招异姓同居，妻得夫财，夫食事禄，食禄之人，提兵之将，见子应迟，嫁娶必早，凡事千头万绪尔。

马人生于六月，小暑之时，粗茶淡饭，衣食欠佳，热气逼人，汗珠满身，千里之力，终身疲劳，武牛喘月，意外过虑，天旱时灾，祸福参半，干戈如鼎沸，疫疠苦符同，燥心劳碌，诸事不顺矣。

马人生于七月，立秋之时，不冷不热，无凶无祸，灵感过人，聪敏至极，声家清薄，门风克振，温柔文雅，技巧艺术超人，意志常欲成功，有日必得贵人，诱人之力特强，精力充沛，万事和达，一生无大灾害，困难，是非口舌，词讼官符，清平闲静，安乐少愁也。

马人生于八月，白露之时，艺技智谋过人，文武兼全，胆大心虚，为事奏巧，诱导有功，德高望重，感情和合，有志气，勇往直前，凡事逐渐成功，脚踩楼梯，无上吉祥，是非兼半，紫气东来，俊秀才能，英杰讲人。

马人生于九月，寒露之时，与人同乐，才能智力均尚，意志不坚，事不遂心，寂寞悲哀之象，不为而成，自然自安，悠闲之福，奈无权力，靠人吃饭，自立心少，不愿处世学好，一遇挫折，灰心不起。

马人生于十月，立冬之时，起初灾害并至，而晚景幸福皆来，但变动异常，排除万难，而成功者有之，而挫折者有之，此为历来之英杰人物，秉性颖悟，侠胆义气，临事难达目的，一生平凡之象。

马人生于十一月，大雪之时，冰天雪地，寸步难行，遍身清寒，体蹄怜伤，负重累累，保主有功，虽有天赐之食禄，粗淡不尚，悲泪暗思，何人何晓，奔波劳碌，全世决小安宁之日也，凡事多难。

国学经典文库

中华历书大全

·生肖星座·

图文珍藏版

马人生于十二月,小寒之时,一生烦事特多,五日不能休息,衣食不全,苦不堪言,天寒地冻,雪花四出,难行奈何,不得不奔走,跋山涉水之苦,亦须探险走走,一身冷气,水底捞月,空来空去。

4.属马逐日吉凶福禄详解

马人生于子日,灾杀岁破必来,是非口舌常有,词讼官符,小则耗财免灾,大则倾家荡产。

马人生于丑日,紫微星高照,谋事有成,终身少难,职权地位高尚,当有处事困难,引成晦气重重。

马人生于寅日,白虎临命,破财迭时,遇次天难,交友多犯指背星,诸事不可如愿。

马人生于卯日,天喜星,福星临命,诸事皆吉,求谋顺遂,一帆风顺,建业立家速成,早年披麻执孝,家教欠当,时喜乐游花街柳巷,偶有是非口舌发生。

马人生于辰日,浮沉不定,漂流事业,孤身只影,多作吊客,命犯天狗星,宜少出早归,免漂流异梓。

马人生于巳日,病患重重,身体欠康,时有破碎,东倒西歪,坐卧不安,万里可行,词讼官符常见,头疼眼花难免。

马人生于午日,命带将星,职掌大权,位登三公,跃马沿途,生财有道,伤神常感。

马人生于未日,太阳星高照,必出远方为事,时在天南地北,晦气重重,凡事不逆矣。

马人生于申日,命带驿马,一发如雷,一气冲开,如虚下山,势力特强,单身孤独时常,一生丧事频重。

马人生于酉日,太阳星高照,红鸾喜事多多,婚姻必重,烦恼事多起是非,卒时暴败。

马人生于戌日,聪敏坐学堂,文名四海,职列三公,小人官鬼四起,披孝丧门见多。

马人生于亥日,生意无聊,病灾多见,仍有小破财,过大败之时,幸月德来临也。

4.属马逐时吉凶福禄详解

马人生于子时,子水克制午火,必见官符牢灾,生意欠当,破财失败,年空月空。

马人生于丑时,午火生持丑土,命逢紫微星,诸谋大成矣,逍遥快乐,虽有闷气小败,不在其话下。

马人生于寅时,寅木生持午火,虽时难事逆,交友不利,败破灾杀,终有成功之日。

马人生于卯时,卯木生持午火,利语宏通,满堂春色,交朋接友多责,乐而忘忧,小有口舌,披孝颇多。

马人生于辰时,午火生持辰土,暗淡清闲,浮沉不定,寂寞只影,事不遂心,屡生挫折。

马人生于巳时,巳火午火比肩,辛勤劳碌,疾病缠绵,生克不了,官非难免,越没浮沉,事业不定。

马人生于午时,午火比肩,家庭和睦,骨肉相亲,命运兴隆,既富且寿,既安既宁,事职专权。

马人生于未时,未土生持午火,衣冠不下,财谋称意,当今一品,出马之官,苦闷怨志之感。

马人生于申时,午火克置申金,理直气壮,职事必高,财散人离,骨肉不亲,青衿济济,往来无白丁。

马人生于酉时,午火克置酉金,家运昌隆,喜多乐余,不是作福做寿,就必应子应孙,刑克纠纷不断。

马人生于戌时,戌土生持午火,文章落选,考试必中,官鬼小人作乱复杂,官非丝丝不断。

马人生于亥时,亥水克置午火,病轻而难疗,虽险而填医,月德临命,重亦何妨。

5. 属马六亲生克和目反逆分析

马人生于子月子日子时,及亥月亥日亥时,父母兄弟姊妹夫妻子孙,克置管束,进出多辱;生于丑月丑日丑时,辰月辰日辰时,未月未日未时,及戌月戌日戌时,父母兄弟姊妹夫妻子孙,均是少能自必生持之;生于寅月寅日寅时,及卯月卯日卯时,父母兄弟姊妹夫妻子孙,全赖一人生持;生于卯月卯日卯时,父母兄弟姊妹夫妻子孙,均能生持,自身安享其福也;生于巳月巳日巳时,及午月午日午时,父母兄弟姊妹夫妻子孙,全家和睦相亲;生于申月申日申时,及酉月酉日酉时,父母兄弟姊妹夫妻子孙,均被克置。

七、十二生肖的性格

(一)属鼠人的性格

鼠年出生的人,直观力强、环境适应力优越、加上天性乐观,所以到处受人欢迎。唯不善于表达才智,定性不够,也不适合担任团体领导人物。

1. 鼠的本性使属鼠人对一切事情都感兴趣,并能够很好地保守自己的秘密,但却是探听别人秘密的专家。属鼠人绝不会放过任何一个打听消息的机会。属鼠人很爱管闲事,但用意多是好的。

由于属鼠人尽量不使自己的感情外露,所以当别人一旦发现属鼠人变得易怒、无礼或鲁莽时,便知道属鼠人正在心烦意乱。当然,也有些属鼠的人是极爱唠叨的。属鼠的人是积极和勤劳的,被激怒主要是由于别人的懒惰和浪费引起的。属鼠人消极的一面在于对一些小事爱饶舌,爱批评别人,爱计较,好找茬和讨价还价。属鼠人常买一些并不真正需要的东西,并且总是在讨价还价中被人欺骗。也许这是属鼠人的积累欲在作怪。他们的房间里藏有纪念品,心里隐藏着忧伤的往事。

2. 鼠年出生的人无论做什么事情都会成功,因为该属相的人具备随机应变的能力。属鼠人能够克服重重的困难,并能临危不惧,直到最终达到目的。由于属鼠人的冷静和机警,他们具有敏锐的直觉、远见和做生意的敏感。灾难只能使属鼠人智慧更加出众,他们总是在忙着制订自己的计划。

属鼠的人记忆力很好,非常爱提问题,独具慧眼。几乎了解周围的每一个人、每一件事,有的把它记录下来,并把这些当做是自己的嗜好。因此,属鼠的人成为优秀作家并不令人吃惊。

3. 大可不必属鼠人的安全担忧,在做一笔交易之前,属鼠人早已想好退路,一旦发生不测,属鼠人会迅速而及时地退出来。自卫的本能在属鼠人的心中是占第一位的,他通常采用风险最小的方案,如果别人想尽快地摆脱麻烦,那最好的方法就是遵循属鼠人的方针。因为在属鼠人身上好像有一幅潜藏着的报警器和防御装置,并且这种装置很少失灵。好高骛远、野心勃勃是属鼠人前进过程中的绊脚石,想一下子干很多事,致使精力分散。如果属鼠人能扬长避短,并坚持不懈地完成自己的事业,那么这种属相的人最终会变富,这与积攒钱的道理是一样的。

虽然属鼠的人天生具各预见危险的能力并因此适可而止,但由于他从不放过讨价还价和做"好交易"的机会,也常常难于准确无误地当机立断,结果使自己掉进圈套。常言道"吃一堑方可长一智",在属鼠人的一生中,在懂得贪婪有弊无益之前,至少要遭受一次很大的金钱方面的打击。然而要找到一个穷困潦倒的属鼠人也是不大可能的。即使能找到,那么我们可以打赌,靠属鼠人随机应变的能力,他也不会长久穷困下去。如果属鼠人能克服贪心,并学会适当的忍让,那么,他们生活的道路会很顺利。

4. 属鼠人性格的魅力就像沃尔特·迪斯尼笔下的米老鼠一样为人们普遍喜爱和了解。表面上,属鼠的人可能表现得沉默寡言,但实际上并非如此。他的内心从来不像他所表现的那么安静。实际上,属鼠人很容易激动,但他们能控制自己。这一点是属鼠人为什么受欢迎,并有许多朋友的最好解释。属鼠人可能很坦率,并很诚实,可是他的友好举动往往使别人感到很拘谨。属鼠人的性格通常是开朗的、快乐的和善交际的。偶尔,也可能会碰到一个爱批评人、爱发牢骚和吹毛求疵的属鼠人。

属鼠的人容易相处,工作努力,生活节俭,除非是对非常喜欢的人,否则他是不会慷慨解囊的。所以,假如有人从他那里得到一件贵重的礼物,那么,他对这个人的评价一定是相当高的。然而,尽管属鼠人会精打细算,并以此来炫耀,但他从不需要崇拜者。如果他是一个属鼠的老板,那么他可能会对雇员很关心,关心他们是否有足够的运动,或膳食营养是否合理。当雇员生病时,属鼠人会去看望他们,把他们的问题当做自己的问题来解决。而当谈到给雇员们涨工资时,他就开始设置障碍,变得小气起来。要想从属鼠的人身上得到钱,得经过多次谈判和讨价还价后,才能达成协定。

5.一个属鼠的女士常常勤俭得使别人感到惊讶。她总是发给别人旧衣服、旧玩具,买卖二手货,把一顿饭分成几顿来吃,并尽量节约家庭开支,直到家人受不了为止。她对家里的孩子也不惜用同样的办法。但是如果家里的确需要钱用,她将会是毫不吝啬的。

属鼠的母亲除了溺爱孩子和过分关心丈夫外,事实上,她是一个很好的家庭主妇。她会对丈夫事业的发展有所帮助,替丈夫当家。她会把孩子赶去练钢琴、跳芭蕾、拉小提琴,她能够承担繁重的社会工作。另一方面,这个属相的丈夫可以帮助家里做些杂务,并很乐意与家人一起度过节日和周末。

由于在十二属相中属鼠的人是个真正的伤感主义者,所以属鼠人不仅深深依恋于他们的孩子,也依附于他们的长辈。鼠年出生的孩子的父母肯定能很好地得到孩子们的关心和体贴。鼠年出生的孩子对父母非常信任,并能迎合他们的需要,宽容父母的错误。

优点:能力强,反应快,有很强的环境适应力和应变能力。机智、点子多,善解人意。有一副乐天命的模样,多才多艺。女性特别喜爱干净,会将家务整理得有条不紊。伶俐乖巧,具有样样都学的灵巧和乐天性格。个性比较活跃多变化且利欲心强,富有幻想力,识时务,很会利用机会,爽朗活泼、讨人喜爱。属鼠人感觉敏锐、无所不能而且善于多方面经营。好奇心强对任何事情都想很快插上一手且能巧妙地处理。

缺点:缺乏胆识、做事魄力不够,缺乏适当的指挥能力,不足以担任商业机构或其他团体之领导,欠缺威严。有固执己见之性格,有见利妄行之缺点。有晚睡习惯,因为鼠是夜间活动的动物。本性善良但态度有些不礼貌。具自私的本位主义或桀骜不驯的个性。善于投机取巧、爱挑剔、心胸不够开阔。

(二)属牛人的性格

属牛人的本性是脚踏实地,从不感情用事。单凭感情很少能改变属牛人的想法。在一些事情上,如果别人征求属牛人的意见,属牛人总是支持有可靠、确切把握的方案。如果别人想在与属牛人打的官司中胜诉,就需要充分地利用耐心与智慧。属牛人的体质很好,不易生病。属牛人很自信,不妥协,他们蔑视别人的软弱。如果属牛人能注意培养更多的幽默与热情,他们的人生将会更幸福。

1. 由于属牛人很稳重并靠得住,属牛的他们会得到权威人士和领导者的信任。哪里有责任哪里就有属牛人。同时,属牛人具也有天生的领导才能,他们很会用纪律约束别人,而且过于严厉。属牛人很可能是一个靠个人奋斗而获得成功的人。他们坚持认为每个人都应尽职尽责,同时也不为别人的工作设置障碍。属牛人的缺点在于十分循规蹈矩、斤斤计较、不易接近。属牛人虽然墨守成规,但还是公正的,能够听取意见。但是,要改变他们的观点也将是非常困难的,因为属牛人很固执,有时甚至很有偏见。属牛人不圆滑,不知道关心别人,常表现出军人的风度,这使属牛人不适合从事公共关系、外交和精细工作。然而属牛人的诚实、不做作和坚实的原则性很受人尊敬、爱戴。属牛人使所有下属变得很忠诚,因为没有属牛人干不了的事。

2. 牛属相象征着通过艰苦努力而获得成功。属牛人是一个耐心的、不知疲倦的工作者,他们不愿意走捷径。属牛人是安静的、有很强道德观和尊严的人,从不愿意凭借不公正的手段达到目的。属牛人是自力更生的,不喜欢别人帮忙,以致别人不得不恳求属牛人接受别人的服务。有些人会不公正地批评属牛人缺乏想象力,实际上,属牛人那不屈不挠的性格和逻辑很强的头脑,被朴素但整洁的外表所掩饰;聪明、灵巧被沉默寡言和矜持所掩盖。尽管属牛人基本上属于内向型人,但他们强有力的本性使他们在机会来临之时变成一个威严、雄辩的演说家。在混乱时刻,属牛人那临危不惧、不怕恫吓的品质和天生的自信心会使一切恢复秩序。不过。属牛人仍然应该时刻提醒自己小心谨慎,不要被胜利冲昏头脑。

3. 牛年出生的人是有条不紊的,属牛人坚持固定的模式,尊重传统观念,总是精确地按照人们所期望的去做,致使人们都可以预料到属牛人的行动。一丝不苟的属牛人懂得只有按部就班地做事情,才能永远立于不败之地。属牛人的头脑不是杂乱无章的,别人绝不会发现属牛人靠运气或拖泥带水地混日子。其他属相的人可能靠一时的机遇和别人的指点来完成的事情,属牛人完全靠坚韧的意志和献身精神。属牛人讲信用,一言既出,驷马难追。世俗的偏见对属牛人来说是无所谓的,属牛人会全身心地完成属牛人所做的工作,并厌恶半途而废。属牛人有神奇的忍耐力,然而一旦属牛人发起脾气来,将会有可怕的事情发生,确实需要认真对付。这时,属牛人会失去理智,会像一头公牛一样攻击挡路的每一个人。唯一可以解决的办法是躲开属牛人,让他慢慢冷静下来。当然,除非令你确实感到无法忍受,否则属牛人是不会大动干戈的。

4. 说到做到是属牛人一生恪守的原则。属牛人所享有的成功完全是靠属牛人自己的力量换来的。简而言之,强大、守纪律的属牛人不愿意在生活中放荡不羁。这个不屈不挠的属牛人将通过自己的努力以一个胜利者的姿态出现。属牛人不喜欢欠债,他们付给别人的欠款会精确到小数点后最后一位,当然他对别人也有同样的要求。如果属牛人欠别人什么东西,又没有明确表示感激,他将永远不会原谅自己。别人从属牛人那里得不到一句多余的空洞的感谢话,属牛人对美丽的词句和过分的奉承感到不舒服,认为有损于属牛人的尊严。

5. 属牛人用天真的思想来理解别人心中的秘密,这导致他不能完全理解别人的感情,也很少用诱惑的方式来获取爱情。在属牛人的生活中很少看到抒情诗和月光小夜曲,甚至其喜欢接受和送给他人的礼物也是一些结实耐用的东西。由于属牛人是传统主义者,所以属牛的男性和女性之间求婚过程一定会很长。属牛人的恋情要经过很长时间才能发展到公开的进步,才能表露出真实的感情。属牛的男子可能是一个非常有秩序的、有气量的先生,但当属牛人向女友求爱时,就会变得笨手笨脚、笨嘴拙舌。但是如果有人能同属牛人结婚并完全信任属牛人,属牛人将会永远不使另一半失望,将忠实地伴其一生。属牛人的妻子不必为付房租和支付账单而担心,属牛人虽不会使妻子宝石成堆、皮裘成箱,但属牛人会尽力把生活安排得很舒适,从来不需要别人帮忙。

优点:做事谨慎小心、脚踏实地、毅力强、有自我牺牲精神。依照自己的意念和能力做事。做事深思熟虑,而且有始有终,拥有坚强的信念和和充沛的精力。明辨是非、按部就班、事业心强、最具忍耐力。内心有强烈的自我表现欲望,故不适合做默默无闻的工作,天生优秀领导。女性持家有方,是传统的贤内助,非常重视家庭和子女教育。虽然婚姻方面不太协调,却能以旺盛的精力投入到事业中成为有成就的人。有耐性、肯上进,所以能达成自己所设定的目标。

缺点:女性较缺乏温柔,如果能意识到自己的不足,改变一下拘谨冷漠的态度,适当地表现自已,则在感情上亦能称心如意。不知变通且缺少情趣,木讷不善交际应酬、沉默寡言。喜欢我行我素、固执已见。自尊心太强,做事不喜欢求人。行动缓慢、欠缺主动性。

(三) 属虎人的性格

在东方,老虎象征着权力、热情和大胆。属虎人是一个叛逆、引人注目并难以捉摸的人物。属虎人受到大家的敬畏,使人害怕他就像害怕真虎一样。属虎人的活力和对生活的乐观具有感染力,他们会唤起人们心中的各种感情,唯独没有冷漠。总之,吸引人的属虎者会成为人们注意的中心。

1. 属虎人生来不知疲倦并有些鲁莽,通常行动很快。属虎人生性多疑、摇摆不定,常作出草率决定。属虎人很难相信其他人或平息自己的感情。属虎人决不把

图文珍藏版

事情憋在心里。同时,属虎人又是一个诚实、柔情和慷慨的人,而且有奇妙的幽默感。属虎人的内心世界是浪漫的。属虎人爱玩、热情,感情丰富。与属虎人恋爱或结婚将会有很多感受,属虎人在嫉妒时会表现出过分的占有欲或爱争吵。属虎人在生活中的第一个阶段也许是最好的。在属虎人成长初年,属虎人会学着控制自己的火暴脾气,这种脾气可能会给属虎人毁灭性的打击。在属虎人青年和壮年时期,会埋头追求成功并完成属虎人的梦想。如果属虎人能学会放弃前排座位,使自己放松,那么,属虎人的晚年有可能是平静的。

2. 每个属虎人都很仁慈,属虎人爱婴儿、动物和爵士乐,或者爱一些能引起属虎人幻想和注意的东西。属虎人一旦卷入一件事,就会忘掉一切,甚至连呼吸都要为之让位。属虎人做事从来不三心二意,别人可以相信属虎人会使出百分之百的力量,甚至更大的力量来做事情。

感情丰富的属虎人年轻时的生活通常是放荡不羁的,有些人在以后也改变不了。这也许是因为属虎人除了是乐天派外,还不重实利、不怕危险。属虎人对不赞同的事情表示蔑视,嘲笑和痛骂被传统观念束缚着手脚的社会。属虎人总想表现自己,这形成了属虎人的个性。如果遇到造反或对传统方式进行挑战的机会,属虎人将全力参加。如果说这是缺点,有谁会因为这些而减少对属虎人的爱呢? 不,十有八九会为之喝彩。我们也许不赞同属虎人的鲁莽,并为属虎人疯狂的大胆行为而吃惊,但我们又不会忘记为属虎人祈祷,属虎人的成功就如同我们自己的成功。当属虎人沮丧的时候,他需要充满真诚的同情。不要按情理推断谁对谁错,逻辑并不受他们的欢迎。安慰他们时不要小气,如果事情好转属虎人会加倍报答。属虎人会聆听别人的劝告,并会紧紧抓住善意劝告的每一个字。但这并不意味着会接受这一劝告。二者是有差别的。

3. 不管属虎人有多么潦倒,所遭受的打击和失望有多深,属虎人是不会气馁的。哪怕只剩下一个火花,属虎人也要用它重新点燃生命之火,那永不熄灭的精神能使属虎人再度复活,变得生机勃勃。在遇到压力时,属虎人可能会有依赖性,不过虎还是以他那统治大众的姿态而著称。有些属虎人是温和的、敏感的和有同情心的,但有些则是顽固的、自私不讲理的。当属虎人发怒的时候最好是把他们的手束缚起来,等他们喊得口干舌燥,把对别人的反感全部发泄出来后,他们会检查自己的利己主义。那时,他们会吻别人、拥抱别人,让别人发泄,使破镜重圆。在他们把别人打发走后,他们会精确地按自己原先的计划去做。

总之,他们的生活是反复无常的,时而开怀大笑,时而又泪流满面,有时还会感到很失望。我们不需可怜属虎人,属虎人也不需别人这样做。如果允许属虎人完全按他们所选择的方式生活,那么,生活会给他们带来无限的乐趣。属虎人是最大的乐天派,时刻迎接新的挑战。

优点：个性较为固执强硬、专断独行，喜欢冒险逞强，越挫越猛，雄心万丈，对自己充满信心。富男子气概且热情勇敢，冒险精神过于常人。做事积极，能大胆表达自己，处事霸道。一言九鼎，说到做到，绝不反悔。喜爱活动，好出风头，有侠义心肠，性情坦白磊落，容易赢得他人的信任。肖虎者外表不怒而威深具自信，属领导型人物，性格刚毅顽强永不低头，凡事不完成绝不甘休，凡领导之职务皆可胜任。对任何事不善先作准备的他们会把东西囤积起来以备将来不时之需。属虎的人天生喜欢接受挑战，不喜欢服从别人，却要别人服从他们。

缺点：颇具叛逆性，往往过于自信，无法与他人协调沟通，喜欢独来独往，经常表现出极端性。缺乏浪漫情调，对待妻子也使用独裁手腕，缺乏愉快的家庭生活。相识虽广但都无法深交，固执己见，为达目的不择手段，专横霸道，喜欢刺激，自我意识强。投资方面喜欢短期内即能回收者，过长期限的则不感兴趣。

（四）属兔人的性格

属兔人的性格是最好的性格。属兔的人往往特别温和，文静，谦谦有礼；潇洒，机敏，精细耐心；善良，纯朴，富有责任感。和其他属相比较，人们更喜欢属兔的性格。贪图安逸、厌恶冲突的品质会给属兔人带来弱者、机会主义和自我放纵的坏名声。如果让属兔人来选择生活道路，属兔人会选择安逸的生活方式。

1. 虽然属兔人表面上也许会对其他人的意见无动于衷，但属兔人实际上会在批评中一蹶不振。属兔人那"翻脸不开战"的技巧具有很大的欺骗性，而当属兔人专心致志的时候，会变得更加狡猾。属兔人对所爱的人温柔、亲切，而对其他人敷衍塞责，甚至冷酷无情。由于温文尔雅而又放纵自己，属兔人尽情地享受并把自己的愿望放在第一位。属兔人对不顺利的事十分厌烦，因为属兔人是羞怯、考虑问题周到，且思想深邃的人，属兔人希望别人也这样。属兔人执着地相信人与人之间相互友好是件很容易的事，并且属兔人总是努力做到文明、有礼貌，甚至对属兔人的敌人也是如此。属兔人厌恶吵架和任何形式的公然敌对。属兔的人没有兴趣打架，他不是一名战士，在幕后工作更有效。不用担心属兔人的生活，属兔人敏捷、伶俐，善于逃避伤害。属兔人不像其他属相那样追求崇高的理想，属兔人生活中的主要目标只是为了保存自己。

2. 由于属兔人很文静，所以人们对属兔人的本质容易产生错觉，实际上属兔人具有坚强的意志和坚定不移的自信心。属兔人有条不紊地、准确地追求着自己的目标，但举止总是庄重的，不喜欢兴风作浪。属兔人不会因迟钝或直来直去受到别人指责。他们那不可捉摸的特殊本质，使他们在谈判中成为难以对付的人。人们很难捉摸属兔人的真实思想。

3. 属兔人不易上当，能约束自己的爱好来保守秘密或个人私事。当属兔人感到危险时,那微妙的小算盘或隐藏的对抗心理会以使用颠覆战术的方式表现出来。由于属兔人很自信,所以属兔人会把自己估得高于一切。在逼迫下,属兔人会丢弃任何东西或者抛弃任何敢于扰乱他宁静生活的人。属兔人的信仰以灵活多变而闻名,而且属兔人有使双方都感到很保险的技巧。

(4)兔子是仁慈、举止文雅、善忠告、和蔼及爱美的象征。属兔人温柔的言辞和慈善胆怯的生活方式,体现出一个成功的外交家和饱经风霜的政治家的一切思想品质。兔年出生的人喜欢和平、安静和惬意的环境。属兔人很含蓄,爱艺术并具有很强的判断力。属兔人那善始善终的精神会使他成为一个很好的学者。属兔人善于在政治领域和政府部门工作。但属兔人有时也会变得喜怒无常,在这种时候,他会背离自己的环境,或对人冷漠。属兔人在商业及金融交易方面特别幸运。由于在成交、定约方面很精明,属兔人总能提出一个适宜的建议或候选方案,以使他从中获利。属兔人在生意方面十分敏锐,加上谈判的诀窍,会使他在任何事业上得到迅速提高。

综上所述,灵巧的属兔人会越过道路上的障碍并能以极其卓越的能力从灾难中恢复过来。不管别人把属兔人抛起多高,属兔人总能双脚着地。属兔人也许与自己的家庭较为疏远,但总能尽一切努力给家里提供最好的东西。属兔人柔和、脆弱的外表下是一颗精明、敏感和防护甚严的心。在生活中,属兔人会不惜一切代价避免被卷入冲突。当然,在受到直接侵害时,属兔人会采取适当的措施来保护自己的利益。属兔人心中的爱和憎很少发生矛盾。属兔人相信自己的生存能力,依靠自己的判断行事。属兔人是最容易找到幸福和满足的人。

优点:心思细密、个性温柔体贴,能体谅别人。有语言天才与犀利的口才,颇受人欢迎。个性善变,相当保守,头脑冷静。喜爱平稳无波的爱情生活。善交际,为人和气,话题丰富谈笑风生,风度翩翩,处事谨慎。厌恶与人争执,带有能化敌为友的柔和气质。豪放有胆,作风一旦显露出来就变得勇敢果决。无论男女都是主张家庭至上,讲究美观,家庭布置和陈设都很优雅。生性好客,礼貌周到,富同情心,乐于助人,心肠善良慈悲,工作绩效卓越,心地仁厚,不轻易动怒。

缺点:有博爱及众的倾向及大众情人的心态,易生感情纠纷。缺乏思虑决断力,常因多情失败。表面好好先生且凡事唯唯诺诺,然而内心却相当顽固。大都不甘生活过于单调乏味,会不断制造生活情趣,但对事物不善深入钻研。凡事过于谨慎不愿向人吐露心事,具有逃避现实的倾向,过于保守而失去机会。女性多愁善感,温柔纤弱。

(五)属龙人的性格

属龙人宽宏大量,充满生气和力量。对属龙人来说,生活是五颜六色的火焰,跳跃不停。尽管属龙人以自我为中心，偏见、武断、异想天开，要求极高或蛮不讲理，但从未失去过崇拜者。由于属龙人骄傲、清高、非常直率，在一生中很早就树立了理想，并要求其他人也具有同样高的标准。属龙人异常积极，属龙人不会长久沉没，甚至当属龙人处于忧郁时，会比别人更快地挣脱出来。属龙人是快活的，并反对斯斯文文。对于需要马上办的事情，属龙人会亲自去办，而不是通过写信或打电话的方式。属龙人在场时，别人的注意力会转向属龙人，按他们的思路办事。在与他们接触中，他们能激发每一个人的热情。但他们并不需要别人激励，因为他们自身能够产生足够的能量。属龙人的能量很大，他们的急躁、渴望和热情，像寓言中所讲的龙口中喷出的火那样燃烧。属龙人有做大事的潜力，因为他们喜欢大刀阔斧地干事情。然而，如果属龙人不能控制他们那早熟的热情，就会把自己烧掉，变成一缕青烟。属龙人的性格易变得狂热，不管做什么事情总是大张旗鼓。

1. 属龙人很少拐弯抹角讲话，属龙人讲起话来就像引用皇家法律一样。有时属龙人会感到文明、深情和甜言蜜语对自己来说是一种极大的约束。当属龙人被激怒的时候，特别粗暴、无礼，并完全不体谅别人。但别人以同样的方法回敬是无效的，除非那人也是属龙人，并决定用武力来解决。尽管属龙人们脾气很坏，又武断，但对长辈还是孝顺的。无论属龙人或龙女郎与家庭有什么分歧，只要家里需要他们帮助时，他们会把分歧丢到脑后，果断而慷慨地给家里人以帮助。然而，危机以后，家庭成员要遭到属龙人严厉指责。尽管属龙人的感情像火山一样爱爆发，但不能说属龙人好感情用事，也不能说属龙人敏感或浪漫。属龙人对爱和谄媚习以为常，那是属龙人本应得到的。属龙人恼怒时很固执，不理智并很专横，但属龙人发作之后就能原谅别人，属龙人也希望别人能原谅他们。有时他们也许会忘记道歉，这似乎很迟钝，实际上是他们真的没有时间为自己做解释，他们只想开始工作。属龙人的感情是真挚的、发自内心的。当他们说爱别人时，可以肯定属龙人是真心的。

2. 属龙人是强大的、果断的，但属龙人并不狡猾和诡计多端。属龙人避讳那些微妙的谈判，要是这种竞争只靠力量来决定的话，属龙人很容易取胜。但属龙人常常过于自信，被幻想所迷惑，因而对周围发生的倾覆或是密谋都无所察觉，更不能及时寻找到对策。属龙人非常傲慢，从不请求别人帮忙，在力量对比十分悬殊的情况下拒绝撤退。由于属龙人勇往直前，以至于忘记保护自己的后方和侧翼。属龙人非常直率，从不撒谎。不管怎样，属龙人是一个坦率的人，能像看书一样了解他们。属龙人从不伪装自己的感情，也很少费心去尝试这一点。属龙人不能守口如瓶，保守秘密，甚至当属龙人发誓一个字也不说时，也必定在他们发怒的一刹那秘密就大白天下，并且一字不错。

作为从不接受失败的属相，属龙人会自讨苦吃。属龙人来到世上就是为了达到最高的目标,别人越想使他们改变行动方向或绕开麻烦,他们就变得越顽固。属龙人不愧是个带头人,甚至在他们情绪最不愉快的时候也能不负众望。

3.属龙人生活是有目标的,游手好闲、无所事事对属龙人的健康不利。属龙人必须有一个为之奋斗的事业,一个要达到的目标。没有宏伟的计划和失败后的重振旗鼓,龙就像没有燃料的机车,最终会垮掉,变得无精打采。属龙人的失败往往是由于体力不支所致,所以即使失败了也不会在属龙人心里留下创伤。属龙人是个敢干的人,他们可以单枪匹马地讨伐。向领导示威,给报纸写信或在请愿书上收集一百万人的签名。这种猛烈的抨击方式使他们不致患任何一种精神类疾病。

4.属龙人不喜欢浪费也不吝啬。属龙人很慷慨,从不关心自己的银行收支平衡与否,除非他们凑巧与欠钱的属相结合在一起。属龙人要么就很早结婚,要么干脆独身。属龙人过独身生活会很快活,因为工作和事业占据了属龙人的全部生活。总会有朋友或崇拜者来与属龙人做伴,人们从来不会对诚实的属龙人丧失信心。属龙人很少动摇、怯懦或推卸责任,从不疑神疑鬼。由于属龙人天生具有开拓精神,所以属龙人企图一举成名,但有可能一切努力都是徒劳的。属龙人是个不到黄河不死心的人。让我们尽量往好处想,并祈祷属龙人有朝一日学会悬崖勒马的本领。

尽管属龙人的缺点与属龙人的长处一样多,但属龙人的光辉照耀着每一个人。属龙人很有气量,从不喜欢嫉妒别人。属龙人也许会牢骚满腹,但不会见死不救。这不是由于属龙人真诚地关心、同情别人,而是属龙人对一切都有深深的责任感。属龙人乐意做出重大贡献,人们可以指望属龙人,属龙人也会尽力而为。在属龙人承认失败以前,会拼尽一切力量。属龙人是个热爱大自然的外向型人,属龙人能够成为一个活跃的运动员、一个旅游迷或是一个健谈的人。属龙人具有超级推销员的素质,属龙人和自己的同伴总是进行着推销工作。

优点:有强壮的体魄,精力充沛、活力无穷、朝气蓬勃,有高尚的理想,富有罗曼蒂克的情调,是爱面子、讲派头的人。凡事不服输,做事过于自信,自我意识强烈,有远大目标,个性坦率,有领导才能,有强运势。为人坦诚,绝少有卑鄙恶劣的虚伪行为,更不喜欢搬弄是非,不怕艰难,每件事都想做到尽善尽美。

缺点:情绪不稳,富有梦想,茫然不可捉摸,性格傲慢,缺乏宽大心胸。无法抗拒温柔粉红陷阱,一生中有数不尽的多彩多姿的罗曼史。极少真心去爱别人,因此在爱情上不会感到失望,反而那些爱上他的人却饮尽苦酒。常无法忍受他人差劲的办事能力而批评他人,有完美主义心态。才华出众不免自负,好大喜功有时经不起挫折和考验,一失败即落荒而逃,缺乏坚韧不拔的个性。

(六)属蛇人的性格

蛇是十二属相中最顽强的属相,也是最具有神秘感、最不可思议的人物。由于具有天生的、特有的智慧,他还是一个天生的神秘主义者。文雅、斯文的属蛇人很爱读书,爱听名曲,爱吃美味食品,并且爱看戏剧。他受生活中所有美好的东西吸引。

1. 属蛇人经常依靠自己的判断行事,与其他人不会进行推心置腹的交流。从本性上讲,属蛇人疑心大,但与属虎人不同,属蛇人把疑心隐藏在心中,把自己的秘密也隐藏在心中。他们或许有很高的宗教造诣,或者是个彻底的享乐主义者,但不管怎样,属蛇人宁愿相信自己的臆想,也不愿接受别人的劝告。当然,在一般情况下他们是正确的。在他们那老练的外表后面,隐藏着很重的疑心,尽管他自己总是否认这一点。实际上,属蛇人最难对付的地方就是表里不一,在他们安静的外表背后隐藏着的一颗时刻警惕的心。属蛇人从来喜怒不形于色,在他们真正开始行动之前,早已精心策划好了。有些属蛇人讲话也许是缓慢或是懒洋洋的,但这绝不代表他们演绎思维或行动的速度。他们喜欢思考,喜欢盘算并能系统地、恰当地阐述自己的观点,并且在大多数的情况下,他们讲话还是非常小心的。

2. 一贯谈吐斯文、举止文雅的属蛇人不愿意沉迷于毫无用处的谈话或小事之中。其他属相的人也许愿意把人情、债务拖到下辈子去偿还,但属蛇人似乎注定要在离开人世之前把所有的账全都付清。也许是他们情愿这样,因为蛇年出生的人热情而认真,在他们做的一切事情中,都有意无意地试图清账。然而尽管他们在金钱方面十分慷慨,但当想要达到一个重要目标时,无情无义也是闻名的。属蛇人可能铲除挡路的任何人而问心无愧。他们意志坚强,能够坚守阵地死而后已。另外,属蛇的人很狡猾,就在敌人认为已经抓到他们的时候,他们已抽身逃走了。当属蛇人决心干一件事情的时候,即使在光天化日之下也毫不顾忌。

3. 一般来说,属蛇人大多具有幽默感,但也有例外。有些人冷冰冰的,而有些人则常常嘲笑、讥讽别人。有些人是和蔼可亲的,但有些人则是残暴的。观察这一切的最好时机是当属蛇人处于被迫的情况下。在危急时,属蛇人总是能用开玩笑的方式来活跃气氛,甚至当他们身负巨大压力时也能面无惧色。

在骚乱和困境中,属蛇人是中坚力量,他们能临危不惧,沉着地应付任何不测。他们的责任感很强,而且目标明确。远大的理想和天生的优势相结合使他能达到事业的顶峰。属蛇人可以成为哲学家、神学家、政治家和狡猾的金融家,也可能是最深刻的思想家。

在与其他人的交往中,属蛇人表现出极强的占有欲,而且对别人的要求很高。他们对朋友持有某种程度上的不信任,同时,也绝不会原谅毁约的人。在感到恐惧和怀疑的事情上,属蛇人容易神经过敏,甚至变成妄想狂。当属蛇人被激怒时,会恨得咬牙切齿,但他们的敌对行为是悄然的,并积怨很深。属蛇人喜欢用冰冷的敌对情绪表达他的不满,而不仅仅是用辛辣的语言来表示。有一种属蛇人喜欢给他

图文珍藏版

的敌人致命一击,将其彻底消灭。他们的思维本身就是一种算计,并能等待时机成熟再图报复。

4.属蛇人很幸运,能拥有他们所需要的一切,不可能因缺钱而烦恼。即使一旦缺钱,他们也会很快有办法改变这种局面。然而,属蛇人不应赌博,这样会使他们变得一无所有。如果蒙受了很大损失,就不会再蒙受第二次打击,他们会很快醒悟过来,迅速地得以恢复。一般说来,属蛇人在生意上是谨慎而机警的。一个在年轻时经受过贫穷或劫难的属蛇人,也许将永远不会忘记过去的遭遇,并且可能会一味积累财富,变成一个贪婪的、爱钱如命的人。

优点:有神秘、浪漫、斯文的外表与熟练的处世态度,风度翩翩、善于辞令、很会钻营。冷静沉着,具有特殊才能,有贯彻始终的斗志与精神。不会炫耀自己的才能,而是暗自砥砺,并按照计划逐步前进。天生感受性及知性很强,应变能力强。机运上往往独占先机,梦想以自己的力量来创造飞黄腾达的事业,但若缺乏合作精神,就容易失败。沉默寡言不轻易动怒,凡事三思而行,是有头脑的知识分子。很了解自己的能力,很重视精神生活,拥有来生的第六感及超人的洞察力,对事物观察与判断力很强。一生在财运上非常幸运,从不缺钱用,金钱欲很强。思维敏锐,虽然生性平淡,但能当机立断,速战速决,有头脑,灵感丰富不可思议。

缺点:表面冷漠,占有欲很强。个性上有柔弱的一面,不易亲近也不轻易表露真心,不随便与人交往。生性爱虚荣,常带怀疑的眼光。情绪不稳,感情易生波折。知进退,善交际,心稍带有嫉妒,不易与周边人相处,重感情与金钱。态度虽然谦恭有礼,实际上是个不服输的顽固者。爱得深且专一,无法容忍对方的负心。

(七)属马人的性格

属马人性格开朗、思维敏捷、装扮入时、善于辞令、洞察力强。多变的性情会导致脾气的急躁,产生暴跳如雷、怒火中烧的情况。属马人一般会轻易陷入情网,也会轻松地脱离情网。各种情形表明,属马人年轻时离家者居多,即使留在家中,属马人的独立精神也总是促使他从年轻时期就开始自己的事业。

1.属马人精力充沛,但急躁鲁莽。属马人最大优点是自信心强,待人和气,有代理能力和理财能力。

属马的人爱好智力锻炼及体育活动,人们可以从属马人灵巧的举动、优美的身姿和急急的说话速度上看到这一点。属马人反应迅速,能当机立断,他们动摇、少耐性的弱点常被灵活、开朗的性格所弥补。"马"在地支排列次序中是喜好玩乐、贪图享受的花花公子和娇娇小姐的代名词。属马人喜欢凑热闹,对人慷慨,是个十足的乐天派。属马人做事灵活,如同属马人的爱情观一样,机敏灵巧,总能支配身边的人。

2. 属马人遇事急躁,性情固执,脾气火暴,但事过之后很快就忘记了。他们不能清醒地认识到自己的弱点所在,也不能在短时间内改变这种弱点,这会使属马人有时产生对人不恭,甚至近乎粗暴的态度。属马人总是要求别人同他们一样高效地工作,得不到满意的效果时,便牢骚满腹,面露不快。属马人总是踌躇满志,但实施效果差,特别是每当有重大事情需要解决时,属马人常幼稚地满足于微小的成绩,并陶醉于其中,而且经常健忘,做事漫不经心,有时话不对题。

属马人性格中前后矛盾的现象产生于多变的情绪。属马人情感内向,细微的变化常不被人注意,也就是说,属马人靠着自己对事物的直觉去行事。若要属马人解释自己的直觉及对事物进行的推理分析是不可能的。但每当一项活动处于发展阶段,属马人那令人赞叹的潜在能力便会推进这项活动深入开展。属马人经常一人同时从事多种活动,而且善于较好地控制局面。属马人的决定一经做出,便毫不犹豫地投身于自己的事业中。人们看到这种人要么是东奔西跑地忙于事务,要么是疲惫不堪地躺倒。

3. 属马人很难适应别人制订的时间表,而且在遵守规程方面缺乏耐心,这类人应做那种能胜任的有刺激性的工作。属马人会想出许多有促进性的主意,找到解决问题的高招。属马人善于解决棘手的事情,所以,如果身旁有一位属马的人做帮手,可以将那些纷乱如麻的事情交给他们处理。当属马人获得处理这些事的自由权时,他们会取得很大成绩。但切记时时加以督促,不要使他们松懈。

4. 属马人在物质方面不自私,而关心别人及把他们的观点渗透到别人心中以求得团体的团结一致,当然不能说是自私。属马人不是故意与人为敌,只是不能容忍别人强加于他们的观点。在别人与他们灵敏的思路、灵活的举止不相协调时,他们便产生急不可耐的情绪。这种人会成为一个好演员,却不适于做教师。属马的男女都会很富有,然而属马人的财产都不很保险,而他们也并不顾忌这点,所以有可能会失去一部分财产。

5. 出生于马年的人总喜欢我行我素,爱以自我为中心,喜欢自己的亲朋在周围为他们服务。属马人总能胸藏万汇,口吐风雷,振臂一呼,应者云集,将人们的思路引到他们的想法上来,他们谈起自己的想法时,手舞足蹈,不把肚子里的全部想法倾出是不会罢休的。然而当别人同属马人谈话时,一定要简单明了,否则会失去属马人的注意力。无论可行与否,都要直截了当地告诉属马人,他们对这种方式反而会大加赞赏,欣赏别人的直率、诚恳,以及对时间的珍惜。过分压制一个属马人的情感是不恰当的,一旦属马人的情感被压抑,他们会勃然大怒,离席而去。马年出生的人不乐意同不喜欢的人在一起。属马人界限分明,有自己的主见,很难屈从于别人的意志。属马人交际广,朋友多,并且每一天都交上新朋友,然而属马人从不过分依赖这些朋友。

6. 属马人在烦躁的生活中仍然那么活跃,会给别人的生活带来一片冬日阳光。当别人的视线被吸引过去时,他们一下就消失不见了,而当别人正要放弃寻觅的念头时,他们却重新轻盈地飘到别人面前仿佛从未离去一样。马年出生的人做事图快,也就相对缺乏持久性,更不能忍受长期的困苦,却能见风使舵、灵活善变。与人来往时,决不会像在龙年出生的人那样直接破门而入,而是提前送来名片,或打电话商量,在别人方便之时前来拜访。属马人的思路曲折、迷离,总使人摸不透他们在想什么。属马的人同好友属虎的人一样,本该收割,却反将一些饱满的燕麦撒到地里。此时指出属马人的错误是无济于事的。属马人虽极不情愿地接受批评,然而也只是满不在乎地耸耸肩,说声"我的错"。也许下次别人重新指出属马人的错误,属马人也仍是在口头上保证注意而已。

优点:性情开朗,浪漫热情,善于辞令,且有爽朗乐天的人生观。英雄主义很重,常替人打抱不平。做事积极,有不服人的气质,凡事不能持久。爱情中表现得直率好动,异性缘多在远方。自由奔放,不善保密,说做就做,交友广阔,与他人相处融洽,喜爱照顾别人,经常开诚以对。且有领导群众能力,由于领悟力强,往往别人还没发言他就知道对方的思想和动向。

缺点:血气刚强,有忍耐力,脾气暴躁,沉迷于酒赌中。憎恨孤独地干活,需要群众团体的掌声,喜爱别人的称赞和崇拜。主观独立性强,不接受别人的建议,喜欢随心所欲,讨厌被束。

(八)属羊人的性格

羊是最富温情的属相。属羊的人往往为人正直、亲切,易被别人的不幸经历所感染。肖羊者脾气温顺甚至有些羞怯。当他们的各方面都处于高潮时,往往是风度优雅的艺术家或有创造性的工人,而当他们处于事业及其他方面的低潮时,则是一个忧伤多感甚至悲观厌世者。

1. 属羊人常因举止优雅,对人富有同情心而被人称道。他们喜欢儿童和小动物,是自然主义者。他们很会理家。他们能轻易谅解别人的过错,理解别人的难处。属羊人在时间上慷慨,在金钱上大方,当有人落得无处安身、袋空如洗时,属羊的朋友决不会视而不顾的。无论走到哪里,属羊人都喜欢与人交往,对愿和属羊人合作的人以诚相待。属羊人将来有美满的婚姻,他们不仅会受到生活伴侣的爱,同样也会受到其亲属的爱戴。他们不喜欢十分严格的约束,不能很严格地要求自己,对人也很少加以批评。尽管他们温和,不善于反抗,但在压力下强制他们去做事也是不可能的。

2. 属羊人克己的外表和内心的主见容易呈现出不一致的状态。遭恐吓时,属羊人会变得举止强硬,尽管他们嫌恶搏斗。争辩不下时,属羊人宁愿含怒不语,也不愿将他们的想法加以反复说明，更不愿表现出他们的扫兴。属羊人在沉默的僵持与愠怒中坚持己见。他们大多在童年时代都是受父母娇惯的。

属羊人性格忧郁，多愁善感，看问题时目光也总是幽暗的，把事情想得很糟。他们需要有人用强烈高昂的情绪去驱散他们内心的阴暗，期望周围的人给他们热情和支持。属羊人典型的错误则是不能将自己的收入花费在适当的地方，把钱随意散发。但是尽管如此，可以说属羊人一生中不必为谋生而艰辛劳作，好事总会自然地来到属羊人的身边。属羊人们喜欢豪华与安定，以至他们的情绪都要受到周围环境是否和谐的影响。

3. 羊年出生的人会用小聪明弥补自己的薄弱之处。属羊人们善于利用巧妙的手段与暗示获得自己渴望得到的东西。他们精于软磨战术，所以不能低估属羊的人，否则会莫名其妙地丢盔解甲败下来。属羊人诚恳、镇定的态度，说话时悲天悯人的语气，对于摧毁他人心中的强大堡垒十分奏效。大多数属羊人虽然随遇而安，但他们对于荒唐的错误还是持不满态度的。总的来说，人们还是非常喜欢属羊的人，因为他们心地善良，本质好，属羊人们乐意与他人分享自己的所有，因此与人们相处得很好。

属羊人渴望吸引人们的注意力，对他们的能力与特长的赞赏会使属羊人心花怒放。属羊人应该从事那些能发挥自己特长的工作。在审美方面，属羊人有高雅的欣赏能力。如果要给属羊人一句忠告，那就是：不要挥金如土，多从事实践活动。

4. 属羊人总将自己束缚在自我的小圈子里，他们离不开自己的家庭，也不能缺少喜爱的食物。他们不会忘记自己的生日及重要节日。每到这些特殊的日子，他们总要以炫耀的形式来庆祝，特别是对属羊人自己的节日，更是倍加敏感，如果别人忘记向属羊人祝贺生日或者当属羊人住院时，别人忘记去问候，他们会感到哀伤、心碎，也许一生都难以忘怀。属羊人遇到自己有兴趣的事时，常以非强制性手段实现自己的愿望。属羊人不愿做的事，也总是以极大耐心和忍耐力借口推辞。人们不会知道属羊人的情绪变化，除非激怒了他们。总之，属羊人最善于平息风波，制造周围的和谐气氛。但属羊人也有做不到的时候，便会跑回家去求"大哥哥"帮助。所以，属羊人遇事转弯抹角的态度会使他人感到讨厌和恼火，但这就是属羊人的脾气。属羊人当中那些层次较低者更是让人火冒三丈，别指望他们会将心里话一次都掏出来，必须通过接触，一点一点地去了解他们。并要时时向属羊人表明，任何时候你都不会发火。同属羊人说话时要给他们留有余地，听他们讲话时如以为是，要频频点头表示赞同，这样才能同他们很好地交流。

性情温柔的属羊人需要与强者及能控制他们的人为伴。他们要在严格的制度下工作，才能发挥自己的才能。态度强硬的秘书和带有强制性性格的同事会使他们的工作效率大大提高，尽管有时对属羊人的要求近乎无理。简言之，要想办法用各种方式去掉他们的依赖心理。

优点：凡事考虑周到，对四周事务处理妥当，有进取心，人际圆融，善于交际，个性温柔，具有舍己成人的胸怀。个性内向，劳碌操心，有外柔内刚之特质。做事慎重，给人可靠的感觉，是多愁善感、个性细密、顾虑周到的人。干劲十足勇往直前。跪乳羔羊，一生孝顺，做事忍耐力强，前进不懈。求知欲旺盛，连微不足道的细节都不放过。不随便浪费金钱，懂得节俭，待人亲切，热爱大自然，有高贵大方的仪态。很有人缘，能获得贵人扶持而掌握机运，发展事业。

缺点：有时悲观犹豫不决，喜欢听天由命，不喜欢例行工作。不敢做大胆地爱情表白。很主观，很固执，个性柔弱胆怯。

（九）属猴人的性格

属猴的人有着强烈的自我优越感，属猴人对别人不很尊敬，总是从自己的利益出发，过多考虑自己的得失，属猴人会是极端自私自利又极爱虚荣的人。属猴人由此会产生很强的嫉妒心理，每当别人有进步或别人有的东西属猴人没有时，这种嫉妒心理便不可遏制地表现出来。属猴人的竞争意识很强，但善于隐藏自己的想法，善于背后制订自己狡猾的行动计划。在寻求生财之道、周到的谋划、显示自己的力量方面，其他年份出生的人是不能与属猴人相比的。

1. 属猴人多元性的品格之一是坚定性。尽管属猴人当中有些人看起来那么害羞、那么爱脸红，他们心中却正藏着不可动摇的想法。属猴人显示的是他们对自己的聪明、勇敢的自我欣赏，属猴人毫不掩饰自我欣赏后的欢乐和骄傲，也不对骄傲的言行加以任何粉饰，属猴人诚心诚意地认为别人比不上自己。真正了解他们的人不会费心去抱怨属猴人对"生活之乐"的自我陶醉，这就是他们之所以是属猴人的原因。然而，将所有猴年出生的人都说成自私的、嫉妒的也不准确。属猴人没有直接参加某些活动时，对从事这些活动的人并不大在意。属猴人遇事也并不是故意与人为敌，而是有些考虑不周，考虑别人也少。

一味指责、批评、惩罚属猴人的办法不但不起作用，反而使情况变得更糟。属猴人对任何谴责都是左耳进，右耳出，很难触到属猴人的痛处。因为属猴人认为别人的话不是真的，甚至认为别人的话是可笑的、无根据的。属猴人只相信自己，也没有反省精神，而且对自己的长处极为清楚。如果没有确凿的事实依据就去批评属猴人，那么会陷于被动。属猴人自我保护意识强而且敏捷，当属猴人被围困时，会使出所有手段果断迅速突围。一般来说，属猴人谨慎从事，但是遇到不断的袭扰时，也会勃然大怒。

2. 属猴人很精明，只是用法不当，属猴人总想以诱惑人的手段行事，总是寻找既不花钱费力，又能捞到便宜的事去做，所以属猴人很难赢得人们的信任。人们对属猴人过分聪明的建议反而感到怀疑,怀疑属猴人是否有什么不纯的目的。属猴人有时在表面上也承认这点,但内心深处他们永远热爱自己。这样说绝不意味着他们顽固不化,只是属猴人比别人更善于随机应变。不要为他们的举动生气、愠怒,不要说他们不可挽救,要利用属猴人的聪明才智,让他们发挥作用。如果能使属猴人走上发挥优点的轨道,属猴人将创造新记录,以更高层次的规范取代传统模式,各种高级的发明层出不穷。属猴人不愧为具有指挥家风度的,一往无前的改革者。属猴人不受旁人成功的影响,不为自己的失败气馁,只是一心要把事情做得更好。这样的结果往往是令人叹服的。

由于属猴人的精明与干练,使属猴人总是赢者。属猴人永不满足的心理与属猴人的天赋也确实成正比,属猴人感到充实,什么事情都想尝试一下。由于属猴人能精打细算,因此从来看不到他们在工作中浪费任何一点时间。属猴的人能头脑冷静地处理那些错综复杂的问题。属猴人还是认人为师、有进取心的人。属猴人掌握世间很多知识,无论他们选择何种职业,将来都能获得极大成功,特别是有能力成为语言学家。属猴人的一生中没有很强的竞争对手。出生猴年的人是天生的多面手,属猴人将会成为优秀的演员、作者、外交官、律师、运动员、股票经纪人、教师等。属猴人是出色的社会活动家,能同任何人往来。

属猴的人一般都有管理财务的才干,富于实践精神。属猴人常采取薄利多销的策略,达到事业上的兴旺。属猴人在同别人的交易中斤斤计较,不像属虎人那么爽快,也不像属龙人那样硬碰硬,属猴人只是依靠小赚头的不断积累。这些微小利润乍看起来不起眼,但当计算出每一部分小利润积累的结果,再去看看属猴人不断发展的现实时,就一定会吃惊了。工业、政治、经济等领域中如果没有这样的人参与是会受些损失的。

总而言之,属猴人热情、自信、责任心强。属猴人随时会从事艰苦的工作,但必须得到相应的报酬,否则,会连连抱怨,不愿再做。

优点:才智高且具有优秀的头脑,活泼好动且伶俐。好竞争,手腕敏捷,有侠义之情,反应快,能见机行事。社交手腕高明,善解人意,很快与人打成一片,但不喜欢被人控制,喜爱追求新鲜事务。聪明、机智、创新、有才华,能言善道,有极强的自我表现欲。非常适合演艺和推销工作。猴年生的男性精力充沛,身体健壮,常表现达观。机智勇敢,对环境变化有很强的适应能力。生性顽强不服输,拥有多项才能而能居主导地位。求知欲很强,博览群书,记忆力惊人,头脑灵活,很有创造力。善于把握机会扩大发展,造成时势,成为大企业家。

缺点:平常爱说大话,有点不脚踏实地。生性爱玩,缺乏耐心和毅力,眼光看得不远,犯有"今朝有酒今朝醉"的毛病。依赖心很重,好夸张,爱慕虚荣且喜新厌旧,不管做任何事都不会持续太久。狡猾伪善,无耐心,不忠实,狂妄自大,过分乐观,自负心强,喜爱投机。为了达成目的喜爱说谎骗人,尽管才智出众、八面玲珑,却不能以德服人,是典型的机会主义者。猴年生人无论说话做事一定要诚实踏实,否则会一塌糊涂。有自以为是的毛病,所以常导致错误失败。

(十)属鸡人的性格

"鸡"的特征是外表看似激进、自命不凡,内心却保守、拘泥于传统。属鸡人的性格基本分为两类,一类人爱好闲谈,总有不少闲言碎语,脾气火暴。另一类人洞察力强,善察言观色。这两种性格的人都很难处。属鸡人如果出生在虎支配的破晓时分或黄昏时辰,属鸡人会有唠唠叨叨的特点。属鸡人不停地说个没完,没有一点让人清闲的时候。更糟糕的是属鸡人往往夸夸其谈,却言之无物,没有任何有意义的正经话题。出生于夜间的属鸡人恰恰相反,过分严肃、保守,不善于交际,对人冷淡,像个书呆子,甚至脾气古怪,难以捉摸。

1. 鸡年出生的人相貌娇好,特别是男子,英俊挺拔,属鸡人也总为自己的相貌而骄傲,爱显示自己。人们不会看到属鸡人有懒散的样子,属鸡人总是昂首挺胸,端庄而尊贵。即便这年出生的最怕羞的人,在人面前也仍显得精干、灵秀,显示出自己的个性气质。如果说属鸡人有时也会大手大脚,那么这些钱也只花在自己身上。属鸡人对穿戴的选择很挑剔,喜欢引人注目。属鸡人有时把自己的家庭和办公室装饰得过于花哨。属鸡的人自己也爱打扮。属鸡的人还特别看重头衔与奖章,属鸡人都会去力争至少有一次获得奖章的机会,或者一项职业上的头衔,即使在战争中,属鸡人也要争得一枚勋章。属鸡人的钱除了花在自己的小家庭外,还会用在追求爱情或赢得同事的好感方面。只有一件东西别人可以免费从属鸡人那里得到,这就是——建议。

2. 属鸡人有不少优良品格弥补了自身的不足。他们精明强干,组织能力强,严肃认真,待人直率,遇事果断。他们对残暴的行为敢于正面指出,严厉批判。所以属鸡的人都是对事物过分挑剔、追求尽善尽美的人。他们对理论性较强的问题很敏感,在处理任何问题时都要按确立的章程去落实,对那些不按规章办事的人感到不理解。属鸡人的优点还是很多的。他们会在自己力所能及的情况下尽力去帮助别人。只是属鸡人的活力鼓动着他们太想显示自己。他们对自己的家庭非常关心,很维护自己的小天地。他们还希望有个大家庭,好有更多的人鼓励自己把事情做好。对那些占有属鸡人位置的人,属鸡人会采取不友好态度。无论事情发生多大变化,都无碍于属鸡人,因为他们不知疲倦,喜欢在各种事情中克服困难,寻找自己的出路。属鸡人早有准备,知道事情并非都如人意。属鸡人敢大胆幻想,充满抱负,而且命中注定会在日常工作中取得成果。另一方面也要看到,这些受内心强烈竞争意识支配的属鸡人,一旦发起怒来,也会置人于死地。

属鸡人的这些优点同时带来的缺点是,爱与人吵架,总想显示自己的知识渊博,从不顾忌别人的感受。一旦斗败,属鸡人也不会消沉,他们的方式是向每个人诉说自己的观点,使人们相信他们,站到自己这边来。当属鸡人处于消极状态时,他们会千方百计地固执己见,相信自己正确,只承认自己的优点,不承认任何缺点。但是,他们这样做的目的只想确认自己的价值所在,安抚自我,不一定非强加于人。由于他们爱虚张声势,所以不能真正认识自己,也不能认识炫耀、夸张给他们带来的不利。

3. 如果属鸡人距离他们梦想的生活目标太遥远、实现的可能性很小时,他们便会垂头丧气。属鸡人的弱点之一就是在前进道路上受阻时不知所措,甚至连小问题都不能处理,结果徘徊途中,一无所就。这样的表现对他们来说的确是无益的。属鸡人应该学会不钻牛角尖,谋求多方面的途径去发展。属鸡人是卓越的表演家,他们常常是活动场所的中心人物,总那么光彩照人。他们的性格给人极深的印象,一举一动都为公众注意。属鸡人欢快的情绪、机敏的性格举止,常使他们不放弃任何机会夸耀自己的冒险经历和成就。

属鸡人是持家好手,又喜欢解决和处理困难的问题及工作。但是,别指望他们做改革性的工作,属鸡人能将分配给他们的事情做得很好,但是缺乏创造性。他们很难承担那些改革性任务,情绪易变,忽高忽低。属鸡人活跃、敏感的心理特点支配着他们情绪的起伏。属鸡人注重事物相互间的联系,决不会片面下结论,总是寻找大量的事实依据来加以证实。

4. 所有属鸡的工作人员都有良好的声誉,他们知道如何用自己的智慧、高效率来赢得主管的信任。然而尽管属鸡人精力充沛,做事速度快,成功率高,但面对他们不愿意去做的事,就不会尽一点儿力量。属鸡人在普通岗位上会获得荣誉,得到报酬,但不会有特别远大的前程。因而,任何类型的属鸡人,去做那些普通的工作时,会在这些工作中找到自己的重要价值。但他们必须谨慎行事,才能使自己的计划长期顺利地进行下去。属鸡人处理事务的能力和善于做难度大的工作的天分,使他们年轻时代就开始了自己的事业,并在一生中的早期取得成绩。属鸡人最需要的是以严谨、节制的强硬方式约束自己活跃的个性,必须清楚地认识到,无论自己如何易激动,都不能轻易卷进争吵的风波中,要善于听取别人的意见。简言之,出生在鸡年的人如能沉着冷静地对待事务,就会取得成果。

所有属鸡的人在家庭中都会理财,他们会精打细算,力求收支平衡,而且对钱箱看得很严,对所有要办理的事都计算得极精细,也十分珍惜他们的时间。属鸡的小孩也可以充任"财产保管员"的职务,通过存放着一分分硬币,来扩充自己的"小银行"。

优点:做事很稳定,有现代新潮派的大志向,脑筋转动很快。性急,喜欢打扮自己,善于交际,有贵人相助,交友广阔,善于言辞,善于辩论又具说服力。对色彩感觉有独到之处。常与权威抗衡,自信力很强,喜爱豪华气派。爱好别人恭维,同时喜欢赞美别人,看不起那些不修边幅的人。坦白活跃,勇敢风趣,机智多谋,专心一意,勤奋热情慷慨。个性好胜,专注,凡事不愿落人之后,头脑反应快。深思熟虑,勤奋能干,富责任感,严守纪律,讨厌游手好闲的人。

缺点:具有忽冷忽热的心理,处事往往纸上谈兵,很少付诸行动。心里一有不满马上反应,毫不隐瞒。一切以自我利益为中心,处事乐观但刻薄短视,常自以为是,喜爱自吹自擂。说话不保留,易忽视旁人的感受与尊严。出言欠谨慎为社交上最大阻力。不会接纳别人的劝告,却会名正言顺地去教训别人。喜欢唠叨,心胸狭窄,傲慢自大,性情急躁,爱慕虚荣。

(十一)属狗人的性格

属狗人直率、诚实,为人仗义,对事公平,勤奋好学。属狗人的活跃特别引人注目,受到异性的好感。尽管属狗人外表看起来情绪高昂,但内心世界存留着一块悲观厌世的天地。他们也会为那些不必要担心的事情而焦虑,猜想着世界上每个角落都可能潜伏着危机。而有时候,他们的预感真会变成现实。属狗人注重事实的态度更有利于帮助那些吹牛皮说大话的人纠正自己的缺点。他们并非喜欢表现自己,而是出于内心的善意,他们认为有必要去判定一个人的对错。如果属狗人认为自己是正确的,就决不会向他人屈服。他们一经决定的事,任何力量也难于影响。他们在同对手争辩时,通常是用自己富有严谨逻辑的语言来击败对方。但当他们的冷静论辩和自我防卫受到破坏时,也会采取愤怒而激烈的抨击手段。属狗人在与人争吵时,方式总是公开的,而从不以在暗处做手脚为胜。

1.属狗人一般为人坦诚,不装腔作势,属狗人好打不平,愿意听人向自己陈述苦恼之事,以分担他人的不快。因此,属狗人懂得怎样与人和睦相处。属狗人对人们的某些言行举止不满时,也不会对人苛刻。他们也有愤怒的时候,但像火花闪电一样,转瞬即逝。他们的言行与别人发生冲突后,总是抱着解决问题的态度,而决不记恨于心。简言之,属狗人不是物质主义者,也不是因循守旧的人。他们的言行既朴实又机敏,很能看透人的内心。属狗人可以说是不挂头衔的律师,用审视的态度观察人们。但别期待属狗人在具体纠纷中发生作用,因为那时他们总是采取回避态度。

2.属狗人的眼睛与心灵都很警觉,他们愿为社会正常发展做出努力。属狗的人都精力充沛,属狗人即便遇到自己力所不能及的事情时,也会通过自己的建议去影响决策人。属狗人往往能清楚地看到自己处在高于别人位置上的危险,因此他们不大愿意出人头地。为此会被人们认为是"缺乏争取荣誉地位的竞争意识"。

国学经典文库

中华历书大全

·生肖星座·

图文珍藏版

属狗人将自己的抱负埋在内心,默默地从事自己喜爱的工作。出生狗年的人,具有约束自己的能力,使他们也会成为顾问、牧师、心理学家。属狗人能胜任军事工作,能成为优秀的教师、律师、法官、医生或运输业的领导人,还会以和平主义观点支持和展开社会运动。

3. 出生狗年的人不大注重钱财,但他们需要钱财时,没人像他们那样具有找钱财的能力。在大多数情况下,属狗人都出生在良好的家庭中,否则,他们会脱离家庭,靠自我奋斗来提高自己的生活地位。

4. 属狗人不会无根据地随意判断别人,即使他们对别人有点怀疑,只是对别人留点心罢了。就是性格最暴躁、最易发怒的属狗人,也不会毫无根据地给人做最后结论。但是,属狗人一旦对某人产生了自己的看法,那是很难使他们改变的。

属狗人注重实践,英勇无畏,说话直爽,对每个人都能做出恰当的判断,包括属狗人自己。属狗人对那些自己不喜欢的人会表现出默不作声的冷淡态度。

优点:富于正义感,讲义气,重人情道义,做事全力以赴。豪爽勇敢,见义勇为,谨慎小心,守本分、谦虚、忠心。生性纯朴正直,诚实友善,为人忠实可靠。富同情心,个性坦白无心机。直觉锐利,为人忠诚,颇爱主持公道,很受人尊敬。个性勤勉敬业,具有大志大望。行动敏捷,头脑聪明反应快。感情上,爱上对方不会轻易变心,宁可自己吃亏也不愿给人添麻烦,不会为自己利益做出违背道义的事。明辨是非,脑筋灵活且有领导能力,心地善良,奉献作为,博得人望。心性灵巧,待人和颜悦色,风趣诙谐。

缺点:感情起伏大,易燥易怒。依赖心强,杞人忧天,倔强逞强。重理论而在现实中缺乏行动力及判断力,不可独断独行,否则易遭极大的挫折。喜爱批评别人,追根究底,善猜疑,喜挑剔。有时会莫名地自我封闭或沉默不语。

(十二)属猪人的性格

属猪人不吝啬,喜欢同别人分享自己的所有。这样,在他们为别人付出时,也会从中受益。另一方面,他们的精神世界较粗浅,不敏感,甚至对别人给他们的侮辱只是不在乎的耸耸肩。属猪人眼光也较浅,只看眼前。也许正因为这个特点,倒使他们在本应极痛苦的时候解脱出来,他们从不把灾祸看得过重。引起属猪人陷入危机的境地也是由于他们过分慷慨造成的。当属猪人对别人提出的要求无法满足,或帮助别人力不能及时,他们不是面对现实,而是极度的沮丧、失望。属猪人相信宿命论,当他们一无所有时,会变得非常厌世,自我放任,由此走向沉沦的深渊。

1. 属猪人诚实,为自己辛勤劳作的成果而自豪,很少成为骗子或小偷。在他们善良的背后,隐藏着坚定的力量,只要可能,他们会坐在统治者的宝座上。只是他们瞻前顾后的弱点给自己前途中设下不少障碍。另外,属猪人还缺乏责任心,当受到限制或感到不快时,他们可以干脆转向对手一方,去新朋友那里立功获奖。属猪人有强烈的激情,使他们能以充沛精力与耐力进行工作,这一点令人钦佩,但他们的能量也会转变为祸根。属猪人精力过人,喜欢不受限制地享受生活中的所有乐趣,当他们不能分辨这些事物的善恶是非时,便会让人利用了弱点而堕落下去,不能自拔。属猪人喜欢愉快的娱乐活动,但在情绪消极时,又极易沉沦。

2. 尽管属猪人有一定文化修养,但属猪人不属于层次很高的人,属猪人喜欢欣赏事物外表的价值,缺少更深刻的见识。诚实、纯朴的属猪人真心热爱自己所爱的人,从不掩饰自己的情感。如恋爱不能成功,受伤害的总是属猪的男女。属猪人的主要毛病是不能对自己的家庭、朋友说半个"不"字,在许多事情中,总迫使别人也采取中庸态度处理问题,拉不开脸面辨明对错。但事情的结局处于困难状态时,属猪人能承担责任。

3. 属猪人一生勤劳,参加各项活动都十分卖力,所以精力消耗也大,好在他们做事总能圆满如意。属猪人沉稳、刚毅,心地善良、纯朴的性格总使他们走运。他们能以坚韧不拔的精神,勇气十足地承担分配给他们的一切工作,并会全力以赴地把工作做好。因此,有理由充分信任属猪人,让他们自己去奋斗。

4. 属猪人待人宽宏大度,对别人的错误采取既往不咎的态度。因此,总能与人保持亲切关系。属猪人寻求以忍耐精神来完善自己,并以这种精神坚持不懈地工作,是成为一个优秀教师的好材料。

属猪人虽有时也发脾气,但他们不愿争吵,每当发生争执时,他们总以忍让使事情结束。因为他们尽力要同所有人和谐,又无哗众取宠、谋取私利之心。所以,属猪人酷爱社会工作和慈善事业。

属猪人较轻信,轻易相信别人和别人所说的所有事情,包括那些仅有一面之交的人甚至陌生人。有时因太诚实、天真,反倒成为狡诈的牺牲品。因此他们很容易受蒙蔽,并且会因此失去钱财。所以,属猪人不宜掌管财务,因心肠太软而抓不紧钱袋。

属猪人一生中会持久地以忠诚、为人着想的品格待人,保持与朋友的珍贵友情。人们可以充分信赖他们,因为他们不会搞阴谋诡计。属猪人的坦诚态度会赢得来自四面八方的帮助,他们不必请求支持,就会有人自愿相助。而属猪人若处在可以帮助别人的地位时,也决不会袖手旁观。这种品格,使属猪人深受人们尊敬,同时也令他们自信。属猪人会不断创造出一个又一个奇迹来。属猪人非常讲究体面,外表堂堂,具有骑士风采,同时也有骑士助人为乐的良好品质,可以替人承担棘手的工作,没有丝毫抱怨,当朋友遇到危难时,他们会挺身而出,毫无怨言。如果世间对你不公,或当你受到致命打击时,只要你找到一位属猪的朋友帮忙,属猪人会耐心听你倾诉苦衷,拔刀相助。即使是当事人自己的错误造成的,属猪人也不会流露出责备的意思,仍会尽力帮忙,还会多找些人来奔走解难。在他们那里,不会遭白眼或听官腔十足的训诫。对属猪人来说,一些复杂问题都可以简单化。

5. 属猪人喜欢各种聚会,操办各种喜庆节日,或主持晚会,乐意参加各种俱乐部及协会。他们讨厌与人争执,善于调解他人的矛盾,真诚与可信确实是他们一笔宝贵的精神财富。当然,属猪人也是存在某些缺点的,与他们的慷慨大方同时存在的是"别人的即是我的"的糊涂观点。当一个属猪人去朋友家做客时,会带着孩子理所当然地单纯享用朋友家的吃喝,随便穿朋友家人的衣服,或许还会未经许可便使用朋友新购置的高尔夫球器材,使用朋友刚买的照相机、朋友的汽车,等等。属猪人不大理解和接受人们所谓的"私人生活"的准则。属猪人待人和蔼可亲,同时希望别人容忍自己的不足。

优点:真诚正直,凡事认真实行,人缘极佳。性情率直,心地善良,个人主义至上,内心刚毅,慷慨大方,直截了当,正义感强烈,光明磊落,不拘小节,天真烂漫。思想单纯天真,不会与人斤斤计较,绝对不会诈欺和出卖朋友,坦诚,很能容忍。智力丰富,求知欲强。朋友友谊长久,不交则已,一旦成为挚友便会对朋友照顾得无微不至。乐天主义,不需要过分操劳便可维持生计。女性非常看重家庭,有计划地安排家务。

缺点:好睡重眠,对人没有猜疑而常受骗上当。好批评不善交际。性情急躁,脾气粗暴而容易冲动,缺乏沟通协调精神。好猜疑嫉妒,气短浅见。固执俗气,贪玩乐,无进取心。

八、星座的起源

关于星座的起源最早可以追溯到公元前一千年前后,它最早起源于四大文明古国之一的古巴比伦,在当时古巴比伦人已经提出 30 个星座。随着两河流域文化(古巴比伦一带)的发展及传播,为古希腊文化的发展起了一定的推动作用。古希腊天文学家对巴比伦的星座作了进一步的补充和发展,编制出了古希腊星座表。古希腊天文学家托勒玫编制了 48 个星座。后来,经国际天文联合组织研究决定,把天空划分为 88 个星座,并正式公布了这些星座的名称。这 88 个星座被分成三个天区,其中,北半球 29 个,南半球 47 个,黄道附近 12 个,而我们平时所讲的星座也就是黄道上的 12 个星座,关于它们各有一些神话传说。

(一)牧羊座的传说

传说在一个古老的国度里,国王阿塔玛斯和王后涅佩拉结婚,两人生下一对双胞胎。但由于国王和王后的性格极为不和,所以国王就提出和王后离婚,王后被国王赶出宫外。国王重新娶了一位美丽的女子伊诺娃,并封为新王后。这位新王后的忌妒之心太重,在她和国王有了自己的孩子后,就想尽一切办法要杀死前王后留下的唯一一对双胞胎。于是她收买占星师,并向国王告状:若不将前王后所生的孩子送给宙斯当祭品,众神将大怒,则会让全天下之人遭遇饥荒之灾。前王后知道后就向宙斯求救,于是宙斯就派天上的黄金牧羊救走了这对双胞胎兄妹。宙斯为了奖励黄金牧羊便将它高高悬挂在天上,也就是今天大家熟知的牧羊座。

(二)金牛座的传说

传说一位国王有一个非常漂亮的女儿欧罗芭,一天,公主在海边戏水时,突然发现一只洁白的牛用温柔的眼光望着她,刚开始,公主大吃一惊,但后来她还是走到那只望着她的牛身旁,轻轻地抚摸它。由于牛非常温驯,于是公主就放心地骑到牛背上,谁知那只牛突然就带着公主朝天空飞去。原来牛是宙斯的化身,宙斯对她仰慕已久,最后公主答应了他的请求,到了克里特岛后,就和宙斯举行婚礼。后来,宙斯和欧罗芭公主过着幸福的日子。

(三)双子座的传说

传说卡斯托尔和波吕杜克斯是一对孪生兄弟,他们两个英勇善战,哥哥擅长马术,弟弟精于射箭、拳击,威名远扬。兄弟两个在许多战争中配合的都相当好,可谓一对战场上的健将。不幸的是哥哥在一次战斗中受伤身亡,弟弟为哥哥的死深感悲痛,他向宙斯请求用自己的生命来换回哥哥。宙斯被弟弟的这一行为深深地感动了,于是,将他们两人安置在天空成为双子座,永不分离。

(四)巨蟹座的传说

宙斯和一位人间的漂亮女孩结婚,他们的儿子叫海格拉斯,海格拉斯后来和德贝的公主结婚,过着美满幸福的生活。由于宙斯的正后赫拉布下了咒语,海格拉斯竟亲手杀了他的妻子,最后海格拉斯准备自杀。宙斯为了让他赎罪,任命他为耶里斯特斯王,要求他必须经历十二大冒险行动。其中第二项是制伏一条住在沼泽附近洞窟内的巨蛇。海格拉斯在与巨蛇作战时,赫拉悄悄派来的大巨蟹咬住海格拉斯的脚,最后海格拉斯用大棒将蟹壳击碎,大蛇也被杀。赫拉非常生气,最后把巨蟹放在天上成为星座。

(五)狮子座的传说

宙斯之子海格拉斯,被派到涅梅谷去制伏吃人的狮子,这只狮子专吃家畜和村人,以前曾有人来制伏,但都没有活着出来。来到这里的海格拉斯观察了好几天,才发现狮子的踪迹。海格拉斯欲射箭攻击,但因狮皮太硬而无效。他想尽一切办法,最后终于把这只狮子绑住。女神赫拉为了感念这只狮子,于是在天上设立了狮

子星座。

（六）处女座的传说

农业女神的女儿普西芬妮在野外玩耍时，地面突然裂开，她也随着掉了下去。她的母亲为了找回失踪的女儿而四处寻访。正好太阳神看到事情的经过，他告诉农业女神是冥王海德斯想娶她的女儿为妻，而将她带回地下。农业女神听了因悲伤过度而使大地寸草不生，宙斯看事态比较严重，就向海德斯说情，可是海德斯在普西芬妮要走时，拿了冥界石榴给她吃，普西芬妮也由于可以离开而兴奋地吃了四个石榴，结果被迫一年有四个月要留在冥界，这四个月就变成今日万物不宜耕种的冬天，普西芬妮一回到人间就是春天，其母亲就是处女座的化身。

（七）天秤座的传说

据说这是正义女神在为人类做善恶裁判时所用的天秤，她一只手持秤，一只手握着斩除邪恶的剑。从前的众神和人类是和平共处于大地上，神虽拥有永远的生命，但人类寿命有限。因此寂寞的神只有不断创造人类，但最后因人类的争强好斗，众神在对人类失望之余回到天上。只有正义女神舍不得回去而留在世上，教人为善。尽管如此，人类仍继续争斗，于是战争掀起。最后正义女神也只好放弃人类重新回到天上，而天空就高挂着爱好正义与和平的天秤座。

（八）天蝎座的传说

奥立安是一位海神的儿子，长相英俊且身体强壮，因此受到很多女孩的青睐。他曾自豪地自称世界上没有比自己更棒的人。女神赫拉听到后相当不悦，派出一只猛毒的天蝎去抓奥立安，天蝎以其毒针向奥立安刺去，他还来不及反应就已气绝身亡。天蝎因为有此功勋，所以就有了天蝎座。

（九）射手座的传说

从前有一个野蛮的种族，他们一半是人头，一半是马身。然而在一群残暴的族人当中，一位收获之神的儿子喀戎却是一个比较贤明的半人半马的族人，他不仅懂得音乐、占星，还是海格拉斯的老师。有一天海格拉斯和族人发生冲突，被追杀的人就逃入喀戎家中，愤怒的海格拉斯就瞄准半马半人族放箭，他不知道老师喀戎也混在其中，而毒箭误射到老师的脚。喀戎虽十分痛苦，但因有不死之身无法从痛苦中解放。于是他把不死之身让给了巨人神的英雄普罗米修斯，最后死去。宙斯很感动，就把他送到天上成了射手座，也叫人马座。

（十）摩羯座的传说

牧神潘恩是一个长相很特别的人，长着山羊角、蹄和胡子。但由于潘恩能演出美妙的音乐，所以他常被邀请到宴会中为众神助兴。有一次，在他为众神们吹奏

时，一个大怪物突然闯入宴会。众神们都纷纷躲开，潘恩在慌忙中也化作鱼跳入尼罗河中，因为太过紧张的关系，只有下半身变成鱼尾，这就成了摩羯座。

（十一）水瓶座的传说

传说宙斯的妹妹所生的女儿是天界的水瓶使者，后来她嫁到别神府，这一职务便空着。于是宙斯让一个名叫加尼米德的王子来担任水瓶使者一职，并派使者前去邀请。可是这位王子不喜欢这个职务，没有应邀。宙斯知道后十分愤怒，他不但将加尼米德抓回，还迫使他永远担任侍者的工作。从此加尼米德便永远成为天界的水瓶使者了。水瓶座就是少年提着壶倒水的姿态，而宝瓶中的水就是众神智能的泉源。

（十二）双鱼座的传说

一个天气晴朗的上午，众神在河畔设宴。他们一起唱歌与弹奏乐器，气氛相当活跃。突然过来一个长着大羽翼的怪物。众神一看不妙，他们皆以动物之姿逃离。爱和美之女神阿弗罗裘特与其子恋爱之神耶罗斯变身为鱼，逃到尤法拉特斯河中。他们彼此用缎带将两人尾巴绑在一起，永不分开，就这样顺利从怪物手中逃脱。母子俩就这样以尾巴相连，永不分离的姿势升天，这就是双鱼座的由来。

天文学的不断完善与发展是人类智慧的结晶，古希腊人用他们的文明为后世留下了不可磨灭的星座文化。他们用智慧的大脑把神话故事与星座联系在一起，为各个星座编织了一个个美丽动人的故事。

九、星座与人生

十二个星座代表着每个人不同的人生，每个星座的特征都赋予了人生每个阶段不同的特征，同样当太阳位于十二星的某个座时，也会遵循这一特征而展开人生之路。太阳是影响人类的最大行星，所以它对人们最为重要，各个星座的人也会在各个阶段以自己独有的个性特点展现阶段性的星座特点。就如同紫斗里有十年一大运，而星座是七年一大运，因而可以说每个人都是在土星影响下的，因为七年几乎是土星的四分之一周期，土星意味着挫折，同时也预示着每一次挫折都是我们成长的机会。

（一）星座所反映的人性特质

每个星座都各有的独特的优势，反映在人们的行为与做事原则、自我完善策略及与他人的人际交往中。然而人生的魅力并不会在每一个人身上都得到百分百的体现，有的人生来忙碌，有的人自甘落寞，甚至自叹自怜。而实际上，只有当你认清并审视自身的独特气质与星座的特征，将本命主星的特征与自身的性格结合起来，

并把好的方面充分发挥出来，才能体现出你独一无二的人生魅力。

如牧羊座，它属于黄道上第一宫，由于它是从春分点上开始的第一个星座，所以是代表着春天与活力的星座。牧羊座人的原动力就是"我永远是第一"，自我的观点和行为是首要的。因此无论遇到什么阻碍或困难，他们都会按照自己的主见行事，坚持自己的原则。当然这种不惧压力、无畏挑战的精神是很有必要的，但因为牧羊座的人喜欢竞争，往往因争一时之胜负而与对手结下恩怨。换言之，即牧羊座的人勇敢冒险的进取精神，也会成为其好斗胜勇的顽念，往往会因与对手的过分纠缠而失去更好的前进机会，因此对牧羊座的人来说，适时而审慎地选择自己的目标与竞争对手是最为关键的，在面对机遇与挑战时，要有随时摆脱对手纠缠，迅速向自己目标迈进的决心，切不要逞一时之勇而贻误最佳时机。

天蝎座位于黄道的第八宫，是暗含着人性阴暗面与神秘心理智慧的星座。天蝎座人天性中有神秘和冷酷的一面，然而在他们冷漠的外表下，隐藏着为追求内心生命与深沉智慧的精力与活力。由于他们拥有旺盛的生命精力，使得他们在面临重大转折或挑战时，凭借着很强的忍辱力与决断力来扭转困局，从而后来者居上。这与天蝎座的强烈的生存欲望及略带狂热的执著天性有着不可分割的关系。因此，对天蝎座的人来说，失败或许正是全面审视自己，改变人生的最佳时机。

十二星座位居最后的是双鱼座，它似乎因为是属于冬季与春季之间过渡交替的星座，从不以自己的信念或意愿行事，而以自然万物都应具有的行为原理和共存法则，来看待世界和约束自己。双鱼座人会轻而易举地断定自己的位置和处境，并因为自己是这个世界中的一部分而平常地看待自己。因此，对于双鱼座的人来说，重要的是在顺从，但也不能盲从。双鱼座的人并不想由自己来决定现实世界的色彩，但是因为他们缺乏对事物的判断力，往往表现得优柔寡断，遇事总喜欢随大流。这也使得他们会轻易放弃属于自己的一切，同时又会因为相信别人而默默接受身边人的一切。对于他们来说，重要的是要依据自己的能力来支配和完善自己，并经常能够从他相信的事物中得到印证。只有经常能在内心保持活跃与宽忍的心态，才能使自己永远保持暖色基调，从容而乐观地把握人生。

（二）不同的星座代表不同的人生

虽然每个星座都有出色的代表人物和佼佼者，但并不是每一个星座的人生皆相同，也不是每一个星座都具有相同的心理及性格，即人们的人格中所孕育的力量与一个人的潜质会随着环境的改变而发生变化的。在竞争日趋激烈的时代，作为现代人，一方面要保全自我，另一方面又要通过窥视自己独特人格来进一步了解这一变化的过程，从而做到真正了解自己，更好地正视自己，将自我与他人不同的魅力最大限度地展现出来。不同的星座群体有着不同的人生，只有通过对个体与星座之间的关系进行仔细的对比与分析,才能了解每一个星座赋予人们的不同气息与魅力。

同时,大家都习惯于迷恋和崇拜杰出和成功的人物,但事实上通过星座分析,特别是对具体时刻与名人命运的解析,便会发现每个人出生时其心理与生理机制基本相同,但到青年甚至中年后就会有彻底的变化。有些人会认为是命宫主星所发挥的作用,但另外一些人则认为是环境造就的差异。无数的事实说明,尽管星座与命宫主星对人们的人生起着重要的作用,但同时也不要忽视自身后天的学习与努力。

(三)星座命理

太阳与主星在人生星盘中起着重要的作用,而其他的一些行星对人生也有着不可忽视的影响。对于生活在现代的人们来讲,特别容易感受到这股强大的势力,或者叫威力。因为天王星、海王星、冥王星在进入1971年后的相毗邻以及与诸星对峙,甚至冥王星与月亮的紧张关系,都促使我们渴望了解自身中更多神秘或者叫微妙的心理。其实,杰出的星座代表人物并不能代表每一个同星座人的性格以及命运,只有对自己有一个清醒的认识,明白哪颗星在发挥着举足轻重的作用,才能找到出生星盘中暗含的消极与积极因素,进而充分发挥自己的优势与潜能,弥补自己的星盘劣势,将命盘中的星辰布局发挥到最佳作用。

因此来说,每个星座都是相互关联在一起的,只有相互依存和取长补短,才能发挥太阳星辰的优势及其独一无二的潜能。如天秤座的人,其天生最大的优势就是有修养、具有艺术天赋及审美创造力和阅读能力,但如果他们不懂得充分运用天生完善和灵活的社交手段,那么,对于一向强调美感与和谐的天秤座人来说,有时也会因不能清楚地表达自己的愿望而与好运失之交臂。一旦物质上的和谐情形没有得到改善,天秤座人一向引以自豪的优雅也会荡然无存,并丧失社交和人格魅力。所以,这时天秤星座的人就应该向牧羊座的自我主义和魅力人格观念学习,以自我为中心,尝试在共存与和谐的大环境中,塑造自己的自我中心美丽氛围,即将果敢与热情融入到集体氛围中,那么其人生将会更加完美!

在此希望所有喜欢星座占卜的朋友,请放下沉重的包袱,发扬学习和交谈精神,袒开自己的心扉,每一天都树立必胜的信心,涤荡自身的陈旧与阴霾,乐观迎接每一天和快节奏的生活方式,充实和完善自己的每一个学习和工作环节,调整自己的步伐。

星座研究不仅十分有趣,更是人格调整、改变和解压的一道美味佳肴。

十、星座和二十八宿

在古代，人们为了研究天体，便人为地把星空分成若干个区域，这在中国称之为星官，而西方称之为星座。我国古代把天空分成三垣二十八宿，最早的完整文字记录见诸《史记·天官书》中。古人把二十八个部分归为四个大的星区，分别为：东方青龙、北方玄武、西方白虎、南方朱雀，每一个方位星区七宿。二十八星宿根据其在天体中的位置，周而复始不停地运转，沿着黄道和赤道分布在东西南北四个方向的天象，用以区分昼夜的变化以及与阴阳气数的变化。二十八宿是天文星象学，是以北极星为中心，定出的东、南、西、北的方位天象。

（一）东方苍龙七宿中的星座

苍龙七宿中包括四十六个星座，共有三百多颗星，组成的形状好似一条苍龙。不少学者认为，《易经》乾坤"潜龙勿用""见龙在田""或跃渊""飞龙在天""亢龙有悔"，描述的正是苍龙七宿在春天时的天象。《石氏星经》中记载道："角为苍龙之首，实主春生之权，亦即苍龙之角也。"《说文》中称"亢人颈也"，因此，亢宿被认为是苍龙的颈。氐宿又名天根，为苍龙的胸。房宿为苍龙之腹，由于龙为天马，所以房宿又称为天驷或马祖。心宿即大火星。尾宿是苍龙之尾，按古代分野说，尾宿和箕宿对应着九江口，因此，尾宿又名九江，它附近有天江星、鱼星、龟星。箕宿也是苍龙之尾，它附近还有糠星和杵星。其中角宿包含有二星，都属于处女座；亢宿包含有四星，均属于处女座中的三等星；氐宿包含有四星，均属于天秤座；房宿包含有四星，心宿包含有三星，尾宿包含有三星，这些星都属于天蝎座；箕宿中有四星，均属于人马座。

（二）北方玄武七宿中的星座

玄武七宿中包括六十五个星座，八百多颗星，它们组成了蛇与龟的形状，故称为玄武。七宿中斗宿为北方玄武元龟之首，由六颗星组成，形状像斗，一般称其为南斗，它与北斗一起掌管着生死大权，故又称之为天庙。牛宿六星，形状像牛角。女宿四星，形状像箕。虚宿又名天节，含有不祥的寓意。在古代，虚星主秋，此时万物枯落，含有肃杀之象。危宿内有坟墓星座、虚梁、盖屋星座，亦不祥，反映了古代人们在深秋向冬季转换之时的内心不安。室宿又称为玄宫、清庙、玄冥，它的出现预示着人们要加固房屋，准备过冬。壁宿与室宿相似，含有加固院墙的意思。北方玄武星宿地位甚高，北京旧有真武庙（复兴门外），即供奉玄武大帝。斗宿有六星，均属于人马座；牛宿有六星，均属于摩羯座，又称之为牵牛星或牛郎星。女宿有四星，其中有三星属于水瓶座，虚宿有二星，虚宿一即水瓶座，虚宿二即小马座，它们

国学经典文库

中华历书大全

·生肖星座·

图文珍藏版

共称为美丽双星；危宿有三星，第一星即水瓶座，第二星与第三星水即飞马座；室宿有二星，均属于双鱼星座；壁宿有二星，分别属于双鱼座和白羊座。

（三）西方白虎七宿中的星座

白虎七宿中共有五十四个星座，七百多颗星，由它们组成的图案像虎的形状。奎宿由十六颗不太亮的星组成，是白虎之神的尾巴。娄宿附近有左更、右更、天仓、天大将军等星座。胃宿三星连在一起，附近有天廪、天船、积尸、积水等星座。昴宿内有卷舌、天谗之星，含有祸从口出之意。毕宿八星，形状像叉爪，又因为古代将网小柄长的东西称为毕，毕星又称为雨师（箕星为雨伯），又名屏翳、号屏、玄冥（与室宿相同），我国以毕宿为雨星。觜宿三星几乎完全靠在一起，参宿七星，中间三星排成一排，两侧各有两颗星，七颗星均很亮，在天空中非常显眼，它与大火星正好相对。奎宿有十六星，其中九个属于仙女座，七个属于双鱼座；娄宿、胃宿有三星，都属于白羊座；昴宿有七星，其中的六个属于金牛座；毕宿有八星，七个属于金牛座；觜宿有三星，均属于金牛座；参宿有七星，均属于双子座。

（四）南方朱雀七宿中的星座

南方七宿中共有四十二个星座，五百多颗星，形状像朱雀。井宿八星排成井的形状，西方称为双子，附近有北河、南河（即小犬星座）、积水、水府等星座。鬼宿四星，附近有天狗、天社、外厨等星座。柳宿八星的形状如垂柳，是朱雀之口。星宿七星是朱雀的颈，附近是轩辕十七星。张宿六星为朱雀的嗉子，附近有天庙十四星。翼宿二十二星相当于朱雀的翅膀和尾巴。轸宿四星又名天车，在四星的两旁有左辖、右辖两星。井宿有八星，都属于双子座；鬼宿有四星，均属于巨蟹座；柳宿有八星，均属于狮子座；星宿有七星，六个属于狮子座；张宿有六星，都属于长蛇座；翼宿有二十二星，第一至第十一属于巨蟹座，十二至十四属于长蛇座，其他的不明。轸宿有四星，都属于处女座。

这里所谓的宿就是针对星座而言的，二十八星宿是指天象的星座，二十八宿是东南西北各有七宿，其星数并非一样，东方七宿有三十二星，南方七宿有六十四星，西方七宿有五十一星，北方七宿有三十五星，全部共有一百八十二星，它们循着一定的轨道围绕天体运行，我们称之为黄道。

十一、十二星座的天空位置和性格特点

人们出生的年月日不同，星座便不同，性格也会有所不同。但是并不是绝对的，俗话说君子造命，人是可以改变自己的性格的。不妨通过分析星座的性格来借鉴一下，看看自己有哪些性格上的优势和劣势，从而完善自己的性格。下面让我们

来对十二星座具体分析一下。

（一）白羊座的位置及性格特点

白羊座，又名牧羊座，位于黄道十二星座中的第一位，守护星为火星，位于黄道0°~30°，相对星座为天秤座。

白羊座的人性格开朗，热情大方，富有正义感是这一星座的最大特色。白羊座的人是天生的勇者，不畏惧任何困难，即使碰到阻碍，他们也会运用智慧来克服。他们对生活充满好奇心，有着坚强的意志力和创新精神。当他们面临竞争压力时，会表现出战斗力十足而且洋溢着热情的活力，是行动派的人物。白羊座的自我意识和主观意识很强，充满自信而且固执，总是积极主动地争取每一个机会的降临。虽然有时会显得冲动，但基本上还是会保持理智和果决，是个适合面对竞争压力、热情且永远天真的人。

（二）金牛座的位置及性格特点

金牛座，位于黄道十二星座中的第二位，守护星为金星，位于黄道30°~60°，相对星座为天蝎座。

此星座的人，给人一种文雅、美丽的感觉，虽然不太喜欢说话，却勇于追求美梦及理想，富有同情心。金牛为人诚实、真心可靠、做事讲求方法，无论做任何事总是力求完美。一旦下定决心去做某事，没有人可以改变。做事能够坚守原则且不会同流合污，待人纯洁又热诚。他们是十二星座中工作最为勤奋，刻苦耐劳的，有耐心、耐力、韧性是他们的特性。他们相信拥有爱情、美丽与富有的喜悦，是生命存在的证明，也是他们信仰的真理。

（三）双子座的位置及性格特点

双子座位于黄道十二星座中的第三位，守护星为水星，位于黄道60°~90°，相对星座为射手座。

他们的性格特点是思维反应敏捷，能言善辩，富有商业头脑，是个智力型的星座，给他人的印象是迷人、活泼而富有吸引力，喜欢受人重视。双子座人的意志一直都是一体两面的，积极与消极，动与静，明与暗，相互消长，共荣共存。他们可同时处理很多事情，有些则会表现明显的两种或多种性格，这种多变的特性，往往令人难以捉摸，双子星座的人可说具有多方的才能，是个多才多艺的人，又富有机智，有文艺的才华，又擅长交际，是个十分圆滑的交际家，人人乐意与他交往，可惜的是，他们往往因缺乏耐性、定性，所以见异思迁成了他们的大缺点。

（四）巨蟹座的位置及性格特点

巨蟹座是黄道星座中的第四个星座，守护星为月亮，位于黄道90°~120°，相对星座为摩羯座。

此星座的人,有责任感。大部分巨蟹座的人都比较内向、羞怯,虽然他们常用一种表面的夸张方式来表达,但基本上他们是缺乏自信的,也不太能适应新的环境。虽然对新的事物都很感兴趣,但真实却是很传统、恋旧的,看来似乎有些双重个性。巨蟹座的人富有家庭观念,如果是女性,则具有强烈的母性本能。巨蟹座和善、体贴、宽容不记仇,对家人与好朋友非常忠诚,记忆力很好,求知欲很强,顺从性强,想象力也极丰富。他们喜欢探索别人的秘密,却把自己隐藏得很好,并且从不放弃所要的东西。

(五)狮子座的位置及性格特点

黄道十二星座的第五个星座,守护星为太阳,位于黄道 120° ~ 150°,相对星座为水瓶座。

狮子座的人会给人一种王者风范的印象,是最有权威感的星座。他们做事相当独立,懂得运用能力与权术达到目的。本质是阳刚、宽宏大量、乐观、光明磊落、不拘小节、心胸开阔,不过也会有顽固、傲慢、独裁的一面。狮子座的人自信心强,擅长组织事务,能够发挥创造的才华,使成果具有原创性。同时,他们也热爱生命、勇敢、坚持原则及理念。对人友善、体贴,几乎不会去猜忌他人,对朋友非常慷慨大方,天生有很深很重的同情心。

(六)处女座的位置及性格特点

处女座,又名室女座,黄道十二星座的第六个星座,守护星为水星,位于黄道 150° ~ 180°,相对星座为双鱼座。

处女座的人通常做事认真负责,是个完美主义者。他们总抱有一颗赤子之心,充满了对过去的回忆及对未来的梦想,善于领会他人的意思。此外他们也有惊人的观察力,有容易感动的性情,非常仁慈且具怜悯心。通常他们也很实际,有特殊的评论能力,强调完整性,不喜欢半途而废。但他们的缺点是对自己没有信心,需要朋友和家人的鼓励去推动他们,有时组织能力很差,天生担忧的性格也令他们容易悲观!

(七)天秤座的位置及性格特点

天秤座是黄道十二星座的第七个星座,守护星为金星,位于黄道 180° ~ 210°。

天秤座的人生性仁慈、怜悯、大方,是受人喜爱的性格,忠诚且易受感动。由于受到金星的影响,他们有着较强的理解能力和艺术鉴赏力,但缺点是往往会把任何事物都当做艺术和游戏,以这一体两面的方式来表现。天秤座也是俊男美女最多的一个星座,具有创作的天分,人缘和口才也都很好。他们看待事物较客观,常为人设身处地着想,通常也较外向,感情丰富,视爱情为一切。天秤座的人是理想主义与现实主义者的结合体,性格极端矛盾。他们是和平的使者也是战士,亦是个兼具感性、公平公正及贵族气息的人。

(八)天蝎座的位置及性格特点

黄道十二星座的第八个星座,守护星为冥王星、火星,位于黄道210°~240°之间。

此星座的人沉默寡言,外表给人一种神秘的感觉,但是在他们内心深处都有一份强烈的热情。他们做事总是有条不紊,井然有序,遇到困难也毫不退缩。富有强大的生命力,能够吸引他人的注意力,令人折服!天蝎座个性强悍而不妥协,非常好胜,这是对自我的一种要求及自我超越,来不断填补自己的欲望。正因为如此,天蝎座的人在心中总定有一个目标,且非常有毅力,以不屈不挠的斗志和战斗力,深思熟虑地朝目标前进。总之,天蝎座是一个有强烈责任感、韧性强、有概念、条理化、意志力强、支配欲强烈的星座,对于生命的奥秘有独特见解的本能,并且永远有充沛的精力。

(九)射手座的位置及性格特点

射手座又称人马座,黄道十二星座的第九个星座,守护星为木星,位于黄道240°~270°。

射手座的人生性乐观、热情,是个享乐主义派,而且大方又无拘无束,仿佛有用不完的力气,喜欢与人争论,脾气很暴躁,容易生气。野心很大,对权力、地位很有兴趣,不过对于受难的人或事都有慈悲的心肠。他们幽默、刚直率真、对人生的看法富含哲理性,也希望能将自身所散发的火热生命力及快感,感染到别人,所以人缘通常都很好。他们有着远大的理想,任何时候都不会放弃希望和理想。他们始终在追求一个能完全属于自己的生活环境,但可能是因他们有着豁达的人生观,所以时常会乐观得过了头。

(十)摩羯座的位置及性格特点

摩羯座又名山羊座,黄道十二星座的第十个星座,守护星为土星,位于黄道270°~300°。

这个星座的人是属于较内向的性格,比较保守且没有安全感和幽默感。固执可以说是他们最大的特质,对事情的看法、态度,一旦下定决心,不达到目的他们是不会放手的。而他们的忍耐力与勤奋的天性可谓是十二星座之最,当然他们亦是最孤独的一个星座。一个典型的摩羯座人士,最重视就是自己的面子,他们从来不喜欢太多地外露自己的内心世界。摩羯座的人若想发财,得脚踏实地、努力去赚才行,与赌博致富绝缘,完全没有偏财运,也因此,他们大多具有节俭的美德。

（十一）水瓶座的位置及性格特点

水瓶座又称为宝瓶座，为黄道十二星座的第十一个星座，守护星为天王星，位于黄道300°~330°，相对星座为狮子座。

水瓶座的人个性温和，较活泼也很有表现力，天生具有说服他人的能力，也有为大众服务的精神。说话风趣又幽默，很迷人，而有时又显得过于抑郁，对某些事有点无动于衷，也很懒散。不过虽然有迷人的风度，却胆小一些，也有点保守，但是他们的表白能力可是不容忽略的！他们的心胸宽大爱好和平，主张人人平等、无分贵贱贫富，不但尊重个人自由，也乐于助人、热爱生命，是个典型的理想主义和人道主义者，他们深信世上自有公理，所以常有改革的精神。另外，他们也很重视理论和知识，有优秀的推理力和创造力，客观、冷静、善于思考，思想博爱，价值观很强。

（十二）双鱼座的位置及性格特点

黄道十二星座的最后一个星座，守护星为海王星，位于黄道330°~0°，相对星座为处女座。

双鱼座的人多愁善感，被认为是性格复杂的人。神经质、健忘、多愁善感、想象丰富、自欺欺人等都是用来形容双鱼座人的，双鱼座最大的优点是有一颗善良的心，乐于助人，愿意为别人而牺牲自己。不过，不要以为他很伟大，其实只是他借着帮助别人而突出自己的价值，可见他们对自己多么没有信心，所以他们还经常为自己找借口逃避现实。亦不要以为双鱼座的人本性温柔，有时年纪大的双鱼座会承受不了自我的压力，而转化成为自己的脾气，向别人无理取闹，自以为是，他们的内心仍然是脆弱不堪的！

不同的星座代表了不同的性格，我们通过对各个星座的具体分析，对自己的性格有了一个更为清楚的认识和了解。不妨在工作或繁忙之余坐下来，研究一下自己的星座，也是一种美的享受。

十二、二十八星宿与十二生肖

十二生肖源于二十八星宿，是从其中选取十二星宿为其代表。生肖，在传统意义上，局限在动物的属性，但这只是人们观察星宿所创意联想的动物形成而已，事实上，每一生肖都是天上星宿的代表，且生肖在古代汉语里就被称为"星宿"。

在民间流传着许多关于十二生肖的美丽传说，对于十二生宵的排列顺序，更是衍生了许多生动的故事，有种说法称是因为老鼠站在了大象的背上，所以才被幸运地点为了"状元"。然而，传说毕竟是传说，科学的说法应该是：十二生肖与古老的星象学有着相当大的关联。

关于星象学,在《易·传》里曾有记载,先贤"仰则观象于天,俯则察法于地……"古人经过大量的观测,创立了星象学。古星象学大体上可分为三垣、四象、七政等,三垣即紫微、太微、天市;七政是日、月及五星;四象则是分布在赤道与黄道附近的28组星座,它是日、月、五星等之行经之舍,也称为二十八宿:

东方为青龙:由角木蛟,亢金龙,氐土貉,房日兔,心月狐,尾火虎,箕水豹组成。

南方为朱雀:由井木犴,鬼金羊,柳土獐,星日马,张月鹿,翼火蛇,轸水蚓组成。

西方为白虎:由奎木狼,娄金狗,胃土雉,昴日鸡,毕月乌,觜火猴,参水猿组成。

北方为玄武:由斗木獬,牛金牛,女土蝠,虚日鼠,危月燕,室火猪,壁水貐组成。

在传统的记载中,我们看到的二十八星宿的名称都是以单字简称的,事实上,这二十八星宿代表的是二十八种动物,而十二生肖的顺序正好与二十八星宿的位序相吻合。古代常以地支计时,二十八星宿分布于周天,分成十二个时辰,每个时辰二宿。子午卯酉时三宿,按天空次序排列,按照北、东、南、西的顺序这样周转下来,正好是十二生肖绕天一周。危(燕)、虚(鼠)、女(蝠)三星宿都在子时,取鼠代表子。牛(牛)、斗(獬)都在丑时,取牛代表丑。箕(豹)、尾(虎)都在寅时,取虎代表寅。心(狐)、房(兔)、氐(貉)都在卯时,取兔代表卯。亢(龙)、角(蛟)都在辰时,取龙代表辰。轸(蚓)、翼(蛇)都在巳时,取蛇代表巳。张(鹿)、星(马)、柳(獐)都在午时,取马代表午。鬼(羊)在未时,取羊代表未。参(猿)、觜(猴)都在申,取猴代表申。毕(乌)、昴(鸡)、胃(雉)都在酉,取鸡代表酉。娄(狗)、奎(狼)都在戌,取狗代表戌。壁(猪)、室(猪)都在亥时,取猪代表亥。

由此可见,十二生肖全部都包含在二十八星宿之中。但为什么是这十二种动物被选上了呢?这其中也是有一定的科学依据的。因为它们所处的位置更接近于天空上假设的十二次的中部。月亮经由二十八宿运行一周天的时长称为月,太阳经由二十八宿运行一周天的时长谓之年。因月亮圆缺十二次太阳才运行一周天,故一年分为十二个月份。天道轮回,古人据之分成详细的年月,并创立了支记年系统,进而制定了历法。把十二支与十二次相对应,便有了子丑寅卯等年月的叫法。

综合来看,群星莫不绕北极星而运转。如果把天空想象成一个超大的钟表盘,那么北极星则为中心点,北斗星座如同指针,而二十八宿便像是分列在圆周上的刻度。那么,十二生肖所对应的星宿,又恰巧接近于这个表盘上那十二个时间刻度的位置,因此,它们也就当仁不让地成为了主角。因虚、危二星宿之间为正北方,子又为一阳之始,所以就以子鼠作为十二生肖的第一个代表动物。

由此看来,十二生肖与二十八星宿是有着相当密切的联系的。通过分析,可以使我们更加清楚地了解其中隐藏的奥秘所在。

第二十一章　好名字伴一生

古人云：赐子千金，不如教子一艺；教子一艺，不如赐子一名。

一个人的名字将伴随着自己的一生，一个响亮且富有动力的名字必能给人耳目一新的感觉。俗话说：名不正则言不顺。名字的意义绝不仅仅只是一个代号，更是一个人的层次文化背景的体现，它的好坏甚至在人生中起到决定性的作用，一个好的名字会使人受益终生，而一个不好的名字则会让人遗憾终生。因此，起名字也是一门大学问，不能仅靠自己的好恶。本章就为您介绍如何结合五行、生辰以及历法等来起一个好名字，助你的人生青云直上。

一、中国姓氏概述

中国姓氏文化伴随着古代历史发展至今日，它显示出神秘而又动人心弦的魅力，吸引着人们不断地深入研究探索，希望能够穿透这一条时光隧道看清历史幕后，找到自己的"根本"。"参天之木，必有其根，环山之水，必有其源"。追本溯源是中华民族的传统美德，而寻根最简单的途径便是追寻自己的姓氏谱系。姓氏是人的符号标志，是唯一能超越时空记载人们血脉传承的东西，人们在研究历史的过程中也在不断地寻求着关于姓氏的解答。然而很多时候，"姓"和"氏"是可以分开来的。现代社交中，两个不相识的人相遇，往往会有礼貌地问："请问您贵姓？"一般没有人会问到"氏"。为何"氏"在今日如此难提一次？姓与氏有着什么样的历史渊源呢？

（一）追寻姓氏源头

据《中国制度氏·宗族》记载："人类既知有系统，必有所以表之。时曰姓、氏。姓所以表女系，氏所以表男系也。然及后来，男子之权力既增，言统系者专以男为主，姓亦遂改从男。特始祖之姓，则从其母耳周制，始祖之姓曰正姓，百世不改。正姓而外，别有所以表其支派者，时曰庶姓，庶姓即氏也……《大传》注：'姓，正姓也。始祖为正姓，高祖为庶姓。'疏曰：'正姓，若周姓姬，齐姓姜，宋姓子。庶姓，若鲁之三桓，郑之七穆。'盖正姓以表大宗，庶姓所以表小宗也。"这些表述可以说是对中国姓氏的一个简单概述。

追溯"姓"的源头大概要回到母系氏族时期，这个时期是姓的最早产生时期。

这个时期的人"但知有母,不知其父",也就是说,由于女性的至高无上的地位,子女们只知道自己的母亲是谁,而不知道自己的父亲为何人。古文献中即使是对于三皇五帝的记载也是只述其母,并无父亲的记载。故古姓多以"女"为偏旁,如"姜""姬""姚""妫""姞""姒""嬴""妊"等。许慎的《说文解字》对"姓"的解释为:"姓,人所生也。古之神圣母感天而生子,故称天子,从女以生"。中国最早的"姓"产生于伏羲时代,"风"是中国姓史上的第一个姓,"中皇氏"是那个时期最重要的氏。

人们一直以为"氏"是在"姓"产生之后才有的,其实不然,姓、氏一直在混合使用,姓和氏的关系也在变化。传说和文献中出现的"氏"有上百个,最早的是盘古氏、天皇氏、地皇氏、人皇氏、五龙氏等。古代的姓和氏是有严格区别的,"姓"代表着氏族的血统,被称为族姓,主要是为了区分血统,防止血缘婚配而发明的相应识别标志。"氏"是古代贵族标志与宗族系统的称号。后有女子称姓,男子称氏之说。

(二)定姓氏的依据

从古至今,人类的姓氏千千万,各种各样,千奇百怪的都有。这些姓都是在母系氏族社会产生后逐渐增多的,它的依据有很多,主要有国名、官名、居地、职业、谥号、爵位名等。

以国家名称定姓的有齐、韩、楚、秦、赵等。古时也有很多诸侯国君主以受封的国名为氏。如鲁申即鲁僖公申,国名鲁为氏,申为名;晋重即晋文公重耳,以国名晋为氏,重为重耳的简称。

以官位定姓的有司马、士、钱、上官、卜等。以官位为氏的大多是贵族及其子孙,如晋国的林父手掌兵权,为步兵组织三行里中行的军帅,称中行桓子,其子荀偃称中行偃,以中行为氏;宋国执政卿乐喜(子罕)称司城子罕,其孙乐祁(子梁)称司城氏,是以司城为氏。他们都是以自己的官位来定自己的姓氏,以显示自己的地位。

以所住地来定姓的有西门、尹、常、郭、丘等。以邑地或所住地定氏的也大有人在,如卿大夫及其子孙以采邑名为氏;曲沃桓叔之子公子万封于韩,以韩为氏;晋国大夫毕万采地为魏,后世子孙以魏为氏;宋国乐大心为右师,居于宋桐门,称桐门右师,是以桐门为氏;鲁庄公子遂住鲁东门,称东门遂(名)、东门襄仲(字),是以东门为氏。

以谋生职业为姓的有张、屠、甄、匠、顾等。以此为氏的有巫氏、卜氏、匠氏、陶氏等,巫、卜、匠、陶皆为职业名称。

此外,还有以其他依据来定姓氏的。如以图腾定姓氏的:熊、罴、豹、虎、龙等;以山河名称定姓氏的:姬、黄、乔、武等;皇帝赐姓氏的:李、完颜、刘、朱等;还有以数字、季节、方位、气候、花木等为姓氏的。古时还以同君王或侯君主血缘关系远近之称为氏。如周僖王之子虎称王子虎,其孙称王孙苏;郑穆公之子喜(子罕)称公子喜,其孙舍之(子展)称公孙舍之。按照宗法制度,公族只包括各代国君的近亲三代,公孙之子不属公族而须另外立氏,所以他们大多以其父或祖父之字为其氏。郑国公子发字子国,其孙国参(子思)即以"子国"的末字为氏;另有公子,字子驷,其孙以"驷"为氏。其中以祖父之字为氏是最为常见的一种。

(三)姓氏的发展演化

中国可以说是世界上最早使用姓氏的国家,至今有五千多年的历史了。在历史发展过程中,姓和氏并不是一成不变的。它从产生初期到现代我们所熟悉的姓名,是有一个演变过程的。

我们已经知道中国的古姓起源于母系氏族社会,但是很少人知道它最早的来源是图腾崇拜。李玄伯在《中国古代社会》中也指出,古姓源于图腾:"姓即图腾的结果,在文字内现在尚能看见种种遗迹。凤——风姓之图腾,羊——姜姓之图腾……"除此以外还有诸多记载,看法虽然不完全一致,但都认为古姓与图腾颇有渊源。

在姓氏产生的那个时代,也就是母系氏族时期,生产力与科学水平是远远无法与现代社会相比较的。人们聚生群处,知母不知父,更不知"男女媾精,万物化生"的原理,他们把女子"生育"归之为虚幻缥缈的神灵,认为这是神灵的意志与力量所赐。所以,他们往往会把女性的受孕与她们的生活动态联系在一起,如她们曾经在某一天吃过什么稀有的东西,或遇到过什么祥瑞的动物,见过什么罕见的天象,乃至做过什么神奇的梦幻等。他们对于新生命的到来很兴奋,认为女性之所以受孕生育,就是祥物、瑞兽、梦幻吉相在她们身上的结果。因此,他们把氏族繁衍的"功劳"归之图腾,而对图腾崇拜不已,心怀感恩。

对图腾的崇拜使他们选择采用图腾物作为自己的名字,刚开始一个图腾只是代表一个部落,而后是部族的名字,最后是部族祖先的名字。于是,不同氏族部落的全体成员头上,都顶有一个代表他们本部落的名称(符号),比如鸟部落,熊部落等。当部落与部落之间相交时,就可以此为依据区别开来。久而久之,图腾名称就逐渐演化成了同一氏族的共同标记——姓。

在夏商周之时,姓氏分而为二。我们今天的姓氏制度,确立于秦汉之际,到秦汉后,姓氏合而为一。《通志·氏族略》载,"秦灭六国,子孙该为民庶,或以国为姓,或以姓为氏,或以氏为氏,姓氏之失,由此始……兹姓与氏浑为一者也。"自此以后,姓即氏,氏即姓,姓氏或氏姓成了姓或氏的一种书面用语。魏晋门阀制度使姓氏这个作为人的符号的标志有了贵贱之分,姓氏中的姓是"别婚姻",氏则是"明贵贱"。正如《通志·氏族略》说的那样，"贵者有氏，贱者有名无氏"。经过历代王朝的不断变更发展，姓氏也随之改变。古代帝王出于政治目的等原因赐姓避讳，因受战乱人祸避难改姓，出于特殊事件或因省文、音讹而改姓以及古代复音姓氏单间化等，凡此种种，使中国姓氏变得错综复杂，世系难辨，脉络难清。同宗不一定同姓，同姓不一定同宗，这些都给后人寻求姓氏根源带来了难度。到了现代，随着男女地位的改变以及科学的不断变更，人们已经习惯于继承父亲的姓，以父系方式把姓氏传递给下一代，相当于位于代表人类男性染色体上的特殊遗传基因。当然也有随母姓的，占少数。

中国人十分重视"姓"，很多地区都是以同姓聚居，还有许多村庄以姓来命名。所以在全国形成了无数的不等的同姓人群，以致后人探讨自己的家族史，很容易据此找到血缘所出。近年来，寻根访祖越来越流行，这种情结是世界上任何民族都不能与中国相比的，这也是中华民族伟大凝聚力的血脉之源。寻根认祖是一种完美意义上的文化认同，是用来探究姓氏团结国民感情的一根情丝。

二、好名字的标准

人们的名字，已经不能单纯地只是一个称呼，一个人的代表符号，它已经成为人们生命中重要的一个元素，是社交的工具，是希望的寄托，是亲人对幸福的呼唤。人们越来越重视自己的名字，每个人都想要拥有不论是在视觉、听觉，还是数理上都悦人悦己的好名字。此外，人们还希望名字可以给自己带来好运，希望通过名字的助力，可以使梦想能够成真，或者成就辉煌，或者名利双收，或者健康快乐。然而什么样的名字才是一个好名字呢？它有什么具体的标准吗？

（一）寓意深刻，不粗不俗

不论是有没有文化的父母，都想要为子女起一个"不一般"的名字，可能是受传统文化的影响，我国人民在起名时把注意力放在了字义和寓意上。人们已经习惯于把子女的起名当做一件大事来处理，名字的选取首先要让人一见就觉得"不俗"，而且很多父母更多地把自己的主观意愿都融入到文字里。它既可联系过去，又可说明现在，还可展望未来。如人们都希望子女成龙成凤、健康俊美，于是名中带有龙、凤、健、康、美、俊、英、勇等字的人名特别多。起名"成龙"意为"望子成龙"；起名"如凤"意为"望女成凤"；还有起名"展翔"意为展翅高翔"等，从字表面就可以看出起名者的美好期望。

在不同时期的人对于名字好坏都有一个"流行"趋势。封建社会时期，人们多注重尊祖敬宗、子嗣荣昌，因此起名时多选用"祖""宗""敬""绍""广""嗣""先"

等字,我们常在电视中就可听到诸如"绍先""广宗""念祖""延嗣"之类的名字。其中"绍先""念祖"都带有缅怀祖先功业、继承先烈遗志之意,反映了起名者承先的期望。"广宗""延嗣"则是希望子孙发扬光大自己的事业、宗族昌盛之义,是起名人启后、兴宗愿望的反映。这些都反映了家族对后代的期望。历史上有个阶段,喜欢给女孩子以花命名,如翠花、如花、荷花、莲花、秋菊、罗兰等,表现了一种美好的祝愿,希望得此名者可以如其名成为一个妙美女子。可是这些名字到了现代,无疑会被人们认为是"俗""太俗了"。

名字是主人的门面,是人们彼此交往的一个工具,而名字在很多场合,又往往构成给人的第一印象。所以,名字的好坏很关键,如果女性起"翠花""荷花""二妮""彩姑"等名字,就给人以土里土气的感觉,可能是受封建社会的普遍影响,人们很容易将这些名字与没有多少学问的家庭妇女联系在一起。而男的起名为"有财""富贵""狗蛋""牛娃",也会给人以粗俗汉子的感觉,不但会招来嘲笑,可能还会受到鄙视的目光,自己听着也会觉得没面子。相反,稍微雅致一点的名字就能带给人很舒服的感觉,比如"雅涵"、"维泽"之类的名字就很好。

名字不能太俗,但也不能太"洋",中国汉字的丰富内涵使得两个汉字结合在一起会产生丰富的含义。比如:"珍妮""玛利""约翰""丽沙""罗丝""洛夫""露西""珠利"等,这些都是音译国外名字,除了带点洋味外,并没有什么汉字意义。在交往中会使对方产生一种距离感,甚至给人一个不好的印象,还会给人一种做作的感觉。除此之外,起一个高雅的名字固然好,可是也要顾及与姓的搭配,有时候一个好的名字,可是与个别的姓连在一起就完全没有了美感。比如"礼义"听起来彬彬有礼,可谓是一个好名字,可是如果姓贾的取了这个名字,就是"贾(假)礼义","虎"取马姓就是"马虎",如此等等。

(二)直接感受,好说、好听

我国语言的特点之一就是富有变化,写诗作词要讲究韵脚,而且骈文、对联等都要讲点抑扬顿挫,姓名自然也概莫能外。名字是用来被别人称呼自己用的,一个好名字就要让别人容易叫出,听起来也响亮好听。别以为名字只是几个文字的组合体,由于中国文字的繁华琦丽,一个好的名字本身就带有一种悦耳醉心的旋律美,有一种曲线叠合的音响效果。如果一味地讲究有深意、字形好看,而忽略了好听,那所取的名字就有可能会很绕口,让人有"难以启齿"的感觉,自己听着也不舒服。

所以,一个好名字不但要雅致,而且名字的声韵也要富有乐感,叫起来朗朗上口,让人听得清楚明白,这是对名字的最起码的要求,否则名字的交往功能就不能很好地得到体现。因此起名的时候,就应该尽量避免使用声韵哑仄的字眼,尽量选择声韵响亮的名字，不但听着清晰，读的人也会觉得响亮，有助于让人通过名字而记住你。一般来说，名字是否动听在于声调和搭配。为了达到好的视听效果，姓名的几个字最好不取同声调的。如果姓是复姓，且复姓两个字是同调的，如东方、司徒、欧阳等，那么最好不要选择单字名，起双字名时注意第一个字不要与姓同调，如果要起单字，那这个单字也最好不要与姓氏字同调。一个名字同时具备了"雅""好听""易读"，那八成就可以称做是好名字了。

为什么只是八成呢？因为最后一项也很重要，那就是字形的美观。

（三）字形要美观

名字除了读喊或是听之外，写也同样重要。现代人讲究通过签名看人品性格，虽然并没有什么科学依据，但是一个美观的名字无疑可以给人一种好的印象。很多人也希望自己可以把自己的名字写得潇洒一些，既然如此，起名字时，其字形的选择也就显得格外重要。不要以为书法不好或文字功底不行，就注定写什么都不好看，这些都是可以通过名字的字形选择巧妙地避免过去的。

汉字很特别，它是世界上一种独特的方块字，不但数量繁多，而且字形繁杂。如果让人们写方正的楷体，可能很多人都会原形毕露，但是中国人又创作了很多书写体，如行楷、隶书等，现代人大多练行楷，不按规则来，似乎看着越不像字就越艺术。好名字不但结构搭配巧妙，还会根据笔画繁简、肥瘦、虚实之分，发挥其特有的长处，书写时易练且美观。比如：好的名字在选择时每个字的笔画很有讲究，如姓名中每个字笔画要相对均等；各种形体的字最好有些变化；名字的部首、偏旁要避免相同，否则会使人有一种单调、重复的感觉；要注意姓与名用字的平稳，看上去才显得整体和谐、协调，还要注意肥瘦长短、强弱虚实之分。好名字的笔画不宜太多太繁，如果一位小学生，一开始上学便要他写几十画的名字，实在是一种沉重的负担。成年人在人际关系中，常常书写姓名，笔画太多，也会引起无端的烦恼。

除此之外，好的名字也要结合生辰八字，配五行五格，与命理相合，最好姓与名结合起来是大吉大利，让好命变得更好，把厄命转而变为好命。

婴儿一诞生，家人就开始忙着给孩子起名字，有些人更是在孕育期就开始为孩子想名字。每个家长都希望给自己的孩子起一个好名字，一个好的名字，带着时代的信息，凝聚着长辈对孩子的深情厚意和殷切期望，寄托着抱负、理想和志向。起名的一般都会是家族中人，他们把希望寄托于名字，就是希望能够让一个对孩子自己或是家族都富有深意的名字，给他带来好运，让他幸福一生。

三、起名的原则和禁忌

传统上，起名这等大事一般都是交由家中长辈来考虑的。以前人们对名字并没有太多的讲究,虽然都想起个好名字,但大多数人不懂命理周易,所以乱写乱引用的现象很普遍,看着别人的名字好听、吉利或是"有文化"就拿来给自己的孩子用上。其实这是不对的,个人的命理不尽相同,盲目地效仿可能破坏命理格局,结果往往适得其反。名字的取用有着很深的奥秘,也有很大的考究,如今社会上的一些"专业起名",其中确有一些本领的,他们可根据人的生辰八字推算五行、五格,再加以数理意义的运用,还有字音字形字义等来为之起用一个好名字。一个名字最好是从一开始就起好,起吉利了,这样生活的道路可能会平坦一些,也会少一些改名的麻烦。那么,起名到底有哪些原则和禁忌呢?

(一)以八字喜用神为主,兼顾五格配置

中国的传统姓名学与现代的姓名学都有着其独特之处,也存在有共同点,在起名字的时候最好是能够将两者结合起来。起名应该遵循的原则首先就是要以八字喜用神为主,认清生辰八字尤为重要,一个人的出生时间所组成的数,就是每一个人的密码,这个密码就是现代科学所说的遗传基因密码,虽然二者名称、研究途径不同,但异曲同工。起名前应对生辰八字进行推算,找出命运中的喜用神,也就是找出对命主有利的五行,再据此选取适合的汉字,通过姓名影响其一生命运,或好或坏,自然好的名字会对原本可能不好的命运加以补救。例如,命中喜水、木,名字中就尽可能直接有水、木之字,这就是周易起名。除了选喜用神,还要兼顾五格的意义,如五格吉祥,就又为名字增添了一份瑞气,如五格不好,很可能会影响到生活、学习、工作的运程。所谓的五格剖象法中的天地人格五行相生,主要是人格、总格数要吉。至于外格,从实践上看是画蛇添足了。起名字时尽量同时做到地格、外格均为"吉"。

从中国传统的角度来说,天干地支就是基因的标志,人的出生年、月、日、时配上天干地支,就可以看出命中各种基因的强弱、旺衰。中国历来就有四柱八字是纲、用神是纲中之纲的道理,且这种神奇有趣的说法被流传至今,成为了中国历史文化的一部分,被广泛应用于起名字之中,所以为了使生命更强硬一定要坚持喜用神为主的原则。测八字四柱首先就要选准用神,四柱取用神的基本原则是强者制之、泄之,弱者补之助之,也有特殊情况需具体而论,绝不是简单地数数八字的五行个数。

(二)名字的数理意义要吉利

起名时也要看重姓名的数理意义。姓名字面意思的好坏并不是真正的好坏,如叫"富贵"的不一定富贵,叫"有财"的也不一定有财,姓名好坏并不在字义,而在数理。取名就要做到数理"吉",可能有些情况无法与八字喜用神及其他原则相适合,因此当出现"此好彼坏"的情况时,数理可以相应地做出让步,但至少也应该

"半吉"。

推算数理吉凶时也要注意一些问题,比如天、人、地、外、总五格在81数含义中要尽量避凶趋吉;姓名与性格不能分开,对性格有影响的主要是人格和外格的数理关系,性格好坏关系到人的一生是否幸福,所以应该重视;天格与人格的关系决定成功运,配置不当,成功无望;人格与地格的关系决定基础运,基础不稳,大事难成;三才配置(即天、地、人三格的配置)对健康和人生是否顺利非常重要,配置不对,其他所做的努力可能就会功亏一篑。除此以外,与人际关系相关的数理组合也很重要,人际关系是生活的一个重要方面,人格与外格数理之间的搭配及相生相克的内存联系,表现一个人的人际关系、社交能力,对与此相关的事业兴衰也有着很大的影响。另外特别要注意的是,在给女孩子起名时,应尽量避开一些对婚姻不利的数理组合。

(三)起名的用字禁忌

如果想让名字更动听就要尽量避免易误解的谐音、生涩拗口的字或词。中国汉字的特殊神韵赋予了文字的一字多音,多字音相谐相近相似。汉字的音韵是一门极大的学问,同样一些字,合乎音韵节律地组织起来就会悦耳动听,反之就可能极难听。很多人在起名字的时候,可能从命理上来讲属大吉大利,但整个姓名读起来就会立刻使那种寓意变味了。例如:给姓殷的起名为"伟",由于"伟"与"伪"音相谐,难免会有人想到"阳奉阴违"这个词;"徐伟"则让人想到"虚伪";"胡莉"变成"狐狸";马虎被戏称"马虎";"朱菲"被借称"猪肥",这是女孩子的痛处;"朱大昌"会让人联想到"猪大肠"而狂笑不已;如此等等。引起这类情况的字还有"死"与"四"、"石"同"屎"等,用这些字与一些特殊的字搭配会致人于尴尬的境地,使人觉得别扭难堪,起名时要尽量避免出现这种局面。

中国汉字虽多,但有很多都是人们不常用的,甚至有很多冷僻的字中国人都不认识。这些冷僻的字会让看到的人很尴尬,有的也可能会反应好半天,没有人认识的名字要来又有何用呢?也许就因为这个难以记住的名字会赶走很多机会——成功的机会。比如,高层领导视察工作,本想让新员工中出色的你一展才能,就因"卡壳"了,忘了你名字中的那个字怎么读,就换了别人,岂不是一种大大的遗憾吗?除了那些冷僻的字外,还有很多字读起来会很拗口,十分费力,而且听起来也不朗不畅。名字作为一种常用的字,如果生涩怪异就易惹人厌烦,虽说重复率低,但给人不朗不畅的感受,也应该弃而不用。

在名字的具体选字上,除了字音,对字义也有很大的讲究。我们知道起名字时要坚持以生辰八字四柱喜用神为主、兼顾其他的原则,所以在名字的文字上也要融入这些原则,如果命喜金,就尽量带"金"字等偏旁;如喜木,就带"木"等字旁;如喜水,就带"水"等字旁;如喜火,就带"火、日"等字旁;如喜土就带"土、山"等字旁。相反地,如果忌讳某一行,也可以避免这些偏旁。除此之外,起名还要忌重名,否则没有个性,也不够独特。为了尽可能避免重名,建议少起两字名,多起三字名,还可起四字名。取名还忌花枝招展,忌一字多音;忌不辨性别,如女性名字太阳刚,男性名字太阴柔,名字是可以从孩提时影响到后天的性格发展的。

有人对起名字很不屑,认为八字五行之说也并非难事,八字中缺什么取名时就要补什么的说法也不一定正确!当然,吉祥取名原则确实不是这么绝对的,有时宜补所缺,有时却相反,不能一概而论,具体情况要根据八字喜忌来确定,否则有可能南辕北辙。所以说,透彻地掌握起名的原则禁忌很重要。虽然名字很难达到一个完美的程度,但是我们可以使名字趋于完美,尽量完美。

四、中国传统的起名方法

古人云:"艺由己立,名由人成。"名字不仅是一个人的代号,有时还代表一个人的形象、层次和品位。诚然,起名字的初衷是为了让人便于交流,但是随着中华民族几千年来的发展,名字已经逐渐演变成了一门学问。中国过去传统的起名方法里面蕴藏着丰富的文化和内涵。

中国的汉字由音、形、义三位一体孕育并造就了形式丰富、韵味独特的文字。所谓汉字有三美,既音美、形美、意美,人的姓名带有历史时代变迁的信息,铭刻不同的文化观念,既以姓名学的数理及内五行作依托,又以命中五行补救为主导,更重要的是包含着父母对孩子的亲情、祝福和无限的期望。那起名的方法主要有哪些呢?

(一)以排行顺序起名

在我国民间,用这种方法为孩子起名的父母大有人在,它是由孩子在家中的排行顺序决定的,最典型的例子莫过于三国时期夏侯渊的五个儿子。夏侯渊的长子名和,字伯权;二子名霸,字仲权;三子名称,字叔权;四子名威,字季权;五子名子惠,字稚权。在汉语中,伯、仲、叔、季分别代表着老大、老二、老三和老四,很显然,夏侯渊的五个儿子的字,便是以排行来起的,这也是古人常用的一种起名方法。另外,也有一些人在名字中直接使用,如孔僡的两个儿子,分别名为长彦和季彦。

此外,一些家庭排行取名不采用仲、伯、叔等字,而是直观地使用一、二、三、四,这种情况多出现在贫寒之家。现代人嘴中常说的"张三李四"通常泛指某人,但在古代,这样的名字却常常出现在各地,即使在今天也没有完全消失。所谓贫寒之家,一般情况下是指难以解决温饱问题且子女众多的家庭,父母常常不会因为子女的名字而过于费心,便用数量词来代替。即使有些父母有心为子女起一个高雅好听的名字,也常常因为自身没有受到过很好的教育而无法将心思清楚地表达出来。如在大家都十分熟悉的《水浒传》中,阮小二、阮小五、阮小七皆渔户出身,他们的名字便是依上述方法而起。另外,在历朝历代的农民起义中,以一、二、三来命名的事例也是数不胜数,如元朝的布王三、蔡五;明朝的王二、方四、刘七;还有清朝的赤脚张三、吴八十等人。然而,在达官贵族和诗人儒士中,此类简陋之名者则实属罕见。

不过,说是贫寒之家其实也不尽然,因为在古代一些女子出身高贵,却也以一、二、三等数字命名。原因是古代女性的地位低下,父母生了女儿往往随意命之,这一点在《水浒传》中有所体现,如扈大户千金三娘。在很多史书上也不难看出,古代的女子以数字取名并不在少数,而是一种普遍现象。

(二)根据性别起名

根据性别起名是再常见不过的一种情况了,即使在现在,很多父母也依然对这种方法情有独钟。如果是男孩,父母便会以刚、明、伟、磊、强之类具有阳刚之气的字作为孩子的名字,他们希望孩子长大以后能够成为一个顶天立地的男子汉,能够承担得起家庭和社会的责任。据不完全统计,全中国叫"李刚"这个名字的有120万人之多,而叫"王磊"这个名字的则大概有110万人,光从数量上来看,就知道这些名字受欢迎的程度了。

对于女孩,父母则多喜欢体现出她们的温柔娴淑之美,在封建社会,这种现象更为突出。如使用带女字旁的字作为名字,婷、娥、娉、婵、娟等就是使用率较高的几个字,就连一些被译成中文的外国女性的名字,也以"丽娜""美妮""妮娜"等较为常见。另外,花鸟字也是阴柔之美的象征,也较为广泛地用在女孩的名中,如花、汀兰、兰芝、秋菊、春草等名字均可在女名中见到,而用鸟类字眼作为名字的常见例子有:凤、凰、莺、燕等,这些字都给人或端庄、或活泼的感觉。此外,闺中之物和彩艳字也是为女孩起名的重要素材之一。所谓闺物,主要是泛指女性的服饰、化妆品、首饰、小零物等,如瓶、粉、钗、香、环、钏、黛、妆等;而彩艳主要是指各种代表颜色的字眼,如彩、青、艳、紫、秀、绿、美、绛、丽、红、翠等,这些都极大限度地体现出了女性的温柔之美,和男子的阳刚之气形成了鲜明的对比。不过,这些都是过去旧时代时起名的方法,现在越来越多的人放弃了这种传统的方法,接受了新的思想。

(三)共享一个字,或用同样的偏旁的字起名

在我国,兄弟姐妹共享一个字作为起名的依据,恐怕是流传最广、使用时间最长的起名方法之一了,它最早出现在春秋战国时期的史书《左传》中,书中记载的长狭兄弟四人侨如、焚如、荣如、简如便是一个典型的例子。此外,还有一些父母喜

欢用同一个字为共名,分名则由一个词语或一句话组成,这个词语或这句话往往体现着一种优良的道德传统,表现了崇高的信仰和情操,这是由于儒家思想和传统文化对中国人的熏陶和影响所致。如张屏翰为自己的四个儿子分别取名张仁生、张义生、张忠生、张厚生,以"生"为共名,以"仁义忠厚"为分名,既有意又有序,可谓将中国的文化表现地淋漓尽致。

另外,在中国古代以相同偏旁的字的起名方法也十分盛行,如"李秀芸"和"李秀芬"这两个名字。最早采用这种起名方法的是东汉时期的荀昱、荀昙两兄弟,在三国时期,荆州刺史刘表的两个儿子也是以这种方法起名,分别叫做刘琦和刘琮。此外,还有一种方法不以同字,也不以同偏旁,而是取其形,如森、淼、鑫、焱、晶等叠字;或取同义字,如广、远、瀚、浩等;或取其喜好,如父母崇文,则子女必多以"文"字命名,若父母尚武,则子女势必以"武"命名居多。总之,任何一种文化,都可以反映到起名字上面。

(四)以占卦求卜的方式起名

由于受到封建思想的影响,以占卦求卜起名的方法在古代屡见不鲜,而且早在战国时期就已经开始流行了。如战国时的思想家屈原,便是通过卦兆名为"正则",字"灵均",依据是他曾在《九歌》中写道"兆出名曰正则兮,卦发字曰灵均"。同时,以五行、八卦取名的方法,更是流传广泛,即使在现在仍有不少人信赖这种方法。如宋徽宗时期的宰相张浚,由于他的名字属水,则给他的儿子取名时便需带木,故其子名为张栻,而张栻的名字属木,则其子应以火名,故以张焯命之。

八卦是《周易》中的一种有着非同寻常意义的图形,八种图形主要代表着八种自然天象,即天、地、雷、风、水、火、山、泽,在中国具有很深的影响。因此,也不可避免地被运用到起名字上来了。利用八卦所起的名字,大部分都被人们认为能够使人鸿运当头,趋利避害。

(五)仰慕圣贤,引经据典起名

很多父母在给孩子起名字时,喜欢参照一些做出过杰出贡献的人的名字和一些受到人们敬仰、崇慕的贤达人士的名字,如毛泽东的"泽"、周恩来的"恩"和汉武帝刘彻的"彻"等字,都成为他们起名选字的一种依据。他们希望自己的孩子能够像伟人一样,成为历史上的杰出人物,同时也表达了自己对圣人贤达的崇拜之情。

起个名字容易,但起个好名字并不易。作为"万物之灵"的人类,每个人都有自己的名字,但并不是每个人都有一个好名字。虽然中国传统的起名方法有很多,但随着社会的发展进步,人们对名字的要求有了很大的创新和突破,所以要仔细斟酌,根据各自的情况选择最适合自己的方法,才能避开俗名、重名现象,起一个名正言顺的好名字。

五、汉字五行属性

汉字存在五行之说,其五行的作用主要就是用来起名字。五行中所讲究的相生相克,姓名尤为注重,不但姓名中的数理讲究五行生克,姓名中的汉字所属五行的生克也很讲究。古时候人们起名就很注重汉字的生克,他们提倡五行相生,有利健康与气运,如金生水、水生木、木生火、火生土、土生金等。最忌讳的就是五行相克,有损健康与气运,如金克木、木克土、土克水、水克火、火克金等。姓名汉字的五行属性关系着使用者一生的命运。现代人起名切不可只讲究数理的吉祥而忽略了汉字的生克。

(一)以数理界定五行

目前对汉字五行属性的界定,最为流行的就是由笔画数理定三才五行。所谓三才就是天才、人才、地才,它们分别是天格、人格、地格数字的个位数,天、地、人三才数理共计十个数,1、2 为木,3、4 为火,5、6 为土,7、8 为金,9、0 为水。木、火、土、金、水即为五行,它们之间的关系是按此顺序相邻相生,相隔相克。根据数理与五行之间的内在联系,推算出来的配置关系即为三才配置。然而这种方式也有它的弊病,因为汉字的笔画数理太注重数字而忽略了汉字本身的意义,容易造成矛盾。例如,用这种方式推算金、木、水、火、土这五个字,"木"本是无可争辩的木,但它只有 4 画,所以属了"火";"水"这个字本来就是无可争辩的水,但因为是 4 画,也被认为属"火";"土"这个字本来就是无可争辩的土,但因为是 3 画,也被认为属"火";"金"是 8 画还属"金";"火"是 4 画,所以也还属"火"。五个字只有金和火是其原本的属性,其余三个全都被变性了,实难说通。所以,汉字五行的界定应从多方面着手。

(二)根据汉字部首偏旁定五行

界定汉字的五行最为直观的可能就是按其部首偏旁来定。如汉字中带木旁或草头的字属木,这类字有林、森、析、柏、杨、芳、芷、苗、莉等;提土旁或是带山的汉字属土,这类字有地,土、堪、凌、嵝、岂、峡、峪等;带金旁、玉旁的字属金,这类字有鑫、钓、钟、钱、银、钰、玺等;带有火或日的字属火,这类字有焰、煤、烘、焙、妞、焜、照、晨、时等;带有三点水的字属水,这一类字有江、涛、浪、河、沧、池、沁等。总的来说,按偏旁部首区分在原则上是比较科学的,因为中华汉字本来就是象形文字,带火的即属火,带水的即属水,带木的即属木,带土的即属土,带金的即属金。但这种方式对于那些没有偏旁的字难以界定,每个汉字都有其相属的五行,没有偏旁的字也同样有,比如大、直、少、天、母、方、见、长、多、玄、耳,如果用部首偏旁来定的话就无法得出具体答案。由此也可以看出此法的局限性太强,只适合某些偏旁性强的字。

(三)根据汉字字意划分五行

汉字有偏旁部首的占到大多数,有偏旁的字以偏旁来定,没有偏旁的字也可以得到解决,那就是靠字意。根据字意划分五行是可靠性最强的,如果一个字有几个部首偏旁的话,就必须要看字之中,哪种五行为主,哪种五行为次,把两种五行进行比较以后,区分其主次,可以分为主五行与次五行,切不可只取一个五行,而忽略另一个五行的作用。比如"汕"这个字,有水有山,山属土,水土并存,那该取其水,还是取其土呢?其部首在"水",其字意是鱼游水状,其中虽有山土,但还是水占多数,所以应该以水为主,而以土为次。区分主次的方法,既要参照这个字属于哪个部首,就又要考虑到这个字的实际或象征的意义。根据字意定主次是最好的方法,就像"李"字,如果拿到电脑中去测,会出现"金"、"木"、"水"三种截然不同的答案。所有的测五行的软件都有一个通病,那就是不论什么字都只是一个五行,如果用汉字的字意来分析"李"字的五行,就会有不同而较准确的答案了。一般情况下,很少人会用姓来定五行,所以"李"字作为一个大姓,自然也只有用"李"字的字意来界定了,"李"字其上为"木"其本身意义也为"李子树"还是木,由此确定"李"子的主五行为"木","李"字的下半部为子,子为子水,由此可以得出界定的答案,就是李字主五行为木,次五行为水,五行即为木水。

像"李"字这样五行不容易界定的字有很多,所以在起改名字时,一定要慎重,细分好五行的各种情况。如果出现汉字五行相克的情况,很可能就会潜伏不利健康的因素。比如宋晓波这个名字,晓带日属火,而波带水属水,水火相克,就存在不利健康的因素。划分汉字的五行属性还可以据读音来划分,但是因为汉字的音形意在前,五行是在后的,因此这种方法目前基本上没有人用。

通过以上对汉字五行属性的了解,我们知道了汉字的五行属性直接关系到名字的好坏及身体的健康和一生运势。因此,若想起一个好名字,就必须透彻地了解八字五行和汉字五行,否则就很容易出现矛盾。如果不是太懂,最好不要根据自己的片面理解擅自为某个字划分属性。只有将名字中的五行主次与强弱尽量分析到最佳,才能更好地掌握未来,掌握命运。

六、生辰五行与起名

《素部》中有说:"……五行者,金木水火土,更贵更贱,以知生死,以决成败"。由此可以看出五行对人生及命运的决定性影响。如果想要改变命运,扭转先天的局势,那么名字可以助你一臂之力。名字与使用者的生辰八字及五行有着密切的联系,依照八字与五行的优劣起一个好名字可以让人生命势气运长兴,反之可能会变得更坏。本节为您揭示生辰五行与起名字之间复杂的关系。

(一) 探索生辰八字以及五行的奥秘

人们常说的生辰八字是一种命理学,它是以人的生辰时间为立论条件,以阴阳五行学说为理论基础,以阴阳五行和天干地支理论为判断依据,演绎揭示人生全象。一个人从母体完全娩出落生的具体时间,如年、月、日、时,就叫生辰。

古时候人们是用天干地支来表达时间的,天干、地支是古人创立的多用表意字符,是我国古代人民用来记录年、月、日、时的符号,源于古历法,而后被中国古代科学文化采用,作为时空参照。中国风水学广泛采用干支,用来辨方正位,寻求天地人的时空相顺,而避免相克。天干包括甲、乙、丙、丁、戊、己、庚、辛、壬、癸十个。地支共有十二个,即:子、丑、寅、卯、辰、巳、午、未、申、酉、戌、亥。将天干与地支结合起来表达或是记录时间时合称为"干支"。年、月、日、时都可以用相对应的一个天干与地支组合来表达,如公元 1985 年 4 月 4 日 0 时用干支表达为"乙丑,己卯,癸酉,壬子",每两个字为一柱,共四柱八个字,所以古人记载下来的生辰都是八个字,因此,人们又习惯将某个人的生辰说为是"生辰八字"或是"八字"。

五行是指木、火、土、金、水五种物质的运动。五行学说认为,自然界包括人在内的天地万物都是由木、火、土、金、水五种基本物质构成的,而正是这五种基本物质的不断运动和相互作用才产生了各种事物和现象。这五种物质之间,存在着既相互滋生又相互制约的关系,在不断的相生相克运动中维持着动态的平衡。由每个人的生辰八字可以推算出所属的五行,得出命体五行之优缺,其结果直接影响到个人的命运。所以,要知晓后生的运势就要通过"测八字"来预测,然后针对不同的情况做出不同的挽救措施,而这个挽救措施一般都是在名字上下工夫。命运将生辰八字、五行及名字紧密结合在了一起。

(二) "缺什么补什么"的错误观念

将名字与八字五行紧密联系在一起的是用神,用神的好坏对错又紧密联系着姓名使用者一生的运势。在选八字用神时,主要从结合平衡的需要,找出能对整个命局扶其过弱,抑其过强的那个五行,这就叫做用神。姓名学讲的八字缺什么,说的是经过生克制化计算出来的,命局中最需要的那个五行(即用神)。一个人的生辰五行很少能有全尽的,都会或多或少缺些五行,可以确定的是,如果某一项过缺的话对自己的运势是肯定会有影响的。名字是人们补齐这些缺口的最佳方案,根据四柱八字喜用神来定一个绝佳的好名字,可以扭转运势。因此人们就有了这样一个观念:八字缺少什么五行,就在名字里补什么五行。其实,这种观点是错误的。绝不能把八字表面中没有或个数最少的那个五行当做用神去补,否则就是一错全错了,有时还会造成严重后果。举个例子来说,如果日干五行属弱火,八字金、土偏多,缺水。很多人看后立刻会想到,既然缺水就在名字中补啊!切不可!这个时候是忌选水为喜用五行的!因为水克火,水强火弱,越补水八字越弱,对命主本人极为不利。因此五行所缺项要根据整个命局具体分析,不可片面决定。八字中的从格和专旺格等特殊格局,应根据全局组合顺势而为,不然就杂乱格局气势,给人生带来不顺甚至灾难。

了解八字命理学的专业人士都知道,八字预测是以出生日干的五行为中心,关键是看出生这一天的日干五行强弱,八字缺什么五行是次要的。在对八字进行预测时,只有选对了喜用五行,才能准确预测一生命运,但如果预测有误,一旦选错,很有可能是南辕北辙。所以也有很多中年人换名改名的现象,为的就是对之前劣运的补救。由此可见,并不是缺什么就要补什么,胡乱补的后果只是自己吃亏。

(三)生辰五行通过名字改变命运

起名字时,最先考虑的就是被命名者的生辰八字,正确地测出生辰八字喜用神,再结合寓意、字形字义字音等原则,才能够给使用者一生的运势增添辉泽!八字起名,需结合五格剖象姓名学的数理,以命中生辰八字、阴阳五行显示出的信息为主导,根据先天八字起名特点,结合八字起名用神喜忌,在名字中作相应的补益克泄。用神就是八字或大运中对自身日干起到最重要作用的那个五行,它对自身日干起到补偏救助的作用。所以在选取八字五行喜用神时要格外的慎重,喜用神的对与错,既是成功预测命运的关键,更是改善命运、避凶趋吉的支点。可以说,起名前作八字五行分析,是决定起名质量的最关键的基础,八字五行喜用神的对与错,是改善命运、避凶趋吉的支点。八字五行选对即为喜用神,选错即为忌神,忌神在名字中,人多灾多难;喜用神在名中,命运吉祥顺利!起名等后天改运方法的设计,有一定的制约效果,好名字可以化解命中厄运,扭转乾坤。这一点年长者有体会:小孩多病多灾,请专业人士根据八字改个名字,就会平顺安稳!

如果选择正确的喜用五行,命运就会避凶趋吉,福禄寿喜等吉祥福分自动增多!如果八字五行喜用神选错,即使起了一些看似吉利的名字,其实是凶名!这样吉祥福分将会减弱,凶灾病弱则会增多,后果不堪设想!举例子来说,香港首富李嘉诚的儿子李泽楷、李泽钜,这两个名字中全都是水木、金水旁,充分地体现了五行相生的补救。再比如中国香港"金利来"的创始人曾宪梓,他的儿子的名字也都带五行。是专门高薪聘请风水专家、命理预测家专职所起的,不但如此,这位风水专家还辅佐曾宪梓的儿子成大业,帮他在事业上也取得了成功。由此看来,中国香港人非常讲究为下一代起一个既成大器又补命中不足的好名。他们会如此成功不是因为偶然,大部分的功劳可以说是他们懂得顺应生命规律,使他们的成功变为了必然。

一个人的出生日期时间所组成的数就是一个密码，从中可以看出这个人命中的强弱、旺衰。需要注意的是，在找人起名字时，一定要找有高深的命理知识，懂得四柱，预测水平较高，取用喜用神准确的专业人士。因为八字组合千变万化，具体情况需要具体对待，稍有不慎，可能就会选错，贻害一个人的一生。如果是中间改名，大可不必非要在户口证件上改，这样可能会带来很多的麻烦。只要把所改的新名字作为常用名即可，告知身边的人，或把新名字作为笔名、网名，甚至是"外号""昵称"，让人以此来常称呼也可起到名字所蕴涵的作用。

七、十二生肖与起名

子鼠、丑牛、寅虎、卯兔、辰龙、巳蛇、午马、未羊、申猴、酉鸡、戌狗、亥猪，此为十二生肖。它们性格各异，姿态不同，十二生肖同起名字也有密切的联系，将命主与自己所属的生肖合为一体来分析优劣运势，通过名字来避凶趋吉，它们之间的"相冲、相害"的特点也都完全相同。属相对名字的影响与讲究主要在字的偏旁部首上。依据六合、三合、相生之理，得到相合生肖与不合生肖，再据此相应地作为喜忌的字根，如相合生肖为马（许、马、冯、骆）和羊（洋、美、妹、翔），则喜用午字根和未字根，不合则为忌字根。

（一）十二生肖之"鼠"与起名

鼠在人们生活中扮演了不好的角色，所以人们对这个属相并不太喜好，然而它的机智、灵活、聪明给人们留下了深刻的印象。按照五行说法，肖鼠的人取名时，喜用牛、田、水、木、金、辰、艹、亻、禾、玉等部首字，这些字可以很好地保护他。如宗英、安宏、佳宇、保仓、茵云、仲盈、合月、伏泽、慰荣、谷容、宝宇、健茜等名字就很不错。根据六合、三合、相生之理，可以得出属鼠之人喜用申字根、辰字根、亥字根、丑字根。此外，还要了解与鼠不合的生肖，即午（马）、未（羊），所以在起名时忌用未字根、午字根。鼠在五行中属水，它喜好洞穴、住家、草地、栅栏，因此也可以多使用与此有关的部首偏旁，如口、宀、冂、宀、门、户、广、夂、册、聿、艹等。

（二）十二生肖之"牛"与起名

与鼠相较，牛就很受人们欢迎，自古以来牛就被认为是一种诚实、朴素、自尊、积极、任劳任怨的好动物。所以当人们形容一个人执著、实在时，就会说他是"老黄牛"，但是牛的生活离不开人们的爱护与照料。在给属牛的人起名字时，应先根据六合、三合、相生之理，得出属牛者的喜用字根，为子字根、酉字根、巳字根，也可用亥字根（该、核）。牛的不合生肖为午（马）、未（羊）、戌（狗），所以应忌用未字根、戌字根、午字根。牛五行属土，喜洞穴与平地，所以喜用字可为口、宀、宀、平、原、田、甫等。属牛的人起名最好先了解牛的特性，比如牛在水里是一种享受，就可取个水字旁的字，名中有"氵"，清爽享福，上下敦睦。牛以草为生，所以名字中带有草，或是草字偏旁也可，代表粮食丰富，一生不愁吃穿，如蔓、莲、芝、莉等；有的字代表牛在屋檐下休息，比如安、宏等。属牛的人起名忌用竖心旁的字或"心"旁、"衣"部首的字、"王"部首的字，比如福、玲、瑞、忠、志、恒、祥、璋等，因为牛不吃荤，有竖心旁或"心"旁就相害，有"衣"或"示"者就易成为祭品，有"王"者就辛苦艰难。有"月"，孤劳不顺；有"火"，不利健康或忌车怕水；有"田""车""马"，劳苦一生；有"石""山"，易孤独，不利家庭，晚婚迟得子大吉；有"血""纟""刀""力""几"，多不顺，忌车怕水。牛年出生的人，逢鼠年或蛇年就会得吉利运气，一帆风顺，成功隆昌。

（三）十二生肖之"虎"与起名

虎是自然生物，它强壮、勇猛、独立自主，但同时因自身的优越条件，不免带有一种傲气。俗话说"深山出猛虎"，虎喜于山，所以属虎的人名字中最好带有"山"字，雄霸山林，智勇双全，福寿兴家。如岩峰、岸清、峙轩、嵩凌、崎辉、巍然、岚岭、天峦等名字都可。偏旁中带"玉"，英俊才人，多才巧智；带"金""木""衣""氵"，温和贤淑，名利双收，环境良好；带"月""犭""马"，义利分明，操守廉正，克己助人；带"日""火"，性刚果断，幼年不顺或忧心劳神；由于虎忌车怕水，所以属虎者在起名字时，就注意最好不要选择带有"血""父""石""弓""纟""刀""力""足"等偏旁部首的字，否则会多有不顺且不利健康。根据六合、三合、相生之理，得出其喜用午字根（杵、骐、许、骏、腾）、戌字根、卯字根。与虎不合的生肖有巳（蛇）和申（猴），因此名字中忌用巳字根、申字根。虎五行属木，喜山林、洞穴，忌平地，所以喜用山、宀、宀、平、原、田、甫、谷、册、聿、等字。

（四）十二生肖之"兔"与起名

兔子是一种柔顺、善良、聪明、活泼的动物，是被人们广泛宠爱的动物。根据六合、三合、相生之理得出属相为兔的人喜用未字根、亥字根、寅字根。兔年出生的人，最好名中有"月"，清秀多才，温和廉正，安富尊荣。如欣明、朋泰、云朋、愉美、钦育、育英、知鹏、育华、鹏飞、鹏展、昭明、月祺等。名中带"亻""禾""木"，贵人明现，精诚公正；带"人""宀"，生活环境良好；带"力""刀""石"，不利家庭，晚婚迟得子大吉；带"玉""白""金""豆"，勤俭励业，富贵增荣，都有助于命主的后天成长与发展；而带"犭"，良善积德，子孙兴旺；有"马""酉"，多不顺，不利健康；"皮""氵"大凶，因为兔子怕水，有川字更凶，忌车怕水。兔的不合生肖为酉（鸡）、辰（龙），忌用酉字根（鸿）、辰字根。五行中兔属木，喜用水、木、火，忌用金、土。根据兔子的生长习性可知,兔子吃五谷类、草类食物,喜户外生活,因此喜用豆、米、禾、麦、粱、艹、口、宀、穴、田、甫、山、丘、谷等,忌用忄、心等。

(五)十二生肖之"龙"与起名

龙是最具神话意义的动物,它是所有动物中最尊贵、最有能量的动物,是财富和权威的代表。根据六合、三合、相生之理得出与之相合的生肖为子(鼠)、申(猴)、酉(鸡),喜用子字根(孙、李、学、孟、淳、郭)、酉字根(郑、鸿、茜)、申字根(绅、侯、神)。与之不合的生肖为寅(虎)、卯(兔)、戌(狗)、未(羊),所以忌用寅字根(彪、演)、卯字根、戌字根、未字根。属龙者的名字若带有"氵"字旁是大吉大利的,因为龙喜水,如江、池、潮、萍、深、澜、沛、潜、鸿、汉等,有冲天之势,成功隆昌,富贵增荣,一生享福禄;带"金""玉""白""赤",精明公正,学识渊博,福寿兴家;带"鱼"、"酉"、"亻",勤俭建业,家声克振,贵人明现;带"土""忄""日",性刚或忧心劳神;带"月",温和贤淑,良善助人,子孙鼎盛;带"石""艹"清雅平凡,贵人明现,易因情误事;带"纟""犭",奔波劳苦;带"土""田""禾""衣",多不顺,不利家庭,晚婚迟得子大吉;带"火",无自立之地,忌车怕水,不利健康;带"力""刀",不利家庭。龙五行属土,喜用水、火,忌用土、金。因为龙是神化动物,不食人间烟火,所以忌用豆、米、禾、麦、粱、田、甫、忄、(肉)月、心等字。龙可因水得势,忌困在洞穴等地,所以喜用氵、水、雨、云、天等字,忌用口、宀、穴、冂、门、户、广、夂、册、聿等字。

(六)十二生肖之"蛇"与起名

蛇喜欢在草丛里生活进出,起名时宜起带"艹"字头的名字。如芬迪、芸生、叶萱、燕敏、茂伟、葆华等。根据六合、三合、相生之理得出与之相合生肖为丑(牛)、午(马)、未(羊)、酉(鸡),喜用酉字根、丑字根、午字根和未字根。与之不合生肖为寅(虎)、亥(猪),所以忌用寅字根、亥字根。名字中有"虫""鱼",则智勇双全,性情温和;有"月""土",操守廉正,一门鼎盛;有"忄",性情刚烈或者忧心劳神;有"金""玉",多才巧智,克己助人;有"火""亻"、"纟",不利健康;有"木""禾""田""山",重义信用,学识渊博;有"石""刀""血""弓",不利家庭,晚婚迟得子大吉,忌车怕水。蛇五行属火,喜用金、木、土、火,忌用水。蛇是肉食动物,不吃五谷类,所以喜用忄、(肉)月、心,忌用豆、米、禾、麦、粱等。蛇喜欢藏身于洞穴、草丛等地方,不然很容易被捕食或被发现。因此喜用口、宀、穴、门、户、广、夂、册、聿、艹、平、原、田、甫、山、艮、丘、屯等字。此外,在为属蛇的人起名字时,尽量不要用龙字。

(七)十二生肖之"马"与起名

马是一种勇于拼搏、前途远大的动物。根据六合、三合、相生之理得出与之相合生肖为寅(虎)、巳(蛇)、未(羊)、戌(狗),喜用寅字根、戌字根、巳字根、未字根。与之不合的生肖为子(鼠)、丑(牛)、酉(鸡),所以忌用子字根、丑字根、酉字根。马五行属火,喜用木、火、土,忌用金、水等字。由于马是非肉食动物,吃的是五谷类、草类食物,所以喜用豆、米、禾、麦、粱、田、甫,忌用忄、(肉)月、心。马喜欢吃草和谷物,名字中带"艹"和"禾"的字(如英、艺、芸、穗、颖、秋、茂、荣、穆等),则学识渊博,安尊荣,享福终世;有"土",义利分明,温和观淑,克己助人,重义信用;有"亻""月",英俊才人,智勇双全,清雅荣贵;有"虫""豆""米",福禄双收,名利永在;有"玉""木""禾",贵人明现,多才巧智,成功隆昌;有"车""石""力""酉""马",不利家庭,婚迟得子大吉,或不利健康;有"田""火""氵",忧心劳神或性刚。

(八)十二生肖之"羊"与起名

羊是温驯的食草动物,它是平和、耐心、善良的代表。根据六合、三合、相生之理得出与之相合的生肖为卯(兔)、亥(猪)、巳(蛇)、午(马),所以喜用卯字根、亥字根、巳字根、午字根。与之不合的生肖为丑(牛)、辰(龙)、子(鼠),所以忌用丑字根、辰字根、子字根。草是羊的命根子,天下似乎还没有不吃禾苗的羊。所以命名时最好带有:科、秦、莲、英、芝、芹等。名字中如带有"月""田""豆""米"等字,则勤俭建业,名利双收,安享清福;有"马""禾""木""亻""鱼",则英俊才人,多才巧智,温和贤淑,克己助人;有"车""氵""山""日""火",不利家庭或健康,忌车怕水;有"忄""犭""纟",忧心劳神或不利家庭。羊以五谷类、草类为食物,不食肉类,喜用艹、豆、米、禾、麦、粱、竹,忌用忄、(肉)月、心。

(九)十二生肖之"猴"与起名

猴天生爱动,机灵可爱,非常富有创新的能力。根据六合、三合、相生之理得出与之相合的生肖为子(鼠)、辰(龙)、酉(鸡)、戌(狗),所以喜用子字根、辰字根、酉字根、戌字根。与之不合的生肖为寅(虎)、亥(猪),忌用寅字根、亥字根。猴子喜欢在树上跳来跳去,寻找食物,所以猴年出生的人,应该以"木"字旁的字命名。如枫玲、桦珍、福林、松涛、极岩、海棠等。名字中有"田""山""月",则操守廉正,名利双收,一门鼎盛;有"火""石",性刚果断或不利家庭;有"纟""刀""力""皮""犭",多不顺,不利健康;有"氵""亻",风流乐天,上下敦睦,智勇双全;有"山",安富尊荣,福寿兴家;有"口""人""宀",忌车怕水,不利家庭;有"金""玉""豆""米",英俊佳人,多才贤淑,福禄双收。猴五行属金,喜用土、水,忌用火、木。根据猴子饮食可得喜用豆、米、禾、麦、粱,忌用忄、(肉)月、心。由于猴子栖息于山林之中,所以喜用山、丘、屯、艮、宀、冖、门、户、广、攵等字。

(十)十二生肖之"鸡"与起名

鸡虽不如凤美,但却是人们所最为熟知的家禽,它给人一种热心、好客、生活有规律的印象。根据六合、三合、相生之理得出与之相合的生肖为巳(蛇)、丑(牛)、申(猴),喜用巳字根、丑字根和申字根。与之不合的生肖为卯(兔)、戌(狗),所以忌用卯字根与戌字根。鸡在五行中属金,喜用土,也可用金、水,但是忌用火、木。鸡喜欢吃米或豆子,所以鸡年出生的人,起名宜有"米""豆""虫",福寿兴家,富贵清吉,如登、精、粹、鼓、迷等。名字中有"木""禾""玉""田",则福禄双收,名利永在;有"山""艹""日""金",智勇双全,清雅荣贵;有"石""犭""刀""力""日""酉""血""弓""纟""车""马"等,幼年不顺或性刚果断,不利健康或忌车怕水;有"月""人""宀",栖宿安闲,多才巧智,环境良好。由鸡的生存习惯得其喜用字,如宀、冖、口、门、户、广、夂、册、聿、曲、田、甫、山、丘、屯、谷等。

(十一)十二生肖之"狗"与起名

狗被称为人类最忠实的仆人,最真诚的朋友,这些都足以让其他动物羡慕不已。根据三合得与狗相合的为"寅午戌",喜用寅字根、午字根、戌字根,三合的力量对人的帮扶大,人缘、贵人运都好。属狗的人的名字中最好是有带"人"字旁的字,如华、伦、俊、仿、伟、伯、任、仕、健,意味着有其饲主,并忠于主人,忠于事业,忠于爱情,忠于钱财。名字中有"宀、冖、口、门、户、"或"人字头"偏旁的字形,意味着家庭内的狗比较好命,有主人,有房子住,不必去当流浪狗。因狗喜食肉,所以名字中有"心""忄""月"之字形,"心""忄""月"皆为肉形,正合狗意,表示内心粮食丰富,快乐无忧。

属相为"狗"的人名字中不宜出现两个人,因为这样会枉了他的忠实之名,所以不宜用仁、律、徐、得、从、复、微、德、彻、钦等。肖狗之人不宜见到有"木"之字形,因狗为戌土,而木克土,所以这样容易被压抑住,力量无法发挥;不宜见到有属于水之字根,因为狗为戌土,土会克水,对其不利,伤害大,会泄露精力和财气;不宜见"未""羊""丑"、"牛"之字形,因为狗为戌,天罗地网,辰戌丑未最好不宜见到。容易有破绽,不利发展。

(十二)十二生肖之"猪"与起名

猪被人们称之为最享福的家畜,吃了睡,睡了吃就是其生命的要事。人们习惯称懒惰的人为"猪",与此同时,猪还被认为是柔顺、踏实、真诚、执著的象征。根据六合、三合、相生之理得出与之相合的生肖为卯(兔)、未(羊)、子(鼠)、丑(牛),喜用卯字根、未字根、子字根、丑字根。与之不合的生肖为巳(蛇)、申(猴),忌用巳字根、申字根。猪年出生的人要记着跟"艹"或"土"打交道,所以带"艹""土"的字很适合用在名字里,意为英俊才人,重义信用。名字中带有"纟""金""玉",智勇双全,精明公正,克己助人,温和贤淑;有"血""弓""石""刀""儿""纟""力""皮""父"等,不利健康,忌车怕水,不利家庭;猪年出生的人,起名宜有"豆""米""鱼",福禄双收,名利永在,富贵清洁;有"月""木""禾",环境良好。猪在五行中属水,喜用金、木、水,忌用火、土。

十二生肖起名法的主要依据实际上就是十二生肖的生活习性,根据十二生肖的喜忌来定喜用字与忌用字的,这个方法看起来显然有些牵强附会,而且二者相关性不紧密,也可以说是一孔之见。因此,这个方法对于起名开运转运有一定的局限性、片面性。一个人从出生到成长后的发展不论好与坏都隐藏在用天干、地支表示的出生年月日时的先天八字五行中,根据人的生肖即生年地支推测人生命运,相同者过多,未免粗糙。所以,在通常情况下,十二生肖起名法与八字五行起名法都是结合在一起使用的,这样会较为精准一些。

图文珍藏版